烹饪教育研究新论

杨铭铎◎著

华中科技大学出版社
http://www.hustp.com
中国·武汉

内 容 简 介

本书是作者基于30多年从事餐饮烹饪教育的实践、思考、研究形成的学术观点写作而成。

全书共包括五章内容。具体从烹饪及其相关基础理论——需要明晰的问题、烹饪人才培养——几个热点问题、烹饪科学研究——亟待开展的领域、服务社会——承担的社会责任、饮食文化传承与传播——崇高使命这几个方面展开阐述。

本书适合于烹饪餐饮相关院校教师和管理工作者参考,也可供烹饪餐饮相关专业高年级本科生、硕士研究生、博士研究生和烹饪餐饮爱好者阅读。

图书在版编目(CIP)数据

烹饪教育研究新论/杨铭铎著.—武汉:华中科技大学出版社,2020.4(2022.7重印)
ISBN 978-7-5680-5987-9

Ⅰ.①烹…　Ⅱ.①杨…　Ⅲ.①高等学校-烹饪-教育研究-中国　Ⅳ.①TS972.1-4

中国版本图书馆 CIP 数据核字(2020)第 062242 号

烹饪教育研究新论　　　　　　　　　　　　　　　　　　　杨铭铎　著
Pengren Jiaoyu Yanjiu Xinlun

策划编辑:汪飒婷
责任编辑:郭逸贤
封面设计:廖亚萍
责任校对:曾　婷
责任监印:周治超
出版发行:华中科技大学出版社(中国·武汉)　　　电话:(027)81321913
　　　　　武汉市东湖新技术开发区华工科技园　　　邮编:430223
录　　排:华中科技大学惠友文印中心
印　　刷:湖北恒泰印务有限公司
开　　本:787mm×1092mm　1/16
印　　张:19　插页:3
字　　数:474千字
版　　次:2022 年 7 月第 1 版第 2 次印刷
定　　价:98.00 元

作 者 简 介

杨铭铎,博士、教授、留日学者,任哈尔滨商业大学和东北林业大学食品科学、旅游管理硕士生导师和博士生导师,黑龙江省青年突击手,国务院政府特殊津贴专家,黑龙江省优秀博士后。其曾任黑龙江商学院旅游烹饪系副主任、主任,黑龙江商学院副院长兼职业技术学院院长,哈尔滨商业大学党委副书记、副校长,黑龙江省科学技术协会党组书记、副主席,黑龙江省人大代表,黑龙江省人大教科文卫委员会副主任,黑龙江省政协第七、第八届委员,黑龙江省政协第九、第十届常委、科技组组长,黑龙江省政协特邀信息顾问,黑龙江省委、省政府政风行风监督员、执法监督员,黑龙江省社会科学界联合会副主席。

杨铭铎现任哈尔滨商业大学中式快餐研究发展中心博士后科研基地主任,教育部专家组成员,全国餐饮职业教育教学指导委员会副主任;中国烹饪协会特邀副会长,中国食文化研究会资深副会长,中国商业经济学会专家副会长,世界中国烹饪联合会国际饮食文化研究会委员,餐饮业国家级一级评委;黑龙江省欧美同学会副会长兼商会会长,黑龙江省委、省政府经济科技顾问委员会专家,黑龙江中华职教社专家委员会主任;《食品科学》学术顾问,《当代旅游》编委会主任,黑龙江旅游产业发展研究中心学术委员会主任;四川旅游学院、顺德职业技术学院顾问,哈尔滨工程大学等多所大学客座(兼职)教授,多个行业协会组织和企业的顾问。

杨铭铎从事餐饮烹饪高等教育 30 余年,以"食"为核心,研究领域涉及食品科学与工程、烹饪科学与技术、中式快餐、餐饮与旅游管理、饮食文化、饮食美学、烹饪教育等,是中国烹饪学科高等教育和中国烹饪科学研究开拓者,是中国快餐理论体系奠基人、中国餐饮烹饪学科专业建设第一人。

在人才培养方面,1993 年杨铭铎率先在全国培养烹饪科学硕士,2006 年开始在全国率先培养烹饪科学方向博士,到目前已经培养硕士、博士 100 余人。在科学研究方面,20 世纪 90 年代,杨铭铎在全国率先领衔主持商业部立项的烹饪科学科研项目"烹调中主要操作环节最佳工艺的研究",获国内贸易部科技成果二等奖;后来又相继完成中国博士后科学基金、国家社会科学基金、国家人事部留学人员择优资助项目、教育部人文社会科学研究项目、黑龙江省哲学社会科学研究规划项目、黑龙江省自然科学基金项目等国家、省部级及企业横向科研项目 60 项。在学术著作方面,杨铭铎在国内外学术刊物上发表学术论文 550 余篇,部分被 SCI、EI 等收录,主编(审)教材、著作 65 册(套),获得发明专利 6 项,多次获得省部级奖励;在研人事部留学人员科技活动择优资助项目、文化和旅游部项目、黑龙江省软科学项目等省部级科研项目 4 项。杨铭铎作为中国快餐理论体系奠基人,编写了《现代中式快餐》与《中国现代快餐》,构建了快餐学的学科体系,其成果获全国商业科技进步一等奖。杨铭铎所著的《饮食美学及其餐饮产品创新》一书应用系统论思想构建了饮食美学体系,并将其应用于餐饮产品创新中,填补了饮食美学研究与应用的空白。杨铭铎主编的《餐饮企业管理研究》获中餐科技进步特等奖。杨铭铎成立了全国第一个中式快餐研究发展中心博士后科研基地。该科研基地被授予"中国食品工业 1981—2001 全国 20 大科研和教育机构"称号,并获"全国餐饮业教育成果奖"。杨铭铎主持的全国餐饮职业教育教学指导委员会重点课题"基于烹饪专业人才培养目标的中高职课程体系与教材开发研究"获得中餐科技进步一等奖。杨铭铎曾获得"辉煌 60 年中国餐饮业杰出人物奖""中国餐饮 30 年功勋人物奖""改革开放 40 年中国餐饮行业促进发展突出贡献奖""全国餐饮业科技创新奖""全国餐饮业教育成果奖""中国快餐业发展杰出贡献奖";获得全国食品工业科技进步先进带头人、全国食品工业科技进步先进科技管理工作者、哈尔滨市优秀归国科技工作者称号;获得黑龙江省归国留学人员报国奖,得到黑龙江省政协参政议政"五个一工程"表彰等。

序

党的十九大报告指出,中国特色社会主义进入新时代,我国社会主要矛盾已经转化为人民日益增长的美好生活需要和不平衡不充分的发展之间的矛盾。饮食生活作为美好生活的基础部分,关系到人们生活最基本的幸福指数及亿万人民群众的生理素质。餐饮业的发展对于满足人们美好生活需要显得尤为重要,与之相联系的餐饮烹饪人才培养更是重中之重。

哈尔滨商业大学的前身黑龙江商学院隶属于原商业部,是1952年成立的第一所多科性商业大学,学校涵盖经、管、工、法、理、医学、艺术等专业学科门类。由于原商业部主管饮食服务行业,为餐饮业培养烹饪专业人才的任务就落到了黑龙江商学院身上。黑龙江商学院在中国烹饪教育历史上填补了多个空白。1958年创立了全国第一个烹饪专科,1989年创立了第一个烹饪本科,1993年首次招收了烹饪科学硕士,2006年其食品科学博士点在全国率先设置了烹饪科学方向;2000年开创了烹饪职教师资硕士研究生培养,20世纪90年代首次承担了烹饪科学研究项目(原商业部级科研项目),并获部级科技进步二等奖等。这些成绩的取得,是几代烹饪教育工作者共同努力的结果。继第一代烹饪专业带头人汪荣教授之后,本书的作者杨铭铎教授,自1988年开始从事烹饪教育以来,辛勤耕耘30余年,又利用近3年的时间完成了这部论著,我有机会先睹为快。这部著作的完成和出版是我校乃至全国餐饮烹饪教育的一件幸事,填补了该领域学术研究的空白。纵观整部论著,其有几个特点。

一是视角新颖。该书立足烹饪教育,从学校的功能即人才培养、科学研究、服务社会、文化传承与传播四个维度阐述,对于从事烹饪餐饮教育的教师与管理者是一本重要的工具书。

二是内容原创。该书内容既有杨铭铎教授30余年的积淀,又有其2016年从行政岗位上退下来,潜心总结、归纳、研究的新成果,如第二章关于烹饪人才培养的内容,就是2016年以来杨铭铎教授发表的10余篇论文的结晶,是一本有参考价值的书。

三是重点突出。全书共五章,这五章既是一个整体,又独立成章。每一章不是包罗万象,而是只阐述一个重点问题,其副标题揭示了该章的意义和重点所在。如第五章饮食文化传承与传播部分,突出了中国传统文化,如中国传统节日(令)饮食文化、中国饮食类非物质文化遗产的保护传承等。

四是引领发展。烹饪教育与其他教育相比甚为年轻,只有 60 多年历史,烹饪高等教育特别是研究生教育更是在探索中前进,一些实践问题在探索中,一些理论问题往往滞后:烹饪与营养教育本科专业的专业属性与定位问题,以及烹饪的科学研究问题,包括研究什么(即研究方向)、如何研究(即研究步骤与方法)、研究现状(即研究进展)、研究前景(即研究趋势)等一直在困扰着研究者。这些问题在此书中做了清晰的回答。这是一部有创新价值的书。

观其著,念其人。我与杨铭铎教授相识多年,我在黑龙江商学院毕业留校任教时,杨铭铎教授已经是教师。我们一起从事过"中国商科高等教育比较研究"的课题研究,从杨铭铎教授对做学问、做工作的态度上可以推测出他潜心研究,取得成果的原因。目前杨铭铎教授是我校唯一的食品(烹饪)科学和旅游(餐饮)管理学两个学科的博士生导师,这在全国也不多见。学科交叉融合,针对餐饮烹饪领域一以贯之地研究是他做学问的一大特色,特别是他在黑龙江省科学技术协会任副主席、党组书记的 10 年里仍然孜孜不倦地搞科学研究,指导硕士、博士研究生,为我们的年轻教师树立了榜样。我向大家推荐此书。

是为序。

孙先民

哈尔滨商业大学党委书记
博士、教授、博士生导师
2019 年 3 月 20 日

修订前言

    《烹饪教育研究新论》第一版第二次印刷,即将与读者见面了,从写作、出版到再次印刷,得到了各级领导、专家学者和诸多同行朋友们的关心和指导,本人一直心存感激。

    感谢广大烹饪教育工作者、同行朋友们的厚爱。本书于 2020 年 4 月出版发行,正值新冠疫情暴发之时,同行朋友却争相阅读,并将书中的学术观点运用在烹饪教育教学之中。浙江旅游职业学院何宏教授写了书评《一部中国烹饪教育的小型百科全书》,并发表在中国新闻出版广电网以及中国烹饪协会官方网站等媒体上。何教授认为该书回答了烹饪教育的属性,分析了烹饪教育的内容,探讨了烹饪教育的关键,构建了烹饪教育研究体系。众多同行朋友们的肯定、关心和建议更加激发了我为烹饪教育发展殚精竭虑的决心。

    感谢全国餐饮职业教育教学指导委员会和中国烹饪协会餐饮教育委员会(简称"两委会")给予的平台。"两委会"是党和政府联系烹饪教育工作者和餐饮企业经营管理者的桥梁、纽带。本书作为全国餐饮职业教育教学指导委员会重点课题"基于烹饪专业人才培养目标的中高职课程体系与教材开发研究(CYHZWZD201810)"成果的一部分内容,是专门为烹饪教育工作者编写的专著,被中国烹饪协会评为科技部认定的中餐科技进步奖理论建设成果一等奖。这些无疑是对本书的肯定,更是对我本人的鞭策,"两委会"的平台为我从事烹饪教育提供了有力支撑。

    感谢华中科技大学出版社的支持。在本书写作初期,华中科技大学出版社在面临着学术著作出版经费不足的情况下果断立项,激励了我很好地完成了书稿;在交稿后编辑加工期间,又遇到了严重的新冠疫情,编辑们仍一丝不苟地三审三校,为本书的顺利出版付出了心血。在出版后,华中科技大学出版社又不断地把读者的心得体会、对烹饪教育相关问题的疑惑以及对新问题解答的期待传递给我,激发我进一步思考、学习和探索新内容,形成新的学术观点。华中科技大学出版社的支持,是我开展烹饪教育研究的继续动力。

    基于社会各界的一致认可,开启了本书的补充和完善工作。近三年来,在国家宏观层面,习近平总书记关于职业教育的重要思想,国务院颁布的《国家职业教育改革实施方案》,中共中央办公厅、国务院办公厅颁布的《关于推动现代职业教育高质量发展的意见》,全国职教大会的召开,以及 2022 年 5 月 1 日实施的新修订《中华人民共和国职业教育法》等,都为烹饪教育大发展指明了方向。在中观教育层面,教育行政部门、行指委和行业协会制定和采取了一系列举措，推进职业教育包括烹饪职业教育高质量发展。如教育部启动本科层次烹饪教育的申办，2021 新版《职业教育专业目录》的颁布，烹饪与餐饮管理专业的设置，餐饮类专业的专业简介和教学标准修订（制定），烹饪与餐饮管理专业建设，烹饪与营养教育专业申报国家一流专业建设等。职业教育"双高"建设、国家现代产业学院建设、职业教育教学创新团队建设等，为烹饪教育的研究提供了丰富的土壤和素材。在微观完善层面，在原书结构不做大范围改动的前提下，修订补充基于新形势、新任务引发的新思考，得出了新的结论。本书修订主要是从两个维度开展，一是修改原来的章节，二是补充了新内容。如修改了第一章第六节中的"三、烹饪学的界定"；第二章第五节"基于工作过程系统化的烹饪专业课程开发"中的"八、烹饪专业情境内教学组织"；第三章第二节"烹饪科学研究与烹饪学科建设"中的"二、基于烹饪科学研究基本要素的系统模式构建"；第五章第五节"中国饮食类非物质文化遗产的保护传承"中的"二、饮食类非遗的现状"。增加第二章第二节"烹饪专业设置"，第二章第八节"烹饪教育校企合作"中"四、烹饪教育产业学院建设"，第二章第九节"新版餐饮职业教育专业目录解读"，第二章第十节"本科烹饪专业建设的几个问题"。希冀这些新观点能为烹饪教育出现的新问题、新挑战给出新的参考。

期待修订后的《烹饪教育研究新论》继续与烹饪教育同行朋友们"以书会友"，能够有助于烹饪教育高质量的发展，能够有助于餐饮业高素质人才的培养，能够有助于实现人们对美好食生活向往的目标。

敬礼！

杨铭铎

2022 年 5 月 5 日

目录

第一章 烹饪及其相关基础理论——需要明晰的问题

什么是烹饪？人们首先想到的是"做菜做饭"，这也是现代汉语词典的解释。尽管如此，作为烹饪教育工作者和管理工作者，应该对这一概念有一个全面、科学的把握。这里，我们从食品的功能入手来讨论烹饪及其相关基础理论。

第一节　食品的功能

　　古人曰"民以食为天"，因为它是人类赖以生存和发展的物质基础。同时，这句话说明千百年来，"食"是中国人的头等大事。外国人见面打招呼通常都是聊天气，而我们国家在改革开放前好友见面时寒暄的往往是"你吃过饭了吗？"这是因为吃是人的基本需求，加上长期的战争使得民不聊生，别说过上好日子就连最基本的温饱都不能得到解决，所以中国人以"食"作为头等大事，作为生存中最核心的元素就不奇怪了。同时，我们还要从饮食特定的功能来看它对于中国人生存的重要性。

　　烹饪的产品菜肴、面点是食品。果腹在过去是人类生存和发展的物质基础，现在的人已经不再满足于果腹了。食品承载的文化源远流长、博大精深，在人类进化的漫长生活体验中，除具有满足人们生理的需求功能外，还有许多其他功能，如社会功能、娱乐功能等，如图 1-1 所示。

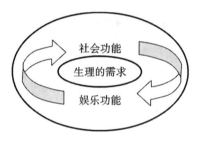

图 1-1　食品的功能

一、社会功能

　　自从人类进入文明社会后，食品即成为人类社会的一个重要组成部分，在人们的社会交往中，以其独有的物质特性和文化内涵，几乎无时不有、无处不在。日常生活中的欢庆佳节、婚丧嫁娶、迎来送往、遣忧解闷等都与"吃"密切相关。食品的社会功能包括历史功能、教育功能和传递情感功能。

　　（一）历史功能

　　"仿唐宴"的出现重现了唐人饮食生活的风采，"孔府宴"展现了古代书香门第的翰墨气息，通过这一功能，人们记录、了解、研究中国饮食文化发展史上的某些片段。

　　（二）教育功能

　　孔融让梨、食不言寝不语的故事潜移默化地对我们进行了传统教育，增强民族自豪感和民族自信心，形成良好的民族心理和民族性格。

（三）传递情感功能

食品是人与人之间情感交流的媒介，借食品表意，以物传情普遍存在于人们的日常生活中，把情感融入饮食活动中早已成为人们情感交流的一种方式。

二、娱乐功能

食品的娱乐功能，就是人们在吃的过程中获得快乐。尤其是现代人，因生活节奏加快、工作压力加大和饮食社会程度提高，人们在注重"吃得营养、吃得健康"的同时，又要追求食品的娱乐功能，以求获得享受。娱乐功能包括审美乐趣功能和食俗功能。

（一）审美乐趣功能

食品的品尝过程中，无论饮食材料、饮食盛具、菜点性状还是就餐环境、上菜程序、饮食过程本身，人们均可从中创造美、欣赏美。

（二）食俗功能

过年吃饺子，中秋节赏月吃月饼，欢腾的年节文化食俗、喜庆的人生礼仪食俗和情趣盎然的少数民族食俗，多以群体娱乐的形式出现，表现出本民族人民对自己优秀文化的热爱，人们便可以从中获取乐趣。

第二节 中国烹饪观念的产生与发展

人类在生活实践中总会对客观世界先产生感性认识，然后形成许多观念，再通过实践、认识、再实践、再认识发展为系统化的理性知识——理论，用它指导生活实践。因为实践、认识、再实践、再认识没有止境，所以，即使是现代科学理论也是不断发展、与时俱进的。

在商朝的甲骨文里已经有一些食物、食具、食事的名称或象形，在商周之际的古籍如《周易》里开始出现"烹饪"和"作和羹"的词语，但那时掌握文字工具的统治者只注重记载征讨、赏罚、诉讼、祭祀这类事，对烹饪的专门记载很少。之后的著作中出现了"民以食为天"一类的话，但其主要用意在于劝说君王重视掌握粮食，否则将影响政权和社会的安定，并非专指烹饪。《吕氏春秋》中有一个片段对烹饪原理做了高度概括，但并未涉及具体工艺，在"本味"篇中有鼎中之变精妙微纤，口弗能言志能喻的描述。《黄帝内经》用阴阳五行学说讲了医食同源的道理。直到公元6世纪的南北朝时期，才出现《齐民要术》那样的农食专著，指导人们如何进行食用动植物的培育养殖和食品制造。元明清时期又陆续出现了不少如《饮膳正要》《随园食单》等烹饪专著，比较集中且具体地介绍当时食谱和饮食须知。这些烹饪古籍从无到有、从少到多地出现，说明烹饪虽然是人类饮食的核心和基础，但是只有在社会生产力发展到一定程度而且有相当多的人群达到温饱水平以后，人们才可能把注意力放到较深文化层次的烹饪研究上。这些烹饪古籍在客观上形成了一系列以"养生"和"调和"为中心、经验性和哲理性显著的中国传统烹饪观念，可惜没有得到系统整理和提高。过去很长一段时间，烹饪工作者主要是家庭主妇或职业厨师，烹饪技术和烹饪知识的传授主要依靠母亲的言传身教或师傅带徒弟，没有学校教育，没有教材，许多古代菜点的制法就因此失传了。过去妇女和厨师的平均文化程度偏低,而官僚文人、美食家们和厨师、妇女们之间存在着社会地位和文化水平的隔阂,很难有普遍经常的联系,抽象哲理和实践经验间很难互相促进、互相提高,加上"君子远庖厨"这类儒家思想的流传,在这样的时代背景下,中国烹饪的科学理论体系还不能建立。

烧烤熟食阶段和陶器烹饪阶段的人们并没有留下关于烹饪观念的记载,我们只能根据新石器时代的文物遗存并结合少数民族的习俗去分析判断他们可能有的想法。那时人们已可烹饪熟食,而且用盐调味,但是他们那样做只是因为比较可口,至于熟食容易消化、能减少疾病,是后人经过长期实践和观察,直到春秋战国时代才形成的观念。但关于食物经过烤煮为什么会熟,熟食为什么容易消化,食用熟食为什么能减少疾病等问题,当时还没有多少认识。商周时已开始有关于烹饪的文字记载,但是很少,当时人的烹饪观念还要靠后人根据有限记载结合古文物研究来分析判断。

从春秋战国时代起,关于烹饪的文字记载就越来越多地出现了,我们对古人的烹饪观念也能知道得更多一些。归纳起来,主要有以下几个方面。

用火把鼎中食物煮熟叫烹饪;烹饪可以去掉食物中的怪味,使人少生病;饮食烹饪和吃药都是为了防病、治病、维护健康;食品首先要味道好;美味可以使人增进食欲,从而增加营养;人的口味都差不多;可口的食品就是好食品;酸、甜、苦、辣、咸是五种基本味;单一味不好,五味调和才好;味太浓太厚不好,淡一些好;烹饪成品要求味、香、色、形都好,以味为主;烹饪原料加工要精细、洁净;烹调的关键在于火候和调味;不熟的、焦煳的、馊了的、发臭的食物和病畜、病禽都不能吃;要节制饮食;吃肉喝酒过多有碍健康;饮食以吃粮食为主,也要吃水果、肉类、蔬菜;要按时令选用食物和调味品,注意不同肉类和不同粮食间的搭配;美食要有美器相配合;饮食烹饪的基本目的是养生和享受;贵族官僚按等级享用佳肴美馔是遵礼行事,一般人应该生活简朴,讲究美味佳肴则是不高尚的思想行为。

清代袁枚进一步总结中国烹饪的要点有以下几个方面。

选料决定菜肴质量,一席佳肴中厨师的功劳占六成,采办的功劳占四成;本身味道浓厚的主料,适宜单独使用;筵席上菜时,咸的、浓的、无汤的菜先上,淡的、薄的、多汤的菜后上;芡粉的作用在于黏合和防焦老;做菜不要外加油;不同的菜肴尽可能分锅灶烹制,以免串味;菜肴不是越贵越好,不是种类越多越好;请客吃饭千万不要勉强。

以上所列,都是经验之谈,大多是留心饮食烹饪的仕人所述,散见于历代许多古籍,有的表现为民间饮食谚语,从来没有人整理过或验证过,而且往往或是属于原料问题,或是属于审美问题,或是属于食疗问题,并不系统,但它们来自生活经验,又基本上得到社会公认,口口相传,对烹饪实践也起到了一定的指导作用,所以,可以说它们是中国传统的烹饪观念。

中国人经过几千年的努力,创造了极其丰富和精美的饮食文化,主要表现在广泛利用各种动植物原料,以精湛的刀工、火候、调味技术和发酵、腌制、烤、煮、蒸、炸等技术做出成千上万种菜肴、点心、小吃和饮料等食品。品种之多为世界上其他国家所不及。在其他国家原来不被重视的大豆、竹笋、金针菇、木耳、海参、鱼翅和畜禽的头蹄内脏,甚至猪血、蹄筋、鸡鸭血,也能做成多种美味佳肴。一种大豆,除了造酱油,还用它做成豆芽、豆浆、豆腐、豆腐脑、腐乳、豆腐干、油皮、千张、腐竹、豆豉、豆酱,仅其中豆腐一样,就能做出上百种菜肴,连豆渣也能做成雪花菜。一种鸭蛋或鸡蛋,除了煮、蒸、炒,还可把它做成腌咸蛋、松花蛋,创造出新的风味。用一种羊或鳝鱼为主料,能做出一套全羊席、鳝鱼席。还可用动物腹腔或瓜果做成三套鸭、冬瓜盅、藕夹、茄夹等瓤夹菜肴。中国茶叶、酱油、豆腐的价值和中国菜点的美味已越来越多地在世界范围内被接受，甚至许多外国人也喜欢吃"凤爪"（鸡爪子）这道菜了。中国烹饪的艺术创造才能之高是无与伦比的。正如孙中山先生所说的，烹调亦美术之一，烹调之术本于文明而生；非深孕乎文明之种族，则辨味不精；辨味不精，则烹调之术不妙。中国烹调之妙，亦足以表明进化之深也。

　　总体上看，中国传统烹饪体现中国传统文化的"整体观"，与中医类似，在某种意义上来说属于哲学的范畴。孙中山先生曾经指出过，中国烹饪艺术暗合科学卫生，要从科学卫生上再做功夫，以求其知，而改良进步。我们的烹饪理论研究，一方面要继承中国优秀的传统文化，另一方面就是要把暗合变为自觉，建立能够具体指导烹饪实践的中国烹饪科学理论。经过改革开放40年的大发展，中国特色社会主义进入了新时代，中国烹饪在全球餐饮业的竞争中，建立中国烹饪科学体系已经成为必然。

第三节　烹饪加工手段的发展脉络

　　"民以食为天"，食品是人类赖以生存的物质基础。自从有了人类就有了食品及其加工。食品加工史从某种意义上来说，是人类生产力的发展史，是人类认识自然、改造自然的社会进步史。在原始社会，人们主要进行自然采集，茹毛饮血；在没有炊具之前，仅是用火或燔或炙，或者用现代人所称呼的"石烹"使食物成熟；随着人们征服自然改造自然能力的逐渐增强，人们发明了陶器，出现了"陶烹"；由于猎获食物的增多以及金属冶炼法的发明与使用，出现了有文字记载的用于烹制食物的金属炊具"鼎"。《周易正义》中指出：以供烹饪之用，谓之鼎。"烹饪"和"鼎"同时出现在《周易正义》中，可以认为真正的烹饪是与炊具相联系的，没有合适的加工工具是无法烹饪的。有了炊具，先民才摆脱了饥饿求食与茹毛饮血的原始状态，进而有了以原料选取、工具准备和技法掌握为基本要素的烹饪活动。

　　初始的食品加工手段就是烹饪。以烹饪为起点，随着生产力的发展，食品加工手段发生了本质变化。

　　在私有制产生之后，有了明显的社会分工，也就有了正式的以烹饪为谋生手段的厨师。在奴隶社会和封建社会里，最庄重的烹饪服务是祭礼活动，最豪华的饮食是宫廷膳食，其次是王侯将相、权臣和富豪的家宴，再就是文人雅士的消闲饮食活动。《周礼》以首要篇章叙述王室所需烹饪原料和食、饮、膳、馐的供应以及割、烹、煎、和的分工，为后世提供了若干重要的古代烹饪文化的史料。这些都极大地推动了烹饪的发展，积累了食品加工的丰富经验。《吕氏春秋·本味》就有伊尹说汤以至味的故事；《黄帝内经》则论述以饮食来调理身体；《齐民要术》记载了许多食品的加工方法和烹调技术；《随园食单》对中国古代烹饪经验进行了较为科学系统的总结，不仅在当时而且对后世也有很深的影响。但是在中国古代，无论是庄重的祭礼活动、餐饮企业的日常经营，还是寻常百姓家的一日三餐，都是由厨师或家庭人员手工制作出来，这是与当时的生产力发展水平相适应的。

　　到了现代，随着生产力的发展，科学技术水平的提高，人们加工食物的方法不断发展变化，如利用砂、石、泥、灰等介质，使加工原料达到成熟的要求；利用盐、糖、醋、酒等调料产生物化生化作用，使加工处理的原料成为美味佳肴；利用热油、沸水、蒸汽、热辐射、太阳能等加热方式,使加工处理的原料成熟。虽然食品的烹饪加工手段随着生产力的发展发生了巨大的变化,有物理的、化学的等多种方法,但手工操作的本质没有多大变化。这种烹饪加工的食品我们定义为"手工食品"。人类以手工方式加工食品一直延续到近代和现代。在近代(19世纪初)大工业生产方式与食物加工手段相结合,使原始的食品加工发生了革命性的变化,逐渐地在烹饪加工中派生出一个新的产业——食品工业。这种由机械化(半机械化)、自动化(半自动化)生产的食品,我们称之为"工业食品"。由手工食品向工业食品转化,只是加工食品方式的变化(由加工一份菜肴、一份面点变为生产大量食品),加工场所的变化(由厨房变为工厂的车间),销售场所的变化(烹饪产品主要在餐馆酒楼销售,而工业食品主要在商场、超市销售),储存时间的变化(烹饪成品现生产加工现销售,而工业食品一般可储存一定的时间)。从某种意义上讲,食品工业系从厨房烹饪脱胎而来的,有的保留了一些烹调方法,如烤、炸、蒸等。然而由于化学工程的某些单元操作的渗透,使食品加工手段变得复杂多样起来,对加工机器的精度要求也高起来。现代食品工业中常用的手段有粉碎、离心分离、沉降、浓缩、喷雾干燥、真空浓缩、冷冻升华干燥,近年来又有半透膜分离技术、电渗析技术、酶萃取等新型单元操作,这些都是在严格的生产工艺参数指导下由机器完成的,与手工食品——烹饪产品的加工有着显著的差别。

工业食品的出现,既丰富了食品的品种,又利于某些食物原料(特别是季节性原料)以食品的形式进行储存。工业食品根据其被加工的程度,为人类的饮食提供不同等级的食品,初级食品即对农产品的加工,如碾米、榨油、屠宰等,它为人们的烹饪提供原料;中级食品是对初级食品的加工,如烘焙食品、肉灌食品、酿造食品、罐头食品,这些食品一部分可被人们直接食用,一部分为烹饪提供原料,鉴于营养均衡和中国人饮食审美习惯考虑,这部分食品不能长期食用;中高级食品则更贴近人们的饮食习惯,如速冻饺子、方便面、方便米饭等,这类食品多属方便食品的范畴,在食用之前略加调理即可。随着时代的发展和人民生活水平的提高,人们不仅要吃得饱,还要吃得科学合理、便捷,吃得符合人们日常一日三餐的饮食习惯,这就需要将食品工业向餐饮业(家庭烹饪)渗透,运用专业机械化、自动化设备,大量生产营养均衡、美味可口、节时便利的快餐食品,来满足广大民众日常对饮食的需要。因此,快餐食品的产生,从食品工业加工手段不断深化的角度来看,有其必然性。

从烹饪自身发展角度来看,中国烹饪具有选料广泛、技法众多、口味多变、品评标准多元等特点,在世界上享有盛誉。虽然经过了几千年的文化积淀和新中国成立后特别是改革开放以来烹饪事业的大发展,中国烹饪在技术上仍然处于经验模糊的状态,落后于西方发达国家。参加国际大赛归来的中国烹调师说过,中国烹饪面临挑战,因为国外厨房设备先进,操作条件优越;食品原料优良,保鲜材料众多;盛具精美、新颖,装盘多样性、艺术性;特别是烹饪操作的定量化、标准化,用科学揭示美食的奥秘,加快了烹饪学科的建设。近年来,中国烹饪一方面积极吸收西方国家烹饪科学先进的研究成果,另一方面借鉴以食品科学为主要内容的现代科学技术,一些手工食品如馒头、包子、饺子、面条及一些菜肴可以部分或全部用机械来生产,将食品工业加工手段引入餐饮业,降低了劳动强度,提高了生产效率,降低了生产成本,同时,加快了传统的烹饪操作由模糊向定量方向转化,对于烹饪的学科建设起到了积极的推动作用。烹饪加工的科学化、机械化必然导致快餐食品的产生,见图1-2。

通过图1-2,可以进一步得出结论:快餐食品是原始烹饪加工手段不断变革的必然产物,它与手工食品、工业食品并列,共同组成"三大食品"。从快餐食品的功能性上看,它是

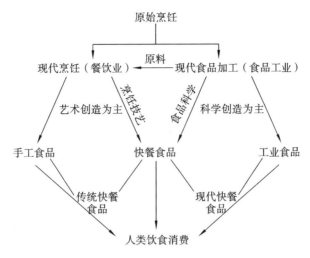

图 1-2　食品加工手段的沿革与"三大食品"的格局

满足人们一日三餐的大众化餐饮;从生产场所来看,手工食品与传统快餐食品在厨房生产,工业食品与现代快餐食品在工厂生产;从生产手段上看,手工食品与传统快餐食品以手工操作,而工业食品与现代快餐食品则以机械化(半机械化)、自动化(半自动化)生产;从销售方式来看,传统快餐为前店后厨、单店经营,现代快餐应为连锁式经营,设立配送中心;从产品品种上看,快餐食品多于工业食品而少于手工食品,而且传统快餐食品多于现代快餐食品;从创造性来看,手工食品以艺术创造为主,工业食品以科学创造为主,快餐食品是艺术创造与科学创造相结合;从学科角度来看,快餐食品是烹饪技艺与食品科学相结合的产物,是食品科学向餐饮业渗透,烹饪走向科学化、工业化的必然产物。快餐食品产生后,手工食品、工业食品、快餐食品各自满足人们不同层次上的需求,它们三者必将长期共存,在与人的相互作用中,在社会发展的大坐标系中,必然形成合理的结构。手工食品、工业食品、传统快餐食品、现代快餐食品的异同列入表1-1。

表 1-1　手工食品、工业食品、传统快餐食品和现代快餐食品的异同

项目	手工食品	工业食品	传统快餐食品	现代快餐食品
a. 生产				
原料选择范围	大	小	大	较大
加工地点	厨房	工厂	厨房	工厂
加工手段	手工为主	机械化、自动化为主	手工为主	机械化、自动化为主
加工规模	小量	批量	小量	批量
产品种类	多	少	多	较多
产品包装	不包装	多数包装	不包装	不包装
产品货架期	短	长	短	短
营养	单一品种有的均衡,多数需配合后均衡	难以均衡	均衡	均衡

项目	手工食品	工业食品	传统快餐食品	现代快餐食品
质量	操作者个性能充分发挥,感官性状较好	操作者严格执行标准,感官性状受限制	操作者在标准下充分发挥个性,感官性状较好	操作者在标准下充分发挥个性,感官性状较好
b.营销				
销售速度	慢	快捷	较快	快捷
服务	复杂	简便	较便利	简便
价位	高	低	较低	低
销售手段	以零售为主	多级批发	以零售为主	介于零售和批发之间
经营方式	以非连锁为主,连锁亦有	一般非连锁经营	非连锁、连锁亦有	连锁经营
c.食用				
食用方便性	复杂	便利	较便利	便利
适应性	消费者主动选择产品	消费者被动适应产品	消费者能较主动地适应产品	介于传统快餐食品与工业食品之间
d.其他				
学科	烹饪科学	食品科学	烹饪科学与食品科学相结合	烹饪科学与食品科学相结合
创造性	以艺术创造为主	以科学创造为主	艺术创造与科学创造有机结合,艺术创造比重相对较大	艺术创造与科学创造有机结合

第四节 烹饪相关概念的解析

为进一步明确烹饪的内涵,了解与人们饮食生活相关的烹饪、饮食、餐饮、食品、快餐词汇含义,按照古今中外的纵向沿革和横向对比的逻辑思路进行比较研究和系统分析。

一、烹饪

对于"烹饪",首先从汉语字源的角度看,《辞海》中记载:烹,古作亨,煮也。《左传·昭公二十年》:以烹鱼肉;饪,大熟也。《论语·乡党》:失饪不食,不时不食。何晏集解引孔安国曰:失饪,失生熟之节。《周易·鼎》:以木巽火,亨饪也。谓以鼎供烹饪之用。而《现代汉语词典》中,烹饪意为做饭做菜。所以,很明显,自古以来汉语中烹饪就是把可食的东西用特定的方式做熟的意思;再从英语字义的角度看,意为烹饪的单词有"cuisine"和"cook",其中"cuisine"意为制备食品的独特的方法或风格,或食品、伙食;而"cook"意为煮、烧,即通过加热加工或处理使食物成熟;因此,具体而言,烹饪是指对食物原料进行合理选择调配,加热调味,使之成为感官性状符合审美习惯的安全无害、利于吸收、益人健康的菜肴或面点(面点即主食),既包括调味熟食,也包括调制生食。基于此,烹饪作为食品加工的手段,科学的概念应该是人类为了满足生理需求和心理需求,把可食用原料加工为直接食用成品的活动。

二、饮食

对于"饮食",首先从汉语字源的角度看,"饮"是会意字,在甲骨文中,右边是人形,左上边是人伸着舌头,左下边是酒坛(酉),像人伸舌头向酒坛饮酒,其本义为喝。《辞海》中,"饮""咽汤水",《孟子·告子上》中提到,冬日则饮汤,夏日则饮水;《周礼·天官·酒正》中提到,辨四饮之物,可见"饮"既指"饮"这一动作,又可指饮之物。食也是会意字。本义饭、饭食。《辞海》中意为果腹养生之食品,《周礼·天官·膳夫》中提到,掌王之食饮;又《周礼·地官·廪人》中提到,治其粮与其食;《礼记·大学》中提到,食而不知其味。可见"食"同样具有名词、动词的双重含义。英语意为"饮食"的有"diet""bite and sup"和"food and drink"三个词组。其中"diet"来自"diete",意为"进特种饮食"或"节食",更倾向于特殊饮食对象进食的动词含义;"bite"来自"bitan",意为一口,少量。"sup"源于"soupen",意为液体食物的一啜,小量。因此,"bite and sup"不仅表示吃喝的动作,更将小口吃、喝的餐桌礼仪涵盖其中;而"food",意为食物、粮食,通常是源于植物和动物的物质,包含有人体必不可少的营养物或由其组成的物质,如糖类、脂肪、蛋白质、维生素和矿物质等,由产生能量、促进发育和维持生命的组织消化和吸收,"drink"意为适于饮用的液体以及喝的动作,从而"food and drink"的含义更为广泛,接近汉语"饮食"之意,因此,饮食无疑是描述、记载人们吃喝活动的最广泛的称呼与概念,涉及了食品从生产到流通到消费的全过程中发生的经济、管理、技术、科学、艺术、观念、习俗、礼仪等方面的各个环节。

三、餐饮

"餐",形声字,本义为吃。如《说文解字》释为吞也,《广雅》的释为食也,《诗经·郑风·狡童》中提到,使我不能餐兮。另外,餐有量词的含义,饭一顿曰一餐,如早餐、午餐、晚餐。在《辞海》和《现代汉语词典》均未见"餐饮"一词的解释,结合饮食生活发展的历程,"餐饮"是随着社会化和服务化产生的,专指为"吃"这一活动而提供食物,出现较晚。英语意为"餐饮"的有"food and beverage"和"catering",其中"beverage"意为饮料,通常不包括水,而"catering"意为"照顾……的需求或需要、提供、迎合"。从这里可以看出,在英语里餐饮的商业性、服务性内涵相当突出。因此,餐饮的概念主要有两种:一是饮食,比如经营餐饮,提供餐饮。二是指提供餐饮的行业或者机构,通过即时加工制作、商业销售和服务性劳动于一体,满足顾客的饮食需求,从而获取相应的服务收入。

四、食品

"品",本义为众多。始见于《说文解字》,品,众庶也。从三口。凡品之属皆从品。口代表人,三个表多数,意为众多的人。基于面对众多事物,人们认识与使用都必须建立在分类、归纳、判断的基础上,品的含义后又由《广雅》中"品,齐也"赋予相同类型的含义,逐渐延展出等级、评品、人品等含义。《现代汉语词典》中，"食品"意为商店出售的经过一定加工制作的食物。食品的法律定义是各种供人们食用或饮用的成品和原料以及按照传统既是食品又是药品的物品，但不包括以治疗为目的的物品。英语意为"食品"的只有"food""foodstuff"，很明显只有名词含义，就是指吃的东西和对象。因此，"食品"仅对应于"饮食"的名词含义，即食的对象，食物。结合"品"的本意及延展含义，有指代对象的众多且区别于其他物品自成一类型的含义，较食物在表述上更为书面和正式。

五、快餐

"快"，本意为喜悦。《说文解字》记载：快，喜也。字形采用"心"作偏旁，采用"夬"作声旁。后引申之意为"疾速"，俗字作"駃"，就是快速之意。"快餐"一词是 20 世纪 80 年代引入的，最早见于 1996 年版的《现代汉语词典》，意为预先做好的能够迅速提供顾客使用的饭食，如汉堡包，盒饭等。在英语中对"fast food"定义是指由商业机构分销的可即刻食用的食品，机构内可备有或不提供就餐设施，这种机构运营的主要特征是在点餐和供餐间只需很少或无须等候时间。"fast"理解为快速而有效的供食服务，"fast food"是复合食品与饮食服务的双重价值的商品。因此，"快餐"虽为外来词汇，针对"fast food"更有直译之嫌，但反观其字源词意，确实是很贴切的，简单明了地表现出其作为食品的一部分独有的动态特点"快速、简单地烹饪、服务以及进食"。在发达国家，如美国，快餐业已经成为一个比较独立的部门和体系，它所涵盖的意义已远非一种简单的食品种类，具有了更加广泛的含义，主要包括以下几方面内容：社会化和工业化生产，产供销一体化，标准化操作，设备环境洁净化，固体食品与饮料相结合。在我国，《中国快餐业发展纲要》对快餐的权威定义是为消费者提供日常基本生活需求服务的大众化餐饮，具有以下特点：制售快捷，食用便利，质量标准，营养均衡，服务简便，价格低廉。

六、烹饪、饮食与餐饮

烹饪，作为食品加工的手段，其目的是使原料变为可食的成品。如前所述，烹饪是人类为了满足生理需求和心理需求，把可食用原料加工为直接食用成品的活动。烹饪又根据在餐饮业上的分工，分为菜肴制作即"做菜"，称之为"烹调"；面点制作即"做饭"，称之为"面点（制作）"。其加工手段以手工操作为主，加工场所一般特指厨房。

饮食，是最广泛的概念，涵盖了人类饮食活动的整个过程。它涉及了食品从生产到流通到消费的全过程中发生的经济、管理、技术、科学、艺术、观念、习俗、礼仪等方面的各个环节。

餐饮，一是指饮食，比如经营餐饮，提供餐饮；二是指提供餐饮的行业或者机构，通过即时加工制作、商业销售和服务性劳动于一体，满足顾客的饮食需求，从而获取相应的服务收入。在现实使用中，更多指向的是第二种含义，突出的是其商业性和服务性的属性，指现代饮食生活的社会化模式。它是人们家庭外饮食生活的必不可少的补充。

从以上分析来看，无论是人类的整个饮食活动，还是餐饮经营性的服务性的饮食活动，烹饪有着不可或缺的地位，没有烹饪加工提供的核心产品——菜肴、面点，就没有饮食活动和餐饮经营。从这个意义上说，烹饪是饮食活动和餐饮经营的核心和基础。

七、食品、烹饪产品与快餐

食品的概念一般有两种理解，一种是狭义的，即特指由食品工业生产出来的工业食品，如饼干、香肠、罐头、白酒、啤酒、果酒、饮料、酱油、醋、调味品等。这种理解也源于学校办学的专业设置，以工业食品加工的专业为"食品加工"或"食品科学与工程"专业，以手工食品加工的专业为"烹饪专业"或进一步细分为"烹调专业""面点制作专业"等。另一种是广义的，即科学的法律的界定，来源于《食品卫生法》(现《食品安全法》)，食品指各种供人食用或者饮用的成品和原料以及按照传统既是食品又是药品的物品，但是不包括以治疗为目的的物品。这可理解为既包括原料，又包括成品；既包括"吃"的，又包括"喝"的。如果与饮食相比较，食品的定义指向饮食的名词含义。这还与《食品安全法》的适用范围，即食品加工、食品流通、餐饮服务是一致的。因此，这里的食品的概念是以法律为基础的大食品的概念，即包括了农业所提供的原料，食品工业提供的工业食品，餐饮业提供的烹饪产品(手工食品——菜肴、面点)，快餐业提供的快餐(快餐食品)。

第五节　食　业

我们从食品的定义及其与相关产业的关系来导入食业概念。

食品的法律定义是指各种供人们食用或饮用的成品和原料以及按照传统既是食品又是药品的物品，但不包括以治疗为目的的物品。根据食品的定义，人类的饮食与农业、食品工业、餐饮业、快餐业即四个产业均有极为密切的关系，而且不同产业为人们提供不同加工程度和不同性状的食品。不仅如此，四个产业之间也相互联系。首先，农业的一部分产品直接作为食品；同时，农业为食品工业、餐饮业、快餐业提供原料。其次，食品工业也为餐饮业、快餐业提供原料。例如，"小麦育种—小麦种植—面粉加工—面包焙烤—面包销售—面包店铺食用"的链条中，是从农业、食品工业、餐饮业到快餐业的渐进过程。综上所述，我们可以按照食品的法律定义、食品链及人类饮食活动之间的关系，将四个产业界定为"食业"，食品产业链的关系见图1-3。

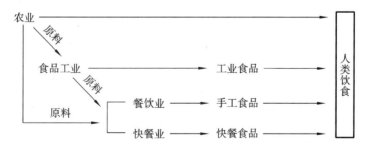

图1-3　农业、食品工业、餐饮业及快餐业与人类饮食的关系

"食业"概念导入的意义在于对与"吃"相关产业的拉动作用。"站在田头看见餐桌"或"通过餐桌指导田头"，这说明了饮食生活的源头农业与饮食生活终端消费的依赖关系。餐桌需求原料这种供求关系已经融入了市场经济的观念，食品工业、餐饮业、快餐业已经不是农业的简单延伸,而是主动地将农产品加工成更适合人们需要的产品。就小麦为主料的食品而言,不同原料适用于不同产品,如生产面包要使用高筋小麦粉,生产面条要使用中筋小麦粉,而生产蛋糕要使用点低筋小麦粉,这就需要按照小麦粉成筋蛋白质含量高低生产高、中、低筋三大类面粉;而且,在一大类产品中如不同品种的面包,其成筋蛋白质含量也有差异。

"食业"概念导入的意义还在于有利于构建"大食品"学科群。将食品原料、工业食品、手工食品、快餐食品的加工作为一个体系来研究,探讨各自的规律性及其相互联系,这既为"大食品"学科增添新的内容,还为各自学科赋予了新的内涵。传统食品工业化正是对"大食品"研究的具体体现,即以农业产品为原料,以手工食品(传统食品)为对象,以工业食品的加工(工程化生产方式)为手段,生产出感官性状符合人们审美习惯的烹饪食品——菜肴、面点,或适合家庭烹饪的半成品、成品——餐桌食品。随着科学研究的不断深入,传统食品工业化不断完善,以"大食品"为研究对象的学科体系将逐渐建立起来。

第六节　什么是烹饪学?

人们对于烹饪,像对其他客观上早已发生并不断发展着的事物一样,往往要经过很长一段时间的实践和研究过程,才逐步由表及里、由浅入深地认识它。烹饪学便是人们对烹饪这一社会性活动经过长期实践和研究后整理出来的专门化、系统化的知识体系。既然烹饪学是知识体系,那么先讨论一下与烹饪这一食品加工手段有关的知识类型。

一、知识的分类——显性知识与隐性知识

知识是人们在社会实践中所获得的认识和经验的总和。多少年来人们对知识的分类从各个角度进行了广泛的研究,其中一个重要的共识是将知识分为两类,即显性知识(explicit knowledge,也称为言传知识、编码知识、外显知识)和隐性知识(implicit knowledge,也称为意会性知识、难言知识、悟性知识、默会知识)。英国的物理学家、哲学家波兰尼于1958年首次提出了隐性知识的概念。他认为人类有两种知识,通常所说的知识是可以用书面文字或图表、数学公式来表述的,这只是知识的一种形式;还有一种知识是不能系统表述的,如我们关于自己行为的某些知识。如果我们将前者称为显性知识的话,那么后者称之为隐性知识。根据国内外学者的研究成果,并结合自身的理解,将显性知识、隐性知识的特征归纳于表1-2。

表1-2　显性知识与隐性知识的比较

特征	显性知识	隐性知识
本质属性	可用文字、公式、图形、语言或行为表述的知识	尚未通过文字、公式、图形、语言或行为表述的知识
认识范畴	理性认识,客观存在,不以人的意志为转移	感性认识,产生于认识者经历的认识活动中

续表

特征	显性知识	隐性知识
知识载体	可以记录于纸、光盘、磁带、磁盘等客观存在的载体介质上	未体现于纸、光盘、磁带、磁盘等客观存在的载体介质上;完全依赖人作为载体存在的知识
表现形式	客观性,以编码方式表现,不依赖于个人而客观存在	私有性(个体性),与认识者个体无法分离,不同个体之间是不同的
来源逻辑	直接来源于实践技能等隐性知识,但最终来源于个人的心智模式和源能力	经验性,由实践长期积累形成的,并停留在实践层面,根植于行为
存在状态	静态存在性,不随时间变化而变化	动态存在性,随时间变化而变化
传播途径	不通过传统教学、自学或其他有形媒体的传播方式而获得,具有可共享性,可被传播而共享,而且与情境无关	一般由个体实践活动获得。具有不可共享性,为个人所有,无法被别人共享,而且与情境有关
文化特征	文化外显性,其载体具有可表达的文化特征	文化内蕴性,它的载体是活生生的人,因而具有丰富的文化背景和思想底蕴,从而具备了个性的文化色彩

通过表 1-2 的比较分析,我们可以得出,隐性知识依赖于个体的经验、直觉洞察力,深藏于个体的价值观念和心智模式中,根植于行为本身,附着在经验化的技能之中,往往表现为技能、技艺、窍门、专长、办法、谋算、创意等。

二、烹饪及其他食品加工手段知识类型分析

由前文烹饪加工手段的发展脉络烹饪概念的内涵解析可得出食品形态有手工食品、工业食品和快餐食品三种类型,而其共同的特征都以原料选取、工具使用和技能施展来引起、调整和控制人与食品之间相互作用关系。不同的是,他们从属的知识类型有显著差异。

以知识的类型即显性知识与隐性知识的内涵与特征为参照,将食品加工手段的特征与之相比较,从而分析手工食品、工业食品、快餐食品加工手段的知识类型。

(一)基于手工食品的烹饪加工的知识类型

1. 从烹饪主体——烹饪操作者来分析 从历史上看,中国传统烹饪以艺术创造的形式存在,它主要是历代厨师和主妇们依靠感性经验从事食品制作;即使是到了现代,烹饪知识仍然掌握在厨师、家庭主妇(夫)、烹饪专业教师手中。以烹饪者自身经验、技能、诀窍为主,在烹饪实践过程中形成的、基于个人的知识存量和技术实践的个人技能和技术诀窍,带有明显的个人习惯、信仰和文化色彩。在烹饪教育中,同一个烹饪班级,同一个老师上课,同样的实训条件,但掌握烹饪技能的结果不一样,有些学生表现平平,有些学生能很出彩,最终成长为烹饪大师。这说明,烹饪知识具有私有性、个体性和垄断性。从烹饪主体技能掌握上来说,烹饪知识属于隐性知识。

2. 从烹饪过程——烹饪工具和技法分析 从历史上看,烹饪工具的变革大致可分为五大时期:火烹和石烹时期,陶器烹饪时期,青铜器烹饪时期,铁器烹饪时期和近代烹饪时期。现代烹饪工具按工种分为红案工具、白案工具;按功能分类可分为加热成熟工具、加

工成型工具、盛器、辅助工具等。当代烹饪虽然随着科学技术的发展有了极大的进步,一些烹饪单元操作有了机械设备,但仍然以手工操作为主,工具是必然选择,烹饪不像食品工业是基于机器的理性知识,而是基于工具的经验知识。如切配的尺寸(往往是"牛毛丝""指甲片""滚刀块"等),加热的"火候"(常用"大火""中火""小火"),调味品的比例("大多""少许""适量")很难精准表述。近年来,随着烹饪标准化的研究,菜谱虽然标出"火候"的温度,调味品的量,但在实际操作中还是基于经验的操作,很难"编码化",具有典型的只可意会不可言传的特征。从烹饪工具和工艺条件的控制过程来说,烹饪知识属于隐性知识。

3. 从烹饪的客体——烹饪成品来分析 烹饪的主体即烹饪操作者通过对原料的加工生产的烹饪成品即烹饪客体——菜肴(行业上称菜肴制作为烹调,其工种俗称为"红案")、面点(行业上称面点制作,其工种俗称为"白案")。就菜肴制作的烹调工艺而言,一般要经过选料、初步加工(分档取料、干料泡发)、切配、初步熟处理、挂糊、上浆、制汤、加热、调味、勾芡、盛装、成菜等工艺过程;就面点制作的面点工艺而言,一般经过选料、面团调制、馅心制作、成型、熟制、盛装等工艺过程。无论是菜肴,还是面点,制作过程要通过操作者使用工具,经过一系列工序来完成,这就导致成品的品质,存在因不同操作者而产生的差别,即使是同一操作者不同批次、不同时间乃至不同心理状态下的成品也有微妙差异,这就是所谓的动态变化,即它是一种具体的实际时空背景下"此时此地"的知识,是时间的函数。在描述菜肴、面点(简称菜点)品质时,往往用"色泽棕红、口味酸甜微咸、外焦里嫩"等模糊语言来表征,因此,从烹饪的客体特征即烹饪产品来分析,烹饪知识是隐性知识。

(二)基于工业食品的食品生产的知识类型

与手工食品的烹饪知识属于隐性知识相对应,工业食品的食品生产的知识属于显性知识。从食品加工手段的沿革来看,食品工业是从传统烹饪转化而来,也就是说由隐性知识转化而来,后形成了显性知识。具体而言,食品科学知识作为显性知识,已经规范化、系统化,并通过社会逻辑工具得到清楚表达,如储存于书本、计算机等载体上编码化的知识,学习者个人可通过教育、培训和自学将其内化为个人的智力资本。

例如,工业化生产面包,所有的原料都有严密的规格,精准的工艺参数,专门的生产设备,一致的成品品质。具体而言,以燕麦面包为例,配方:100 g 混合面粉(燕麦粉占 10%)、食盐 1.5 g、白砂糖 6 g、起酥油 3 g、脱脂奶粉 4 g、酵母 1.6 g、水 60 g。工艺流程:原辅料处理→计量→面团调制→面团发酵→分块整形→中间醒发→二次整形→最终醒发→烘烤→冷却→包装。

再如,牛肉罐头生产,其工艺参数:原料肉解冻(水温 1~5 ℃,室温 15 ℃以下)→原料肉修整→真空滚揉(滚揉 20 min,间歇 10 min,滚揉总时间 8 h)→腌渍(0~4 ℃,8~12 h)→煮制(煮沸 30 min,小火煮制 40 min,保持 90 ℃焖制 100 min)→晾干(2 h)→包装(100 g,真空塑封)→灭菌(121 ℃,20 min)。

总之,工业食品的生产,从原料、设备、工艺整个过程均有精准的标准和操作程序,其成品也形成统一的规格。由此可知,工业食品生产知识属于显性知识。

(三)基于烹饪技艺与食品科学结合的快餐食品加工的知识类型

我们已经明确,快餐食品是由传统餐饮转化而来,是食品科学向餐饮业渗透,烹饪走向科学化的必然产物,是食品科学与烹饪技艺的有机结合,是科学创造、艺术创造的有机结合。基于此,快餐食品加工的知识类型应该具有工业食品生产和手工食品加工的属性,即具有显性知识和隐性知识的属性。而快餐食品又分为现代快餐食品和传统快餐食品,现代快餐食品加工以显性知识为主,传统快餐食品加工以隐性知识为主。传统快餐食品转化为现代快餐食品的转化过程正是由隐性知识向显性知识转化的过程。我们来看肯德基炸鸡的制作过程:将一只鸡分成九块,清洗后甩七下,蘸粉料时滚七下按七下,油炸成熟时间分秒不差。标准的操作成为现代快餐食品的典型特征之一。俗称"傻瓜操作"的现代快餐食品加工就是显性知识。

应该强调的是,随着科学技术的飞速发展,知识类型已"非纯粹性",即显性知识中存在隐性知识的成分,隐性知识中存在显性知识的成分,根据不同的知识领域其比例不同而已。在食品加工领域,正如上述分析,手工食品的烹饪加工,属于以隐性知识为主的知识类型,工业食品加工的食品生产,属于以显性知识为主的知识类型,现代快餐食品的加工属于以显性知识为主的知识类型,而传统快餐食品的加工则属于以隐性知识为主的知识类型(只是为了讨论方便,我们将"为主"隐去,但对其本质我们要有清醒的认识)。在食品工业中,有些食品加工已经进入了工厂阶段,其知识类型应该理解为显性知识,但它们手工操作的成分仍然很大,还需要很多技巧,是"工厂手工业",如传统糕点食品厂等。从这个意义上来说,食品加工领域知识类型是显性知识与隐性知识的统一,是静态知识与动态知识的统一,是有形知识与无形知识的统一。

对食品加工领域知识类型的正确把握,将在烹饪教育改革和烹饪学科专业建设的思路上起到指导性作用。

三、烹饪学的界定

什么是烹饪学?这是我们烹饪教育和烹饪研究不可回避的问题,其认识也是逐渐深化的。改革开放以来,餐饮业是最先开放的行业,出现了多种经济体制共存,多种风味共融,多种经营模式并行的局面。餐饮业的繁荣必然重视行业组织建设,1987年在主管饮食服务行业的原商业部主持下,成立了餐饮业(当时称为饮食业)行业组织——中国烹饪协会。饮食活动和餐饮业的核心与基础——菜点的烹饪得到了重视,提出了"烹饪是科学、是文化、是艺术"的命题,这对于提升厨师的社会地位,破除"君子远庖厨""劳心者治人、劳力者治于人""做饭的、伺候人的"传统观念起到了积极的作用。同时,也出现了烹饪学是综合性学科的认识。其实,"烹饪是科学、是文化、是艺术",初衷是对烹饪工作者和烹饪行业的肯定,但并没有精准地对烹饪学科进行界定。我们作为烹饪教育工作者研究烹饪,就应该从学术上来把握烹饪学的实质。基于此,我们利用比较研究的方法,在阐释"烹饪"与"学(学科)"内涵的基础上,从广义和狭义两个角度界定烹饪学,辨析烹饪的科学性、文化性和艺术性等属性,旨在为烹饪专业学科建设提供依据。

(一)烹饪学的界定:烹饪与学(学科)

界定一个概念的逻辑,一般是看前人有没有研究、权威词典(字典)如何解释,将概念的纵向演进以及与国外的概念进行横向比较,最后进行思辨。

查阅知网是了解前人研究状况的普遍方法。以"烹饪学"为关键词,只出现十余条,查看其内容,没有揭示什么是烹饪学;以"烹饪学科"为关键词,出现四条,也没有阐明什么是烹饪学科。可见,目前前人尚没有做过相关的研究。我们这里将其分解为"烹饪""学(学科)""烹饪学"来讨论。

1. 烹饪   对于"烹饪",在本章第四节有些探讨,从汉语字源的角度看,《辞海》中,烹,意为烧煮食物;《现代汉语词典》中,烹饪意为做饭做菜。所以,很明显,自古以来汉语中烹饪就是把可食的东西用特定的方式做熟的意思。

再考察英文字义,意为烹饪的有"cuisine""cook"两个单词和"culinary art"一个合成词。其英文释义及来源见表 1-3。

表 1-3   cuisine、cook 和 culinary art 的英文释义

	英文释义	翻译	来源
cuisine	1. a style of cooking	烹饪、风味	Oxford Advanced Learners Dictionary 8th Edition(以下简称牛津词典)
	2. the food served in a restaurant (usually an expensive one)	饭菜,菜肴(通常指昂贵的饭店中的)	
	3. a style or method of cooking, especially as characteristic of a particular country, region, or establishment	烹饪的方式或方法,特别是一个特定国家,地区或机构的特征(简义:烹饪)	新牛津英汉汉解大词典(以下简称新牛津词典)
	4. food cooked in a certain way	以某种方式煮的食物(简义:菜肴,饭菜)	
cook	1. to prepare food by heating it, for example by boiling, baking or frying it	通过加热来准备食物,例如煮沸、烘烤或煎炸(简义:烹饪、烹调)	牛津词典
	2. (of food) to be prepared by boiling, baking, frying, etc.	(对食物)煮或烘烤、煎炸等	
	3. prepare (food, a dish, or a meal) by mixing, combining, and heating the ingredients in various ways	用各种方法混合,组合和加热原料(食物,一道菜或一顿饭)(简义:烹调、煮、烧)	新牛津词典
	4. (of food) be heated so that the state or condition required for eating is reached	(对食物)加热以便达到进食所需的状态(简义:被烹调;被烧煮)	
	5. heat food and cause it to thicken and reduce in volume	加热食物,使其变稠并体积减小(简义:熬制食物)	
	6. (of food being cooked) be reduced in volume in this way	(对食物被烹饪)用这种方式使体积被减少(简义:熬制)	
culinary art	the practice or manner of preparing food or the food so prepared	准备食物或如此准备食物的做法或方式	Wordnet 数据库

以上"cuisine""cook"和"culinary art"三个词解释略有差异,但核心含义清晰,关键词

是"烹饪""烹调",烹饪方法如"煮、烧、煎、熬、烘烤"等,本质上是手工食品的加工,将可食物品用特定的方法进行加工,形成菜肴、面点。这与中文的"烹饪"含义相同。

烹饪可通俗地理解为"做菜做饭",这对于非专业大众而言,是理所应当的。但作为专业教育来说,是不够科学的,起码是不恰当的。始于 20 世纪 80 年代,随着烹饪高等教育的再度兴起,主管烹饪教育的原商业部教育司组织本科院校原黑龙江商学院等和社会力量,编写了专科层次的烹饪全国统编教材,其中《中国烹饪概论》由陈耀昆先生主编。我时任黑龙江商学院旅游烹饪系教学主任,尚年轻,能与这些资深专家学者一起编写全国统编教材是一荣幸之事。此教材中确定的烹饪概念为"人类为了满足运动和健康的生理需求,以及享受和礼仪的心理需求,把可食原材料加工为直接食用成品的活动"。

2. 学与学科

先说"学"。根据《现代汉语词典》,"学"有多种含义,在这里与我们相关的是"分门别类的有系统的知识""学科"的含义是"知识或学习的一门分科""相对独立的知识体系""某一门类的系统知识"。从汉语可见,"学"与"学科"是同义语,也可以认为"学"是"学科"的缩略语,如哲学、经济学、法学、教育学、文学、工学等十多类。

再看一下英文。"学"为"study",牛津词典的解释为"used in the names of some academic subjects"即"用于某些学科的名称",新牛津词典解释为:"Used in the title of an academic subject"即"用于学科名称"。英文"学科"为"subject",牛津词典解释为"an area of knowledge studied in a school，college, etc. "即"学科、科目、课程";新牛津词典解释为"A branch of knowledge studied or taught in a school，college, or university"即"在学校、学院或大学学习或传授的知识分支(学科、科目、课程)"。学科在英文中还有一个正式的说法,即"discipline",牛津词典解释为"an area of knowledge；a subject that people study or are taught，especially in a university"即"知识的领域(尤指大学的)学科、科目";新牛津词典解释为"a branch of knowledge，typically one studied in higher education"即"知识的一个分支,通常是在高等教育中学习的(学科)",两个英文权威词典解释表述略有差异,但本质上,"study"与"subject"或"discipline"是一致的,用来表述知识的分支、领域。

综上所述,从中文和英文比较研究"学"与"学科"得出的结论是一致的,是分门别类的系统知识,独立的知识体系,而且多表现为大学学习的领域、学科、科目。目前,人类所有的知识分为五大门类:自然科学、农业科学、医药科学、工程与技术科学、人文与社会科学。我国本科教育学科设置分 12 个"学科门类"即"哲学、经济学、法学、教育学、文学、历史学、理学、工学、农学、医学、管理学、艺术学"。研究生教育学科设置 13 个"学科门类","学科大类"(一级学科)111 个,"专业"(二级学科)387 个。

(二)烹饪学的界定:广义与狭义

通过上述讨论,在明晰"学""学科""烹饪"概念的基础上,界定烹饪学概念就顺理成章了。"学"即是学说,知识体系,那么,广义的烹饪学则是有关烹饪的知识体系,是基于将烹饪放在饮食的大坐标中思考的结果,烹饪活动与人们吃什么、怎么吃、吃的目的、吃的效果、吃的观念、吃的情趣及吃的礼仪等相关,其内容我们从烹饪概念切入,可以概括为"两个需求,一个活动"。第一个需求是自然人的生理需求即"运动与健康",涉及果腹、健康、养生等层次;第二个需求是社会人的心理需求即"享受和礼仪",涉及解馋、享受、艺术等层次。

就知识体系而言,烹饪学包括烹饪化学、烹饪原料学、饮食营养学、食品安全、烹饪工艺学(烹调工艺学、面点工艺学)、烹饪工艺美术、烹饪器具与设备、筵席设计、餐饮企业管理、饮食美学、饮食民俗、饮食史学、饮食文化等方面的知识。这些也是烹饪学的研究内容和研究对象。烹饪学的研究范围,则应该是烹饪活动的本身和直接影响烹饪的事物。对于那些虽与烹饪有关,但早已从传统烹饪中分离出去并且已经专门化的科学,如应用经济学(产业经济学)、社会学(民俗学)、心理学(应用心理学)、艺术学(设计艺术学)、历史学、生物学(植物学、动物学、生理学)、机械工程(机械制造及其自动化)、园艺学(果树学、蔬菜学)、水产(水产养殖)等就不包括在内了。虽然烹饪学研究范围内的上述许多学科又是以(理学中的)物理学、化学、生物学,(教育学中的)心理学,(法学中的)社会学、民俗学,(经济学中的)应用经济学——产业经济学,(历史学中的)专门史等为基础理论的,但烹饪学只是应用这些基础理论的有关部分,而不是专门研究它们。

狭义的烹饪学,就是烹饪的核心要义。烹饪是以手工操作为主的食品加工,是将原料加工为直接食用的成品——菜肴、面点。这与上述“一个活动”的概念相契合,是饮食活动的核心和基础。具体而言,烹饪是指对食物原料进行合理选择调配,加工治净,加热调味,使之成为感官性状符合审美习惯的安全无害、利于吸收、益人健康、强人体质的菜(菜肴)点(面点即主食),既包括调味熟食,又包括调制生食。因此,狭义的烹饪学是研究手工食品食物原料的选取、预加工、切配(成型)、成熟、调味,使之成为营养素符合人体需求,味、触(口感)、香、色、形等感官状态符合人们审美习惯成品——菜肴、面点的一般规律的技术科学。比较广义烹饪学和狭义烹饪学概念可以看出,狭义烹饪学是一个活动,即“把可食性原料加工成直接食用的成品”,是烹饪的核心要义,是烹饪的本质。在广义烹饪学的知识体系中就是烹饪工艺学,也是烹饪专业的主干学科。烹饪学之所以以烹饪工艺学为主干学科,首先是因为建立烹饪学的根本目的是要使原料得到最充分和最好的使用,这必须直接通过烹饪工艺去实现;再者,其他有关课程都是围绕着烹饪工艺设立的,有的是为烹饪工艺提供理论基础或预备知识的,即属于与烹饪工艺集成的知识,如烹饪原料学、饮食营养学、食品安全、烹饪工艺美术、烹饪基本功训练等;有的是为烹饪工艺提供条件的,如烹饪器具与设备、厨房管理等;有的是以烹饪工艺为基础的,如筵席设计、饮食美学等。烹饪学的基础学科是烹饪化学。烹饪学之所以以烹饪化学为基础,是因为烹饪的基本属性是物质,而要使烹饪技艺的隐性知识转化为科学的显性知识,首先依靠烹饪化学的理论和方法,探索烹饪加工规律,才能逐步使烹饪工艺定量化、程序化、规范化,否则将不利于优秀传统工艺的流传和发展提高。

我们从国家专业目录的定位可以清晰地看出烹饪专业的属性。本科烹饪(师范)专业是 2012 年第四次专业目录修订时确定的,在全国专业目录 12 类 506 个专业中,学科门类工学(08)下设专业类别为食品科学与工程(0827),专业名称为烹饪与营养教育(082708T)。硕士烹饪学科是 2016 年在我国硕士研究生学位点食品科学的专业目录(083201)下增设烹饪科学(083224)二级学科。这是认识上的飞跃,是将烹饪加工手段作为食品加工手段的一部分,是把其作为食品科学的一部分来看待。这既给予了烹饪专业、学科属性恰当、明确的地位,也为我们本科烹饪专业、硕士科学学科办学指明了方向。

(三)烹饪学的界定:科学、文化、艺术属性辨析

“烹饪是科学、是文化、是艺术”,这是改革开放后 20 世纪 80 年代烹饪地位提升以来,

其在烹饪界耳熟能详的定位。基于此,我们这里从学术上来讨论。

从烹饪的科学属性来看。烹饪是以手工操作为主的食品加工,是食品科学的一部分,因此,烹饪的科学属性是不容置疑的。这既是烹饪的核心要义,又是烹饪学科建设和发展的理论基础。另外,从构成烹饪的知识体系来看,除了以烹饪工艺学为核心的行动体系的知识技能,以及与其集成的理论知识,如饮食营养学、食品安全、烹饪原料学等之外,还有餐饮企业管理、饮食美学、饮食民俗、饮食史学、饮食文化等方面的知识,显然拓展到了社会科学领域,这既在广义的烹饪学所涵盖的内容中,也在自然科学、人文社会科学的“大科学”的范畴之内,为烹饪的研究与发展提供了广阔的空间。基于此,烹饪学是以自然科学为核心的包括社会科学相关学科在内的科学。所以,烹饪是科学。

从烹饪的文化属性来看。文化包括广义文化和狭义文化。广义文化是指人类在社会历史实践中所创造的物质财富和精神财富的总和,狭义文化专指社会意识形态。文化无所不在,只要有人的地方,就有文化。文化是“自然的人化”,即由“自然人”化为“社会人”。由于人的实践活动同时就是文化活动,因此,文化可以归纳为人的存在方式和生活方式。人类为了生存,首先要满足基本的生理需要,俗话说就是填饱肚子,也就是“吃”,当吃喝的需求得到满足,人类才会产生更深层次的需求。从古至今关于“吃”的一切现象和关系的总和,都可以归结为饮食文化的范畴,它贯穿于人类的整个生存、延续和发展的历程,体现在人类活动的各个方面和各个环节中。因此,从这个意义上来说,烹饪是文化。

从烹饪的艺术属性来看。我们已经讨论过,知识分为显性知识和隐性知识。一方面,从烹饪主体(烹饪操作者)、烹饪过程(烹饪工具和技法)、烹饪客体(烹饪成品)分析,烹饪知识属于隐性知识,其特征表现为烹饪技能的私有性、经验性、动态存在性、不可共享性、内隐性是根植于烹饪操作者行为本身,体现的是“附身技术”,属于艺术创造的范畴。另一方面,饮食美学的五大构成部分分别为本质论、形态论、美感、范畴论和创造论。从整体上看,饮食美是食物具有特定使用价值的美,其特征是具有功能美与形式美,静态观赏与动态参与,易逝性与永久性,现实性与发展性的“四个统一”,从“审美”到“造美”,始终表现出烹饪工作者通过艺术手段,依据饮食美学观点、饮食美学理想和审美情趣,遵循饮食审美规律所创造出来的综合美。由此来看,烹饪具有鲜明的艺术属性,烹饪是艺术。

物质生活领域的其他学科也都具有科学性、文化性、艺术性。如除了“吃”外的“穿”(服装),“住”(建筑),同样具备这“三性”,在满足人们生理需求的基础上,还要满足其心理需求。它们与烹饪还有一个共同点,就是实用功能是第一位的,审美功能(艺术性)是第二位的,实用功能是前提,是根本,缺少了实用功能,哪怕再具有艺术性也失去了自身的价值。

基于烹饪教育与烹饪科学研究的现状,界定烹饪学是十分必要的。对于改变庞大的餐饮业的贡献率与烹饪教育的层次不高、研究不够深入的现状具有重要现实意义。烹饪学是有关烹饪的知识体系,从广义和狭义两个角度来界定,既为烹饪学的研究拓展了空间,又为烹饪学学科建设提供了理论依据。烹饪的科学性是烹饪的核心属性,“做菜做饭”即手工食品的加工,是烹饪的外显属性,加工中的科学原理是烹饪的内隐属性,其科学原理主要体现在烹饪加工中食物成分的相互作用。烹饪科学是食品科学的一部分,这也是烹饪最本质的属性。在这一理论思考下,烹饪教育中的烹饪科学硕士、烹饪科学博士的培养已经取得了显著成果,得到了学术界的认可。

第七节 烹饪教育

教育有广义和狭义之分。广义的教育泛指一切有目的地影响人的身心发展的社会实践活动。我们这里特指狭义的教育,是指专门组织的教育——学校教育,而且是全日制的学校教育。

烹饪教育是根据社会的现实和未来对餐饮业人才的需要,遵循烹饪专业学生身心发展的规律,有目的、有计划、有组织、系统地引导烹饪专业学生获得烹饪知识与技能,陶冶思想品德、发展智力、体力、审美能力的一种活动,以便把烹饪专业学生培养成为适应餐饮业发展需要、促进社会和谐的烹饪专门人才。

一、中国烹饪教育发展的历史沿革

纵观我国烹饪教育的发展历程,1866 年即清代同治五年,上海美华书馆出版了一本《造洋饭书》,是供人们学习西方家常主副食烹制方法和厨房卫生须知的第一本近代烹饪教材。此后,有的教会大学设立家政系,教授烹饪课程,四川黄敬临先生也在成都的女子师范学校开课教授中国烹饪技术,开风气之先。新中国成立 10 年后,国家陆续开办烹饪技工学校,培训厨师,后来又为此编写出版了《烹调技术》《烹饪原料知识》《烹饪原料加工技术》《饮食营养卫生》《面点制作技术》和《饮食业成本核算》等六本教材。我国又先后设立大专层次的烹饪系或专科学校,编写出版相应的烹饪教材。至此,烹饪才作为一门学科受到国家和社会的重视,烹饪学的建立和建设才开始提到议事日程上。

20 世纪 50 年代末(1959 年),黑龙江商学院学习苏联的经验,创办了公共饮食系,举办了两届烹饪专科教育;1961 年,接着招了烹饪本科班,由于当时正处于自然灾害时期,以及经济社会发展与本科烹饪人才需求不相适应,1962 年烹饪本科转为食品专业。尽管如此,这是我国烹饪教育史上举办本科层次烹饪教育的首试。后来一直到改革开放经济社会的大发展才带来了烹饪教育的繁荣,1983 年举办烹饪专科教育(原江苏商业高等专科学校,现扬州大学),1985 年商业部成立了专门从事烹饪的专科层次学校(原四川烹饪高等专科学校,现四川旅游学院),1985—1988 年,作为商业部的部属本科院校的黑龙江商学院,现哈尔滨商业大学为中高职烹饪院校培养四届烹饪师资班,一届师范班。1989 年,国家教委批准举办烹饪本科(黑龙江商学院餐饮企业管理专业——烹饪营养方向)之后,1993 年黑龙江商学院利用学科群优势一直在食品科学目录下招收烹饪科学硕士研究生 2 名,这表明烹饪学科硕士培养已经开始。1996 年烹饪学科硕士研究生毕业时中央电视台晚间新闻播出消息,新华社发出通稿,人民日报等全国各类报纸刊登消息,2000 年元旦《中国食品报》在世纪回眸专栏刊登了烹饪硕士研究生诞生的事件。接着黑龙江商学院培养传统食品工业化(现代快餐)方向的硕士研究生,1998 年,黑龙江省教委在黑龙江商学院设立黑龙江省职业教育师资培养基地,举办烹饪与营养教育本科专业,这些毕业生为全省乃至全国中、高职及本科院校补充了师资;2000 年以后,全国各地相关院校陆续举办烹饪与营养教育专业。2001 年教育部职教师资培训基地开始培养烹饪职教师资硕士(黑龙江商学院——食品科学目录下,扬州大学开始在食品科学目录下,后来在食品营养卫生学目录下),2006 年哈尔滨商业大学食品科学学科被批准为博士学位授予点单位,其中一个方向是餐饮食品

(传统食品)工业化,这表明烹饪学科博士研究生培养已经开始。2016年教育部正式批准设立烹饪科学硕士学位点(哈尔滨商业大学)。全国中等职业教育(简称中职)烹饪专业在校生人数统计表见表1-4,全国高等职业教育(简称高职)烹饪专业在校生人数统计表见表1-5,全国本科师范教育(简称高职)烹饪专业在校生人数统计表见表1-6。

表1-4　全国中等职业教育烹饪专业在校生人数统计表

年度	中餐烹饪(130700)				西餐烹饪(130800)			
	学校数	毕业生	招生	在校生	学校数	毕业生	招生	在校生
2015年	741	42210	72643	176638	118	4560	7835	20087
2014年	715	38939	62523	157765	105	4278	7189	18225
2013年	721	44245	63077	146989	103	3140	6423	16104

注:数据来源于教育部职业教育与成人教育司。

表1-5　全国高等职业教育烹饪专业在校生人数统计表

年度	餐饮管理与服务(640201)				烹饪工艺与营养(640202)			
	学校数	毕业生	招生	在校生	学校数	毕业生	招生	在校生
2015年	44	759	894	2383	105	4369	7875	20939
2014年	44	959	793	2347	92	4119	6859	17389
2013年	43	691	894	2707	85	4551	5930	15198

注:数据来源于教育部职业教育与成人教育司。

表1-6　全国本科师范教育烹饪专业在校生人数统计表

年度	烹饪与营养教育(082708)			
	学校数	毕业生	招生	在校生
2015年	20	724	1420	4199
2014年	18	661	1110	3616
2013年	16	635	940	3188

注:数据来源于教育部职业教育与成人教育司。

　　从几个层次烹饪专业在校人数看,中等职业教育烹饪专业在校生人数从2013年以来逐年增加,2015年中餐烹饪在校生达到17万多人,西餐烹饪在校生达到2万多人;这表明对烹饪本科师资培养有很大的需求,进而对烹饪硕士、博士研究生的需求也有增加的趋势。到目前,烹饪教育在办学层次上形成了中职、高职、本科、硕士、博士五个办学层次;在办学类型上形成了烹饪职业技术教育、烹饪职业技术师范教育、烹饪学科教育三个办学类型;在举办学校上形成了中等职业学校、高等职业学校、普通高等学校、高等师范学校的办学格局。

　　图1-4是我国1949年以来烹饪教育发展的历程,从图中烹饪教育发展的时间节点看,烹饪教育的发展是曲折的。这既说明烹饪教育的发展与经济社会发展相适应,也表明烹饪教育工作者进行了有益的探索。这不仅要求我们对相关培养学校的烹饪专业学科建设进

行反思,而且还要在现代烹饪教育体系构建的视角上进行探讨。

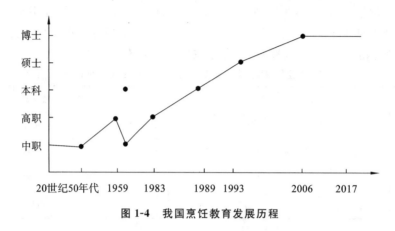

图 1-4　我国烹饪教育发展历程

二、中国烹饪教育发展中的重大事件回顾

如前所述,烹饪教育经过 60 多年的发展,在办学层次上已经形成中职、高职、本科、硕士、博士五个办学层次的现代烹饪教育体系。这来之不易的烹饪教育发展,是几代人不断探索的结果。其中值得提出的一个重大事件,就是 20 世纪 90 年代初基于烹饪高等教育大发展时期对烹饪教育专业属性和培养目标等基本问题的认识过程。在烹饪教育发展中,人们对烹饪中等职业教育专业属性和培养目标是比较明确的,就是培养餐饮企业厨房岗位从事菜点制作的一线技能型人才。1983 年以来,专科层次的烹饪教育全面开展,逐步形成全国商业高等院校举办烹饪专科教育的格局。其主要办学机构有江苏商业高等专科院校、四川烹饪高等专科院校、吉林商业高等专科学校、北京商学院一分部(与北京服务管理学校合作)、广东商学院等院校。其中,黑龙江商学院 1985 年至 1988 年为烹饪学校培养烹饪师资,1989 年举办了本科层次的烹饪教育。

烹饪教育的发展是与经济社会发展密切相关的。改革开放以来,人们生活水平不断提高,老百姓的餐桌已由 20 世纪 70 年代"粗粮杂食是主食——百张餐桌的膳食是相似的",向 20 世纪 80 年代"蔬菜水果样样全——从温饱逐渐走向小康的年代"过渡。餐饮业最先走出计划经济体制,出现了大发展大繁荣的局面,餐饮业发展对餐饮烹饪人才培养提出了更高要求。主管餐饮服务的商业部审时度势,于 1987 年倡导成立了餐饮业的第一个国家级协会组织——中国烹饪协会,提出了"中国烹饪是科学、是文化、是艺术"的命题。这对于提升中国烹饪的地位,特别是在国际上的地位起到了决定性的作用。烹饪高等教育属性也是在这一命题下来认识的。主管餐饮烹饪教育的商业部教育司积极推进烹饪专业学科建设,从抓师资队伍到抓教材建设,做了大量卓有成效的工作。

商业部教育司在烹饪专业学科建设上组织编写了烹饪专业系列教材,并对烹饪的教育类型、专业属性、培养目标、培养方案等教学的基础问题开展研究。1991 年商业部教育司在四川烹饪高等专科学校召开了《中国烹饪概论》教材编写会议。编写该教材的目的之一是通过该教材的编写过程理清烹饪专业属性等基本问题。该教材由中国商业出版社陈耀昆先生,以及四川烹饪高等专科学校、江苏商业高等专科学校和黑龙江商学院的专家学者参加。笔者有幸作为黑龙江商学院旅游烹饪系的代表(时任该系教学主任)参加了研讨,并与熊四智、陶文台著名学者一起编写了《中国烹饪概论》教材,由中国商业出版社出版。1992 年,商业部教育司在四川烹饪高等专科学校召开了烹饪高等教育研讨会,上述院校派代表参加并提交了本学校烹饪专业教学计划(现在的培养方案)。除此之外,还聘请了资深烹饪中等职业学校(上海饮食服务学校等)的领导、专家与会。会议对烹饪专业属性的讨论有两种代表性观点:一是从事饮食文化工作的代表认为,烹饪专业归纳为文化学;二是从事自然科学的代表则认为,烹饪专业应属于自然科学。与会人员通过比较教学计划所取得的共识是,烹饪专业的课程结构应包括烹饪(食品)化学、烹饪(食品)营养学、饮食卫生学、烹饪原料学、烹调工艺学、面点工艺学等课程(群)。显见,烹饪是食品的加工手段之一,烹饪专业是为餐饮企业厨房岗位培养技能人才的专业。由于当时全国对高等职业教育属性的认识还不清晰,故烹饪高等教育的办学类型确定为普通高等教育专科层次。

商业部教育司举办的这两次《中国烹饪概论》编写会议及研讨会的标志性的成果,体现在《中国烹饪概论》这本教材之中。该教材虽然字数不多,但用精练的语言阐述回答了烹饪、烹饪学及烹饪教育的基本问题。从烹饪的概念、烹饪学、烹饪教育的研究几个维度,表明烹饪专业的属性问题为烹饪学是有关烹饪的知识体系。就烹饪的自然属性和技术属性而言,烹饪学是研究食物原料的性质、功能、加工、切配、成熟、调味,使之成为既有丰富营养又有一定的色、香、味、形成品的应用学科。而从烹饪的自然属性、技术属性和社会属性来看,烹饪学是一门以烹饪文化史为宏观参考系,以烹饪工艺为主干,以食品生物化学为基础的烹饪知识体系。关于烹饪和烹饪学这些基础概念的界定,应该是在“中国烹饪是科学、是文化、是艺术”的背景下所得出的结论,是难能可贵的,为后期准确理解烹饪专业的属性奠定了理论基础。

20 世纪 90 年代中后期,行业不再办学,商业部属院校划转到地方,以行业主管烹饪专业办学的商业部(国内贸易部、国内贸易局)对烹饪教育的管理告一段落,对烹饪教育规律的研究已分散到各地区、各学校。伴随着经济社会发展,20 世纪 90 年代中后期以来,烹饪教育在教育体系中不断壮大。

第二章 烹饪人才培养——几个热点问题

烹饪人才培养是烹饪院校的核心功能。无论哪个办学层次,都是通过对烹饪人才经过培养训练,使之成为不同层次岗位要求的烹饪专门人才。由于烹饪教育起步较晚、烹饪本身的技能性较强,加之随着烹饪办学层次的提升,烹饪院校对于烹饪专业教育教学规律的认识往往存在偏差,很难适应烹饪人才培养的需要。笔者经过30余年烹饪教学科研实践,对于烹饪教学的一些热点问题做了一些思考,经历了不断深化的过程,有许多切身的体会。本章从烹饪专业属性、培养目标、课程结构、课程开发、师资队伍建设、中高职衔接、校企合作等热点问题写出来与大家一起探讨,获得共识,以提高烹饪专业教育的教学质量。

第一节 烹饪专业属性

从20世纪90年代初至今,烹饪教育得到了大发展,中职烹饪专业、高职烹饪专业、本科烹饪师范专业已经齐全,烹饪硕士、博士学科也出现了,如果对烹饪专业属性再没有明确的认识,势必影响专业的建设与发展,在此,我们从专业名称现状与烹饪专业目录为切入点来思考烹饪专业的属性,这是因为在我国的现行教育体制中,专业目录一方面揭示该专业的属性,另一方面决定该专业是否具有办学地位。

一般而言,专业是根据学校(高等、中等)、社会分工要求所分成的学业门类,专业是社会分工和社会职业催生而来的,它是在社会分工发展的基础上产生的,从这个意义上来说,也可以认为社会上有多少个职业,就应该有多少个专业相对应。但是,社会职业发展是动态的,专业设置是滞后的,专业设置虽然侧重于社会职业,但往往并不完全与社会职业相对应。

专业名称宏观上是专业属性内涵的反映;中观上是人才培养目标包括培养方向定位和素质结构的反映;微观上是课程结构的反映。这里,我们对所调查的不同层次烹饪专业名称与教育部的专业目录名称进行比较分析,并进一步分析明确烹饪专业的属性。

一、对烹饪专业属性的新认识——基于烹饪专业名称现状分析

笔者在所调查的60多所烹饪院校中,既有中职烹饪专业、高职(本书特指专科层次,下同)烹饪专业,同时也有本科烹饪师范专业。各层次烹饪专业名称也有所差异,下面我们将给出这三类院校的专业名称的现状。

（一）中职烹饪专业名称

中职烹饪专业名称及其占比见图2-1。

由图2-1可知,在中职院校中,将专业名称设置为烹饪的占调查总数的38％,有25％的院校将专业名称设置为中餐烹饪,有19％的院校将专业名称设置为中餐烹饪与营养膳食,有12％的院校将专业名称设置为烹饪工艺与营养,还有6％的院校将专业名称设置为清真烹饪。

（二）高职烹饪专业名称

高职烹饪专业名称及其占比见图2-2。

由图2-2可知,在高职院校中,将专业名称设置为烹饪工艺与营养的占调查总数的83％;将专业名称设置为烹调工艺与营养的占调查总数的11％;有6％的院校将专业名称

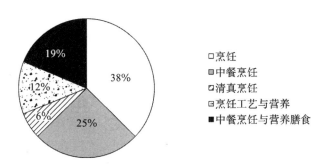

图 2-1 中职烹饪专业名称及其占比

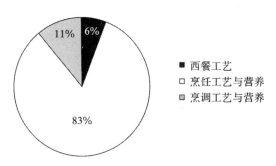

图 2-2 高职烹饪专业名称及其占比

设置为西餐工艺。

（三）本科烹饪师范专业名称

本科烹饪师范专业名称及其占比见图 2-3。

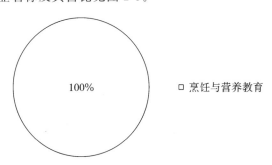

图 2-3 本科烹饪师范专业名称及其占比

由图 2-3 可知，在本科烹饪师范专业中，所有的院校均将专业名称设置为烹饪与营养教育。

二、对烹饪专业属性的本质认识——基于教育部烹饪专业目录

中职烹饪专业在教育部烹饪专业目录第 13 类旅游服务类中的名称为中餐烹饪（130700）、西餐烹饪（130800）。现在中职烹饪专业的名称根据出现的比例大小，依次为烹饪、中餐烹饪、中餐烹饪与营养膳食、烹饪工艺与营养、清真烹饪。烹饪是人类为了满足生理需求和心理需求，把可食性原料加工为直接使用成品的活动。烹饪专业为餐饮业人员从事烹饪加工岗位而设置，对受教育者进行必备知识的传授和技能训练，以培养菜点制作专

门人才。

从教育行政主管部门看,中职烹饪专业名称设定为"烹饪"是科学的,是以社会职业分工宽口径设置的;从烹饪对象的风格上,可为中餐、西餐、清真餐等。而在"中餐烹饪与营养膳食"专业名称中,"营养膳食"虽有补充中餐烹饪的意味,但有画蛇添足之感,烹饪的对象所制作的菜点或膳食本身首先就应该涉及营养属性,这是由饮食根本目的所决定的。"烹饪工艺与营养"专业名称,应属于高职烹饪专业的名称,在后面讨论。

高职烹饪专业是在教育部专业目录第 19 类 746 个专业中,旅游大类(64)餐饮类(6402)目录下开设的,共有 5 个专业,即餐饮管理(640201)、烹调工艺与营养(640202)、营养配餐(640203)、中西面点工艺(640204)、西餐工艺(640205)。根据社会职业分工,旅游包含食、宿、行、游、购、娱六大要素,"食"作为六大要素之首,下设"餐饮类",符合社会分工规律。与之相对照,现行的高职烹饪专业名称依次为烹饪工艺与营养、烹调工艺与营养、西餐工艺(图 2-2),后两者与教育部专业目录相符。在有限的时间内,不可能将学生培养成为既是烹调师,又是面点师。从教育部的专业目录来看,面点工艺相对烹调工艺简单。故将中式、西式放在一个专业之中(640204),西餐工艺和烹调工艺与营养相并列,烹调工艺虽然没有指明是中餐,但都能按照惯例理解为中餐烹调工艺。营养配餐专业、烹调工艺与营养专业的"营养"在后边讨论。

本科烹饪师范专业的地位是 2012 年第四次专业目录修改时确定的,是在教育部专业目录第 12 类 506 个专业中,学科门类工学(08)下设专业类别为食品科学与工程(0827),专业名称为烹饪与营养教育(082708T)。这与 1999 年特设专业烹饪营养教育(04033W)相比,是认识上的飞跃,是将烹饪加工手段作为食品加工手段和食品科学的一部分来看待。目前烹饪营养教育本科专业均为烹饪与营养教育,这与教育部的专业目录相符,其专业类型应确定为烹饪职业教育,办学类别为师范,办学层次为本科,即本科层次烹饪职业技术师范教育。

三、对烹饪专业属性的精准认识——基于烹饪专业名称"营养""营养配餐"的辨析

(一)高职烹饪专业和本科烹饪师范专业目录中的"营养"一词

高职烹饪专业目录中有烹调工艺与营养(640202),本科烹饪师范专业目录为烹饪与营养教育(082708T),营养与烹调工艺、烹饪分别是并列关系,这无论从知识分类的逻辑上,还是在人才培养方案的课程结构上均有不妥。

烹饪的本质是手工食品的制作,是食品加工手段之一,其专业的构成是由多学科所支撑的,如烹饪原料学、饮食营养学、饮食卫生学、烹调工艺学、面点工艺学、餐饮机械与设备、餐饮企业管理学等学科。营养指人体消化、吸收、利用食物或营养物质的过程,也是人类从外界获取食物满足自身生理需要的过程,包括摄取、消化、吸收和体内利用等。营养学是一门研究机体代谢与食物营养素之间的关系的一门学科。高职烹饪专业目录、本科烹饪师范专业目录中之所以有"营养"二字,一是为了提升职业教育的地位,二是为了提升"做饭的"专业科技含量。再从烹饪工艺与营养专业的课程结构上看,我们以高职烹饪专业为例,烹饪(饮食)营养学只是一门课程,课时为 64 课时,占专业基础课和专业课总课时的 3.34%。再从烹饪营养学的教材上看,一般包括烹饪营养学基础、烹饪原料的营养特点、营养与烹

调、合理配膳、不同生理条件下的营养与膳食、营养与膳食记录等。中国营养学会编写的《中国营养师培训教材》分为基础营养篇（九章）、食物营养与食品卫生篇（六章）、人群营养篇（六章）、公共营养篇（七章）、营养缺乏与营养过量篇（五章）、疾病营养篇（十一章）、营养强化与保健食品篇（五章）、食品加工与烹饪篇（两章），总计119.7万字。

营养学知识体系中，涵盖了烹饪加工；烹饪学知识体系中，同样涵盖了营养学。作为一个反映烹饪专业内涵的烹饪专业名称，在特定条件下增加"营养"二字是能够理解的，但从科学认识的角度，我们应该有清晰的认识，即高职烹饪专业中的烹调工艺与营养专业就是"烹调工艺"专业，本科烹饪师范专业中的烹饪与营养教育专业就是"烹饪教育"专业。

（二）高职烹饪专业目录中营养配餐专业中的"营养配餐"

高职专科专业目录中有营养配餐专业（640203）。"营养配餐"是偏正结构，"营养"修饰"配餐"。配餐是以调配成营养均衡，感官性状符合人们审美习惯的膳食为目标的活动。如果以"营养"来配餐，只达到了营养均衡，而对"感官性状符合人们审美习惯"没有描述，是不全面的。因而，配餐应表述为"配餐是以饮食科学知识为指导调配成营养均衡，感官性状符合人们审美习惯的膳食为目标的活动"。这里饮食科学知识既包括饮食营养学知识，又包括饮食卫生学知识、烹饪原料知识、烹饪工艺知识、饮食美学知识等。饮食营养学知识包括现代营养学和传统营养学；烹饪原料知识是有关烹饪原料的种类、性质、结构及其应用价值的知识体系；烹饪工艺知识是通过烹饪工具，将烹饪原料进行切割、组配、加热烹制、调味等主要工序，将烹饪原料加工成菜点的知识体系；饮食美学知识是研究饮食活动领域美及其审美规律的知识体系。在科学配餐中，配什么？不仅要配实质美（实质美即营养卫生）还要配感觉美，包括味道美（味觉美，也即调配化学味）、口感美（触觉美，也即调配物理味）、气味美（嗅觉美）、色彩美（视觉美）、形态美（视觉美）；如何配？要用到形式美法则，包括对称与平衡、对比与调和、比例与节奏、多样与统一等。通过这些知识在配餐实践中的运用，才能得出营养均衡，感官性状符合人们审美习惯的膳食。通过以上分析，"营养配餐"专业名称称之为"科学配餐"为宜。

综上所述，对烹饪专业属性，烹饪专业名称现状与教育部专业目录的分析以及对营养与营养配餐的辨析，可使读者对烹饪专业的基本属性包括烹饪专业属性内涵有了明确见解，为培养不同层次烹饪人才的准确定位提供了依据。

第二节 烹饪专业设置

《国家职业教育改革实施方案》（以下简称职教20条）在完善教育教学相关标准中指出了"专业设置与产业需求对接、课程内容与职业标准对接、教学过程与生产过程对接"的对接要求，这是以类型教育为特征的职业教育，培养符合劳动力市场需求的高质量技术技能型人才的基本原则，其中，专业设置与产业需求对接，是处理好人才培养"供与求"的精辟表述，回答了专业设置的根本遵循问题。餐饮职业教育是为餐饮业提供人才的教育，微观而言，餐饮业中的职业工作岗位是人才的需求侧，餐饮教育是餐饮业工作岗位人才的供给侧，需求决定供给，这是供求规律在餐饮职业教育中的具体体现。

一、餐饮业、餐饮业职业分析及餐饮类专业设置现状

（一）餐饮业

餐饮业指通过食物加工制作、销售并提供饮食场所的方式为顾客提供饮食消费服务的行业。按照"行业是从事相同性质的经济活动的所有单位的集合"的概念，餐饮业属于国民经济行业分类的 20 个门类第 8 类（H）"住宿和餐饮业"中的 62 大类，见表 2-1。

表 2-1　餐饮业分类一览表

代码				类别名称
门类	大类	中类	小类	
H				住宿和餐饮业
	62			餐饮业
		621	6210	正餐服务
		622	6220	快餐服务
		623		饮料及冷饮服务
			6231	茶馆服务
			6232	咖啡馆服务
			6233	酒吧服务
			6239	其他饮料及冷饮服务
		624		餐饮配送及外卖送餐服务
			6241	餐饮配送服务
			6242	外卖送餐服务
		629		其他餐饮业
			6291	小吃服务
			6299	其他未列明餐饮业

（二）餐饮业职业分析

职业是指从业人员为获取主要生活来源所从事的社会工作类别。职业分类是指根据职业的工作性质、活动方式等方面的区别，对社会职业及其类别所进行的系统划分和归类。2015 年《中华人民共和国职业分类大典》把职业分为 8 个大类、75 个中类、434 个小类、1481 个职业。根据工作性质的同一性进行划分，将住宿和餐饮服务人员（4-03，GBM40300）归于第四大类"社会生产服务和生活服务人员"中，二者职业活动涉及的知识领域、对服务对象——人提供的产品和服务具有同一性。

根据从业人员的技术性质、工作条件和工作环境等划分餐饮服务人员，即小类（4-03-

02,GBM40302),在其之下又细分为 9 个职业即中式烹调师(4-03-02-01)、中式面点师(4-03-02-02)、西式烹调师(4-03-02-03)、西式面点师(4-03-02-04)、餐厅服务员(4-03-02-05)、营养配餐员(4-03-02-06)、茶艺师(4-03-02-07)、咖啡师(4-03-02-08)、调酒师(4-03-02-09)。这是根据提供"吃的"——菜肴、面点,"喝的"——茶、咖啡、酒、饮料,以及提供相应的服务,按照服务对象的同一性、服务的类别来划分的。

（三）餐饮类专业设置现状

在与餐饮业相关岗位对接的专业设置上,有中职、高职两个层次。中职餐饮类专业目录 2010 年修订,在旅游服务类(13)中分为中餐烹饪(130700)和西餐烹饪(130800),如表 2-2 所示。

表 2-2　中职餐饮类专业目录

专业类	专业代码	专业名称	专业技能方向	对应职业（工种）	职业资格证书举例	基本学制	继续学习专业举例
13 旅游服务类	130700	中餐烹饪	中餐烹调中式面点制作	4-03-02-01 中式烹调师 4-03-02-02 中式面点师 4-03-02-06 营养配餐员 X4-03-04-01 厨政管理师☆ 调味品品评师☆	中式烹调师（中级） 中式面点师（中级） 营养配餐员（中级）	3 年	高职:烹饪工艺与营养 本科:旅游管理食品科学与工程
13 旅游服务类	130800	西餐烹饪	西餐烹调西式面点制作	4-03-02-03 西式烹调师 4-03-02-04 西式面点师 4-03-02-06 营养配餐员 X4-03-99-01 厨政管理师☆ 调味品品评师☆	西式烹调师（中级） 西式面点师（中级） 营养配餐员（中级）	3 年	高职:烹饪工艺与营养 本科:旅游管理食品科学与工程

2019 年教育部组织开展了对《中等职业学校专业目录(2010)》的修订工作,在新增的 46 个专业中,旅游服务类新增中西面点专业(131100),专业(技能)方向为中式面点制作、西式面点制作。

高职餐饮类专业目录于 2005 年修订,见表 2-3。

表 2-3　高职餐饮类专业目录

专业类	专业代码	专业名称	专业方向举例	主要对应职业类别	衔接中职专业举例	接续本科专业举例
6402 餐饮类	640201	餐饮管理	餐厅管理 厨政管理	餐饮服务人员	高星级饭店运营与管理 中餐烹饪与营养膳食 西餐烹饪	酒店管理 工商管理
6402 餐饮类	640202	烹调工艺与营养	中餐烹调 西餐烹调	餐饮服务人员	中餐烹饪与营养膳食 西餐烹饪	烹饪与营养教育 食品科学与工程
6402 餐饮类	640203	营养配餐	食品制作	餐饮服务人员	中餐烹饪与营养膳食	烹饪与营养教育 食品科学与工程
6402 餐饮类	640204	中西面点工艺	中式面点 西式面点	餐饮服务人员	中餐烹饪与营养膳食 西餐烹饪	烹饪与营养教育 食品科学与工程
6402 餐饮类	640205	西餐工艺		餐饮服务人员	西餐烹饪	烹饪与营养教育 食品科学与工程

二、基于餐饮职业的餐饮职业教育专业划分的理论分析

职业教育的专业是由社会分工和社会职业催生而来的。职业教育是以就业为导向的，理论上社会上有多少个职业，就应设置相应能够涵盖这些职业的专业，不仅在范围上要实现有效甚至是无缝对接，还要在层次上高于社会职业。但是社会是发展的，新的职业不断出现，而专业调整又是间歇式的，所以需要形成动态平衡。基于此，我们从理论上探讨基于餐饮职业的餐饮职业教育专业的划分，见表 2-4。

表 2-4　基于餐饮职业的餐饮职业教育专业的划分

餐饮业类别	正餐、快餐服务（菜点制作服务）	饮料及冷饮服务（饮品制作与服务）	餐饮配送及外卖送餐服务（配送外卖服务）	小吃与其他（其他餐饮业）
餐饮业职业	中式烹调师 中式面点师 西式烹调师 西式面点师 营养配餐员 ——————— 餐厅服务员	茶艺师 咖啡师 调酒师	—	—

餐饮业专业设置	中餐烹饪（中餐烹调、中式面点制作）西餐烹饪（西餐烹调、西式面点制作）营养配餐餐饮管理	饮品制作服务	—	新开发专业

在职业教育中以职业属性为基本特征的专业，与职业存在以下四个方面的关系，一是以职业能力方面的同一性为专业划分的基础；二是以职业功能与职业资格方面所具有的同一性作为专业培养目标制定的依据；三是专业教学过程的实施与相关的职业劳动过程、职业工作环境和职业活动空间具有一致性；四是专业的社会认同。餐饮类专业设置应体现这四个方面的关系。以餐饮业类别为逻辑起点，对餐饮业职业群（岗位群）在横向分组与纵向分层上进行分析与概括，并在此基础上根据科学与技术领域上的划分原则由职业群（岗位群）导出专业，确定符合职业性原则及教育规律的专业名称。

在横向分组方面，餐饮业职业群（岗位群）由手工食品——菜肴、面点、小吃的制作与服务，饮品——茶、咖啡、酒、饮料等的制作与服务，以及配送与外卖服务三个部分组成。因此，餐饮专业应按照餐饮产品原料、工具设备、加工工艺以及产品为人们食用进行设置，并为消费者提供服务等。"餐"的专业可整合为中餐烹饪（含中餐烹调、中式面点制作两个专业技能方向），西餐烹饪（含西餐烹调、西式面点制作两个专业技能方向）。这正是中等烹饪职业教育在2019年前的两个专业目录。与"餐"相关的专业，有营养配餐专业，其营养配餐与菜肴、面点等餐饮产品制作密不可分；还有菜肴、面点等餐饮产品加工、经营中的餐饮企业管理问题即餐饮管理专业。值得一提的是，随着社会对餐饮人才需求的增加、职业化分的细化，可以设置与"饮"相关的专业，如"饮品制作与服务"专业，事实上，有的餐饮院校开设了茶艺、咖啡、调酒等课程，有的院校还开设了专业方向，到一定发展阶段则正式设置专业；广东某高职院校曾经申报过咖啡专业，我有幸审阅过申报材料。有的院校实施了宽口径的培养，对部分班级开设了烹调、面点、茶艺、咖啡、调酒、服务、管理等课程，即对学生传授多种知识与技能，但时间课时都不多，每个技能都达不到高水准，目的是培养"多面手"，以适应学生发展的需要。另外，随着时代的发展，在工业4.0智能时代，人工智能、云计算、大数据及物联网等对餐饮业产生了深刻的影响，广东碧桂园集团的机器人餐厅已经营业，出现了新的职业，从而导致了新的专业产生。

在纵向分层方面，目前餐饮职业教育有中职和高职两个层次，专业的种类上有所不同，有的岗位只适用于高职，如营养配餐、餐饮管理；相同岗位的在专业名称上也有所区别，这是因为就技能而言，中职属于经验层面的，解决"怎么做"，而高职则属于策略层面的，体现"怎么做得更好"，技能层次也高一些，如中职为中级即四级，而高职则为（准）高级即三级。这些在相关论文中均做过讨论。中职的专业名称一般为"制作"，高职则一般为"工艺"，体现出高层次。

三、目前餐饮类专业体系需进一步明晰的问题

(一)专业目录:科学性与现实性

专业设置是专业建设的基础与前提,是在职业划分的基础之上的,不仅应有权威性、科学性与规范性,还应有不断适应发展变化的灵活性。其专业名称是对餐饮业职业客观实际的科学描述,科学地反映专业的内涵是设置专业名称的基本原则。如中职的"中餐烹饪""西餐烹饪",其专业技能方向分别为"中餐烹调""中式面点制作"与"西餐烹调""西式面点制作",这是教育部中职专业目录明确指出的,也符合科学性和规范性原则。随着社会的发展,中西面点制作的人才需求在不断增加,2019 年教育部设置了"中西面点(131100)"专业。基于此,从理论上"中餐烹饪""西餐烹饪"分别只有一个专业技能方向即"中餐烹调""西餐烹调",这样这两个专业名称便可以理解为"中餐烹调"和"西餐烹调"了。

我国经济社会发展区域不平衡的特点导致餐饮人才市场存在区域上的差异,部分学校和地区并没有进行中西面点人才培养,如果将专业划分过细,则又会出现对该专业人才的需求,那么,在"中餐烹调""西餐烹调"专业目录下培养中西面点人才就显得不够科学。因此,在"中餐烹饪""西餐烹饪"目录下可以宽口径培养人才,将"中餐烹饪""西餐烹饪""中西面点"并列起来,虽然在理论上显得不科学、不规范,但在现实中具有实用性。

同理,在高职专业目录"烹调工艺与营养""烹饪工艺与营养""中式烹调工艺"等专业中,"中式烹调工艺"是科学的选项,因为其与"西式烹调工艺"相对应,同属一个范畴。这里"烹调(烹饪)工艺与营养"中"营养"二字是在设置该专业时为了提升民众对该专业的认知度而加的,并不是为揭示该专业的内涵,但从现实考虑可以继续保留。还有,营养配餐是国家已经设定的专业,我也曾经探讨过了。"西式烹饪工艺"与"西式烹调工艺"相比,后者亦是科学的选项,前者现实性道理亦然。

(二)层次衔接:科学性与有效性

关于构建起纵向贯通,横向融通的现代餐饮职业教育体系,笔者在拙文《我国现代烹饪教育体系的构建》中做了一些探讨。在纵向贯通的宏观层面,巩固餐饮中职教育的基础地位,强化餐饮高职教育的主体地位,稳步推进本科层次餐饮职业教育试点。在纵向贯通的微观层面,打破餐饮中职教育、高职教育的"天花板",按照中职、高职餐饮专业目录所显示的"继续学习专业举例",一体化设计中职、高职、本科三个层次专业的衔接,明确继续学习的专业方向,其图示见图 2-4。

图 2-4 的专业衔接是餐饮中职、高职专业目录所显示的,其中衔接程度是笔者加上的,A 代表衔接紧密,B 代表衔接尚可,C 代表衔接牵强。这是总体上客观上的衔接。而餐饮中职专业与高职专业更具体的衔接见图 2-5。

图 2-5 显示,中职餐饮专业中餐烹饪(130700)的中餐烹调专业技能方向能与高职餐饮专业烹调工艺与营养(640202)有效衔接,其中式面点制作专业技能方向能与中西面点工艺(640204)专业中的中式面点工艺相衔接,而且与营养配餐(640203)相衔接。中职餐饮专业西餐烹饪(130800)中的西餐烹调专业技能方向与高职餐饮专业西餐工艺(640205)有效衔接,与中西式面点制作专业技能方向中的中西面点工艺(640204)专业中的西式面点工艺相衔接,而且与营养配餐(640203)专业相衔接。中职餐饮专业中西面点(131100)专业与高职

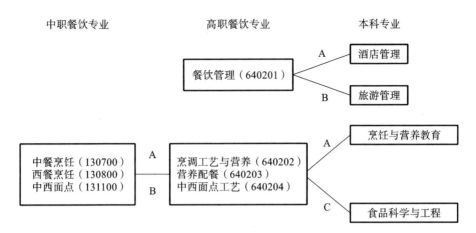

图 2-4 中职、高职餐饮专业与本科专业一体化衔接示意图

A:衔接紧密；B:衔接尚可；C:衔接牵强

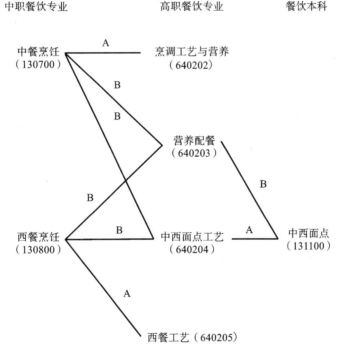

图 2-5 中职、高职餐饮专业部分专业细化衔接

A:衔接紧密；B:衔接尚可

餐饮专业中西面点工艺(640204)专业有所衔接,且与营养配餐(640202)相衔接。

再看中职、高职餐饮类两个专业目录(表 2-2、表 2-3),与本科衔接的专业有酒店管理、旅游管理、烹饪与营养教育、食品科学与工程等。这里我引用课程分析的方法来讨论衔接是否科学合理,主要原因在于职业教育的专业培养目标是通过课程来实现的,不同专业的培养目标可由一组不同的相关课程来实现。将各专业课程进行综合分析归纳专业课程群,再看高职餐饮专业与本科专业衔接的状况。现在我们将高职餐饮管理专业与本科的酒店管理、旅游管理专业的主要专业课程列于表 2-5。

表 2-5　高职餐饮管理专业与本科酒店管理、旅游管理专业主要专业课程比较

专业	主要专业课程
高职 餐饮管理 （640201）	专业基础课程：一般设置 6～8 门，包括中国饮食文化、烹饪概论、烹饪原料、烹饪美学、食品营养与配餐、食品卫生安全、餐饮服务心理、客户服务与管理等； 专业核心课程：一般设置 6～8 门，包括餐厅服务与实训、烹调工艺与实训、餐饮企业运行管理、宴会设计与管理、餐饮市场营销与实训、餐饮企业会计与财务管理等； 专业拓展课程：博雅课程、才艺训练、专业应用文写作、茶饮制作、茶艺技能、插花技艺、香氛技能、咖啡文化与制作、食品雕刻、鸡尾酒调制、日韩料理、西式菜点制作、品牌推广与管理、网络餐饮营销、现代餐饮企业设施操作及维护、餐饮店长实务、餐饮连锁运营与管理等
本科 酒店管理 （120902）	核心课程：微观经济学、宏观经济学、会计学、管理学原理、财务管理、统计学、经济法、酒店业通论、酒店品牌管理、酒店服务管理、酒店市场营销、酒店人力资源管理、前厅与客房管理、餐饮管理、酒店商务英语、旅游消费行为学等； 主要实践环节：酒店管理软件实训、酒店专业综合实践、酒店业人力资源调查、酒店业热点问题调查、科研与生产实践、创新实践、创业实践、毕业实习与毕业论文等
本科 旅游管理 （120901K）	主要课程：管理学原理、微观经济学、宏观经济学、统计学、会计学、财务管理、旅游学概论、旅游经济学、旅游规划与开发、旅游消费行为学、旅行社经营与管理、饭店管理学、旅游业信息系统、旅游法规、导游实务等； 主要实践环节：旅游景区调查与规划实践、旅游管理信息化软件实践、创新创业实践、旅游企业基层岗位技能实践、旅游企业管理岗位实践、毕业实习与毕业论文

　　表 2-5 显示，高职餐饮管理专业与本科酒店管理专业衔接较紧密，与旅游管理专业相距较远。

　　高职烹调工艺与营养、西餐工艺与本科的烹饪与营养教育、食品科学与工程的主要的专业课程列于表 2-6。

表 2-6　高职烹调工艺与营养、西餐工艺专业与本科烹饪与营养教育、
食品科学与工程专业的主要专业课程比较

专　　业	主要专业课程
高职 烹调工艺与营养 （640202）	专业基础课程：一般设置 6～8 门，包括烹饪原料、烹饪学导论、饮食文化、烹饪化学、烹饪美学、饮食心理、餐饮成本控制等； 专业核心课程：一般设置 6～8 门，包括食品营养与配餐、餐饮食品安全、中式烹调工艺、中式面点工艺、宴会设计与实践、餐饮企业运行管理等； 专业拓展课程：博雅课程、地方风味名菜制作、西式烹调工艺、西式面点工艺、食品雕刻与菜品装饰、餐饮服务技能实训、茶艺赏析与茶饮制作、现代快餐、菜点创新设计、餐饮创业策划与实训等

续表

专　　业	主要专业课程
高职 西餐工艺 （640205）	专业基础课程：一般设置 6～8 门，包括西方饮食文化、烹饪学导论、西餐烹饪原料、食品营养、餐饮食品安全、烹饪英语、西方烹饪美学、西餐服务等； 专业核心课程：一般设置 6～8 门，包括西餐工艺、色拉与开胃菜制作、西点工艺、中式烹调工艺、餐饮企业运行管理、西式宴会设计等； 专业拓展课程：博雅课程、日韩料理、东南亚料理、酒吧运行、创新西餐、咖啡文化与制作、糖艺制作、鸡尾酒调制、餐饮市场营销、物流基础、电子商务以及与餐饮有关的法律法规
本科 烹饪与营养教育 （082708T）	主要课程：烹饪原料学、烹饪工艺学、中国饮食文化、饮食营养学、烹饪化学、食品分析、食品感官评价、烹饪教学法、职业教育学、现代教育技术、餐饮成本管理、餐厨设计等； 主要实践环节：餐饮企业岗位综合实践、专业教学综合实践、营养配餐软件应用实践、营养餐设计综合实验、创新菜点设计综合实验、创业产品开发综合实验、毕业实习与毕业论文等
本科 食品科学与工程 （082701）	主要课程：食品生物化学、微生物学、食品化学、食品工程原理、食品工艺学、食品工厂机械与设备、食品工厂设计、食品营养学、营养与卫生学、食品安全学、食品分析、食品分析实验、食品工艺学实验； 主要实践环节：食品化学等基础学科课程实验、食品工程原理课程设计、生产实习与专业综合实践、工程实训、毕业设计与论文等

　　表 2-6 显示，高职烹调工艺与营养、西餐工艺专业与本科烹饪与营养教育衔接较紧密，与本科食品科学与工程专业相距较远。

　　在目前餐饮类专业体系中，尚没有本科层次的烹饪职业技术教育，只有职业技术师范教育——烹饪与营养教育专业，使高职餐饮类（烹饪）专业能较紧密地衔接。可喜的是，职教 20 条明确提出"原则上每 5 年修订 1 次职业院校专业目录，学校依据目录灵活自主设置专业，每年调整 1 次专业"。这不仅在国家宏观层面为专业目录调整提出了方向性纲领，而且在院校微观层面给予了自主的可操作措施。2020 年 4 月餐饮类烹饪本科层次职业教育已经立项申报试点专业。教育部等九部委印发了《职业教育提质培优行动计划（2020—2023 年）》，明确提出修（制）订衔接贯通、全面覆盖的中等、专科、本科职业教育专业目录及专业设置管理办法。伴随着职业教育大发展，餐饮类（烹饪）本科层次办学必然随之发展，现代餐饮（烹饪）职业教育体系将不断构建、完善起来。

　　"专业-产业、课程-职业、教学-生产"三对接，是构建纵向贯通、横向融通的中国特色现代职业教育体系的核心内容，餐饮类专业体系要以行业为立足点，分析职业以及对接好专业。专业体系与职业体系对接是动态的，新经济、新技术、新职业、新业态、新模式、新职业场景都可导致专业体系发生新的变化，应特别关注传统餐饮产业升级与新型餐饮产业如机器人餐厅等对专业设置产生的影响，餐饮院校要结合区域经济发展，实事求是，宽窄结合，适时调整专业方向（专门化），以适应餐饮产业人才市场对人才的需求。

第三节　烹饪专业培养目标分析

在烹饪教育的发展过程中,随着烹饪教育层次的不断提升,遇到的首要问题就是人才培养目标这一焦点问题,即对受教育者身心提出的具体标准和要求,也就是培养方向定位——受教育者将来在社会中扮演的角色,以及素质规格——受教育者的科学文化、专业素质、思想品德、身心素质应达到的规格和水平,其中,专业素质是培养目标中的核心素质。笔者近期搜集了全国 60 多所不同院校不同层次烹饪专业培养方案,从中清晰地了解中职烹饪专业、高职烹饪专业(本书特指专科层次,下同)和本科烹饪师范专业培养目标中的培养方向定位、知识结构、能力结构、素质结构等方面现状,并基于此对其培养目标做进一步的解析。

一、中职烹饪专业培养目标现状

(一)培养方向定位

中职烹饪专业培养方向定位现状见图 2-6。

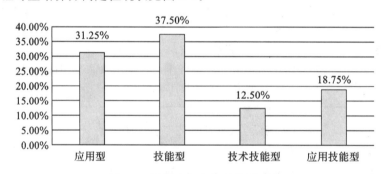

图 2-6　培养方向定位现状(中职)

由图 2-6 可知,中职烹饪专业培养方向定位不尽相同,其中培养技能型的占调查总数的 37.50%;培养应用型的占调查总数的 31.25%;培养技术技能型和应用技能型的分别占调查总数的 12.50% 和 18.75%。中职烹饪专业根据其专业方向,主要培养具有中式烹调、中式面点、西式烹调等职业资格的人才。

(二)专业素养能力

在所调查的烹饪专业中,所有中职烹饪专业都在培养方案中明确提出了对学生基本理论知识及操作能力的要求,但是,对于学生分析问题、解决问题能力则都没有明确要求,以下给出中职烹饪院校培养方案中提出的配餐能力、创新能力、企业管理能力等方面的现状。

1. 配餐能力　中职烹饪专业配餐能力现状见图 2-7。

由图 2-7 可知,在所调查的所有中职烹饪专业中,有 75% 的专业在培养方案中对学生的营养配餐能力无明确要求;仅有 25% 的专业在培养方案及课程设置中对学生的营养配餐能力提出了明确要求,要求学生在学习后拥有营养分析及配餐的能力。

2. 创新能力　中职烹饪专业创新能力现状见图 2-8。

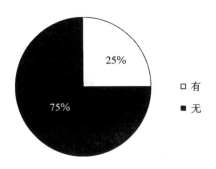

图 2-7 配餐能力现状(中职)

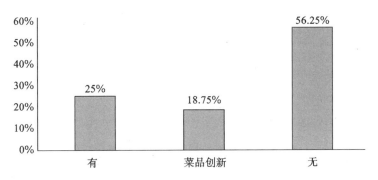

图 2-8 创新能力现状(中职)

由图 2-8 可知,在调查的所有中职烹饪专业中,对学生创新能力有要求的中职烹饪专业占调查总数的 43.75%,其中有几个专业明确表明要求学生在学习过程及以后的工作中具备菜品创新能力;而对学生创新能力没有要求的专业占调查总数的 56.25%。

3. 企业管理能力 中职烹饪专业企业管理能力现状见图 2-9。

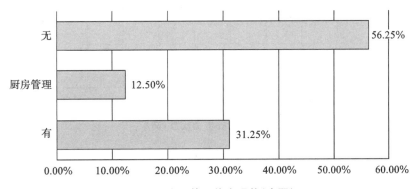

图 2-9 企业管理能力现状(中职)

在调查中职烹饪专业中,对学生的企业管理能力有要求的共占调查总数的 31.25%;明确提出在厨房管理方面有一定能力的占 12.5%;对学生企业管理能力并无明确要求的占调查总数的 56.25%。

二、高职烹饪专业培养目标现状

(一)培养方向定位

高职烹饪专业培养方向定位现状见图 2-10。

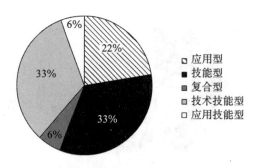

图 2-10　培养方向定位现状（高职）

由图 2-10 可知,高职烹饪专业在培养方向定位方面存在差异,其中定位为技能型和技术技能型的均占调查总数的 33%;定位为应用型的占调查总数的 22%;定位为应用技能型和复合型的均占调查总数的 6%。高职烹饪专业根据其专业方向,主要培养能够担任餐馆、饭店等餐饮企业厨房主管,中小型餐饮企业厨师长、行政总厨、厨政管理以及餐饮业职业经理人等岗位的职业资格的人才。

（二）专业素养能力

在所调查的高职烹饪专业中,所有高职烹饪专业都在培养方案中明确提出了对学生基本理论知识及专业操作能力的要求,以下给出高职烹饪专业在配餐能力,创新能力,企业管理能力,分析问题、解决问题能力的现状。

1. 配餐能力　高职烹饪专业配餐能力现状见图 2-11。

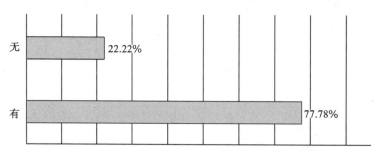

图 2-11　配餐能力现状（高职）

由图 2-11 可知,在高职烹饪专业中,75% 以上专业的培养方案中对学生的配餐能力提出了明确要求,要求学生在学习后拥有营养分析及科学配餐的能力;仅有 22.22% 的院校在培养方案中对学生的配餐能力无明确要求。

2. 创新能力　高职烹饪专业创新能力现状见图 2-12。

由图 2-12 可知,在调查的高职烹饪专业中,对学生创新能力有要求的共占调查总数的 72.22%,其中有多个专业明确表明要求学生具备菜品创新能力,占调查总数的 38.89%;而对学生创新能力没有要求的占调查总数的 27.78%。

3. 企业管理能力　高职烹饪专业企业管理能力现状见图 2-13。

由图 2-13 可知,在调查的高职烹饪专业中,对学生的企业管理能力有要求的共占调查总数的 66.67%;有 33.33% 的专业明确要求学生在厨房管理方面应当具有相应能力。

4. 分析问题、解决问题能力　高职烹饪专业分析问题、解决问题能力现状见图 2-14。

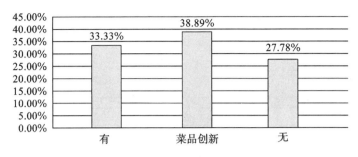

图 2-12 创新能力现状（高职）

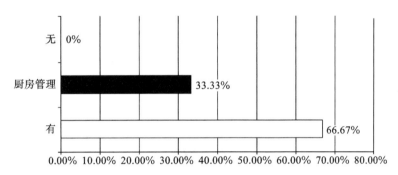

图 2-13 企业管理能力现状（高职）

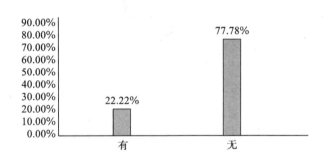

图 2-14 分析问题、解决问题能力现状（高职）

由图 2-14 可知，在学生分析问题、解决问题的能力要求方面，调查的所有高职烹饪专业中仅有 22.22％的专业提出了明确的要求；剩余的 77.78％的专业均没有对学生提出分析问题、解决问题能力的要求。

三、本科烹饪师范专业培养目标现状

（一）培养方向定位

本科烹饪师范专业培养方向定位现状见图 2-15。

由图 2-15 可知，调查的所有本科烹饪师范专业在培养方向定位方面存在差异，其中定位为应用型的专业最多，占调查总数的 66.67％；定位为复合型和双师型的专业分别占调查总数的 22.22％和 11.11％。本科烹饪师范专业培养的人才多为餐饮企业、事业单位、学校、政府部门等从事相关生产、管理、教学、科研等工作的人员，如餐饮企业主管、经理，中、高职院校教师，相关研究部门的工作人员等。

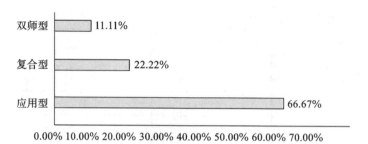

图 2-15　培养方向定位(本科)

(二)专业素养能力

在所调查的本科烹饪师范专业中,所有专业都在培养方案中明确提出了对学生基本理论知识、专业操作能力以及企业管理能力的要求,以下将对本科烹饪师范专业在配餐能力,创新能力,科研能力,分析问题、解决问题能力等方面的现状进行分析。

1. 配餐能力　本科烹饪师范专业配餐能力现状见图 2-16。

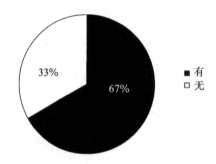

图 2-16　配餐能力现状(本科)

由图 2-16 可知,在本科烹饪师范专业中,有 67％的专业对学生的配餐能力提出了明确要求,要求学生在学习后拥有营养分析及科学配餐的能力;有 33％的专业对学生的配餐能力无明确要求。

2. 创新能力　本科烹饪师范专业创新能力现状见图 2-17。

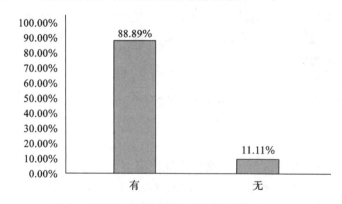

图 2-17　创新能力现状(本科)

由图 2-17 可知,在调查的本科烹饪师范专业中对学生创新能力有要求的专业占调查专业总数的 88.89％;而对学生创新能力没有要求的专业仅有 11.11％。

3. 科研能力　本科烹饪师范专业科研能力现状见图 2-18。

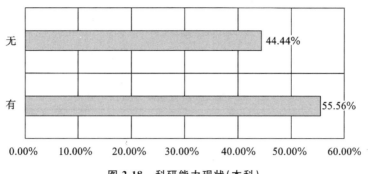

图 2-18　科研能力现状（本科）

由图 2-18 可知,在调查的本科烹饪师范专业中有 55.56% 的专业明确提出了对学生的科研能力有要求;44.44% 的专业则没有对学生的科研能力提出明确要求。

4. 企业管理能力　本科烹饪师范专业企业管理能力现状见图 2-19。

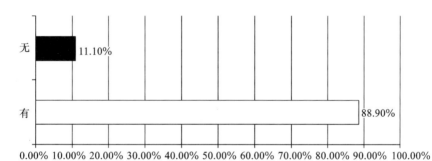

图 2-19　企业管理能力现状（本科）

由图 2-19 可知,在调查的本科烹饪师范专业中,100% 的专业都对学生的管理能力有要求,其中有 11% 的专业明确强调学生在厨房管理方面应当具有相应能力。

5. 分析问题、解决问题能力　本科烹饪师范专业分析问题、解决问题能力现状见图 2-20。

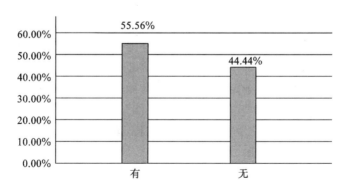

图 2-20　分析问题、解决问题能力现状（本科）

图 2-20 可知,在学生分析问题、解决问题的能力要求方面,本科烹饪师范专业中有 55.56% 的专业对学生分析问题、解决问题的能力提出了明确的要求;其余 44.44% 的专业没有对学生分析问题、解决问题的能力提出要求。

四、不同层次烹饪专业培养目标解析

从上述调查结果发现,目前烹饪专业培养目标不尽相同,有些差异还较大,有些在表述上与科学化表述存在差异。现基于本人的思考将不同层次烹饪专业培养目标的培养方向定位和专业素质归纳于表 2-7。

表 2-7　不同层次烹饪专业培养目标一览表

项目		中职烹饪	高职烹饪	本科烹饪师范
培养方向定位		技能型 (中级烹调师、 中级面点师等岗位)	高级技能型(准高级 烹调师、准高级面点师, 厨房主管、总厨等岗位)	教学型 (应用型,教师岗位)
专业素质	理论知识	★	★★	★★★
	操作技能	★★	★★★	★★★
	配餐能力	★	★★	★★
	创新能力	★	★★	★★
	企业管理能力	—	★★	★★★
	分析问题、解决问题能力	★	★★	★★★
	外语能力	—	★	★★
	科研能力	—	—	★
	教育教学能力	—	—	★★★

注:不具备用"—"表示;具备用"★"表示,"★"越多表示具备的程度越大。

五、烹饪专业培养目标:三个需进一步探讨的基本问题

将不同层次烹饪教育培养目标较清晰地表述、深刻地理解,并将其落实到烹饪教育教学之中,构建符合餐饮人才市场对不同层次烹饪人才需求的现代烹饪教育体系是十分必要的。

(一)人才培养目标定位:烹饪专业人才的类型

对人才培养目标定位,即培养什么类型的人,一般有研究型人才、学科型人才,通才、专才,复合型人才,应用型人才,技能型人才、技术型人才等。就烹饪职业教育而言,从前述各院校的描述中发现,中职烹饪专业定位于技能型、应用型、应用技能型、技术技能型;高职烹饪专业定位于技能型、技术技能型、应用型、应用技能型、复合型;而本科烹饪师范专业定位于应用型、复合型、双师型。无论中职、高职还是本科,掌握烹饪专业技能是核心概念,应该是专才、应用型人才,而其中最能反映烹饪专业人才本质特征的是技能型人才。这是因为烹饪作为食品加工的手段,本质是手工食品的制作,其加工过程是操作者技能的施展,这些可得到姜大源研究员的理论支撑。

姜大源研究员从技术形态上做了分类,即实体性技术(空间形态的技术)、规范性技术(时间形态的技术)和过程性技术(时空形态的技术)三种类型,而过程性技术是不能脱离实体而存在的;其是人类目的性活动的序列或方式的技术,是根据自然科学原理和生产实践经验而发展形成的各种工艺操作方法,即基于人应用专门技术的能力,也就是技能。基于

手工食品加工的烹饪，从原料制作到菜点出品经过一系列工序：就菜肴加工的烹调工艺而言，一般要经过选料、初步加工（分档取料、干料泡发）、切配、初步熟处理、挂糊、上浆、制汤、加热、调味、勾芡、盛装、成菜等工艺过程；就面点加工的面点工艺而言，一般经过选料、面团调制、馅心制作、成型、熟制、盛装、成点等工艺过程。这种典型的过程性技术是以艺术创造为主、以隐性知识为主的技术，依赖于个体经验、直觉洞察力、个体行为本身，并附着在经验之中。

从上述分析可以得出结论，烹饪职业教育人才培养目标定位以技术技能型人才为宜。

（二）中职与高职：烹饪专业层次的提升

中等烹饪职业教育一般较为清晰，是为餐饮企业厨房岗位培养菜点制作的一线技能型人才，根据不同专业方向，为中级烹调师、中级面点师等；其专业素养结构应具备掌握烹饪（烹调或面点制作）基本理论知识和较强操作技能、初步的配餐能力、菜点创新能力，对其外语能力、科研能力、教育教学能力不做要求。

烹饪教育进入高等职业教育层次后，老百姓便会问"做饭还需要大学生吗？"培养什么人的问题曾一度乃至到现在仍一定程度困扰着烹饪教育工作者。高等烹饪职业教育培养目标指向烹饪高技能人才。从理论上讲，技能在层次上，分为经验层面的技能和策略层面的技能，经验层面的技能是指如何在感知过的食物、思考过的问题、体验过的情感和操作过的动作基础上，回答怎样做的技能；而策略层面的技能是在目标和条件与行动连接起来的规则的基础上，解决怎样做更好的高级技能。经验是策略的基础，策略是经验的升华。基于此，中职烹饪专业学生在学习烹饪技能时，如菜肴制作时，是根据烹调方法依次学习，强调具体实践的"量"的接触，是"功能性"学习；而高职烹饪专业学生应该在此获得经验的基础上，对烹调方法从传热介质，如水传热、油传热、蒸气传热、固体传热、电磁波传热性能角度，掌握其相互的内在联系。因而，高职烹饪专业是为餐饮企业厨房岗位培养菜点制作的一线高级技能型专门人才，具备准高级烹调师、准高级面点师的知识与技能，经过一定的岗位锻炼可成为高级烹调师、高级面点师，以及厨房主管或厨师长等职位。与中职烹饪专业培养的人才规格相比，一是从事工作岗位的综合、全面程度及其所显现的责任、价值功能高于中职毕业生所从事的岗位；二是在教育的内容上，表现为烹饪过程的深度和广度，不仅要"能做"，而且"要做得更好"，不仅要知其然，还要知其所以然，理论知识掌握程度要高于中职烹饪专业。因此，高职烹饪专业人才专业素质结构应具备烹饪理论知识、良好的操作技能和配餐能力，具有一定的创新能力，厨房管理能力，分析问题、解决问题的能力和初步的应用外语能力。其创新能力以菜点创新能力为主，企业管理能力除体现在厨房管理外，还要体现一定程度的服务管理等方面。

（三）高职与本科师范：烹饪专业层次提升与转型

从高职烹饪专业到本科烹饪师范专业，涉及层次的提升和类别的转型。就烹饪职业属性的提升而言，如果说高职烹饪教授学生利用原料的性状、不同烹调方法的内在联系进行菜点的设计与制作，以及科学配餐，是属于"方案性"的学习，属于策略层面的技能，培养以厨房为重点的生产与管理者。那么，到了本科烹饪层次，就要教授学生进一步如何用烹饪工艺学知识即微观的基础，以及饮食美学知识即宏观基础进行宴会组织与经营管理，不仅要在菜点设计与制作上创新，还要将菜点设计与制作与整体筵席设计结合起来。其餐饮企业的经营管理应该包括组织与管理、餐厅的设立、菜单计划、企业的格局设计、食品原料的采购与储存管理、生产管理、部门作业与管理、服务管理、成本控制、营销与促销管理、企业创新、人力资源管理等,是"设计性"学习,属于高级策略层面,培养现代餐饮企业经营管理者。这里,本科烹饪专业培养现代餐饮企业经营管理者,并不意味着本科烹饪专业向餐饮管理方向转移,而是对烹饪加工产品的菜点设计与制作的创新而言,需要从市场需求侧获得信息,这就要求本科烹饪人才懂得餐饮企业经营管理,这样才能从供给侧为市场源源不断地提供创新的产品。这实际上也给出了从职业资格角度对烹饪本科层次人才(非师范)的培养规格,从经验技能、策略技能到高级策略技能,从功能性、方案性技能到设计性技能,这正是职业成长规律所决定的。随着经济社会的发展和餐饮业的转型升级,社会对本科烹饪人才的需求也将增加,应用型本科烹饪专业将在探索中诞生,现代烹饪教育体系从中职、高职到本科就建立起来了。

就师范(教师职业)属性的转型而言,目前烹饪本科教育,其人才培养规格定位是为中职、高职烹饪专业及社会培训机构培养师资。教师是专业化的,教师与普通人才是两种工作类型,虽然在知识内容掌握上有相通之处,但二者所需要的职业道德和职业能力存在较大差异。20 世纪 90 年代末教育部在全国重点建设职业教育师资培养培训基地提出"双师型"教师应具备三性,即"学术性、技术性、师范性",又称"学术性、职业性、师范性"。作为烹饪职业教育教师,意味着要具备烹饪教学能力,即传授普通师范院校培养的教师所不能传授的以烹饪工艺为核心的相关知识与技能,也就是懂理论、会操作、能教学,具备烹饪教师所应有的专业综合素质。因此,烹饪职业教育师资比学科性师资培养难度大得多。从学术性、懂理论的维度看,应从本科层次要求上思考,具备运用外语能力,一定的科研能力、创新能力,系统地掌握烹饪理论知识;从技术性、会操作的维度看,如前述的"设计性"学习,属于高级策略层面,应具备现代餐饮企业经营知识;从师范性、能教学的维度看,应具备教育学(职业教育学)、教育心理学、烹饪教学法、现代教育技术等相关知识,能把烹饪的理论和技能用科学的教学法传授给学生。

还有一个值得注意的问题是,烹饪本科师范专业为中职、高职烹饪专业(包括社会培训机构)培养教师,这是教育行政部门设置这一专业的初衷,也是在这里提出的"教学型"这类人才的原因之一。但这种烹饪专业教师的培养供给与需求是否吻合,是要经过实践来检验的。目前,本科烹饪师范专业的培养目标方向定位多为餐饮企业、事业单位、学校、政府部门等从事相关生产、管理、教学、科研等工作的人员,如餐饮企业主管、经理,中职、高职院校教师,相关研究机构工作人员等,培养目标方向定位宽一些,也许会对烹饪本科师范专业的人才供给与社会烹饪人才的需求相吻合带来益处,不过这还要在实践中不断探索。

总之,培养目标就是通过有组织、有计划、有系统的教育活动,使受教育者达到人才培养规格,它既是教育活动的出发点,也是检验教育活动是否有成效的标准。不同层次烹饪教育培养目标的分析和科学确定,为做好中职、高职、本科有机衔接,构建现代烹饪教育体系,培养社会需求的烹饪专门人才提供了依据。

第四节　烹饪专业课程结构现状分析

不同层次烹饪专业培养不同层次的烹饪专门人才,在本章第二节中做了比较详尽的探讨。培养目标的实现在动态上通过课程教学来实现,在静态上构成该专业的课程组合,专业内涵的主要部分就是一组相关的课程,即专业培养目标与课程结构具有对应关系。以下内容基于对调查的 60 多所不同院校不同层次烹饪专业的培养方案中的课程结构做出分析,并比较了不同层次烹饪专业的课程结构。

一、不同层次烹饪专业课程结构

我们从所调查的 60 多所不同院校中职烹饪专业、高职烹饪专业和本科烹饪师范专业中选择有代表性的培养方案(中式烹调方向),将其课程计划经整合后分别列表,从中可以清晰地看到其课程结构。

(一)中职烹饪专业课程计划

中职烹饪专业课程计划见表 2-8。

表 2-8 中职烹饪专业课程计划

课程类别	课程性质	课程名称	学分	总课时	理论课时	实践课时	考核方式
公共基础课	必修课	哲学基础	2	32	32	0	考试
		毛泽东思想和中国特色社会主义理论体系概论	4	64	64	0	考试
		思想道德修养与法律基础	2	32	32	0	考试
		形势与政策	1	16	16	0	考查
		职业生涯规划	1	16	16	0	考查
		语文	2	32	32	0	考试
		基础英语	7	112	112	0	考试
		体育	3	48	0	48	考查
		计算机应用基础	3	48	24	24	考试
		大学生心理健康教育	1	16	16	0	考查
		创新创业教育	1	16	16	0	考查
		军训(含军事理论)	3	3w	0	3w	考查
		小计	30	432+3w	360	72+3w	—
	选修课	经济与管理类	2	32	32	0	考查
		人文与社科类	2	32	32	0	考查
		科学与艺术类	2	32	32	0	考查
		此模块要求学生至少修 4 学分					
		小计	4	64	64	0	—

课程类别	课程性质	课程名称	学分	总课时	理论课时	实践课时	考核方式
专业基础课	必修课	餐饮业概况	2	32	32	0	考查
		形体与礼仪	2	32	16	16	考查
		烹饪化学	2	32	28	4	考试
		烹饪营养学	2	32	28	4	考试
		餐饮概论	2	32	32	0	考试
		食品卫生与安全	2	32	24	8	考试
		小计	12	192	160	32	—
	选修课	职业资格技能培训	2	32	20	12	考查
		中国饮食文化	2	32	32	0	考查
		中国地方风味	2	32	32	0	考查
		酒水与酒吧服务	2	32	20	12	考查
		此模块要求学生至少修 4 学分					
		小计	4	64	52	12	—
专业课	必修课	烹饪原料学	4	64	48	16	考试
		中餐烹调工艺	8	128	32	96	考试
		西餐工艺	5	48	12	36	考试
		食品雕刻与冷拼工艺	3	48	16	32	考查
		成本核算	2	32	28	4	考查
		顶岗实习	16	16w	0	16w	考查
		毕业设计	8	8w	0	8w	考查
		小计	46	320＋24w	136	184＋24w	—
	选修课	中式面点工艺	2	32	8	24	考试
		西点制作	2	32	8	24	考试
		菜肴创新设计	2	32	16	16	考查
		中国名菜名点	2	32	32	0	考查
		营养配餐	2	32	16	16	考查
		酒店服务与技能	2	32	16	16	考查
		此模块要求学生至少修 6 学分					
		小计	6	96	56	40	—
		合计	102	1168＋27w	828	340＋27w	—

注：w 代表周。

（二）高职烹饪专业课程计划

高职烹饪专业课程计划见表 2-9。

表 2-9 高职烹饪专业课程计划

课程类别	课程性质	课程名称	学分	总课时	理论课时	实践课时	考核方式
公共基础课	必修课	思想道德修养与法律基础	3	48	40	8	考查
		语文	4	64	64	0	考查
		英语	4	64	64	0	考试
		体育	4	64	0	64	考查
		军事技能训练	1	16	0	16	考查
		入学教育	1	16	16	0	考查
		创新与职业规划教育	1	16	16	0	考查
		毛泽东思想和中国特色社会主义理论体系概论	4	64	48	16	考查
		计算机应用基础	4	64	32	32	考试
		国防军事理论教育	1	16	16	0	考查
		形势与政策	2	32	32	0	考查
		卫生与安全教育	2	32	16	16	考查
		创业、就业指导	1	16	16	0	考查
		心理健康	1	16	16	0	考查
		小计	33	528	376	152	—
	选修课	人文社会科学模块	2	32	32	0	考查
		自然科学模块	2	32	32	0	考查
		艺术教育模块	2	32	32	0	考查
		创新创业教育模块	2	32	32	0	考查
		健康教育模块	2	32	32	0	考查
		此模块要求学生至少修4学分					
		小计	4	64	64	0	—
专业基础课	必修课	专业英语	4	64	32	32	考试
		饮食文化	2	32	32	0	考查
		餐饮概论	2	32	32	0	考查
		烹饪化学	5	80	48	32	考试
		食品微生物学	2	32	32	0	考查
		烹饪营养与食品安全	4	64	16	48	考试
		小计	19	304	192	112	—

课程类别	课程性质	课程名称	学分	总课时	理论课时	实践课时	考核方式
专业基础课	选修课	职业资格技能培训	2	32	20	12	考查
		饭店服务	2	32	26	6	考查
		营养配餐	2	32	20	12	考查
		西餐概论	2	32	32	0	考查
		酒水与酒吧服务	2	32	32	0	考查
		此模块要求学生至少修6学分					
		小计	6	96	96	0	—
专业课	必修课	烹饪原料	4	56	50	6	考查
		烹调工艺	4	64	64	0	考试
		食品雕刻	4	56	6	50	考查
		菜肴制作	16	256	0	256	考试
		西餐制作	4	64	14	50	考试
		厨房管理实务	4	64	14	50	考试
		厨房设备与管理	4	64	14	50	考查
		顶岗实习	10	15w	0	16w	考查
		毕业设计	8	10w	0	10w	考查
		小计	58	624＋25w	162	462＋26w	—
	选修课	面点制作	2	32	20	12	考试
		餐饮成本控制与管理	2	32	32	0	考试
		中国名菜名点赏析	2	32	32	0	考查
		舌尖上的中国	2	32	32	0	考查
		养生与食疗	2	32	20	12	考查
		餐饮服务管理实务	2	32	32	0	考试
		此模块要求学生至少修6学分					
		小计	6	96	96	0	—
总计			126	1712＋25w	974	738＋26w	—

注：w代表周。

（三）本科烹饪师范专业课程计划

本科烹饪师范专业课程计划见表2-10。

表 2-10 本科烹饪师范专业课程计划

课程类别	课程性质	课程名称	学分	总课时	理论课时	实践课时	考核方式
公共基础课	必修课	思想道德修养与法律基础	2	32	32	0	考查
		毛泽东思想与中国特色社会主义理论体系概论	3	48	48	0	考查考试
		中国近现代史纲要	2	32	32	0	考查
		马克思主义基本原理	3	48	48	0	考试
		大学语文	3	48	48	0	考查
		大学生心理健康教育	2	32	32	0	考查
		职业生涯与发展规划	1	16	16	0	考查
		就业指导	1	16	16	0	考查
		形势与政策	1	16	16	0	考查
		体育	4	64	0	64	考试
		大学计算机基础	3	48	16	32	考查
		C语言程序设计	4	64	48	16	考查
		数学	12	192	160	32	考试
		大学英语	14	224	192	32	考试
		基础化学	4	64	64	0	考试
		小计	59	944	768	176	—
	选修课	人文社会科学模块	2	32	32	0	考查
		自然科学模块	2	32	32	0	考查
		艺术教育模块	2	32	32	0	考查
		创新创业教育模块	2	32	32	0	考查
		健康教育模块	2	32	32	0	考查
		此模块要求学生至少修4学分					
		小计	4	64	64	0	—
专业基础课	必修课	食品生物化学	5	80	64	16	考试
		烹饪营养学	4	64	48	16	考试
		食品微生物学	3	48	32	16	考试
		餐饮概论	2	32	32	0	考查
		管理学原理	4	64	64	0	考试
		饭店营销学	2	32	32	0	考查
		食品安全与卫生检测	4	64	48	16	考试
		小计	24	384	320	64	—

课程类别	课程性质	课程名称	学分	总课时	理论课时	实践课时	考核方式
专业基础课	选修课	饮食文化	2	32	32	0	考查
		西餐概论	2	32	32	0	考查
		人体解剖生理	2	32	32	0	考查
		酒吧经营与管理	2	32	32	0	考查
		厨房设备管理	2	32	32	0	考试
		饭店服务技术	2	32	16	16	考查
		此模块要求学生至少修6学分					
		小计	6	96	96	0	—
专业课	必修课	烹饪原料学	3	48	40	8	考试
		烹调工艺学	4	64	64	0	考试
		中医食疗学	2	32	32	0	考试
		菜肴制作	16	256	0	256	考试
		餐饮企业管理	2.5	40	40	0	考试
		教育心理学	2	32	32	0	考查
		现代教育技术	2	32	32	0	考试
		职业教育学	2.5	40	40	0	考试
		小计	34	544	280	264	—
	选修课	名菜名点赏析	2	32	32	0	考查
		功能食品概论	2	32	32	0	考查
		茶艺与茶文化	2	32	16	16	考查
		社区营养管理和营养干预	2	32	32	0	考查
		饮食美学与筵席设计	2	32	32	0	考查
		中式快餐	2	32	32	0	考查
		面点制作	2	32	10	22	考试
		西餐制作	2	32	10	22	考查
		食品雕刻与造型	2	32	10	22	考查
		饭店人力资源管理	2	32	32	0	考查
		此模块要求学生至少修8学分					
		小计	8	128	128	0	—
实践教育环节	公共教育实践	健康教育	1	1w	0	1w	考查
		公益劳动	1	1w	0	1w	考查
		军事理论与训练	3	3w	0	3w	考查

续表

课程类别	课程性质	课程名称	学分	总课时	理论课时	实践课时	考核方式
实践教育环节	专业教育实践	思想政治理论课社会实践	1	2w	0	2w	—
		认识实习	2	2w	0	2w	考查
		专业实习	10	10w	0	10w	考查
		营养筵席制作设计	1	1w	0	1w	考查
		毕业教育	1	1w	0	1w	考查
		毕业实习	4	4w	0	4w	考查
		毕业设计（论文）	8	8w	0	8w	考查
		专业社会实践	1	2w	0	2w	考查
		小计	33	35w	0	35w	—
总计			168	2160＋35w	1656	50＋35w	—

由表 2-8 至表 2-10 可知,就课程内容设置而言,不同层次烹饪专业在公共必修课方面基本相同,在专业必修课方面相同的主要集中在中餐烹饪、西餐烹饪、烹饪化学、面点工艺,不同的是在知识与技能的拓展课程;就学分而言,中职烹饪专业、高职烹饪专业和本科烹饪师范专业学生在校期间所修学分必修分别达到 102 学分、126 学分和 168 学分;就总课时而言,高职烹饪专业及本科烹饪师范专业公共基础课、专业基础课和专业课的总课时分别达到了 1712＋25w 课时和 2160＋35w 课时,而中职烹饪专业的总课时为 1168＋27w 课时,仅为本科烹饪师范专业的 1/2 左右;就考核方式而言,中职烹饪专业考试课程占总课程的 39.47%,考查课程占 60.53%;高职烹饪专业考试课程占总课程的 26.67%,考查课程占 73.33%;本科烹饪师范专业考试课程占总课程的 32.26%,考查课程占 67.74%。这些差距的产生主要是不同层次烹饪专业培养目标和规格不同以及学生在校学习年限的不同所导致的。

二、不同层次烹饪专业课程结构分析

（一）不同层次烹饪专业课程与培养目标对应关系

人才培养目标分为人才培养方向和素质规格两部分。思想品德、身心素质,国家教育行政部门均有相关规定,本部分内容只对专业素质这一核心素质与课程的对应加以比较。不同层次烹饪专业课程与培养目标的对应关系见表 2-11。

表 2-11　不同层次烹饪专业课程与培养目标的对应关系

专业素质		中职	高职	本科师范
理论知识 ★ ★★ ★★★	必修	餐饮业概况 餐饮概论 烹饪化学 烹饪营养学 食品卫生与安全 烹饪原料知识	饮食文化 餐饮概论 烹饪化学 食品微生物学 烹饪营养与食品安全 烹饪原料学	食品生物化学 烹饪营养学 食品微生物学 餐饮概论 食品安全与卫生检测 烹饪原料学 中医食疗学

专业素质		中职	高职	本科师范
理论知识 ★ ★★ ★★★	选修	职业资格技能培训 中国饮食文化 菜肴创新设计 中国名菜名点	西餐概论 中国名菜名点赏析 舌尖上的中国 养生与食疗	饮食文化 西餐概论 人体解剖生理 名菜名点赏析 饮食美学与筵席设计 中式快餐 功能食品概论
操作技能 ★★ ★★★ ★★★	必修	食品雕刻与冷拼工艺 西餐工艺 中餐烹调工艺 形体与礼仪	烹调工艺 菜肴制作 西餐制作 食品雕刻	烹调工艺学 菜肴制作工艺
	选修	中式面点工艺 面点制作 酒店服务技能	面点制作	面点制作 西餐制作 食品雕刻与造型 茶艺与茶文化 酒吧经营与管理
配餐能力 ★ ★★ ★★	必修	—	营养配餐	营养筵席制作设计
	选修	营养配餐	—	社区营养管理与营养干预
企业管理 能力 — ★★ ★★★	必修	成本核算	厨房管理实务 厨房设备与管理	管理学原理 饭店营销学 餐饮企业管理
	选修	—	酒水与酒吧服务 餐饮成本控制与管理 餐饮服务管理实务	厨房设备管理 饭店人力资源管理 饭店服务技术 酒吧经营与管理
分析问题 解决问题能力 ★★ ★★★★	必修	顶岗实习、 毕业设计	顶岗实习 毕业设计	社会实践 毕业设计
	选修			
外语能力 — ★★★	必修	—	专业英语	大学英语 专业英语
	选修	—	—	—

续表

专业素质		中职	高职	本科师范
教育教学能力 — —	必修	—	—	教育心理学 职业教育学 现代教育技术
★★★	选修	—	—	—

注:专业素质中,从上到下表示的依次为中职、高职、本科师范的烹饪专业;不具备用"—"表示;具备用"★"表示,"★"越多表示具备的程度越大。

由表2-11可知,不同层次烹饪专业无论在必修课还是在选修课,针对学生理论知识及实际操作技能培养的课程都相对较多,从理论知识的课程来看,主要为烹饪化学、烹调原料学、烹饪营养学等课程;从操作技能的课程来看,主要为烹调工艺、菜肴制作、西餐制作、面点制作等;从配餐能力来看,中职烹饪专业与高职烹饪专业为营养配餐,本科烹饪师范专业涉及营养筵席制作设计和社区营养管理与营养干预;从企业管理能力来看,中职烹饪专业为成本核算,高职烹饪专业为厨房管理实务、厨房设备与管理,选修课中有酒水与酒吧服务、餐饮成本控制与管理和餐饮服务管理实务,本科烹饪师范专业的必修课程有管理学原理、饭店营销学、餐饮企业管理,选修课程还有厨房设备管理、饭店人力资源管理、饭店服务技术和酒吧经营与管理,从中可以明显地看出,由基本的成本核算到厨房管理,再到餐饮企业的全面管理,是随着办学层次的提升而拓展的。从教育教学能力来看,只有本科烹饪师范专业有要求,这是由培养烹饪师资的必备素质所决定的,其课程为职业教育学、教育心理学和现代教育技术。由此可得,本科烹饪师范专业更注重对学生全方位能力的培养。有关学生创新能力,分析问题、解决问题能力和科研能力的培养综合体现在所有课程当中,而不是体现在单一的某一门课程上,而有关本科烹饪师范专业英语能力的培养主要由公共基础课中的大学英语以及由学院组织的相关英语课外活动构成,如英语角等。

(二)不同层次烹饪专业必修课与选修课课时比较

由于培养目标的设定及人才培养规格的不同,不同层次院校在自身的课程设置上也必然存在一定的差异。因此,我们对所调查的中职烹饪专业、高职烹饪专业和本科烹饪师范专业课程计划(中式烹调方向表2-8、表2-9和表2-10)进行分析,不同层次烹饪专业在课程设置中,公共必修课、公共选修课、专业基础必修课、专业基础选修课、专业必修课以及专业选修课的分配比例如图2-21所示。

如图2-21所示,在必修课方面,中职烹饪专业公共必修课、专业基础必修课和专业必修课的课时分别为432课时、192课时和320课时,由此可看出,中职烹饪专业相对注重公共基础课的设置;高职烹饪专业公共必修课、专业基础必修课和专业必修课的课时分别为528课时、304课时和624课时,由此可看出,与中职烹饪专业相比,高职烹饪专业则更加注重学生专业课的学习;而本科烹饪师范专业公共必修课、专业基础必修课和专业必修课的课时分别为944课时、384课时和544课时,可以明显地看出,本科烹饪师范专业在公共课上设置的课时要远远多于其他两个层次。

在选修课方面,本科烹饪师范专业专业选修课的设置在一定程度上丰富于公共选修课,这主要是源于本科烹饪师范专业相对于中职及高职烹饪专业更加注重对学生综合能力的培养,属于"高级策略层面"能力的培养,并在专业选修课方面为学生增加了更多的课程;

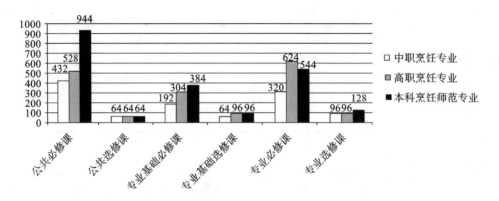

图 2-21 不同层次烹饪专业必修课与选修课课时比较分析图

注:中职烹饪专业和高职烹饪专业要求公共选修课修满 4 学分,按每学分 16 课时计算。

高职烹饪专业在选修课的设置上相对均衡;中职烹饪专业院校由于学习年限的限制,不仅在必修课方面课时较少,在选修课方面设置也相对单一。总之,在选修课的学习上,本科烹饪师范专业课时多于高职烹饪专业,高职烹饪专业又多于中职烹饪专业,不同层次烹饪专业的选修课属于逐层丰富、拓展的关系。

(三) 不同层次烹饪专业课时比较

不同层次烹饪专业由于培养目标的差异,在公共课、专业基础课和专业课总课时的设置上也存在差异。因此,在图 2-21 的基础之上,我们对中职烹饪专业、高职烹饪专业和本科烹饪师范专业的公共课、专业基础课以及专业课占总课时的比例进行了统计分析,如图 2-22 所示。

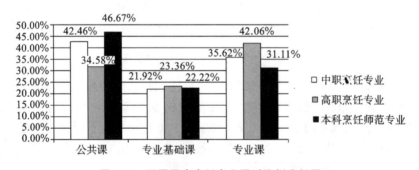

图 2-22 不同层次烹饪专业课时比例分析图

由图 2-22 可知,不同层次烹饪专业公共课、专业基础课及专业课的课时占总课时比例呈现相对均衡状态。在公共课的设置上,中职烹饪专业和本科烹饪师范专业所占比重更加突出,分别为总课时的 42.46% 和 46.67%,而高职烹饪专业仅占 34.58%;在专业基础课的设置上,三类烹饪专业所占比重相差不大,均占总课时的 20% 以上;在专业课的设置上,高职烹饪专业所占比重较大,占总课时的 42.06%,中职烹饪专业和本科烹饪师范专业分别占自身总课时的 35.62% 和 31.11%。综合可得,中职烹饪专业的公共课及专业课所占总课时比重较大,高职烹饪专业在课程设置上更加注重专业课的设置,占总课时比重较大,而公共课所占总课时的比重相对较小,本科烹饪师范专业则在公共课上设置了更多的课时。

（四）不同层次烹饪专业专业课理论课时与实践课时比较

无论中职、高职还是本科烹饪师范专业，烹饪技能的习得是核心概念，实践性教学具有举足轻重的地位。烹饪技能的习得要通过实践性教学课程中的专业技能课程来实现。下面，我们就根据表2-8、表2-9和表2-10来比较分析不同层次烹饪专业理论课程与实践课程的课时比例（图2-23）。

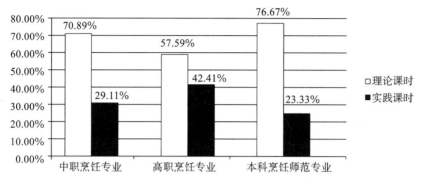

图2-23 不同层次烹饪专业理论课时与实践课时比较分析

由图2-23可知，在不同层次的院校中，中职烹饪专业和本科烹饪师范专业的实践课时占总课时都较小，分别为29.11％和23.33％，尤其是本科烹饪师范专业，理论课时占到了总课时的75％以上，中职烹饪专业实践教学课时较少，但它一般有一年的顶岗实习，用来弥补实践的不足。高职烹饪专业则相对较注重对学生实践能力的培养，其实践课时达到总课时42.41％，在一定程度上高于中职烹饪专业和本科烹饪师范专业，同时一般也安排顶岗实习，加强对学生实践能力的培养。

三、基于课程结构现状的烹饪专业课程改革思路

综上，我们给出了目前我国烹饪教育中三个层次即中职烹饪专业、高职烹饪专业、本科烹饪师范专业现行整合的基本课程计划，并从几个维度比较分析了烹饪教育工作者关注的问题，从而引发我们对课程如何开发以适应烹饪专业人才培养需要的思考。

我们基于三个不同层次的烹饪专业课程计划分析了课程结构与培养目标，必修与选修，公共课、专业基础课、专业课占总课时的比例；理论课时和实践课时的比较分析。我们对现行的中职烹饪、高职烹饪、本科烹饪师范专业课程结构有了比较清晰的判断。从课程结构（表2-8、表2-9和表2-10）总体上看，无论哪个层次，均有公共基础课（有的称"通识基础课"或"通识教育平台课"），专业基础课（有的称"基础平台课"），专业课（有的称"专业教育平台课"），即所谓传统"学科体系"的"三段式"。现有的烹饪教育课程基本上不是按照常规经验定向的，也不是纯粹的学科知识的复制，但整体上依然是沿袭传统学科课程结构模式，习惯采取开设多门分科课程方式来传授知识与技能。从烹饪职业教育的全过程来看，其原因在于组织者、实施者、研究者基本上都是学科体系培养出来的，未能跳出传统"学科体系"的藩篱，这是传统的巨大惯性所决定的。同时我们也应看到，这一现状为我们开展烹饪专业课程改革提供了广阔的空间。经过近几年职业教育的大繁荣、大发展，人们对烹饪职业教育培养餐饮生产、服务与管理一线技能型人才有了清晰的认识。特别强调烹饪职业

教育实践的特殊性;强调动手能力,强调操作及自主技艺;强调从做中学,从行动中学习;强调"理实一体化"教学模式,以达到教、学、做合一,手、口、脑并用,这些是烹饪职业教育主要的特征,是实现其培养目标的基本途径,并且已在烹饪教育人士间达成共识。但是,如何落实到操作层面,这是烹饪专业教学改革成功与否的关键。这里我们以烹饪加工的知识类型(即以隐性知识为主)为基础,借鉴资深职业教育专家姜大源研究员的理论,探讨烹饪专业课程改革思路。

(一)烹饪专业的课程开发

课程是职业教育机构培养方案、教学大纲及教材所规定的全部教学内容和全部教学活动的总和。课程开发实际是课程结构的设计,包括课程整体结构即课程方案的设计,也就是培养方案的制订;课程具体结构(课程标准)即教学大纲的制订;课程具体载体即教材的设计与编写。课程开发过程中,关键的两个内部要素,一个是课程内容选择,另一个是课程内容排序。

纵观烹饪专业的课程知识类型,第一类是科学(文化)知识课程即传统意义上的基础课程,如德育等政治类课程、数学、物理、化学、计算机等;第二类是传统意义上的专业基础理论课程,如烹饪营养与卫生学、烹饪原料学等,这两类课程知识涉及事实、概念以及原理等方面的"陈述性知识"即显性知识,其课程属于学科体系课程。但是第二类课程是与技能集成的理论知识。第三类课程是技术知识课程,即传统意义上的专业课程,如中式冷菜、冷拼制作、中式菜肴制作、中式面点制作等,它们涉及经验、策略的"过程性知识",即隐性知识,"经验"指的是"怎样做"的问题,"策略"强调的是"怎样做更好"的问题,其课程属于行动体系课程。

1. 课程内容选择　在理论层面上,制约课程开发还有社会需求、知识体系和个性发展三个外部要素。在实践层面上,课程内容的取舍是课程排序的前提。在烹饪专业课程的结构中,应以技能的习得的过程性知识即隐性知识为主,如菜肴、面点制作为主干课程;而以数、理、化等概念和基本原理的理解为辅,"适度、够用",处理好理论和实践的关系。这种课程结构要与以培养目标为主要特征的社会需求等外部要素相对应。在课程的具体结构中,在显性的学科体系课程如烹饪化学课程的具体结构中,应增加实验动手的比例。其理论讲授应与烹饪操作过程紧密结合。在隐性的行动体系课程中,如菜肴制作技术,可根据菜肴制作工艺过程从菜品配方、选料、预加工、切配、热加工、调味、成菜等选择课程内容。

2. 课程内容排序　按照显性知识学科体系的"并行结构",我们将学科类课程如数学、物理、化学等课程按照并行结构排序;按照隐性知识行动体系的"串行结构"排序,并将技能集成的理论知识融入串行结构之中,见图 2-24。

具体而言,我们以专业主干课程如中式冷菜、冷拼制作技术,中式热菜制作技术,中式面点制作技术按串行结构排序。以上 3 门专业必修课程均是融合了多门相关课程内容的综合性课程;在具体授课内容排序上分别是以经过抽象整合的、典型的中式冷菜、冷拼制作工艺过程,中式热菜制作工艺过程和中式面点制作工艺过程为依据,将烹饪营养与食品安全、烹饪原料学、烹饪工艺美术等相关知识融入其工艺过程之中,其结构分别如图 2-25、图 2-26、图 2-27 所示。还要说明的是,与技能集成的理论知识因不同专业方向、不同层次而异,这里只给出一个方向,在操作层面还要细化。

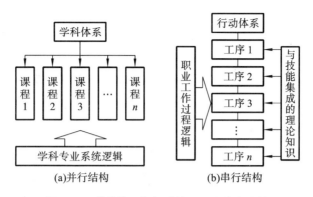

图 2-24 学科体系与行动体系课程内容结构

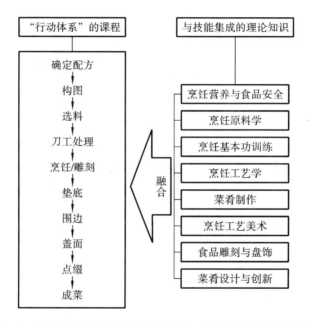

图 2-25 经过融合后形成的综合性课程：中式冷菜、冷拼制作技术

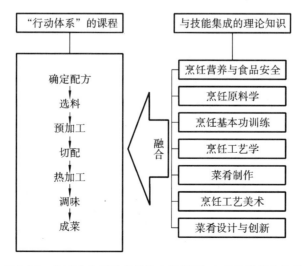

图 2-26 经过融合后形成的综合性课程：中式热菜制作技术

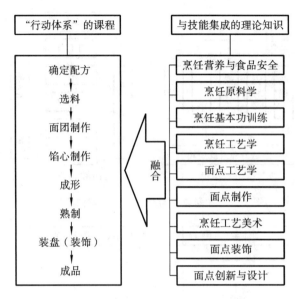

图 2-27 经过融合后形成的综合性课程：中式面点制作技术

（二）基于行动导向的烹饪专业教学观的实施

按照隐性知识行动导向的教学观新范式，烹饪专业行动导向教学基本意义是应以情境教学为主，其教学模式关键是处理好教师—学生—情境（即教学环境）体系中三要素的关系。过去的烹饪教育受普通学科教育的影响，每门课程是并行的，一门一门课程学习，烹饪营养与食品安全、烹饪原料学，甚至烹饪工艺学都是在教室中讲授，在黑板上讲授菜点制作已是常态，教师示范教学与学生操作实训分离。基于此，要转变教师与学生在教学过程中的角色，要改变以往菜点制作行动体系课程以教师为主导、按普通学科课程在普通教室中传授的现象，应在后述的多功能、一体化教学场所的烹饪职业情境中，以学习情境中的行动过程为途径传授知识；教师不仅要当好"导演"——教学活动的组织者和协调者，遵循咨询、计划、决策、实施、检查、评估这一完整的"行动"过程序列，更重要的是要让"演员"，即教学活动的中心——学生，通过"导演"的引导、启发，主动地参与到教学活动中来，强调学习中学生自我构建的行动过程为学习过程，采取让学生独立获取信息、独立制订计划、独立实施计划、独立评估计划的方法，而不是像过去经常存在的那种教师是"演员"，学生当"观众"的教学方式；在教学中要以教师与学生、学生与学生之间的互动合作行动为方式，使学生在自己动手的实践中，掌握烹饪技能，习得烹饪专业知识，从而构建属于学生自身的烹饪经验和知识体系。具体而言，在教学中，除去教师必要的讲解、演示时间外，要多留一些时间让学生自己去思考分析、集体讨论、动手实践，要有充足的课内提问、答疑和帮助学生个别纠错的时间，充分发挥学生的个性特长，重视培养他们的创新意识与合作精神，以达到学生通过自己调节的学习行动去构建属于他们自己的烹饪实践经验和知识体系，为全面提升烹饪专业能力、社会能力等奠定基础。因而，烹饪教育行动体系课程的教学方法，已不再是归纳、演绎分析、综合等显性知识的教学方法，而应是项目教学法、案例教学法、仿真教学法、角色扮演法等隐性知识的教学方法。这些方法应在与之相适应的情境——联系教师与学生的教学场所（教学环境）中实施。

显然,当行动导向教学观即"软件"确立起来之后,其学习场所包括教室、实验(习)室、实习(训)基地即"硬件"建设也要随之适应新的理念的要求。多功能、一体化教室,可集理论教学、教师操作示范演示、学生操作、小组讨论"四位一体"的学习情境,将学生与教师有机联系在一起,如图 2-28、图 2-29 所示。从图 2-28、图 2-29 可知,多功能、一体化教学场所总体分为两大区域,包括理论与示范教学区、学生实训教学区,这里的理论与示范教学区主要完成与技能集成的理论知识的讲授,以及菜点制作技能的示范演示;学生实训教学区则完成学生计划、操作、小组讨论等。我们特别注意到,随着现代信息技术的迅速发展,包括互联网、云视频、人工智能、大数据、5G 等技术的普及,烹饪教学中引入信息化系统,新一代烹饪智能实训空间主动适应科技革命和产业革命要求,可以使"四位一体"的烹饪教学过程提升到集理论教学、教师操作示范演示、学生操作与点评、资源共享、远程互动、数字化评价"六位一体"的烹饪教学过程,通过"数字-智能理实一体化教室",将学生、教师和学习情境三者更加有机地联系在一起,可以使烹饪教学过程的效果和效率都得到提升,主要体现在以下几个方面:一是理实一体化教学。教师理论教学和操作示范演示可以在同一个空间进行,通过软件触摸式操作和智能感应切换系统,教师操作示范可以同步到大屏清晰演示,实现示范教学可视化,解决学生围观"看不见、看不清"的问题;示范演示时同步录制,可立即回看和随时回放,解决示范演示"难以重现"的痛点,大大减轻教师重复示范演示的负担,同时降低重复示范的成本。二是学生操作与点评结合。学生操作亦可以同步展示和录制,教师可以在大屏上通过打标签对学生实操中出现的问题进行标识,以便实操结束后进行小组讨论和教学点评。三是资源共享。教师示范演示资源、学生实操资源都同步录制为视频资源,可自动和人工上传到云平台进行共享,可以让学生通过手机、PC 电脑终端随时、随地访问,实现在线学习;另外,这些视频资源也可以制作为精品资源库,可以共享给本校和帮扶学校用于教学,实现烹饪资源的真正共享。四是远程互动。通过实时的音视频连接技术实现烹饪实训室与校外实训基地的远程互动连接,解决校企合作过程中企业大师进课堂难、学生进企业生产基地难的问题,真正实现学校与企业的烹饪人才培养。五是数字化评价。教师对学生实操的评分,可形成每名学生每课时的评分结果,通过大数据分析技术进行整理和汇总形成学生实操的成长档案,最终作为实训教学的科学评价依据,同时可以作为学生就业的关键参考数据,从而实现信息化服务于烹饪专业教学改革,并为烹饪教学注入新的活力和动力。

　　总之,平面与立体、静态与动态、模拟与真实的真实互动的学习情境,有助于学生烹饪职业能力的培养。

　　综上所述,人才培养目标的实现是教学的根本目的,而课程是全部教学内容和全部教学活动的总和,与培养目标有着相对应的关系,因而,课程必然是人才培养的核心。实现烹饪专业培养目标,提高烹饪人才培养质量,要以烹饪课程开发为切入点,要按照姜大源研究员的工作过程系统化的课程开发范式,以课程内容选择和排序为切入点,在整体性、相关性、多元化的原则下在体系内部组合,解决好"有序与无序""做加法还是做积分""能力构成还是生成构成"等问题。这样的烹饪职业教育的课程开发,将在烹饪人才培养上产生创新意义上的突破。

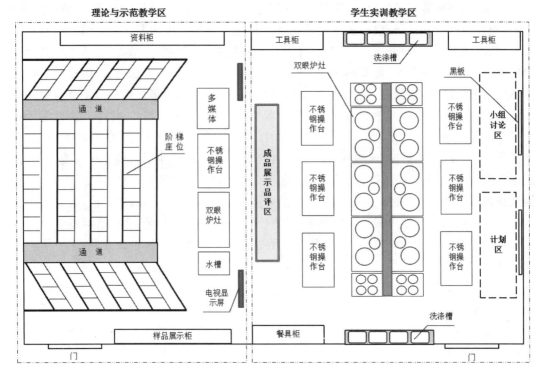

图 2-28 菜肴制作一体化教室

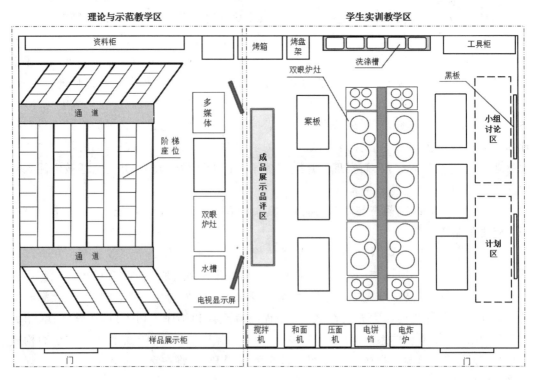

图 2-29 面点制作一体化教室

第五节　基于工作过程系统化的烹饪专业课程开发

如果说,培养目标是培养什么人的问题,那么,课程模式是怎样培养人的问题。我国高职教育长期以学科型课程为主导,课程模式与未来工作实际严重脱节。在前述中辨析了烹饪专业培养目标与知识类型,提出烹饪专业应从人才培养模式改革入手,引入姜大源研究员工作过程系统化的课程开发范式。课程是职业教育的重要载体,也是整个教学活动的核心。其包含了职业教育机构培养方案、教学大纲及教材所规定的全部教学内容和全部教学活动的总和。无论是教学观念的变化,还是人才培养模式的改革创新,最终都要通过课程进行具体的实现。为了做好烹饪专业的课程开发,我们有必要将国内外的课程开发典型模式进行梳理,从而找到烹饪工作过程系统化课程开发的参照系。

一、国外职业教育课程开发的历史沿革

第一次工业革命以来,为了满足社会发展对技术人才的需求,国外的职业教育不断发展,职业教育课程开发进一步完善,并形成许多较有影响的职业教育课程模式。其中具有代表性的是英国的"三明治"模式、德国的"双元制"模式、加拿大和美国的"CBE"模式、澳大利亚的"TAFE"模式、国际劳工组织的"MES"模式以及德国的"学习领域"模式,现将这几种课程开发模式与特征列于表 2-12。

表 2-12　国外课程开发的模式与特征

国家与时期	课程开发模式	典型特征
英国 20 世纪初	"三明治"模式	采用"理论—实践—理论"或"实践—理论—实践"的形式进行。由"校内学习"阶段和"企业实践"阶段两部分构成。 采取全方位、全过程考核,考核主体包括企业评估、指导教师评估、学生自评等。企业参与度高
德国 20 世纪 60 年代末	"双元制"模式	国家立法支持、校企二元共育的模式。 该模式核心标志为学生既是职业学校的学生,又是相关企业的学徒工。职业学校负责传授相关的专业知识,合作企业或公共实训基地负责相关的技能训练。 该模式强化了专业理论知识与技能操作实践之间的联系,强化了学校与企业之间的联系,突出了企业在人才培养中的积极作用
加拿大、美国 20 世纪 60 年代末	"CBE"模式	该模式的主要特征是从实际工作需要出发,与企业合作,以能力培养为基础对课程进行开发并组织教学与实施教学评价。 "CBE"模式的一大亮点是使用 DACUM(developing a curriculum)法,译为课程开发。DACUM 法常包括工作分析—任务分析—教学分析—教学开发—教学实施等环节。 其课程模式是根据未来工作岗位进行开发,强调适用于某一特定岗位的能力培养,注重自主学习与自我评价

续表

国家与时期	课程开发模式	典型特征
澳大利亚 20 世纪 70 年代	"TAFE"模式	以职业能力标准和澳大利亚国家资格证书为依据,强调以实践能力作为学生质量评价与考核的重要指标。培训包是"TAFE"模式的显著特征,主要由能力标准、评估指南、资格和辅助材料等组成,培训包的内容选取上采用全国适用原则,突出产业需求。 教学过程大多需在校内或企业的真实环境中完成,对于场地要求较高
国际劳工组织 20 世纪 70 年代	"MES"模式	国际劳工组织开发的一种课程与教学模式。 突出技能培训的核心作用,将某一职业分为若干个工作任务,每一个工作任务又分成不同的模块。通过若干模块的学习,使学生掌握职业中某一领域的实际操作技能。突出特点是各个模块可以根据不同职业的能力需要灵活组合,适应性强
德国 20 世纪 90 年代	"学习领域"模式	每一个学习领域包含目标、学习内容、学习时间三部分。通过一个学习领域的学习可以掌握未来职业中某个岗位的一个典型工作任务。通过若干个学习领域的学习,学生可以胜任未来职业需要的专业能力。这种模式有利于学生掌握未来真实工作中所必需的职业能力,体现行动导向原则

从表 2-12 可以看出 6 种国外的课程模式具有鲜明的职业特色,均强调岗位能力培养的重要性,以及行业、企业一线专家在整个教学过程中的重要作用。可以说,课程模式的合理运用为这些国家的经济社会发展起到了积极的推动作用。但值得注意的是,不同的国情与职业教育发展水平对课程模式的需求是不同的。借鉴国外先进课程模式,并将其改造转化为适应我国经济社会发展实际的本土化课程模式也成了国内职业教育的研究的重点。

二、国内烹饪职业教育课程开发的历史沿革

我国烹饪职业教育课程开发与课程模式在学习西方先进经验的基础上,其发展大致经历了以下四个阶段。

一是沿袭普教——学科体系职教课程的出现。我国烹饪职业教育起步于 20 世纪 50 年代,但其大发展却在改革开放以后。1983 年高职烹饪专业重新兴起。其课程结构与授课模式带有浓厚的普教色彩、注重学科的系统化。在这一时期中,课程与教学模式主要采用三段式,即公共基础课、专业基础课、专业课三大类。公共基础课、专业课自成体系,理论、实践二元脱离。例如,烹饪学校一般开设 10 门左右主要课程,如烹饪化学、烹饪营养与食品安全、食品微生物学、烹饪原料学、烹调工艺学、面点工艺学等。要求各个学科内部的完整性,如烹饪原料学,从生物学的角度对原料进行分类划分介绍,但在实际应用中往往实用性不强,没有突出烹饪原料的特性,往往用于解决生产实际问题的内容并不涵盖。或者是第一学期学习的内容到第三、四学期才接触应用,学生相关的记忆早已模糊不清。烹调工艺学则是过分看重各类方法概念的准确描述,如煨、焖等烹调方法,常在学生进入实际操作之前便进行了概念、特点等的讲授,但学生的脑海中没有相关概念,教学效果更是令人不满意。传统三段式的模式制约职业教育发展的问题已日益凸显。

二是西风东渐——以能力培养为核心课程的引进与借鉴。20世纪90年代初,随着我国国力的不断增强,国家对于职业教育的重视程度和投入比例进一步加大,"双元制"模式、"CBE"模式、"MES"模式等一批以职业分析为起点,以培养学生核心能力为目标,强调学生为学习主体的课程模式被相继引入国内。一批国内的烹饪职业院校也进行了许多有益的尝试。1993年2月,北京市劲松职业高中与德国巴登-腾堡州旅店餐饮协会正式签署合同,每年选派25名在国内学习2年后的烹饪专业学生,赴德国参加"双元制"培训。学习结束后,学生可获得德国巴登-腾堡州烹饪学校毕业证书、德国烹饪行业协会厨师证书及中国职业高中毕业证书。德国的学校学习的内容均以小组形式完成。评价方式也更加科学,学习气氛较好,学生涉猎知识面广。当学生进入德国实习酒店后,学生可被安排新的实践内容,每个轮换岗位都能达到独立操作。首批学生全部顺利通过了德国厨师考核,取得了相应的证书。在西学东渐时期,除北京市劲松职业高中外的许多职业学校也纷纷借鉴西方先进模式,尝试弹性学制、企业学校轮替等模式,为职业教育课程改革起到了一定的推动作用。

三是自主创新——中国特色职业教育课程模式的出现。进入21世纪,随着经济社会的发展,对职业教育也提出新的要求,职业教育课程与教学模式的改革也进入了一个时期,这一阶段的模式是建立在转化吸收基础上,更深层次的本土化创新。该阶段具有代表性的是"宽基础、活模块""任务引领""项目化"等模式。以烹饪专业的"宽基础、活模块"模式为例,作为我国原创的一种教学模式,广西烹饪学校的烹饪专业在这个方面做了许多尝试,优化了课程结构,巧妙运用了该模式,建立了"重能力、重效果、重实践、重创新"的考核体系。教学中既有全体烹饪专业学生参加的基础模块,也有根据就业方向不同而设置的岗位模块。该模式的成功运用大大缩小了学生能力与岗位需求之间的差距。

四是完善提高——基于工作过程系统化模式的提出与应用。回顾前三个阶段我国职业教育课程模式的发展历程,可以清晰地看到,职业教育课程模式改革经历了从"学科本位"到"能力本位"再到"实践本位"的过渡,开发了一部分符合中国国情的课程模式,这一定程度上促进了职业教育的健康发展。但值得注意的是每一种课程模式的产生与发展都有其时间与区域的特定性。虽然我国的职业教育课程模式改革取得了一定成绩,但大多还仅仅停留在部分改良阶段。直至目前,我国的职业教育课程模式仍未完全脱离"学科本位"。如果想从根本上解决我国职业教育课程模式改革上的种种问题,就必须将研究重点转向学科体系的结构与行动体系的重构上来。在这个方面,以姜大源研究员为代表的国内学者在借鉴德国工作过程导向课程模式的基础上,根据国内职业教育的形势加以完善、创新与发展,形成了较为符合当前中国职业教育实际的基于工作过程系统化的课程模式。该模式立足于真实的职业情境,以岗位及岗位群的工作任务作为学习领域设置与内容选择的基点,突出了情境设置与载体选择的多样性,将学科体系转化为行动体系,较好地解决了职业教育课程改革目前面临的突出矛盾。这一成果在烹饪教育中尚未应用,为烹饪专业课程改革提供了空间。

通过梳理总结国内外职业教育课程开发的成功经验,明确了烹饪专业人才培养质量的提高的方向,即全面推进基于工作过程系统化模式的课程开发,将学科体系课程改造为烹饪工作过程的行动体系课程。

三、工作过程系统化课程开发的基础理论

（一）学科体系与行动体系

简单地说，学科体系课程建立在知识储备的基础之上，知识就像一个个小盒子存放在架子上面。学科体系知识构成的要素主要是范畴、结构、内容、方法、组织及理论的历史发展等，多属于显性知识。而行动体系课程是建立在知识的应用基础之上，更多地强调的是过程性与策略性等隐性知识，而知识是在工作过程的学习领域中生成的。工作过程构成的要素主要是对象、方式、内容、方法、组织及其工具的历史发展等。学科体系的课程模式为并行结构，而行动体系的课程模式为串行结构（参见图2-24至图2-27），可以很清楚地看到二者本质上的差别。

并行结构的学科体系课程虽也考虑到知识的难易、深浅等认知规律，但其内容上仍过分强调逻辑的严密性和知识的完整性。各科自成体系，彼此间相对孤立，知识无法做到真正的融合。串行结构的行动体系课程很好地解决了这一问题，将完成工作任务所需要的各类知识巧妙地融合在整个工作过程中。知识并没有缺少或丢失，而是以更符合学习者心理顺序的排列方式得以呈现。

学科体系与行动体系的基础观也不尽相同。学科体系强调的是基础的构成论，如有多高的楼房就应有多深的地基。而行动体系强调的是生成论，认为基础是不断发展变化的，如同一棵小树变成大树，根深叶茂。对于烹饪职业教育应该清楚地认识到，基础不是一成不变的，而是一个不断生成与发展的过程。

（二）工作过程

工作过程指企业的整个生产经营过程，即典型工作任务是如何被完成的，着重强调各部分之间的整体性。基于工作过程系统化的课程不再只专注于某一个工作岗位的知识与技能，而是将该专业毕业生就业后所从事真实岗位进行整合，将三分之二的现实岗位与三分之一的未来岗位作为一个整体，并以此为基础进行典型工作任务的提炼等后续工作。

工作过程是人完成工作任务的完整进程，其体现了专业、方法和社会三方面的能力。工作过程构成的各要素之间是相互作用的。工作过程的结构是相对固定的，即任务资讯、决策、计划、实施、检查控制与评价反馈六个环节。具体而言有以下几点，一是通过任务资讯明确工作任务，获得完成任务的必要信息；二是做出正确可行的决策；三是制订具体计划，明确所需条件、程序步骤等；四是实施计划，学生按制订的计划方案予以实施，教师予以个别指导；五是检查控制，学生根据前期所做目标计划对实施计划的过程进行控制与检查；六是评价反馈，教师与学生共同参与到整个工作过程与工作成果的评价中来。

（三）行动领域、学习领域与学习情境

行动领域是有意义的行动情境中相关联的任务集合。行动领域开发的具体步骤如图2-30所示。

学习领域是教师经过教学化处理的行动领域，并不是所有的行动领域都可以一对一地转化成学习领域，必须经过科学合理的教学化处理才可以转化成学习领域。每个独立的学习领域下都包含若干个学习情境（课程单元），每个学习情境下根据需要又可分为若干个子

图 2-30 行动领域开发的具体步骤

情境(子课程单元)。每个子情境都具备一个完整的课程教学结构即工作过程的结构。具体的工作过程系统化课程开发见图 2-31。

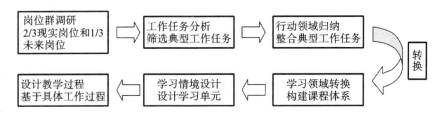

图 2-31 工作过程系统化课程开发

烹饪专业工作过程系统化课程开发的必要性,是基于课程是职业教育整个教学活动的核心和教育改革的关键,以及前期的研究结果即当前烹饪专业课程结构均是公共基础课、专业基础课、专业课也就是传统学科体系的三段式,需要按照姜大源研究员所提出的工作过程系统化的课程范式创新烹饪人才培养模式。

在对国内外课程开发模式的历史沿革梳理中,找到了烹饪专业工作过程系统化课程开发的节点。就国外而言,有代表性的是英国的"三明治"模式、德国的"双元制"模式、加拿大和美国的"CBE"模式、澳大利亚的"TAFE"模式、国际劳工组织的"MES"模式以及德国的"学习领域"模式,国外的课程模式具有鲜明的职业特色,均强调岗位能力培养的重要性,以及行业、企业一线专家在整个教学过程中的重要作用。就国内而言,其烹饪专业课程改革经历了沿袭普教学科体系课程、引进借鉴西方以能力培养为核心课程、自主创新"宽基础、活模块"以及基于工作过程系统化模式的课程四个典型阶段。基于工作过程系统化模式立足于真实的职业情境,以岗位及岗位群的工作任务作为学习领域设置与内容选择的基点,突出了情境设置与载体选择的多样性,将学科体系转化为行动体系,较好地解决了职业教育课程改革目前面临的突出矛盾。这一成果在烹饪教育中尚未应用,为烹饪专业课程改革提供了空间。

基于工作过程系统化课程开发的基础理论,烹饪是隐性知识(即过程性知识)为主的知识类型,其行动体系课程是建立在知识应用的基础之上,而知识是在工作过程的学习领域中生成的。烹饪专业课程开发以课程内容排序为重点,应按行动体系串行结构排序,其中要融入传统意义上的专业基础课即技能集成的理论知识。

四、烹饪专业典型工作任务分析

烹饪专业典型工作任务分析是建立在人才需求和专业定位基础上的,应由餐饮业一线实践专家与烹饪专业的教师共同完成。形式主要采取行业企业实地调研、问卷调查、座谈会等。了解市场对人才需求的动向及岗位信息,结合区域产业经济发展的特点,对烹饪专业的人才培养目标进行深入的分析,最终通过行业企业实践专家论证后确定专业定位。

毕业生工作岗位调查部分,一般需对烹饪专业近 5 年的毕业生进行工作岗位及岗位群的专题调研,经过统计分析得到毕业生所从事的主要岗位,其中分为基础岗位和后续岗位。

基础岗位即毕业生最初进入企业所从事的岗位,这类岗位较为基础,对技能和经验的要求不高。后续岗位是工作3~5年后,经过了一定的技能提升与经验积累后所从事的岗位,其对综合能力的要求较高。

典型工作任务分析法,也称BAG法,是由德国不来梅大学技术与教育研究所开发的课程开发方案。其核心环节为召开实践专家访谈会。实践专家访谈会是一种整体化的职业分析方法,其根本目的是用提炼的典型工作任务描述一个职业工作,可为后续工作过程系统化的课程体系明确学习领域的难度与先后顺序,以及获得具体的学习情境。实践专家访谈会具体步骤如表2-13所示。

表 2-13 实践专家访谈会具体步骤

序号	会议步骤	具体内容
1	主持人介绍到会人员	主持人介绍后由专家做自我介绍,至少包含姓名、单位、岗位等信息
2	主持人介绍会议内容	主持人介绍会议要求,利用案例介绍代表性工作任务
3	实践专家填写职业发展历程自我分析表	实践专家填写个人职业历程表,回溯自己从"初学者"到"专家"所经历的不同阶段(不超过5个)的岗位分布与各阶段中具有挑战性的工作任务(3~4个)
4	实践专家讨论个人职业发展历程	实践专家每人介绍其职业划分及代表性工作任务,重点介绍挑战性工作任务的解决方法,时间控制在5~8分钟
5	工作任务卡片展示	实践专家通过工作任务卡片展示其每个成长阶段具有挑战性的工作任务(不少于4个)
6	典型工作任务提取	主持人做代表性工作任务合并同类项及命名示范。实践专家分小组提取工作任务、命名并将其粘贴在一起(工作对象+工作),同一阶段的各类任务粘贴在一起
7	典型工作任务分析与工作过程描述	专家填写典型工作任务描述表及典型工作任务列表

实践专家应根据学生就业倾向选择来自不同代表性的企业(如风味酒楼、大中型餐饮企业、知名连锁餐饮企业、星级酒店),应以一线的技术骨干和技师为主,具有职业院校的学习经历,接受过与开发课程相匹配的职业教育。

主持人应为课程开发方法专家,熟悉工作过程系统化课程的内涵与开发路径,熟悉典型工作任务的开发流程,对分析的职业有充分和准确的认知。在会议当中主持人只提供方法支持,专业老师亦不参与。

五、烹饪专业典型工作任务归纳

(一)烹调工艺与营养专业典型工作任务归纳

以国内某职业技术学院烹调工艺与营养专业为例进行典型工作任务归纳。通过对近5年该专业127名毕业生的走访调研,我们统计分析出其基础岗位为砧板、荷台、面点和凉菜,后续发展岗位为炒锅和厨政管理等。根据调研结果,确定了烹调工艺与营养专业所从事岗位群为水台、砧板、荷台、凉菜、炒锅、面点和厨政管理。召开实践专家访谈会后,经初步梳理合并,提炼出以下典型工作任务,见表2-14。

表 2-14 烹调工艺与营养专业典型工作任务表

序号	典型工作任务
1	对蔬菜类原料进行摘捡、削剥、清洗分割
2	对水产品进行宰杀、开膛、清洗、分割
3	对禽类进行开膛、清洗、分割
4	运用不同刀法对动、植物原料进行加工成型
5	按照菜品标准将主、辅、调料合理配比
6	干货原料涨发
7	调制各种浆、糊
8	烹饪原料的腌制上浆
9	对菜肴进行围边点缀
10	根据菜肴需求选配餐具
11	制作冷菜调味汁、酱和卤汤
12	制作熏烤与烧腊制品
13	用各种烹调方法制作冷菜
14	用各种烹调方法制作热菜
15	对原料进行过油、走红、初步熟处理
16	各种面团的调制
17	各类馅心的调制
18	各类面点制品的熟制
19	根据要求设计菜单
20	厨房成本控制
21	厨房人员管理
22	食品安全保障
23	消防安全保障

将典型工作任务表内同一范畴、同一领域的再次合并同类项后得到了烹调工艺与营养专业行动领域归纳表,见表 2-15。

表 2-15 烹调工艺与营养专业行动领域归纳表

序号	行动领域
1	原料的初步加工与品质鉴定、评价
2	原料的切配成型与保存
3	干货原料的涨发
4	浆、糊的制作与原料的上浆与腌制
5	调味汁、酱的制作
6	菜肴的围边与盘饰
7	冷菜制作

续表

序号	行动领域
8	热菜制作
9	面点制作
10	宴席菜单设计与成本核算
11	厨房日常管理

（二）中西面点专业典型工作任务归纳

另以国内某职业技术学院中西面点专业为例进行典型工作任务归纳。通过对近5年该专业94名毕业生的走访调研,我们确定其所从事岗位群为中点、西点、裱花及厨政管理。召开实践专家访谈会后,共梳理、提炼出以下典型工作任务,见表2-16。

表2-16 中西面点专业典型工作任务表

序号	典型工作任务
1	按制品要求选择、称量、配制原料并对原料进行品质鉴定、评价
2	根据制品要求调制各种面团
3	调制各种馅心
4	对制品进行包捏成型
5	采用不同方式对成型后的制品进行熟制
6	制作各类水调类中点
7	制作各类油酥类中点
8	制作各类膨松类中点
9	制作米粉及杂粮类中点
10	对西点原料进行品质鉴定、评价并合理保管
11	制作各种面包
12	制作各种蛋糕
13	制作各种西点
14	制作各种慕斯
15	打发奶油等裱花原料
16	根据制品要求对蛋糕进行裱制与装饰
17	厨房成本控制
18	厨房人员管理
19	食品安全保障
20	消防安全保障

将典型工作任务表内同一范畴、同一领域的再次合并同类项后得到了中西面点专业行动领域归纳表,见表2-17。

表 2-17 中西面点专业行动领域归纳表

序号	行动领域
1	面点原料的品质鉴定、评价与储存保管
2	中式面团的调制
3	中式面点成型
4	中式馅心调制
5	中点综合制作
6	花式面包制作
7	蛋糕制作
8	西点制作
9	蛋糕裱花与装饰
10	厨房日常管理

在归纳行动领域时,应当注意工作过程的完整性及典型性,并应当符合烹饪职业的成长规律和学生的认知规律,即"由入门到熟练、由单一到综合、由新手到专家"的过程。

六、烹饪专业行动领域向学习领域转化

从典型工作任务到行动领域的完成是量变的过程。但不是所有通过归纳总结后的行动领域都适合成为一门单独的课程,必须进行教学化的改造,完成由行动领域向学习领域的转变,此步骤为质变,即完成最初岗位及岗位群所分析得出的典型工作任务向符合教学规律与教学实际的学习领域方面的彻底转换。所得到的学习领域(课程)是进行了教学化处理的行动领域,可以是几个行动领域转化为一个学习领域,也可以是一个行动领域转化为多个学习领域,具体划分应视具体情况而定,但必须保证符合学生的认知规律与职业成长规律。

(一)烹调工艺与营养专业行动领域向学习领域转化

烹调工艺与营养专业由行动领域向学习领域转化见表 2-18。

表 2-18 烹调工艺与营养专业由行动领域向学习领域转化表

序号	行动领域	学习领域
1	原料的初步加工与品质鉴定、评价	原料的初步加工与品质鉴定
2	原料的切配成型与保存	原料的切配成型与保存
3	干货原料的涨发	干货原料的涨发
4	浆、糊的制作与原料腌制上浆	浆、糊制作与原料腌制上浆
5	调味汁、酱的制作	调味汁、酱的制作
6	菜肴的围边与盘饰	菜肴的围边与盘饰
7	冷菜制作	基础冷菜制作
8		风味冷菜制作

续表

序号	行动领域	学习领域
9		基础热菜制作
10	热菜制作	流行热菜制作
11		传统名菜制作
12	面点制作	中式面点制作
13		西式面点制作
14	宴席菜单设计与成本核算	宴席设计与菜品开发
15	厨房日常管理	厨房管理

如表 2-18 所示,1~6 项行动领域与学习领域逐一对应,这是由于该行动领域经过教学化的设计后,其涵盖内容适宜,符合后续情境设计要求,能够顺利开展学习领域内的情境化教学。

冷、热菜制作这样涵盖内容过大的行动领域转化为学习领域的过程中,应进行合理化拆分,拆分的主要目的是在符合学生认知规律和职业成长规律的前提下,使拆分后的内容更加符合教学规律与要求。拆分后的领域仍需满足同一范畴,可以进行三次以上情境设计比较等标准。以此标准将行动领域中的冷菜制作改造成基础冷菜制作和风味冷菜制作两个学习领域,基础冷菜主要解决冷菜通识问题,如常用原料、制作方法、典型味型等。学生通过该领域的学习完成对冷菜的初步认知及掌握基本技能。风味冷菜则根据不同地域特点及行业流行趋势设计教学内容。

面点制作拆分改造成中式面点制作、西式面点制作两个学习领域,热菜制作拆分改造成基础热菜制作、流行热菜制作及传统名菜制作三个学习领域。其余行动领域与学习领域存在一一对应的关系。

（二）中西面点专业行动领域向学习领域转化

中西面点专业由行动领域向学习领域转化见表 2-19。

表 2-19　中西面点专业由行动领域向学习领域转化表

序号	行动领域	学习领域
1	面点原料的品质鉴定、评价与储存保管	面点原料鉴评与保藏
2	中式面团的调制	基础面团调制
3	中式面点成型	面点成型
4	中式馅心调制	馅心制作
5	中点综合制作	传统点心与小吃制作
6		流行中点制作
7	花式面包制作	面包制作
8	蛋糕制作	蛋糕制作
9	西点制作	烘焙西点制作
10		慕斯制作

序号	行动领域	学习领域
11	蛋糕裱花与装饰	蛋糕裱花与装饰
12	厨房日常管理	厨房管理

按照上述中所提出的拆分改造要求,在中西面点专业由行动领域向学习领域转换中,将中点综合制作改造成了传统点心与小吃制作、流行中点制作两个学习领域;将西点制作改造成烘焙西点制作和慕斯制作两个学习领域,其余行动领域与学习领域存在一一对应关系。

需要指出的是,以上两个专业的学习领域即课程体系是其完成实践环节中的课程。其他如烹饪营养与食品安全、原料学等技能集成的理论知识将分布在各学习领域中,部分抑或以单独的学习情境的模式出现。在必需、够用的前提下,其知识的总量并没有减少,而是以行动体系的排序方式再次呈现。

七、烹饪专业学习情境创设

工作过程系统化课程的突出特点是将原有的按学科体系分布的理论知识进行解构,在进行学习领域中学习情境设计时,集成化的理论知识需按着行动体系的规则进行重构。即根据具体的学习情境需求学习相关的理论知识。理论知识由原来学科体系的构成转化为行动体系的生成,使学生在完成了特定学习情境学习的同时也掌握了相关知识技能。

(一)高职烹调工艺与营养专业学习情境创设

对于学习情境的设置与选取亦是同样道理。学习情境的划分首先应找到符合工作过程系统化教学实际的参照系,再根据参照系划分情境,做到统一领域范畴内可比较。其次是要找到每个情境的具体载体,载体可以是任务、对象、项目、方法、工具、场地等,但在同一情境下的载体应当相同。再次学习情境设置应当遵循一定的逻辑关系,可以是同等条件下的平行,可以是复杂程度上的递进,也可以是内容上的包容。根据上述方法,以高职烹调工艺与营养专业各学习领域为例进行学习情境转化。烹调工艺与营养专业学习领域转化表见表 2-20。烹调工艺与营养专业学习情境设计表见表 2-21。

表 2-20　烹调工艺与营养专业学习领域转化表

序号	行动领域	学习领域
1	原料的初步加工与品质鉴定、评价	原料的初步加工与品质鉴定
2	原料的切配成型与保存	原料的切配成型与保存
3	干货原料的涨发	干货原料的涨发
4	浆、糊的制作与原料腌制上浆	浆、糊制作与原料腌制上浆
5	调味汁、酱的制作	调味汁、酱的制作
6	菜肴的围边与盘饰	菜肴的围边与盘饰
7	冷菜制作	基础冷菜制作
8		风味冷菜制作

续表

序号	行动领域	学习领域
9		基础热菜制作
10	热菜制作	流行热菜制作
11		传统名菜制作
12	面点制作	中式面点制作
13		西式面点制作
14	宴席菜单设计与成本核算	宴席设计与菜品开发
15	厨房日常管理	厨房管理

表 2-21　烹调工艺与营养专业学习情境设计表

序号	学习领域	情境一	情境二	情境三	情境四	情境五	载体
1	原料的初步加工与品质鉴定	根茎类原料的初步加工与品质鉴定	叶菜类原料的初步加工与品质鉴定	畜禽类原料的初步加工与品质鉴定	水产类原料的初步加工与品质鉴定	其他类的初步加工与品质鉴定	原料类型
2	干货原料的涨发	水发类原料的涨发	碱发类原料的涨发	油发类原料的涨发	火发类原料涨发	—	涨发方法
3	原料的切配成型	将原料制作成片	将原料制作成丁、块	将原料制作成丝、条、段	将原料制作成特殊形	—	原料形状
4	浆、糊制作与原料腌制上浆	淀粉类浆、糊的调制	苏打类浆、糊的调制	蛋类浆、糊的调制	其他类浆、糊的调制	—	浆糊种类
5	调味汁、酱的制作	基础调味汁、酱的制作	冷菜调味汁、酱的制作	热菜调味汁、酱的制作	—	—	味汁种类
6	菜肴的围边与盘饰	果蔬类围边制作	花草类围边制作	果酱画类盘饰制作	雕刻类盘饰制作	—	盘饰类型
7	基础冷菜制作	卤煮类冷菜制作	炝拌类冷菜制作	熏烤类冷菜制作	冻类冷菜制作	—	烹调方法
8	风味冷菜制作	广式风味冷菜制作	川式风味冷菜制作	京式风味冷菜制作	—	—	风味类型
9	基础热菜制作	水传热菜肴制作（烧、炖、煮、煨）	蒸气传热菜肴制作（蒸）	金属传热菜肴制作（贴、煎）	油传热菜肴制作（炸、溜、烹）	固体传热菜肴制作（盐焗、泥、烤）	传热方式
10	流行热菜制作	自助餐热菜制作	零点热菜制作	宴席热菜制作		—	就餐形式
11	传统名菜制作	粤式传统名菜制作	川式传统名菜制作	鲁式传统名菜制作	苏式传统名菜制作	—	风味流派

续表

序号	学习领域	情境一	情境二	情境三	情境四	情境五	载体
12	中式面点制作	水调面团类面点制作	膨松面团类面点制作	油酥面团类面点制作	杂粮面团类面点制作	其他面团类面点制作	面团类别
13	西式面点制作	面包类西点制作	蛋糕类西点制作	酥类西点制作	慕斯类西点制作	泡芙类西点制作	成品类型
14	主题宴席设计与制作	家宴设计与制作	商务宴设计与制作	喜庆宴设计与制作	节日宴设计与制作	特殊宴席设计与制作	宴席类型
15	厨房管理	小微型餐饮企业的厨房管理	中型餐饮企业的厨房管理	连锁大型餐饮企业的厨房管理	星级酒店的厨房管理	—	厨房类型

　　每个具体的学习领域中学习情境的设计不相同,同一学习领域因选择载体不同划分学习领域亦可不同。烹调工艺与营养专业的学习情境具体设计如下。

　　原料的初步加工与品质鉴定学习领域,选择了原料类型作为载体,将其划分为根茎类、叶菜类、畜禽类、水产类、其他类原料初步加工与品质鉴定等情境。通过情境的学习,学生可以清晰地掌握常见类别原料的加工方法与质量品质。

　　干货原料的涨发学习领域,选择了涨发方法作为载体,划分为水发类、碱发类、油发类、火发类原料涨发的学习情境,基本涵盖了厨房常用干货的涨发方法,子情境选择具有代表性。

　　原料的切配成型学习领域,以成型后的原料形状作为载体,设置了将原料切成片,将原料制作成丁、块,将原料制作成丝、条、段等学习情境。通过该情境的学习,让学生掌握基础性的切配方法,为后续掌握娴熟刀工打好基础。

　　浆、糊制作与原料腌制上浆学习领域,以浆、糊种类作为载体,设置为淀粉类、苏打类、蛋类、其他类浆、糊的调制四个学习情境。情境设计由单一原料逐步变为复杂混合原料,各种浆、糊调制存在递进关系,前一个学习情境是后一个学习情境的基础。

　　调味汁、酱的制作学习领域,以味汁种类作为载体,设置为基础、冷菜、热菜调味汁、酱学习情境。调味汁、酱制作是适应餐饮业发展需要,特别是标准化调味汁、酱提前预制而新出现的学习领域。各学习情境涵盖了主要预制调味汁、酱的种类。

　　菜肴的围边与盘饰学习领域,以盘饰类型为载体,设置为果蔬类围边制作、花草类围边制作、果酱画类盘饰制作、雕刻类盘饰制作四个学习情境。四个学习情境具有显著的代表性,特别是近几年在餐饮业出现并流行的果酱画类盘饰制作。课程内容与未来真实工作衔接较好。

　　基础冷菜制作学习领域,以烹调方法为载体,设置为卤煮类冷菜制作、炝拌类冷菜制作、熏烤类冷菜制作、冻类冷菜制作等学习情境。各个学习情境主要解决冷菜制作中基础性的问题,如掌握常见制作方法。

　　风味冷菜制作学习领域,以风味类型为载体,设置了广式风味、川式风味、京式风味冷菜制作三个学习情境。情境设置突出地域特色,掌握当地流行品类的制作方法,有助于学生未来尽快适应工作岗位。

　　基础热菜制作学习领域,以传热方式作为载体,设置为水传热菜肴制作、蒸汽传热菜肴制作、金属传热菜肴制作、油传热菜肴制作、固体传热菜肴制作五个学习情境。各情境突出原理的掌握,让学生在学习中知其然并知其所以然。

流行热菜制作学习领域,以就餐形式作为载体,设置了自助餐热菜制作、零点热菜制作、宴席热菜制作三个学习情境。学习情境设计贴近未来工作,用就餐形式划分学习领域是一种创新。

传统名菜制作学习领域,以风味流派作为载体,设置了粤式、川式、鲁式、苏式传统名菜制作四个学习情境。四个学习情境均注重让学生掌握经典传统菜肴制作方法,掌握传统制作技艺。

中式面点制作学习领域,以面团类别为载体,设置了水调面团类、膨松面团类、杂粮面团类、油酥面团类面点制作等学习情境。面团类别作为载体很好地区分了各类制品特性,有利于学生的全面掌握。

西式面点制作学习领域,以成品类型为载体,设置了面包类、蛋糕类、酥类、慕斯类、泡芙类西点制作五个学习情境。五个学习情境皆为西式面点中代表性品类,有利于学生的全面掌握。

主题宴席设计与制作学习领域,以宴席类型为载体,设置了家宴、商务宴、喜庆宴、节日宴、特殊宴席设计与制作五个学习情境。各学习情境设计贴近未来工作实际,可使学生的综合运用能力得到了较好的锻炼。

厨房管理学习领域,根据厨房类型不同,设置为小微型餐饮企业的厨房管理、中型餐饮企业的厨房管理、连锁大型餐饮企业的厨房管理、星级酒店的厨房管理四个学习情境。这些学习情境涵盖了行业主流的厨房类型,具有代表性。

(二)高职中西面点专业学习情境创设

中西面点专业学习领域转化表见表2-22,中西面点专业学习情境设计表见表2-23。

表2-22 中西面点专业学习领域转化表

序号	行动领域	学习领域
1	面点原料的品质鉴评与储存保管	面点原料鉴评与保藏
2	中式面团调制	基础面团调制
3	中式面点成型	面点成型
4	中式馅心调制	馅心制作
5	中点综合制作	传统点心与小吃制作
6		流行中点制作
7	花式面包制作	面包制作
8	蛋糕制作	蛋糕制作
9	西点制作	烘焙西点制作
10		慕斯制作
11	蛋糕裱花与装饰	蛋糕裱花与装饰
12	厨房日常管理	厨房管理

表 2-23　中西面点专业学习情境设计表

序号	学习领域	情境一	情境二	情境三	情境四	情境五	载体
1	面点原料鉴评与保藏	粉料类原料鉴评与保藏	辅料类原料鉴评与保藏	馅心类原料鉴评与保藏	装饰类原料鉴评与保藏	—	原料类型
2	面点成型	手工成型	刀具成型	磨具成型	其他成型	—	成型方法
3	基础面团调制	水调面团调制	膨松面团调制	油酥面团调制	米粉杂粮面团调制	—	面团类型
4	馅心制作	咸味馅心制作	甜味馅心制作	复合味馅心制作	—	—	馅心味型
5	传统点心与小吃制作	京式点心与小吃制作	川式点心与小吃制作	苏式点心与小吃制作	粤式点心与小吃制作	—	风味流派
6	流行中点制作	蒸、煮制类面点制作	煎、炸类面点制作	烘烤类面点制作	其他类面点制作	—	熟制工艺
7	面包制作	基础面包制作	花色面包制作	欧式面包制作	丹麦面包制作	—	面包类型
8	蛋糕制作	全蛋法蛋糕制作	戚风法蛋糕制作	油脂类法蛋糕制作	芝士类蛋糕制作	其他类蛋糕制作	膨松类型
9	烘焙西点制作	饼干类西点制作	层酥类西点制作	塔、派类西点制作	泡芙类西点制作	特殊类西点制作	西点类型
10	慕斯制作	水果类慕斯制作	奶油类慕斯制作	慕斯蛋糕类慕斯制作	其他类慕斯制作	—	慕斯类型
11	蛋糕裱花与装饰	奶油类裱花蛋糕制作	黄油忌廉类裱花制作	翻糖类蛋糕裱花与装饰	韩式豆沙花蛋糕裱花与装饰	其他类蛋糕裱花与装饰	裱花材质
12	厨房管理	小微型餐饮企业的厨房管理	中型餐饮企业的厨房管理	连锁大型餐饮企业的厨房管理	星级酒店的厨房管理	—	厨房类型

中西面点专业的学习情境具体设计如下。

面点原料的鉴评与保藏学习领域,选择了粉料、辅料、馅心和装饰四个领域,基本涵盖了常见面点的主要原料,学生通过各情境的学习可对原料有基本认知。

面点成型学习领域,选择了手工、刀具、磨具等具有代表性的成型方法。学生通过各情境的学习可掌握基础性成型手法,为后续制品学习打下基础。

基础面团调制学习领域,以面团类型为载体,选择了水调面团、膨松面团、油酥面团、米粉杂粮面团调制四个学习情境。载体较好地区分各类制品特性,有利于学生基础性知识的全面掌握。

馅心制作学习领域,选择了咸味馅心制作、甜味馅心制作、复合味馅心制作三个学习情境,涵盖了行业主流馅心类型,学习内容与未来工作结合紧密。

传统点心和小吃制作,选择了点心的四大流派京式、川式、苏式、粤式点心与小吃制作四种学习情境,可使学生掌握传统点心和小吃的制作工艺,为后续学习起到积极促进作用。

流行中点制作学习领域,以熟制工艺为载体划分学习情境,使学习情境具有典型性。品种选择贴近一线生产实际,学习内容即未来工作内容。

面包制作学习领域,以面包类型作为载体划分了不同的学习情境,第一个学习情境为基础面包制作,后续学习情境难度依次递增,让学生逐步掌握面包制作技艺。

蛋糕制作学习领域,以膨松类型作为载体划分学习情境,学生在各情境中掌握制作技艺的同时学习膨松原理,为后续制作与品种创新打下坚实基础。

烘焙西点制作学习领域,以西点类型作为载体划分学习情境,选择了具有代表性的饼干类、泡芙类等作为典型学习内容,较好地涵盖了未来工作的典型工作过程。

慕斯制作学习领域,以慕斯类型作为载体,划分了各学习情境。该学习领域也是紧贴行业企业实际需要所开发,内容具有一定的创新性。

蛋糕裱花与装饰学习领域,以裱花材质为载体,涵盖了韩式豆沙花等新兴裱花类型,各情境内容符合行业企业需求,适应性好。

厨房管理学习领域,根据厨房类型不同,设置小微型、中型、连锁大型餐饮企业的厨房管理和星级酒店的厨房管理,基本涉及了主流经营类型,覆盖较为全面。

八、烹饪专业情境内教学组织

教学是教与学的互动,由教师的教和学生的学共同构成的一种人类独有的培养人才的活动。我们要根据职业教育的类型特点和人才培养目标,科学灵活地组织教学活动。基于情境认知与情境学习理论,在工作过程系统化的情境内教学组织中,学生的学习任务的难度水平要充分考虑任务关联性及工作过程完整性。学习情境设置应当遵循以下四点基本原则:一是学习情境必须是统一领域范畴内的;二是重复的是该情境的工作步骤,不同的是每个情境的工作内容;三是重复一般应为3~6个;四是不追求将一个学习领域下的内容全部转化为若干个情境,而应选取极具代表性的,目的是能够使学生做到模式的迁移。

(一)子情境与课程项目的划分

"食无定味、适口者珍",中国烹饪对于美食标准的判定原则同样适用于子情境的创设。不同层次、不同基础的学生在工作过程系统化课程体系下的教学活动的组织也不尽相同。下面以国内高职烹饪专业基础冷菜制作学习领域为例,介绍情境内的教学组织。通过对学生的就业岗位的职业能力进行分析并结合该班级前期学习整体情况,本次基础冷菜制作学习领域共划分成4个子情境和11个课程项目(表2-24),意在分阶段较好地培养学生信息及文献收集能力、语言表达能力、烹调原理分析及制品制作能力、小组协助能力、沟通合作能力等。

表 2-24 基础冷菜制作学习领域具体要求与考核要点

学习情境	成果体现	考核要点	具体要求	技能要求
子情境一 卤煮类冷菜 制作	卤煮类历史发展调查报告	内容翔实(涵盖发展历史、烹调特点、典型制品、风味名菜等)	网上及实地查询搜集卤煮类相关知识、了解基础冷菜相关知识	网络资源搜集及文献查找能力、小组合作能力
	卤菜特征形成PPT	卤色、卤香、卤味形成因素分析准确、得当	能够正确分析卤菜色泽、香气、风味来源并制作展示	PPT制作能力、团队协作能力、分析能力、创新能力

学习情境	成果体现	考核要点	具体要求	技能要求
子情境一 卤煮类冷菜 制作	卤鸡翅制作	完成卤汤调制,鸡翅色泽、风味良好	能够按要求完成卤料准备、卤汤调制。鸡翅预处理及熟制	原料鉴别能力、设备操作能力、菜品制作能力、团队协作能力
	白切鸡制作	正确运用煮方法,肉质、色泽、风味符合白切鸡制品要求	能够按要求完成白切鸡初加工及熟制。火候得当、调味汁风味突出	原料鉴别能力、设备操作能力、菜品制作能力、团队协作能力
子情境二 炝拌类冷菜 制作	冷菜味型调查报告	内容翔实(涵盖各味型发展历史、味型特点、风味原料、传统菜等)	网上及实地查询搜集冷菜相关知识、了解典型名菜制作方法	网络资源搜集及文献查找能力、小组合作能力
	炝黄瓜制作	运用正确方法对黄瓜进行刀工处理、突出炝法风味要求	分析炝法制作特征及风味形成要求,并完成制品制作	原料鉴别能力、刀工操作能力、菜品制作能力、小组合作能力
	夫妻肺片制作	能够对牛头皮、牛肉等进行合理的初加工与熟处理。了解红油制作方法及菜肴味型特点	能够完成原料熟处理及刀工成型,调味汁风味突出	原料预熟处理能力、刀工成型能力、调味汁制作能力
子情境三 熏烤类 冷菜制作	熏烤冷菜分析	能够在熏烤中各选一个典型菜品进行原料、制作、风味特点等分析	分析典型菜肴并提供分析报告	分析能力、语言表达能力、小组合作能力
	熏烤类典型菜肴制作	实现一道熏烤类冷菜制作,要求刀工精美、方法得当、风味突出	分析熏烤类菜肴典型特征并了解菜品制作特点,每组制作一道熏烤类菜肴	分析问题能力、菜肴制作能力、应变能力
子情境四 冻类冷菜制作	胶冻形成原理分析PPT	胶冻形成的原理分析清晰,PPT制作精美	能够分析胶冻菜肴形成原理、原料特点及胶冻形成要素	资料收集能力、分析问题能力、沟通能力、PPT制作能力
	肉皮冻制作	能够按指导书要求对猪皮进行处理并制作出肉皮冻、调味汁风味突出	猪皮初加工得当,无多余油脂。猪皮煮制时火力、水量、时间得当,调味汁风味突出	原料预熟处理能力、肉皮冻熬制能力、调味汁制作能力

(二)子情境创设策略

烹调工艺与营养专业开设基础冷菜学习领域,主要目的是使学生对冷菜制作有一个基础性的认识,掌握冷菜的基本味型与制作冷菜的基本方法。解决学生对冷菜学习共性与基础性问题,为后续风味冷菜学习打下基础。风味冷菜解决的是个性与提高的问题。对于基础冷菜制作可选择的载体较为丰富,如可用制作冷菜的原料、冷菜的味型、冷菜烹调方法等进行划分。具体到本次基础冷菜制作,综合各因素,选取了烹调方法作为情境划分的载体。选择好载体后,可根据实践专家访谈会所得到的基础数据,结合当地餐饮业需要,选取有代表性的烹调方法进行情境的创设。在划分情境大小时可根据当地该冷菜烹调方法使用频率决定其所占时长,合理分布情境大小。

(三)子情境内的教学组织

基础冷菜的第一个学习子情境是卤煮类冷菜的制作。其中包含 4 个学习项目,分别是卤煮类历史发展调查报告、卤菜特征形成 PPT、卤鸡翅制作、白切鸡制作。在传统的课程体系中,该部分属于实践课程范畴,教学中一般是由实践教师在实习场地先演示卤鸡翅制作的基本流程后,学生分组操作,最后教师点评菜品质量。

在基于工作过程系统化的课程中,情境首先要将集成化的理论知识按照工作流程顺序合理分布在整个教学过程中。学生通过教师下发的任务单,登录云平台学习各类支撑资源课程,在开放的环境下,通过小组合作形式自主完成卤煮类历史发展调查报告、卤菜特征形成 PPT 等,完成对基础知识的了解与搜集。在后续的卤鸡翅制品制作中,各种卤制香料涉及原料学的知识,卤作为一种典型的烹调方法涉及工艺学的知识,卤制香气的形成涉及烹饪化学的知识,出品色泽涉及美学知识,卤水中添加的发色剂涉及食品安全的知识,以上均为卤鸡翅制作这个学习情境中需要学习的集成化的理论知识。传统课堂组织方式很难完成如此多集成化知识的学习,但借助现代化的手段,充分利用各种云平台,涉及的各部分内容可由各领域教师提前制作成微课、微视频、动画等各类学习资源,为学生提供个体化翻转式线上学习环境,结合线下课堂活动,绝大多数学生均能在动手操作卤鸡翅制作的之前完成集成化理论知识的学习并将其运用到实践中。

(四)子情境教学组织中教师角色变化

在基础冷菜制作学习领域,子情境一以教师指导、演示为主,手把手带着学生一同完成学习内容,避免学生出现初次接触课程的畏难情绪及准备不充分所导致的错误认识等问题。子情境二让学生尝试部分自主探究、辅以教师讲解与演示,突出学生在学习中的主体作用。子情境三、四让学生采用小组合作学习的方式,自主制订计划,讨论典型菜肴的制作,教师由讲解演示变为分析评价,更多地体现"顾问"的角色。学习过程中,学生经历"教师手把手、教师搭把手、教师留一手"递进式的角色变化,态度也从开始的畏难、不知道如何进行课程学习的慌乱逐步变为完成预期目标、体会过程价值后的积极主动,学生的主观能动性得到了充分的调动,学习中的获得感也得到了显著提升。

(五)子情境内教学手段运用与基础教学文件制订

在基于工作过程系统化的课程的实际教学中,需根据流程顺序将集成化的理论知识与过程性、策略性知识结合在一起。以新冠疫情后各校大规模线上授课为契机,采用线上 + 线下混合式教学的模式,充分利用各种云课程在线学习平台的优势,将各情境所涉及的部分理论知识以微课、短视频、课程资源包等形式提前发布在平台。如涉及原料知识部分,可制作常用香料种类及其特点的微视频,涉及食品安全部分可制作常见发色剂使用与安全微视频等。制订整理符合工作过程系统化规律的教学文件,见表 2-25。

表 2-25　基于工作过程系统化课程教学文件列表

序号	类别	文件名称	文件说明	备注
1	基础	人才培养方案	人才培养目标及典型工作过程	
2	基础	课程标准	教学目标及教学内容	
3	基础	授课计划	授课进度安排	
4	基础	教案课件资源	设计教学过程、展示教学内容	
5	课中	任务单	学生了解各情境具体任务	
6	课中	引导文	根据内容设计问题，引导学生自主探究学习	
7	课中	原料单	制作制品所需原料	
8	课中	计划单	小组讨论后制订的工作计划	
9	课中	设备工具单	使用设备及工具使用说明	
10	课中	仪器使用登记表	教学仪器设备使用登记	
11	课中	检查单	对各个步骤进行过程检查	
12	课后	学习档案	学生学习情况记录	
13	课后	教学反馈表	学生对教学过程的反馈	
14	课后	制品评分表	课堂中制作完成制品评分	
15	课后	课程资源包	学生在学习平台使用课程资源	

（六）子情境内的考核评价原则

区别于传统学科课程模式常用的课堂提问表现、随堂测试、作业情况、考试成绩等常用考核方式，基于工作过程系统化的课程过程性评价的比重将不断提高。过程性评价是在学生的学习过程当中不断地给予动态的、发展的评价，不过分追求学生的最终考试成绩，避免了教师单一评价的主观性和片面性，倡导多元立体的评价方式，应当从餐饮业实际和学生的认知规律出发，让学生在具体的情境中积极主动地完成学习任务。

值得注意的是，在基于互联网＋的线上＋线下混合式的教学模式中，云平台的科学使用为多元评价提供了合理的保障。交互式课程可以有效地促进知识的流动。在云平台使用过程中，课前可以从学生课程资源学习进度、平台预习笔记提交情况、预习提问回答情况等方面，课中可从云课程签到、课堂讨论与课堂展示等方面，课后可从在线测试、资料提交等方面实时监测学生的学习情况与课堂表现，评价及时、高效、智能化。这在传统课堂讲授中是无法做到的。教师在线下课程中也可以根据掌握的后台数据，有的放矢地开展针对性的辅导教学。在实验操作过程中，教师可从操作技能掌握、操作过程表现、实验报告提交情况等方面给予评价。学生也可以通过云平台动态数据了解自己的实时学习情况，学习过程中所伴随的收获感可以更好地激发其内生动力，使整个考核过程更加科学合理。

（七）情境内教学中需要关注的问题

1. 基于工作过程系统化的信息化环境构建

基于工作过程系统化的课程开发，打破了传统的学科型课程体系，形成了以完成职业岗位典型工作任务为依据，集成工作过程性知识的行动体系课程。将现代化信息技术手段运用于工作过程系统化的课程体系,通过线上＋线下交互式的学习模式,运用各类云平台资源,学生的学习将变得更加轻松,学习过程也更加可控,学生的学习情况也可以随时得到反馈和追踪,教师对课堂的把握和管理也更加科学。但在实际运用过程中,有些教师由于手中缺乏丰富多样的信息化素材,只是将大量的多媒体课件、网上搜集的同类课程视频等上传平台,学生的线上学习变为被动观看课件、接受教师讲述内容,考核中将是否学完课程作为重点,缺了交互式教学的细化设置。而有些老师则相反,教学实施过程中过多地关注信息化技术的应用,一味地追求教学资源多样化,把重点聚焦在技术手段呈现上,忽略了技术手段、各类资源与教学内容、教学方法、教学策略等的有机结合。以上种种行为均与基于工作过程系统化的人才培养目标相悖。新的教学组织模式需要学校优化校园信息化环境建设,打造智慧教室与可视化实训系统。任课教师则应根据课程需求积极主动地积累课堂资源,并将其经过教学化的设计转化为线上内容,以学生为中心,优化交互式的互动设计,引导学生在信息化的环境中提升知识技能的选择、获得、运用等能力,促进学生主动学习,提升教学效果,达成预期目标。

2. 混合式教学模式对教师能力的要求

混合式教学模式是指在混合教育思想、学习理论、教学理论指导下,在混合式教学环境中,教学系统要素在时间上动态展开而形成的较为稳定的教学活动安排。基于工作过程系统化的线上＋线下混合式的教学模式,能够将线下讲授学习的优势与在线学习的优势相融合,达到更加有效的学习效果。但对于担任课程的教师来讲,混合式教学模式要求教师在分析规划、设计实施、支持保障、评估优化等各个环节能够有效地开展线上线下相结合的教学设计与教学组织,并将集成化的理论知识与过程性的策略知识有机结合在一起,形成完整的学习过程链。这对于授课教师能力的要求是全面而丰富的。教师应当不断提升信息化能力,丰富混合式教学的相关知识,学校及行业主管部门也应为其提供更多的学习培训机会,保障线上＋线下混合式教学模式的顺利实施。

3. 教学实施中小组活动的有效开展

基于工作过程系统化的课程,在教学实施过程中许多环节是由学生小组共同完成的。授课教师在实际教学过程中,常发现在小组学习气氛活跃的同时常常也伴随着一些问题,如集体讨论方向偏离课程设计、部分小组成员参与度低等。针对以上问题在实施层面,我们应当首先设计好小组活动的任务,明确活动预期;制订好小组成员的参与规则,规划好活动时间与人员安排;布置合理的活动环境,提供充足的活动材料,并在小组活动开始前就确定好本次活动的评价方式。当小组讨论中出现偏离教学设计的争论时,帮助学生将已有知识进行充分整合,分析问题所在并重新回到预设的轨道中。教师还要善于发现学生取得的微小成绩,点燃学生心中勇于展现自我的星星之火。

4. 利用思维导图优化集成的理论知识

思维导图是英国学者托尼·布赞于1974年提出的,是展示发散型思维的有效图形思维工具,是一种图像式记录工具。常见的形态有树状型、鱼骨型、时间线型、圆圈型等。合理地运用思维导图可以帮助学生更好地构建知识体系。在基于工作过程系统化的课程中,原学科体系的课程被结构重组为行动体系的课程。在不同的学习领域与情境中,集成化的理论知识也分布在各学习单元。有些教师认为,解构后部分知识过于碎片化,不利于整体记忆与运用。思维导图为碎片化的知识构建体系提供了科学的解决方法。在实际运用中,可以在学习完一个环节内容后,与学生一同利用思维导图工具,针对某一类型的知识,绘制知识树、知识鱼等,如绘制动物性原料知识树、天然色素知识鱼等,帮助学生有效优化认识结构,构建知识框架体系。

开发一流的课程是职业教育高质量发展的必要保障。在烹饪类专业中引入基于工作过程系统化的课程开发范式,为缓解职业院校课程设置内容与餐饮行业实际需求匹配度低这一突出问题提供了新的优化方案。基于工作过程系统化的烹饪专业课程开发,从明晰课程开发的基本理论入手,对典型工作任务提取,工作领域向学习领域转化,情境的创设及情境内教学设计等各环节开发流程进行了梳理与讨论,形成了完整的闭环,为烹饪专业基于工作工程系统化课程体系的构建提供了积极的保障。

回顾烹饪职业教育课程的历史沿革,从沿袭普教的三段式,到自出创新的模块化课程等,再到基于工作过程系统化的课程模式的转变,每一次的变革都伴随着新的机遇与挑战。在当今职业教育高质量发展的新阶段,引入基于工作过程系统化的课程开发范式,将为烹饪职业教育的全面提升注入新的活力。

第六节 烹饪专业师资队伍建设

党中央、国务院把新时代师资队伍建设改革摆到了前所未有的高度。习近平总书记高度重视教师队伍建设,提出"四有"好老师、"四个引路人""四个相统一"的系列要求。2018年1月《中共中央国务院关于全面深化新时代教师队伍建设改革的意见》的颁布,为教师队伍包括烹饪专业教师队伍建设指明了方向。

师资队伍建设是实现人才培养目标的迫切需要和根本保证,教师素质的提高是教育改革与发展的核心问题与关键环节。烹饪教育与其他专业学科教育相比,甚为年轻,只有60多年历史。目前存在以下两方面的内容:一方面,不清晰烹饪专业教师队伍教师现状,要搞清其现状;另一方面,要开展加强烹饪专业教师队伍的深入研究。

一、烹饪专业教师队伍现状

笔者首先采用调查问卷法,对全国(除西藏、青海、港澳台)设有烹饪专业的中职烹饪、高职烹饪、本科烹饪(包括培养烹饪科学硕士、博士研究生)院校的烹饪教师进行问卷调查,调查问卷设计了烹饪专业教师的基本信息、教师发展过程、教师教学科研状况三个维度40个问题。收回345份问卷,其中有效问卷287份,问卷有效率为80.58%。对调查问卷进行初步分析,从十一个主要方面得出烹饪专业教师队伍基本现状。

一是性别与年龄。烹饪专业教师大多数为男性,且相对年轻。

二是学校状况。华东地区学校较多,以隶属教育部门为主;学校类别数量依次为中职、高职、普通本科,师范院校极少。

三是教师状况。教师在烹饪工艺教研室为绝对优势,有一定比例任教研室(系)负责人,其中有一半左右教师在各级行业协会任职。

四是从事烹饪教育起点。学历:专科、本科毕业后从事烹饪教育是主流;工作年限:1~5年占较大比例;专业领域:来自烹饪相关专业的、专业对口的是主流。

五是教师能力提升状况。职称:多为教师系列,实验系列有一定比例,两者正常晋升为多,没有晋升也有较大比例;职业资格:最初没有的占多数,最终多为高级技师。

六是参加社会实践与专业技能竞赛。社会实践:半年以内和 2 年以上的居多;技能竞赛:以国家级的居多。

七是学习手段。形式多样,上网学习已成为烹饪专业教师学习手段。

八是承担课程。理实一体化课程是主流;理论课教师和实践课教师一般都承担多门课程。

九是教育科研。发表论文,教材、专著出版以及教研科研项目总体上数量不足,层次有较大提高空间。

十是指导学生参加技能大赛。层次上国家级奖居多,等级上各层次一等奖居多。

十一是外语教学。多数外语教学水平较低,有很大的提升空间。

以上,基于调查问卷我们得出烹饪专业教师队伍建设的现状初步结果。但是由于样本所限,加上我国烹饪教育体量大,只采用调查问卷法是有局限性的。因而,在调查问卷法的基础上,结合实地考察法、面对面交流法、学生反馈法、日常观察法四种方法进行进一步研究。具体而言,一是实地考察法。由于教育部职业教育专家组成员、教育部餐饮行指委副主任的工作关系,利用到相关院校职业教育师资培养培训基地遴选、评估、培训项目推进以及考察、交流、做报告机会,我们走访了不同层次举办烹饪专业的院校 100 多所。二是面对面交流法。在全国各类会议上,如教育部餐饮行指委年会、核心成员会议、培训会议、烹饪本科教育联盟会议、广东粤菜烹饪职业教育联盟会议等,了解烹饪教师队伍情况。三是学生反馈法。20 世纪 80—90 年代以来,笔者就职的哈尔滨商业大学有四届烹饪师资班、一届师范班、两届烹饪师资专业证书班、两届烹饪本科班;笔者从 1993 年在全国首先招收烹饪科学硕士以来,至今已经培养硕士、博士 100 名,多就职于烹饪院校;笔者从 1999 年教育部职业教育师资培养培训基地在黑龙江商学院(现哈尔滨商业大学)设立以来,参与烹饪教师国培班的教学;笔者从 1998 年至今举办烹饪与营养教育本科班。这些毕业生多数从事烹饪教育工作,为笔者反馈了烹饪教师队伍信息。四是日常观察法。笔者从事餐饮烹饪教育 30 余年,与同行交流,如每年参与四川烹饪高等专科学校(现四川旅游学院)烹饪专业教师职称评定,了解了烹饪教师的情况,通过对调查问卷进行分析,再整合以上四种方法所获信息,对烹饪专业教师队伍建设目标、路径、对策提出了见解。

二、烹饪专业教师队伍建设目标

新时期,烹饪专业教师队伍建设的总体目标是以习近平总书记在全国教育大会上的讲话为统领,以《中共中央国务院关于全面深化新时代教师队伍建设改革的意见》为指导,以烹饪专业教师需求为导向,以双师型烹饪专业教师为建设的核心目标,用 5 年左右的时间,建设一支数量充足、结构合理、能培养高素质的烹饪人才、能满足对餐饮业发展和人们对美好生活需求的、有卓越贡献的烹饪专业教师队伍。

在总体目标中,烹饪专业教师队伍建设的核心目标是双师型教师队伍。对双师型教师内涵,目前学者们有三种概括,即"双职称型—双证书论""双素质型—双能力论""双证书型—双能力论"即融合型。这里我们对烹饪专业双师型教师的内涵做一个具体诠释。

从理论上讲,教师是专业化的,教师与普通人才是两种类型,虽然在知识内容掌握上有相通之处,但二者所需要的职业道德和职业能力存在较大差异。教育部在 20 世纪 90 年代末在全国重点建设职业教育师资培养培训基地时,提出双师型教师应具备"三性",即"学术性、技术性、师范性"("学术性、职业性、师范性")。作为烹饪职业教育教师,意味着要具备烹饪教学能力,传授普通师范院校培养的教师所不能传授的知识,即以烹饪工艺为核心的相关知识与技能,也就是懂理论、会操作、能教学,具备烹饪专业教师所应有的专业综合素质。因此,烹饪专业教师比学科型教师培养难度大得多,工作要求也高得多。从学术性、懂理论的维度看,应具备运用外语能力、一定的科研能力、创新能力,能系统地掌握烹饪理论知识;从技术性、会操作的维度看,应能娴熟地从事菜点的制作,并能达到相当的水准;从师范性、能教学的维度看,应具备职业教育学、教育心理学、烹饪教学法、现代教育技术等相关知识,能把烹饪的理论和技能用科学的教学法传授给学生。

从现实情况看,烹饪教师"两层皮"现象仍然存在。从企业来到学校的师傅,烹饪技能很过硬,但理论不能传授,有的菜点的制作技巧也不能完全清晰地表达,更谈不上应用良好的教学方法将理论与技能有机结合了。20世纪80年代,烹饪高等教育兴起时,从中职烹饪学校引进了部分烹饪专业教师;后来,烹饪院校的专科毕业生也加入烹饪高等教育的教师队伍中,例如,1983年举办烹饪专业的江苏商业高等专科学校(现扬州大学)的毕业生和1985年成立的专门以烹饪命名的学校——四川烹饪高等专科学校(现四川旅游学院)的毕业生;1985年,受商业部委托,黑龙江商学院从商业技工学校招收在职教师,培养了四届师资班、一届师范班,在职学习后教师返回了原学校;1989—1990年又举办了两届同样生源的专业证书班,可以说这些教师具备了双师型教师的知识结构;黑龙江商学院1989年招收的烹饪本科生中部分毕业生还在烹饪教师岗位上。当然还有引入相关专业的教师到烹饪教师队伍中,如自然科学的食品科学、农产品储藏与加工、营养学、生物学,人文社会科学的历史学、文化学、管理学等专业。1998年,以黑龙江商学院从"三校生"(即中专、职高、技校)中招收烹饪与营养教育本科专业的学生为起点,经过20年的发展,目前举办烹饪与营养教育本科专业的院校已有25所。从这些学校陆续毕业的学生在充实到烹饪教师队伍中后对烹饪教育的发展起到了促进作用,但在这种背景下培养的年轻一代烹饪教师,最长的只有十几年的教学经历,尚比较年轻,很少完全能达到前述的"三性"双师型烹饪教师素质。观察各类烹饪学校整体的双师型结构的教师可发现,从时间维度上看,办学时间长的双师型结构的教师人数高于办学时间短的,有的学校达到了相当高的比例,这是多年加强烹饪教师队伍建设的成果。从烹饪专业教师个体成长的维度看,也有烹饪专业教师由一师型成长为双师型的例子。具体而言,一方面20世纪80年代烹饪高等教育大发展之时,以烹饪专业毕业从事烹饪教育工作的教师,烹饪技能达到了相当高的水准,成为餐饮业"名师""大师"的占有较大的数量,但其中仅有为数不多的教师既成为大师又成为教授;另一方面,那时从食品科学与工程等相关专业毕业从事烹饪教育的工作的教师,在教师职称晋升的同时,能够钻研烹饪技能,最终既成为教授又成为名副其实"名师""大师"的也是少数。因此,双师型教师既是烹饪专业教师队伍建设的核心目标,又是重点和难点。

三、烹饪专业教师队伍建设路径

(一)专兼结合:烹饪专业教师队伍建设的基础

烹饪专业教师队伍,以专为主,专兼结合。专职教师是烹饪专业的基本师资。经过多年的发展,各层次烹饪院校的公共课程(学科体系课程),如政治、数理、语文、外语等课程以及专业基础课程(与技能集成的理论知识课程),如饮食营养学、食品安全、烹饪原料学、营养配餐等课程的教师相对充足,这是多年来烹饪师资队伍建设的成果。从近几年各烹饪院校招聘教师的情况看,更需要具备烹饪技能和实践经验的教师。其一般条件是本科专业为烹饪与营养教育,同时还需具有硕士学位,但硕士学位的专业不限。从现实情况来看,2016年教育部批准哈尔滨商业大学设立烹饪科学硕士点并于2017年首次招生,目前还没有毕业生。从实践层面上看,笔者从1993年开始培养食品科学专业大类烹饪科学专业硕士,其于1996年4月毕业时,新华社发了通稿,人民日报等报刊刊登,中央电视台晚间新闻报道,在社会上产生良好的反响。《中国食品报》在2000年元旦世纪回眸栏目将此事件作为20世纪重大事件刊登。2006年开始培养烹饪科学专业博士,这些被认为是有益的探索。从理论层面上看,烹饪是食品加工手段之一,是以手工食品加工为主的,属于"大食品科学"的范畴。关于这一点的文章《烹饪加工手段的发展脉络与相关概念的内涵解析》做了较详细的阐述。目前的烹饪科学专业硕士点也是食品科学目录下的二级学科,从理论和实践层面上是吻合的。与烹饪科学相近学科为食品科学、农产品储藏与加工、营养学、生物学等学科。近年来,烹饪专业教师的补充也多为这些自然科学专业的毕业生或教师。

无论哪个层次的烹饪教育,包括烹饪科学专业硕士和博士,烹饪技能的习得始终是一条主线。而烹饪技能又是以隐性知识、艺术创造为主的知识。烹饪技能是非常明显的"附身技术",没有足够时间的积淀是不能很好掌握的。因此,只靠学校的专业教师传授烹饪技能,是远远不够的,不能将餐饮业最新的产品和最新的理念引入教学之中,而要从餐饮企业行业中聘请高水平的烹饪名师、大师作为学校的兼职教师,这样既能提升烹饪技能的教学水平,还能对烹饪专业教师的技能水平的提升起到促进作用。可以认为,这也是校企合作的一种很好的形式。

专兼结合的烹饪专业教师队伍,不仅是数量的问题,还是结构问题。数量充足、结构合理的烹饪教师队伍建设是各层次烹饪院校应长期坚持的,而且是有效的、符合烹饪教育规律的做法。

(二)标准体系建设:烹饪专业教师队伍建设的关键

烹饪专业教师队伍建设的核心目标是双师型教师队伍建设。在双师型教师基本内涵"三性"即"学术性、技术性、师范性"的框架下,制订烹饪专业教师标准体系是关键。标准建设要根据不同情况形成不同的标准,不能一概而论。就教师的专兼职情况而言,要有专职教师标准、兼职教师标准;就教师的引进与否而言,应有现有教师标准和引进教师标准;就教师的整体素质而言,又分为学术性标准、技能性标准、师范性标准;就教师所承担的课程类型而言,可分为学科体系课程教师标准、与技能集成的课程教师标准、行动体系课程教师标准等。整体素养标准与承担课程类型教师标准又互相联系。这个烹饪专业教师标准体系在实践中由各院校结合自身情况逐渐探索而构建。我们这里重点讨论一下双师型教师基本内涵"三性"中"技术性"标准的思路。

20世纪90年代颁布的《中华人民共和国教师法》仅对教师学历和基本素质提出了要求,而对于烹饪技能,各学校总体上有要求但掌握的标准不尽相同。从现在烹饪教育整体情况看,烹饪与营养教育本科毕业的学生烹饪技能水平往往存在"倒挂"现象,即存在本科烹饪师范专业毕业生技能不如高职烹饪、中职烹饪专业毕业生的情况,这是值得我们烹饪教育工作者重视和解决的问题。为此,还需要我们在整体上对烹饪专业教师标准做一个统一规定。就技能性而言,人力资源和社会保障部于2017年底启动修订国家技能标准,笔者有幸受中国烹饪协会委托牵头修订中式烹调师、中式面点师两项标准。国务院颁布的职业资格目录清单共 140 项,其中技术人员 59 项,技能人员 81 项;技能人员 81 项中共涉及职业数为 198 个。中式烹调师和中式面点师能列入目录清单,无疑对行业发展是有好处的,可以规定入职人员的职业技能。从国家技能标准来看,中职烹饪专业毕业生可达四级,高职烹饪专业毕业生可达三级。在笔者研究的烹饪专业人才培养目标中,笔者认为本科烹饪师范专业毕业生应与高职烹饪专业毕业生在同一水平上,即达到三级,这是因为烹饪是以隐性知识、艺术创造为主的食品加工手段,烹饪技能的习得需要"情境化工作",需要时间的积累,并不是学历高就能学得多、学得好。虽然本科烹饪师范专业学业年限 4 年,但是由于层次的要求,其他素养如理论、管理、创新、科研、外语、教学等也随之增加。从调查问卷的结果中从事烹饪教育的起点来看,无职业资格的教师占 64.11%,其中一部分最初无职业资格的烹饪专业教师应该是从学校毕业后直接入职为教师的,另一部分则是非烹饪专业的教师转到烹饪教师队伍中的;有职业资格的烹饪专业教师往往是在学校毕业时取得的,或是从行业中转至烹饪专业教师队伍的。再结合工作年限,从事烹饪专业教学在 1~10 年之内的教师近 30%。从另一个角度看,在烹饪教育大发展的 21 世纪初和烹饪专业教师缺乏的背景下,本科烹饪师范专业毕业生充实到烹饪专业教师队伍起到了积极的作用。从动态看,在强调双师型教师素养的背景下,具有烹饪专业教师职业资格的人数有较大的提升,在高级烹调师和烹调技师中分别占 10.45% 和 9.06%,高级烹调技师中占 70.03%。综上所述,烹饪专业教师的"技术性"标准要与国家职业技能标准相衔接。

(三)提高水平:烹饪专业教师队伍建设的目标方向

1. 继续实施院校教师素质提升计划　烹饪专业教师队伍建设成功与否,现有教师队伍能否培养出符合餐饮业发展需求的烹饪专业人才,能否对经济社会发展有贡献,这首先取决于烹饪专业教师自身素质的提升。教育部在加强职业教育双师型教师队伍建设中做了卓有成效的工作。"十二五"期间,教育部、财政部共同出台了《关于实施职业院校教师素质提高计划的意见》,设立了专业骨干教师培训项目、中职青年教师企业实践项目、兼职教师推进项目和职业教师师资培养培训体系建设项目 4 个项目。从 20 世纪 90 年代末开始至今,我国已建设 93 个职业教育师资培养培训基地,8 个教师专业技能培训示范单位,10 个教师企业实践单位,各省、区、市也建立了 300 多个省级基地。笔者作为教育部职业教育专家组成成员,从基地的筛选到培训项目执行都全程参与其中。黑龙江商学院(现哈尔滨商业大学)作为首批职业教育师资培养培训基地(笔者时任基地负责人),已培训烹饪专业的国培班 12 期,培训骨干教师 395 名。每次国培班笔者都讲授相关课程或做 2~3 个专题报告,并曾受邀到其他基地讲座。在烹饪专业教师的能力提高方面,可根据不同对象,如现有教师、新入职教师、讲授不同课程的教师、不同岗位的教师等,结合《教育部关于实施卓越教师培养计划2.0的意见》等文件的落实,继续开展国培、省培、市(地)培、校培等有计划性的多层次培训,实现制度化、全员化、全程化。

2. 提升烹饪专业教师的学历　从调查问卷看,烹饪专业教师从事烹饪教育工作的学历情况,起点为专科的为 38.33%,本科的为 32.75%;在学历提升方面,专科提升为本科的为 43.55%,还有 32.75% 没有提升。2018 年,笔者在海南省为中职学校烹饪专业骨干教师教学能力培训时,与 40 多名教师座谈发现,提升学历是他们的普遍诉求。从现实上看,学历提升对于烹饪骨干教师而言仍然是一项重要工作。从历史上看,21 世纪初开始,全国一些职业教育师资培养培训基地设立了职业教育教师在职攻读硕士学位点,仅哈尔滨商业大学就培养了 9 届 37 名烹饪科学硕士。从实践上看,这些获得硕士学位的烹饪教师在本学校起到了专业带头作用。今后一段时间内,要进一步鼓励在职烹饪专业教师攻读硕士学位,并要在培养模式上创新。天津职业技术师范大学采用"双基地""双导师""双证书""三双"培养模式,有效地提高了硕士研究生的实践能力,很值得我们烹饪专业培养硕士借鉴。

3. 鼓励烹饪专业教师参加社会实践 从调查问卷看,烹饪专业教师参加社会实践的时间存在两个极端,一个是半年以内,这应该是青年教师;另一个是两年以上,这应该是从事教学工作时间较长的教师。无论哪个极端,对于烹饪专业教师而言,参加社会实践是提升自身能力,又是服务社会的有效途径。烹饪专业教师进到餐饮企业,在学到餐饮产品创新、餐饮企业经营管理的同时,也可以帮助餐饮企业解决一些实际问题,能取得双向的互动效果。有的烹饪专业教师在餐饮企业兼职,自己创办或参与创办餐饮企业,如果能将该企业与学校正常教学有机结合就值得提倡。这是因为烹饪专业教师能获得餐饮企业第一手资料,并能有效地提高教学水平。非烹饪工艺教师,如讲授与技能集成的理论知识课程如饮食营养学、食品安全、烹饪原料、烹调原理等课程的教师,也应到餐饮企业参加实践活动,避免讲授内容脱离烹饪实际,如果能达到相当的烹饪技能水平则更要提倡。总之,烹饪专业教师参加社会实践要形成制度,使之常态化。

4. 提倡烹饪专业教师参与课程改革 从调查问卷上看,烹饪专业教师承担的课程中,理实一体化的课程是主流,这是多年来烹饪职业教育课程改革的成果。重视实训课程,理论与实践相结合,理实一体化课程已经成为烹饪专业教师的共识。课程是整个教学活动的核心,也是教学改革的关键。烹饪专业教师参与课程改革,不仅能有效地提高教学质量,还能提升其教研科研能力。烹饪知识以隐性知识、过程性知识为主,其行动体系课程是建立在知识应用基础上的,是在工作过程的学习领域中生成的。烹饪专业课程开展的课程内容选取和排序为重点,应按照行动体系串行结构排序,其中要融入传统意义上的专业基础课,即技能集成的理论知识,这正是我国著名的当代教育名家姜大源研究员倡导的"基于工作过程系统化的课程开发"的基本原理,适用于提升烹饪专业教学能力。笔者在学习姜大源研究员的课程改革理论后,撰写了《基于显性与隐性知识特征的烹饪专业课程改革思考》等一系列文章,指导了烹饪职业教育研究生王黎的硕士论文,发表了基于工作过程系统化的烹饪专业课程改革的三篇论文,旨在为全国烹饪教育的课程改革提供参考。

5. 提升烹饪专业教师的教研科研能力 教研科研能力往往用论文、教材、著作、课题等物化成果来表征。从调查问卷上看,79.09% 的烹饪专业教师发表的论文数量在 10 篇以内;在教材出版方面,烹饪专业教师出版教材数量在 1～3 部以及编写校本教材、讲义的占调查总数的 97.56%;在出版专著方面,烹饪专业教师出版 1～3 部的占 64.81%,还有没有出版著作的占 32.06%;在教研科研方面,调查问卷没有填写教育科研的为 64.81%,可以理解为目前没有在研课题,而有国家级教研科研课题的为 7.32%。无论从调查问卷情况来看还是从笔者日常考察了解掌握的情况看,烹饪专业教师的教研科研成果总量不足,总体层次不高。这一方面说明烹饪专业教师在不同层次学校的要求不同;另一方面表明烹饪专业教师日常教学工作量大,没有精力或能力从事教研科研工作。在日常与烹饪专业教师交流时,常常被问到"如何做烹饪教研科研?"这是烹饪专业教师普遍提出的问题。对于烹饪专业教师要不要搞教研科研,首先要解决认识问题。作为双师型烹饪专业教师,不仅要掌握传授烹饪技能,还应该具备教研科研能力。教研科研成果转化为教学资源,往往可以提高教学质量。在烹饪与营养教育本科专业的培养目标中，就规定了"具备一定的科研能力"，那么，作为教师首先应该具备科研能力才能培养学生的科研能力。2017年全国餐饮职业教育教学指导委员会（教育部餐饮行指委）举办了教研科研能力提升培训班，笔者在班上做了一个发言，谈到的体会有以下几点：一是将工作任务项目化。烹饪专业教师在实际工作中有课程授课、基地实训、校企合作、现代学徒制等多项工作任务，我们均可以将其作为项目立项，在校级、省市级、教育部餐饮行指委等立项。二是在不同学科、专业的交叉点上找到项目。如烹饪学与教育学交叉研究烹饪教育，食品科学与烹饪技艺交叉研究快餐，营养学与烹饪技艺交叉研究营养配餐，并可以延伸到学生餐、企事业单位团餐的设计与经营等。三是在烹饪工艺教学中，可向产品标准化、开发工业化产品、产品创新、筵席设计等方面延伸。四是在进行教研科研工作中，优化研究者结构，即将烹饪工艺教师与从事理论研究教师组成研究小组，这样既有利于优势互补、项目顺利开展，又能在教研科研中提升教师素养。

6. 提升烹饪专业教师的外语水平 从调查问卷看，在教学应用方面，既能用外语讲课也能操作的烹饪专业教师占不到15%，大部分烹饪专业教师需要提升外语水平。在弘扬中华传统文化和实施"一带一路"倡议的背景下，中国烹饪"走出去"已经成为必然。中国烹饪协会指出，在一些中国烹饪"走出去"的项目实施过程中，由于缺乏能用外语讲授中国烹饪的人才，导致一些项目达不到应有的效果。不仅对外交流，就连日常工作也需要应用外语开展教学和科技开发。烹饪与营养教育本科培养目标中就规定了"具备应用外语能力"，对于新入职的烹饪教师应有明确的外语水平要求。应选择一些基础条件较好的烹饪工艺教师，有针对性地开展培训，使之能达到与国外同行交流的水平。教育部餐饮行指委2018年初设置了烹饪教师专家库，外语水平也应作为重要的指标进行备案，以备及时选用。总之，要打造一批能够用外语讲授烹饪工艺的教师是当务之急。

7. 做好培养烹饪专业教师后备力量的基础工作 从1998年黑龙江商学院举办烹饪与营养教育专业为起点，至今已有25所院校举办该专业，培养的大批烹饪教师补充到烹饪教育中来，为烹饪教育做出了贡献。从2013年教育部的数据看，烹饪专业在校学生人数为4199人，是烹饪专业教师的后备力量。现在烹饪本科师范专业培养中也面临着诸多挑战。首先是培养人的定位问题，烹饪本科师范专业在整个烹饪教育体系中的定位、学历层次无问题，有问题的是理论与技能的关系存在误区。中国烹饪协会领导曾经向笔者提出问题，中职烹饪、高职烹饪、本科烹饪师范都学技能，区别在哪里？于是笔者对此问题进行研究，写出了《不同层次烹饪专业培养目标分析》《我国现代烹饪教育体系的构建》两文。明确培养目标后，接下来的工作是制订专业教学标准，优化培养方案，制订课程标准、编写教材、形成整体烹饪本科师资人才培养体系。我们要注意：①以人才培养目标为切入点。因为这是人才培养体系中决定培养什么样人的问题。②以人力资源和社会保障部职业技能标准为结合点，因为烹饪技能的习得是烹饪人才培养的一条主线和核心，是人才培养结果的"双证"（即学历证、职业技能等级证）之一，必须纳入培养目标之中，形成有机结合。③以课程开发为关键点。因为培养目标、职业技能标准最终要落实到课程上，课程标准就成了关键。课程标准的结构，一般包括总纲和分科课程标准两部分。课程标准的总纲，相当于中国现行的学校教学计划；课程标准的分科课程标准，相当于曾经使用的分科教学大纲。课程开发还要引用姜大源研究员的工作过程系统化的开发范式，使之改革创新。④教材开发是落脚点。因为教材是课程开发的具体载体，也是最终的物化结果，既能体现课程标准，又能体现培养目标和职业技能标准。这些想法笔者在 2018 中国烹饪高等教育本科联盟高峰论坛的主旨演讲"基于烹饪与营养教育专业人才培养目标的课程体系与教材开发的思考"中做了阐述,引起了参会代表的共鸣。

四、烹饪专业教师队伍建设对策

对于烹饪专业教师队伍建设,在明晰现状、目标、路径后,要提出切实可行的对策,具体有以下几个方面。

(一)制订烹饪专业教师发展改革规划

随着中国经济社会的稳步发展,中国餐饮业进入稳步发展阶段,2013—2017 年 5 年平均增长率为 10.4%,高于我国 GDP 的增长,2017 年我国餐饮业收入 39644 亿元,同比增长 10.7%。2017 年中国餐饮业规模达到了世界第 2 位,全年餐饮收入高于社会消费品零售额,增长 0.5 个百分点。2019 年 1 月 21 日国家统计局最新数据显示,2018 年全年餐饮收入 42716 亿元,同比增长 7.75%,全年餐饮收入超过 4 万亿元。餐饮业的发展必然带动烹饪人才的需求,烹饪人才的培养需要数量充足、结构合理、素质优良的教师。从烹饪人才需求入手,搞清对烹饪专业教师的需求,搞清现有烹饪专业教师队伍建设中心现状问题,找到全面提升烹饪专业教师水平,建设一支高素质双师型教师队伍的对策,最终形成近期、中期、远期烹饪专业教师队伍建立规划。教育部餐饮行指委和烹饪院校应制订年度工作计划,和推进日常工作的方法。

(二)深化招生制度改革

从烹饪专业双师型教师的成长实践看,一个是具有一定理论基础的教师,如硕士毕业的教师学习烹饪技能;另一个是具有较高超烹饪技能的教师提升学历。两者比较后者比前者更容易成长,这从黑龙江商学院 1985—1988 年培养烹饪师资班(师范班)可得到证明。这四届学生是中级技工学校(中技)、中等专业学校(中专)学校现有教师,具有较好烹饪教学操作技能,经过在黑龙江商学院的学习,提高了理论水平、操作技能和教学能力,返回原学校后基本上成为专业带头人。有的成为中职、高职学校的业务校长,有的在本科院校成为院一级领导。前一种高学历的从事烹饪教育的教师,尽管深入企业学习烹饪技能,但烹饪技能掌握需长时间积累,很难达到相当高的水准,所以这类教师可以从事烹饪理论教学。因此,培养双师型烹饪专业教师,应从招生制度改革入手,本科烹饪与营养教育专业优秀毕业生免考攻读职业教育学硕士学位,参照天津职业技术师范大学开展的"服务国家特殊需求博士人才项目—双师型职教师资人才培养"的做法和"三三三制"培养模式,即三方参与:学校、企业、职业院校;三类导师:高校导师、企业导师、职业院校导师;三种证书:学生毕业后获得学位证书、教师资格证和技师资格证书。2017 年开始哈尔滨商业大学招收食品科学专业目录下二级学科的烹饪科学硕士,也可以从中选择优秀学生培养烹饪专业教师,条件成熟时,免推至博士层次培养。

(三)成立烹饪职业教育教师联盟

从现在的烹饪教育组织上看,有全国餐饮职业教育教学指导委员会(即教育部餐饮行指委)、中国烹饪协会、中国烹饪高等教育本科联盟等组织。各个组织开展了许多卓有成效的活动,也有针对师资能力提升的,如技能培训、教研科研能力培训等。但从人才战略高度来看,这些组织单打独斗还不够"火候"。因此,应在整合原有资源的基础上,吸收新的资源,成立以高等学校、师范院校、职业技术院校、高等职业学校、中等职业学校、相当数量的大中型餐饮企业、行业协会构成的烹饪职业教育教师联盟,作为双师型烹饪专业教师培养培训的新平台,建立培养培训新机制,经常开展不同类型的培养培训活动,切实推进烹饪专业教师深入企业实践,建立餐饮企业经理人、餐饮业大师与烹饪院校管理者、骨干教师相互兼职制度等。

(四) 创造有利于烹饪专业教师成长的环境

从调查问卷上看,烹饪教师职称结构以教师系列为主,以实验系列为辅,还有一部分教师未取得职称;教师系列职称提升由助教晋升为讲师较为普遍,讲师晋升为副教授较为困难,实验师晋升为高级实验师较前者容易。两个系列均有 30% 左右的教师尚未取得职称晋升。烹饪专业教师的成长环境影响教师队伍的稳定。20 世纪 80 年代在黑龙江商学院毕业的师资班学生在职业院校任教,虽然他们在行业上赫赫有名,有烹饪大师、大师工作室领衔人、高级技师等头衔,但一直是中级职称,因为评副高职称的要求与普通学校教师一样,如论文、科研等。我们知道,作为烹饪专业教师既要求学历,又要求技能,技能的习得是长时间积累的,同时还要求传授技能,他们比学科型教师付出得更多,而职称晋升上采用学科教师标准,是不利于烹饪专业教师成长的。20 世纪 80 年代,商业部在领导烹饪教育时,对烹饪教师的成长指明了方向和政策倾斜,成立了烹饪专业教师职称评聘学科组,在部属院校如黑龙江商学院、四川烹饪高等专科学校评聘了一批副教授、教授、高级实验师等。全国第一个烹饪教授(仅一位)产生于黑龙江商学院。笔者有幸作为第二批三位教授之一被评为烹饪教授。直至 1998 年教育体制改革,商业部不再管理学校,烹饪专业教师职称评聘学科组在四川烹饪高等专科学校努力下划转到四川省职称改革领导小组办公室,四川烹饪高等专科学校组织实施,专家组成员由四川烹饪高等专科学校、华西医科大学、四川中医药大学的专家教授组成,笔者还有幸一直作为该学科组的唯一省外评审专家全程参加烹饪职称评审。该学科组除了评定四川省的烹饪专业职称外,也可以受其他省、市、自治区职称改革领导小组办公室的委托来评定烹饪专业职称。直到四川烹饪高等专科升为本科院校(四川旅游学院)后,2017 年整体上具有了职称评定权利才终止烹饪专业教师职称评聘学科组的工作。因此,在新形势下,仍然要创造有利于烹饪教师成长的环境,建立职业资格与职称建立等值的制度,类似于工程系类职称,如工程师与讲师,高级工程师与副教授等值。在烹饪教师中,可以技师与讲师等值,高级技师与副教授等值,还可以有教授级的高级技师。从长远看,技能型教师应具有自身特点的标准,考核评价要充分体现技能水平和专业教学能力,吸引餐饮企业的经理人、烹饪大师等能工巧匠到学校兼职任教,提升烹饪教学水平。

(五) 加强师资培养培训院校与基地的建设

提升烹饪专业教师素质是全方位的,而培养单位是局部的。在全国 93 个建设职业教育师资培养培训基地中,能够培养烹饪专业教师的屈指可数。同样,能够培养烹饪与营养教育本科专业的院校也仅为 25 所。烹饪专业教师培养培训院校建设就成为重中之重。一是要加大对培养培训院校的投入,不断更新完善培养培训条件。二是培养培训条件应与先进的教学理念相匹配,如教学的情境设计应是理论讲授、示范教学、学生操作、小组讨论四位一体的多功能教室。最近,笔者在某职业技术学院教学参观实训室时,看到了"烹饪可视化智慧实训教学与直播系统",可实现"烹饪智慧实训室—互动教学平台—直播远程教学"为一体功能。三是培养培训院校课程改革、教学改革应走在全国最前面的,如工作过程系统化的教学范式的应用。四是在培养培训中尽最大可能邀请国内外大师前来讲授最前沿的知识与技能,并将讲授课程转化为长久的教学资源。总之,烹饪专业教师培养培训院校与基地在某一地乃至全国应处于领先地位,至少是这一地区的烹饪人才培养培训中心、科技开发中心、服务餐饮业及服务社会中心、传承饮食文化中心和烹饪国际交流中心。

习近平总书记指出,培养什么人,是教育的首要问题。教师是人类灵魂的工程师,是人类文明的传者,承载着传播知识、传播思想、传播真理、塑造灵魂、塑造生命、塑造新人的时代重任。十九大报告指出,现在社会的主要矛盾是人民日益增长的美好生活需要和不平衡不充分的发展之间的矛盾。在美好生活的内涵中,饮食是基础,又是大健康的基础,这些都决定了我们要办好烹饪教育,建设好烹饪专业教师队伍。我们坚信经过努力,烹饪专业教师队伍建设必然取得实质性的进展。

第七节　烹饪专业的中、高职衔接

职业教育作为教育的一种类型,近年来随着社会经济发展而繁荣,不仅在教育规模上不断适应产业结构调整、经济发展方式的转变,而且在教育结构上构建了中职与高职衔接的桥梁,推动了职业教育协调发展和现代职业教育体系建设,造就了数以万计的高素质劳动者。

教育部和国务院相继出台了相应文件,如 2011 年教育部出台了《教育部关于推进中等和高等职业教育协调发展的指导意见》,就专业背景、专业教学标准、培养目标、课程标准、课程内容、教学条件、保障机制等方面指出了具体指导意见。《国家中长期教育改革和发展规划纲要(2010—2020 年)》明确指出,职业教育到 2020 年要形成适应经济发展方式转变和产业结构调整的要求、体现终身教育理念、中等和高等职业教育协调发展的现代职业教育体系,满足人民群众接受职业教育的需求,满足经济社会对高素质劳动者和技能型人才的需要。中高职衔接在实践层面起步于 20 世纪 80 年代,在理论研究层面,则从 20 世纪 90 年代中期末期开始,仅笔者目前从中国知网查找主题"中高职衔接"有 3993 条,其中博硕论文 118 条,期刊论文 3816 条,会议论文 24 条,其他 35 条。

在这样的大背景下,烹饪专业中、高职衔接的时间和理论研究也相继开展,中国知网的主题"烹饪中高职衔接"仅有 16 条,其中,博硕士论文 1 条,期刊论文 14 条,其他论文共 1条。最早的 2003 年,最新的 2018 年。中、高职衔接包括多方面要素,就制度层面的外在要素上,主要有招考方式、承办机构、政策法规等;制度层面是一种学制的衔接,是外延式的,而教学层面的衔接是以课程为核心的衔接,是内涵式的。

一、烹饪专业中、高职课程衔接的现状

从目前情况看,烹饪专业中、高职课程衔接存在的主要问题:公共基础课脱节、专业理论课程重复、专业技能课交叉、高职专业技能(实习)课程层次不高甚至倒挂中职等情况、教材内容拉不开层次等。这些问题的产生,一方面,有体制、机制的问题,如烹饪中职学校的办学条件、师资不同导致不同学校培养的中职毕业生规格有差异;在招生制度上,一是往往

由于高职招生制度的"指挥棒",使中职在教学中"重理论、轻技能",或培养规格整体不均衡,甚至有的不达标。二是部分烹饪高职院校除了招收烹饪中职生外,还招收普通高中毕业生,他们在高中时没有烹饪技能基础。另一方面,就是课程衔接的问题。

课程方案是对人才培养目标与过程的整体规定,是全面开展人才培养工作的基本依据。其包括入学要求、学习年限、职业范围、人才规格、工作任务与职业能力、课程结构、课程计划、实施条件等。在诸要素中,通过课程衔接构建现代烹饪职业教育体系,是烹饪专业中、高职衔接的本质问题。这是因为学校办学由多种要素构成,如校舍、设备等硬件要素,教师、学生、课程、管理体制等软件要素,但处于核心地位的是课程。所有办学软、硬件要素均以课程为核心而开展,烹饪中、高职衔接存在不良的断裂现象,是因为缺乏可依据的统一的课程体系。在课程体系的课程设置、课程标准、教材、课程资源、课程评价等诸要素中,课程标准是核心,是建立课程体系的关键要素。

二、烹饪专业中、高职课程衔接的路径

我们可以以培养目标为基础点确立课程的内容。前文中曾提出中、高职烹饪专业的培养目标。在此基础上,我们基于课程开发的职业岗位分析、工作任务分析和职业能力分析三个要素,进一步分析得出中、高职烹饪专业的课程的层次性和区分点。

通常的职业教育课程开发包括三个核心环节,即职业岗位分析、工作任务分析与职业能力分析。首先是确定专业所面向的职业岗位,然后分析这些职业岗位中的工作任务,最后分析完成这些工作任务所需要的职业能力。当我们获得了职业能力,便可据此获得职业教育的课程内容。在这三个环节上,均可能存在中、高职课程的区分点,因此,我们以烹调工艺与营养专业为例(下同),对烹饪中、高职课程区分点从这三个层面逐层进行分析(表2-26)。

表 2-26　烹饪专业中、高职课程衔接路径分析

项目		中职烹饪	高职烹饪
职业岗位		中餐厨房冷盘、切配、炉灶、配菜等	中餐厨房菜肴烹调全过程,厨房基层管理等
工作任务		菜肴制作	菜肴制作与设计厨房管理
职业能力	理论知识	掌握烹饪基本理论	较好地掌握烹饪理论知识
	操作技能	具有较强烹饪操作技能	良好的操作技能
	配餐能力	初步的配餐能力	良好的配餐能力
	创新能力	初步的菜点创新能力	一定的创新能力
	企业管理能力	—	一定的厨房管理能力
	分析问题和解决问题能力	初步的分析问题和解决问题的能力	一定的分析问题和解决问题的能力
	外语能力	—	基本的外语能力

由表2-26可知,中职烹饪专业和高职烹饪专业在职业岗位、工作任务和职业能力方面都存在一定的差异。

在职业岗位方面,中职烹饪专业指向的是餐饮企业厨房冷盘、切配、炉灶、配菜等菜肴制作一线操作岗位;而高职烹饪专业则指向的是餐饮企业厨房菜肴烹调全过程、厨房基层

管理等。

在工作任务方面,中、高职烹饪专业学生都有菜肴制作,但高职烹饪专业毕业生在从事工作岗位的综合、全面程度及其所显现的责任、价值功能高于中职烹饪专业毕业生所从事的工作,如增加了菜肴设计的工作任务,还增加了一定的厨房管理工作。

在职业能力方面,中职烹饪专业培养的学生应掌握烹饪基本理论知识,具有较强烹饪操作技能,初步的配餐能力、菜点创新能力、分析问题和解决问题的能力,应具备中级烹调师的任职资格;而高职烹饪专业培养的学生应较好地掌握烹饪理论知识,具有良好的操作技能和配餐能力,具有一定的创新能力、厨房管理能力、分析问题和解决问题的能力以及基本的外语能力,应具备(准)高级烹调师的任职资格,并具有厨房主管、厨师长等任职资格。

这里还要强调,中、高职烹饪专业烹饪职业能力的习得既有联系又有区别,如菜肴制作时,中职烹饪专业根据烹调方法依次学习,强调具体实践的"量"的接触,是"功能性"学习,回答怎样做的技能;而高职烹饪专业应该在获得此经验的基础上,对烹调方法从传热介质,如水传热、油传热、蒸汽传热、固体传热,电磁波传热性能角度,掌握其相互的内在联系,是属于"方案性"的学习,属于策略层面的技能,培养以厨房为重点的生产与管理者。具体表现为不仅要"能做",而且"要做得更好",不仅要知其然,还要知其所以然,能将所学理论应用于烹饪实践中。因而,高职烹饪专业在理论知识、操作技能、配餐能力、创新能力、分析问题和解决问题的能力、基本的外语能力等方面,其深度和广度要高于中职烹饪专业。

以课程设置为依据,为进一步深入分析每项职业能力对知识技能学习水平的要求,我们对中、高职烹饪专业课程衔接内容进行分析,见表 2-27。

表 2-27　中、高职烹饪专业课程衔接内容分析

课程设置	知识技能学习水平	
	中职烹饪	高职烹饪
中职烹饪专业 餐饮概论 烹饪营养学 职业资格技能培训 菜肴创新设计 形体与礼仪 酒店服务技能 成本核算	以成本核算课程为例: 通过学习和训练,学生能够核算单个和批量生产菜点的生产成本,能核算单个菜点及宴席的售价,同时让学生具备菜点生产成本控制和管理的意识	—
中、高职烹饪专业共有 饮食文化 烹饪化学 烹饪营养与食品安全 烹饪原料(知识)学 面点制作 烹调工艺 西餐工艺 食品雕刻 中国名菜名点赏析 营养配餐 顶岗实习 毕业设计	以烹饪原料知识课程为例: ①了解各类烹饪原料的概念、分类;②理解烹饪原料的可食性部位、营养成分、特征;③掌握各种烹饪原料的典型品种及其在烹饪中的运用;④掌握主要烹饪原料品质检验与保管方法	以烹饪原料学课程为例: ①掌握各类烹饪原料的品种、分类、商品名、学名、分布、上市季节、产供销情况;②掌握各类烹饪原料的组织结构、性质、成分及其在烹饪中的应用性能、特点;③掌握烹饪原料品质的鉴定方法,保管条件;④新原料的开发等

续表

课程设置		知识技能学习水平	
		中职烹饪	高职烹饪
高职烹饪专业	食品微生物学 西餐概论 舌尖上的中国 养生与食疗 菜肴制作 厨房管理实务 厨房设备与管理 餐饮服务管理实务 专业英语	—	以厨房管理实务课程为例: 讲述宴席成本核算与厨房设计布局及相应的生产、质量、卫生和安全管理,使学生能够快速地掌握和正确地运用厨房管理知识;引导学生通过全面学习厨房管理方面的理论基础知识,掌握从事厨房管理工作所必需的基本知识、基本理论和基本技能

表 2-27 中,在中职烹饪专业课程,中、高职烹饪专业共有课程和高职烹饪专业课程中各选取一门课程作为案例,分析其知识技能学习水平。在中职烹饪专业中选取"成本核算"课程,在高职烹饪专业中选取"厨房管理实务"课程,二者虽不是中、高职烹饪专业共有课程,但是是能够有效衔接的课程,中职烹饪专业的成本核算是培养学生对菜点的生产成本控制和管理意识,到了高职阶段则需学生掌握从事厨房管理工作所必需的基本知识、基本理论和基本技能,这就实现了中、高职烹饪专业课程的有效衔接。在中、高职烹饪专业共有课程中选取中职烹饪专业的"烹饪原料知识"、高职烹饪专业的"烹饪原料学"为案例,分析了中、高职烹饪专业学习侧重点和深度的不同,如中职"烹饪原料知识"注重了解烹饪原料的概念和可食性、烹饪原料的分类方法等;而高职"烹饪原料学"侧重全面掌握各类烹饪原料的组织结构、性质、成分及其在烹饪中的应用性能、特点,新原料的开发等,为菜肴的制作和创新奠定基础。

这里还要说明,中、高职课程衔接问题的实质,既不是为了突显高职教育课程相对中职教育课程所具有的高等性,也不是为了下压中职教育课程,而是要使得中、高职课程内容能够相关。对于中、高职烹饪专业课程衔接标准的开发,我们只给出了基本思路和路径,在中职烹饪专业课程,中、高职烹饪专业共有课程和高职烹饪专业课程中各选取一门课程作为案例,具体到每门课程的衔接还需下一步进行全面深入研究。

在中、高职烹饪专业课程衔接保障机制方面,首先是专业对接。中、高职衔接是以专业为单位展开的,这就要求首先在专业设置上中、高职衔接。从目前中、高职烹饪专业设置到教育部的专业目录来看,要在宏观层面加以调整对接。教育行政主管部门在中、高职烹饪专业设置上统筹规划,以解决中、高职烹饪专业之间以及与职业岗位需求之间存在着不是一一对应、错位的问题。其次,要制订统一的课程标准。如前所述,中、高职烹饪专业衔接实质和核心是课程,而课程标准是课程衔接的前提。这同样要教育行政主管部门主导,学校参与,教育部餐饮行指委可以充分发挥作用,制订中、高职烹饪专业贯通的课程标准体系,以解决课程设置以及课程内容重复的问题。另外,统一教材编写标准,编写分类明确的中、高职烹饪专业课程教材,是实现中、高职烹饪专业衔接的重要环节,这就要从体例、内容等方面清晰地分清层次和梯度,以解决知识点的内容相互涵盖、重复率高的问题。

在中、高职烹饪专业课程的衔接中,这里只探讨了传统意义上的烹饪专业基础课和专业课课程衔接的核心问题,而公共基础课课程同样需要衔接;同时,中、高职烹饪专业课程的衔接是烹饪教育中、高职衔接的核心部分,但不是全部,还有制度层面,如招考方式、承办机构、政策法规等一系列问题,这些都需要系统而全面地研究。如果从发展眼光看,随着烹饪教育体系的不断完善,烹饪专业"高升本"由试点到全面展开将要到来,同样要面临着高、本烹饪专业的衔接问题。

而让中职院校、企业和高职院校三方共同参与到衔接过程中,充分发挥企业在中、高职衔接中的作用,学校通过中职学生在企业定岗时期进行的择优分流,保证两种层次教育之间的合理过渡,这样既能确保高职院校的招生质量,又契合了企业的发展需求,同时满足了学生继续提升自我的意愿。

第八节　烹饪教育校企合作

校企合作是一种利用学校和企业两种不同的教育环境和资源,采取课堂教学与学生参加实训工作有机结合的方式,培养适合不同用人单位需要的具有职业素质和创新能力人才的教育模式。校企双方以技能型人力资本专用化为共同目标,实行责任共商、决策共定、风险分担的运行机制,以实现职业教育的资源互补、互惠互利、合作双赢。

烹饪职业教育的最终目标是培养餐饮业厨房岗位需要的技术技能型人才,这一培养目标决定了校企合作办学模式是我国烹饪职业教育的必然选择。从宏观上看,烹饪职业教育校企合作有利于培养餐饮业急需的技术技能型人才,满足餐饮业的大发展及餐饮市场转型升级的需求,而且校企合作中,餐饮企业作为办学的主体,可以优先选用毕业生,这有利于缓解烹饪专业学生的就业压力,促进社会和谐。从中观上看,烹饪职业教育校企合作有利于院校和企业双方实现优势互补。一方面,烹饪院校可以利用餐饮企业的有形资产为学生提供实习场所,餐饮企业也可以优先吸收到烹饪专业培养的优秀人才,从而实现餐饮企业资源与烹饪院校资源的有机整合。另一方面,通过烹饪职业教育校企合作使企业和学校找到共同利益,加强学生培养的针对性,有利于促使餐饮企业参与烹饪院校人才培养计划和人才培养过程,深化教学改革。从微观上看,烹饪职业教育校企合作可以让学生顶岗从事实际工作,学生要以员工的身份按时保质完成餐饮企业布置的各项工作,这能够在很大程度上提升烹饪专业学生的实践操作能力,有利于培养学生对未来工作的适应能力。

校企合作是一种注重培养质量,注重在校学习与企业实践,注重学校与企业资源、信息共享的"双赢"模式,它做到了应社会所需,与市场接轨,与企业合作,实践与理论相结合的全新理念,为烹饪教育和餐饮业发展带来了新的契机。

一、烹饪教育校企合作的政策环境分析

(一)国家有明确的方针

改革开放以来,我国职业教育校企合作经历了探索、形成和发展三个阶段。为适应这种人才需求,国家在确定发展职业教育方针的同时,在不同发展阶段都出台了一系列政策文件鼓励行业企业参与职业教育。在探索阶段,1983 年,国家首次颁布的《关于改革城市中等教育结构、发展职业技术教育的意见》中提出职业学校可与其他部门或企事业单位联

合办学。在形成阶段,1996年《中华人民共和国职业教育法》第二十三条规定:职业学校、职业培训机构实施职业教育应当实行产教结合,为本地区经济建设服务,与企业密切联系,培养实用人才和熟练劳动者。其中,"密切"一词强调了今后要深化职业院校和企业之间的联系与合作。在发展阶段,把职业教育作为体系来建设。按照姜大源研究员的观点,职业教育体系的建设经历了四个阶段。

第一阶段:建设的起步。2010年发布的《国家中长期教育改革和发展规划纲要(2010—2020年)》(以下简称《纲要》中)提出,到2020年,形成适应经济发展方式转变和产业结构调整要求、体现终身教育理念、中等和高等职业教育协调发展的现代职业教育体系,满足人民群众接受职业教育的需求,满足经济社会对高素质劳动者和技能型人才的需要的建设目标。这是在起步阶段对现代职业教育体系的全面阐释。它涵盖了现代职业教育体系建设的三大要务:经济发展的需求性、终身学习的开放性、职业教育的系统性。

第二阶段:建设的提速。2013年11月12日,习近平总书记主持召开了中央全面深化改革领导小组第三十五次会议。会议通过的《中共中央关于全面深化改革若干重大问题的决定》第42条(以下简称《深改组决定》)再次指出要加快现代职业教育体系建设,深化产教融合、校企合作,培养高素质劳动者和技能型人才。《深改组决定》是在提速阶段,对加快现代职业教育体系建设的重点强调,也就是深化产教融合、校企合作。

第三阶段:建设的深化。2014年6月国务院印发《国务院关于加快发展现代职业教育的决定》(以下简称《国务院决定》)中提到,到2020年,形成适应发展需求、产教深度融合、中职高职衔接、职业教育与普通教育相互沟通,体现终身教育理念,具有中国特色、世界水平的现代职业教育体系。《国务院决定》在深化阶段,首次对现代职业教育体系的定位提出新要求,要建设中国特色、世界水平的现代职业教育体系。

第四阶段:建设的延展。2017年9月,中共中央办公厅、国务院办公厅印发《关于深化教育体制机制改革的意见》(以下简称《意见》)指出,要加强系统谋划,注重与《国家中长期教育改革和发展规划纲要(2010—2020年)》等做好衔接。《意见》则是在延展阶段,对现代职业教育体系进一步发展的连续性进行的体会,指明深化教育体制机制的改革不是重新开始,而是在已有基础上的继续发展,做好统筹谋划,做好衔接工作。因循这一历史沿革,可以说,从2010年的《纲要》到2017年的《意见》,现代职业教育体系建设的轨迹昭示世人,伴随着中国经济转型和产业结构调整,中国现代职业教育体系的建设,始终是与中国经济的发展,相适应地前行的。

纵观职业教育体系建设的这一全过程:从起步阶段的功能定位,即适应经济发展方式转变和产业结构调整要求表明了建设的宗旨——经济发展的需求性,体现终身教育理念则凸显了建设的时空——终身学习的开放性,中等和高等职业教育协调发展进一步确立了建设的架构——职业教育的系统性;到提速阶段的导航定位,即建设的指向——深化产教融合、校企合作;再到深化阶段的目标定位,即建设的标准——彰显中国特色、世界水准;直至延展阶段的策略定位,即建设的方针——必须系统谋划、做好衔接,充分表明在经历了四个发展阶段之后,现代职业教育体系建设已经逻辑地完成了"起步—功能""提速—导航""深化—目标""延展—策略"各阶段定位的任务,框架也已初步形成,且已初见成效。

党的十九大,中国特色社会主义建设进入新时代,职业教育也面临新的发展机遇。2017年10月,习近平在党的十九大报告中指出"完善职业教育和培训体系,深化产教融合、校企合作",这是对职业教育未来发展的方向性纲领;2017年12月发布的《国务院办公厅关于深化产教融合的若干意见》,提出"深化职业教育、高等教育等改革,发挥企业重要主体作用,促进人才培养供给侧和产业需求侧结构要素全方位融合,培养大批高素质创新人才和技术技能人才"的指导思想,是对职业教育未来发展的路径性指示;2018 年教育部等六部门联合发布的《职业学校校企合作促进办法》强调校企合作实行校企主导、政府推动、行业指导、学校企业双主体实施的合作机制,要发挥企业在实施职业教育中的重要办学主体作用,这是国家对职业教育发展的又一份法规性文件,是职业教育校企合作的方向及其路径的具体化,是关于职业教育未来发展的可操作性措施的"亮相"。2019 年国务院印发的《国家职业教育改革实施方案》强调促进产教融合校企"双元"育人,推动校企全面加强深度合作,给出了具体实施方案。鉴于此,《职业学校校企合作促进办法》的出台,不能仅仅视其为一个孤立的文本,而应该将其与十九大报告、《国务院办公厅关于深化产教融合的若干意见》和国务院《国家职业教育改革实施方案》联系起来,这意味着,"报告—方向""意见—路径""办法—措施"是环环相扣的,形成了一个完整的"产教融合、校企合作"的逻辑链。

(二)国外有可借鉴的经验

国外职业教育校企合作体制机制按照校企关系可以分为以企业为主的校企合作、以学校为主的校企合作两类。以企业为主的校企合作见于德国和日本,以学校为主的校企合作见于英国和澳大利亚。

德国的"双元制"职业教育体系,不仅被誉为二战后德国经济腾飞的秘密武器,而且也成为 2008 年经济危机后德国经济稳步增长的坚实平台。"双元制"中的一元是职业学校,主要负责传授与职业有关的专业知识;另一元是企业等校外实训场所,主要负责学生职业技能方面的专门培训。"双元制"的发展主要经历了两个阶段,一是 20 世纪 60 年代,德意志联邦共和国(联邦德国)经济高速增长,而当时职业教育管理体制使职业学校教育与企业培训分离,导致各行业之间的培训水平参差不齐,促使了"双元制"职业教育体制的确立。二是 20 世纪 90 年代两德统一后,德国的社会、经济、政治、文化等诸方面环境发生了重大改变,特别是产业结构和教育需求的变化,"双元制"办学模式暴露出与经济发展不相适应的问题。德国职业教育据此对"双元制"进行了调整和更新,如增加了 34 个培训职业,其中有 4 个属于信息与电子通信技术领域。这种培训职业的改革和更新工作目前仍在继续。"双元制"以市场为导向,以职业岗位要求为标准,企业和职业学校密切配合,为"德国制造"提供了大量优秀的产业工人,助力了德国经济的快速发展。

日本职业教育体系由学校职业教育、企业内教育和社会教育等构成,其中学校职业教育是基础和核心。企业内教育是日本大企业单独设立的专门教育机构,是日本职业教育的最重要、最具特色的组成部分。日本所有的大企业基本上都有较为完备的培训体系,培养企业所需的新增劳动力和提高职工素质。企业在终身雇佣制的基础上,对职工进行从录用到退休的全程教育和训练;英国职业教育实行工读交替制,也称"三明治"学制,其主要特点是在正规学程中,安排工作学期,在工作学期中,学生是以"职业人"身份参加顶岗工作并获得报酬;澳大利亚职业教育与培训体系由行业引导,以能力为本位,在教育与培训之间、普通教育与职业教育之间相互衔接,其职业教育发展经历了学校本位—能力本位—产业导向三个发展阶段,经过几十年的改革,形成了一种在国家资格框架体系下以行业为基本推动力,联邦和州、地方政府大力扶持,行业紧密合作的职业教育与培训体系。

二、烹饪教育校企合作的模式

校企合作是职业教育办学的基本模式,是培养高素质劳动者和技术技能人才的内在要求,也是办好职业教育的关键所在。与校企合作相关的概念有许多,如产学研合作、产教融合、产学合作、工学结合、半工半读、工读交替等。其中,校企合作是产学研合作和产教融合的下位概念,工学结合的上位概念,校企合作是工学结合的体制基础,是一种办学模式;工学结合是校企合作的下位概念,是基于操作样式和实践规范的概念,是一种人才培养模式;半工半读和工读交替是工学结合的下位概念,是工学结合在实践中的两种具体形式。烹饪职业教育校企合作办学模式主要有以下几个方面。

(一)探索"政府主导、行业指导"的校企合作办学模式

政府在烹饪教育校企合作办学中起着重要的主导作用。首先,政府应从立法方面建立校企合作的法律法规,要建立并完善职业院校实习学生的安全管理和风险防控制度,明确界定学生在企业实习期间企业、学校和学生三方各自应承担的安全责任;其次,政府应在校企合作政策上给予支持,如政策倾斜、资金补贴、表彰奖励等。最后,政府还应在完善烹饪教育质量标准、实现校企合作有效对接、理顺管理体制、促进校企合作协调发展方面做出支持,在总体上为烹饪教育校企合作形成制度保障。

烹饪行业协会在烹饪教育校企合作中是连接企业和学校的纽带,它可以很好地协调行业内烹饪院校与餐饮企业的积极性及利益相关问题,架起企业与学校沟通的桥梁,烹饪行业协会可通过餐饮职业教育教学指导委员会(以下简称餐饮行指委)来发挥作用,建立健全工作制度,明确工作目标和任务,积极为各级教育行政部门提供建议,帮助和指导烹饪职业学校开展教学改革,成为烹饪教育相关政策的建议者、信息的传播者、校企合作的推动者。

(二)探索"校企联动、方案共订"的校企合作办学模式

学校是社会公益性组织,以育人为主要目标,追求的是社会效益,而企业是经济性组织,以盈利为主要目标,追求的是经济效益。因此,烹饪院校制订的培养方案理论上是针对餐饮企业岗位需求的,但培养方案一旦确定,就具有稳定性,从而导致部分烹饪院校专业培养目标与餐饮企业需求不完全对应,学生所学与企业能提供的实习岗位需求不完全相适应,这就使烹饪教育校企合作脱节。因此,一方面,烹饪院校在制订专业设置方向与人才培养方案时要充分考虑到餐饮企业的真正需求,并增强学生在这些方面能力的培养,如增加相关课程的设置等。另一方面,餐饮企业也要从长远角度考虑校企合作,让餐饮企业管理者和"大师"全程参与到合作院校的专业设置方向与人才培养方案的制订过程中,并形成沟通机制,如校方和企业方建立"校企合作工作小组",实时调整烹饪专业设置方向与人才培养方案。总之,以烹饪专业设置方向与人才培养方案为出发点,增加在校企合作过程中的校企双方的有效联动,是培养烹饪合格人才的前提。

(三)探索"资源共享,双元育人"的校企合作办学模式

首先,聘请餐饮企业职业经理人、烹饪大师到学校来,即"请进来",在学校成立"职业经理人、大师工作室",与教师共同承担教学任务,以丰富的实践经验为学生解决疑惑,引起学生学习及实习的热情。其次,把学校资源送进餐饮企业,即"走出去",烹饪院校不仅要将学生送进企业进行顶岗实习,同时要建立专业教师到餐饮企业实践的机制,将教师投入到餐

饮企业、餐厅、厨房等,在企业建立"教师工作站",为企业培训员工、解决技术和管理难题,在激发企业对于校企合作办学的兴趣的同时也实现教师实践能力的提升;烹饪教育校企合作双方在教学、实习、生产、培训、科研等方面开展深入合作,实现双元育人;通过校企合作招生、合作培养、合作就业,提高烹饪院校毕业生就业水平,同时提升企业效益。

把优秀餐饮企业文化引入烹饪院校,把学校研发成果送入餐饮企业,实现校企资源共享。通过校企之间的频繁互动、紧密联系、深度合作,提高人才培养质量,提升员工专业水平,毕业生就业率和就业质量能够不断攀升,企业效益逐年递增,有效推动了行业进步,对解决当地就业问题和餐饮业发展水平的提升有很大的促进作用。

(四)探索"企业为基地、员工是学生"的校企合作办学模式

餐饮企业作为烹饪教育校企合作的重要一方,在合作的过程中占有很强的主动性,餐饮企业的合作意愿是否强烈直接影响了烹饪院校校企合作能否实现。因此,就餐饮企业而言,首先要转变观念、增强社会责任感为烹饪院校学生提供良好的实习基地,并选派好实习指导技师、开展好学生岗前培训,并给予学生必要且合理的劳动报酬。其次,餐饮企业不能只是作为实习基地,无偿地、被动地接收烹饪院校培养的技能型人才,还要尽可能对技能型人才的形成过程施加影响,参与到技能型人才培养的过程中来,积极寻求烹饪院校对本企业发展所需的人力资源的支持。

就学生而言,学生以员工身份到企业实习,就应该以正式员工的标准要求自己,最重要的是端正实习态度、服从企业管理、认真接受企业安排的岗前培训和实习中的技能培训,切忌眼高手低。与此同时,学生也要注重维护自身应有的利益,如在工时考核、超时加班、补贴支付等方面。

(五)探索教学做合一、产学研结合的校企合作办学模式

在教学做合一方面,首先,烹饪院校应从有餐饮企业参加的课程开发入手,以课程的内容选择和排序为重点,将隐性的过程性知识即传统意义上专业课的主干课按行动体系串行结构排序;在串行结构排序中应融入显性知识即传统意义上专业基础课的技能集成的理论知识。其次,烹饪院校要在课程开发基础上建立多功能、一体化教室,集理论教学、教师示范演示、学生操作、小组讨论"四位一体"的学习情境,将学生与教师、大师有机联系在一起。最后,建立餐饮体验中心,有条件的烹饪院校可以与相关企业创建混合所有制的餐饮实体或餐饮二级学院,兼教学和企业功能,实现教学与生产同步,教学、学习、工作合一,教学过程简明直观,学生学习兴趣明显提高,学习效果明显提升,餐饮企业效益也有不同程度地上升,实现教学做合一。

在产学研结合方面,一是烹饪院校与餐饮食材、设备等企业建立长期合作关系,烹饪院校获得食材、设备的捐赠或低价购买,作为回报,学校需为这些企业设立展示平台,并为这些企业的产品性能提出改进建议,这是一种有效的、长远的营销手段和渠道。二是餐饮企业在烹饪院校设立由餐饮企业支付薪金的教学或研究职位;餐饮研发人员到烹饪院校进修并取得相关证书,以解决餐饮企业提出的需研发的项目,与烹饪院校建立永久合作,为进一步开展研发打下基础。三是烹饪院校参加企业科研,如烹饪院校专家、学者到餐饮企业授课或做学术报告,临时参加课题研究;餐饮企业到烹饪院校中公开招募学生从事相关课题研究。四是以烹饪院校为依托设立"餐饮产业园",由政府和企业提供资金及政策支持,引入著名餐饮企业或酒店集团,实现政府、行业、企业、学校的有机结合,为产学研相结合的校

企合作模式的实现创立特殊的区位环境。

三、烹饪教育的现代学徒制

学徒制自古以来作为知识传授的方式,是一种在实际工作过程中以师傅的言传身教为主要形式的职业技能传授形式,通俗地说即手把手教。一般认为制度化的学徒制出现在中世纪,学徒制一词始于 13 世纪前后。在此之后,无论是在中国还是西方,都出现了学徒制这一技能传授模式。

(一)现代学徒制与烹饪专业现代学徒制

工业革命对学徒制造成了致命冲击。机器部分代替人的劳动,原有学徒制所培养的人才满足不了机器大工业生产对人才的需求,职业学校的兴起取代了原有的学徒制。"二战"后,随着企业对劳动者的劳动技能和素质要求越来越高,同时各国也在汲取德国"双元制"在人才培养方面取得的成功经验,并对学徒制进行改革和创新。目前,各国普遍将学徒制作为职业教育领域的人才培养模式之一。这个阶段的学徒制在培养目标、课程体系、学习方式等方面均发生了重大变革。如在英国,现代学徒制把培养目标划分为学徒制、高级学徒制和高等学徒制三个层次;在课程体系建设方面,建立多样的课程体系和国家职业资格课程;在学习方式方面,实施工作和学习交替进行的学习方式。学徒制的性质仍具国家性质,国家对学徒制各个方面进行规范。随着职业教育的大发展、培养模式的不断创新,20世纪后期,欧美经济发达国家在吸收传统学徒制的优点并融合现代职业教育优势的基础上,创造现代学徒制,为学徒制增添了新的内涵。

我国的现代学徒制开始于 2014 年。2014 年 2 月 26 日,李克强总理主持召开国务院常务会议,确定了加快发展现代职业教育的任务措施,提出开展校企联合招生、联合培养的现代学徒制试点。《国务院关于加快发展现代职业教育的决定》中对开展校企联合招生、联合培养的现代学徒制试点,完善支持政策,推进校企一体化育人做出具体要求,标志现代学徒制已经成为国家人力资源开发的重要战略。2014 年 8 月,教育部印发《教育部关于开展现代学徒制试点工作的意见》,制订了工作方案。

2015 年 7 月 24 日,人力资源和社会保障部办公厅、财政部办公厅联合印发了《关于开展企业新型学徒制试点工作的通知》,对以企业为主导开展的学徒制进行了安排。国家发展改革委、教育部、人力资源和社会保障部和国家开发银行联合印发了《老工业基地产业转型技术技能人才双元培育改革试点方案》,核心内容也是校企合作育人。2015 年 8 月 5 日,教育部决定遴选 165 家单位作为首批现代学徒制试点单位和行业试点牵头单位。2017 年 8 月,教育部确定第二批 203 个现代学徒制试点。2018 年 3 月 16 日,教育部遴选的第三批 203 个单位开展试点,现在是 366 个,称为现代学徒制试点。

纵观我国烹饪教育的发展,烹饪中等职业教育起源于 20 世纪 50 年代,改革开放后,随着人才的需求,烹饪高等职业教育不断发展。餐饮企业的用人模式从单一的师傅带徒弟转变为师傅带徒弟与从中职、高职烹饪专业吸收毕业生双向用人模式。当然,中职、高职毕业生到厨房工作岗位上也需要进一步提升知识和技能,再拜师学艺的情况也常常发生。这是因为,以隐性知识为主、以艺术创造为主的烹饪技能,更要在烹饪操作的情境中习得,师傅带徒弟始终是烹饪技能传授的重要途径。

学徒制从萌芽到现代学徒制,其内涵和意义已发生了重大变化。现代学徒制是传统学徒制融入了学校教育因素的一种职业教育,是职业教育校企合作不断深化的一种新的形式,顶岗实习、订单培养、现代学徒制是一种递进关系。

由于传统学徒制的发展形成了学校教育,现代学徒制吸收了两者的优势,是传统学徒制与学校教育相结合的产物,因而,笔者在烹饪教育研究中,从传统学徒制、学校教育、现代学徒制的比较中找出现代学徒制的主要特征,从而为烹饪专业现代学徒制人才培养模式的构建提供依据。

(二)基于传统学徒制、学校教育、现代学徒制的比较的现代学徒制的特征

通过学习相关现代学徒制的文献,结合自身的思考,将传统学徒制、学校教育、现代学徒制的异同点比较总结如表 2-28。

表 2-28 传统学徒制、学校教育、现代学徒制的比较分析

比较内容	传统学徒制	学校教育	现代学徒制
内涵	传统社会里工商技术与经营管理人才的培训制度,是职业技术教育的产物,是以师傅带徒弟为主要形式,以某行业或职业的知识技能学习为内容,徒弟可以获得某种形式回报的职业教育形态	由专业人员承担,在专门的机构,进行目的明确、组织严密、系统完善、计划性强的以影响学生身心发展为直接目标的社会实践活动	通过学校、企业深度合作,教师、师傅联合传授,课堂学习与工作岗位实践紧密结合,以技能培养为主的一种现代职业教育人才培养模式
传授者	师傅	教师为主	教师和师傅
学习者	以徒弟身份入职	以学生身份入学	以学生和徒弟双重身份入学并入职
学习地点	企业	学校为主,企业为辅	学校与企业有机结合
学习时间	有固定年限	有固定年限	相对固定
学习目标	熟练技工	技能型人才	复合型技能型人才
考核方式	师傅、人社部门	老师、教育部门为主	老师、师傅、教育部门、人社部门
所得证书	职业技能证书	学校毕业证书,有的考取职业技能证书	学校毕业证书和职业技能证书

从表 2-28 分析可以得出,现代学徒制是在传统学徒制和学校教育的基础上发展起来的职业教育制度,它吸收了两方面的优势,解决了传统学徒制培养规模单一,一般一个师傅只带一个(或少数)徒弟,师傅的水平决定了徒弟的成长,先行的理论知识不系统,缺乏成长后劲的问题,又解决了学校教育"双师型"的不足,教学内容与工作岗位不够契合,学生综合职业能力不足、校企合作缺乏有效合作机制等问题。现代学徒制有利于促进行业、企业参与职业教育人才培养全过程,实现专业设置与产业需求对接,课程内容与职业标准对接,教学过程与生产过程对接,毕业证书与职业技能证书对接,职业教育与终身学习对接,提高人才培养质量和针对性。基于此,烹饪专业现代学徒制要按照教育部的要求,结合烹饪专业的特点,探索建立校企联合招生、联合培养、校企双主体育人机制。探索双主体育人的长效机制,推进招生招工一体化,完善学徒培养的教学文件、管理制度、培养标准,完善人才培养

制度和标准,推进专兼结合、校企互聘互用的双师结构教师队伍,建设校企互聘共用的教师队伍,建立体现现代学徒制特点的管理制度,建立健全的现代学徒制支持政策,最终形成和推广政府引导、行业参与、社会支持的企业和职业院校双主体育人的中国特色烹饪专业现代学徒制。

总之,国务院印发了《国家职业教育改革实施方案》提出要促进产教融合校企"双元"育人,推动职业院校和行业企业形成命运共同体。餐饮烹饪院校要主动与具备条件的餐饮及其相关企业在人才培养、技术创新、就业创新、社会服务、文化传承等方面全面开展合作。

四、烹饪教育产业学院建设

为了适应烹饪教育对餐饮行业转型升级的需求,一些烹饪餐饮院校创办了菜品菜系学院,以推动深化产教融合、校企合作,拉动烹饪专业办学水平为目的,烹饪教育产业学院建设初见端倪。产教融合、校企合作,是职业教育的基本办学模式,是职业教育类型特征最显著的表现形式。从本节第一个问题,"烹饪教育校企合作的政策环境分析"中可以看出,近年来国家层面已就产教融合做出了一系列制度安排和组合式激励政策,但从实践情况看,效果并不十分理想,总体上还存在松散式、"两张皮"状态。其根本原因,是学校和企业还没有真正找到利益的结合点,教育的供给侧和产业的需求侧还没有同频共振,产教融合、校企合作还没有找到有效的机制。在这样的背景下,一些地方一些院校开展了校企共建产业学院的探索,以期为推动产教融合、校企合作找到一个新的平台和载体。

(一)产业学院建设的政策环境

从我国大政方针上看,20 世纪 80 年代初,国家就提出了校企合作的概念,近年来就更加明确。2017 年党的十九大报告明确提出了"完善职业教育和培训体系,深化产教融合、校企合作";2017 年,《国务院办公厅关于深化产教融合的若干意见》提出,"鼓励企业依托或联合职业学校、高等学校设立产业学院和企业工作室、实验室、创新基地、实践基地""开展生产性实习实训""深化职业教育、高等教育等改革,发挥企业重要主体作用,促进人才培养供给侧和产业需求侧结构要素全方位融合";2018 年,教育部等六部门联合发布的《职业学校校企合作促进办法》指出,推动学科专业建设与产业转型升级相适应,校企多种形式联合办学;2019 年,国务院印发的《国家职业教育改革实施方案》指出,建立产教融合型企业认证制度,打造一批高水平实训基地;2020 年,教育部、工信部颁发的《现代产业学院建设指南》指出,"探索产业链、创新链、教育链有效衔接机制";2021 年,中共中央办公厅、国务院办公厅《关于推动现代职业教育高质量发展的意见》指出,"形成紧密对接产业链、创新链的专业体系""推动校企共建共管产业学院、企业学院,延伸职业学校办学空间"。上述国家政策表明,学校和企业有机融合的载体——产业学院,作为院校的一种新的办学形态,对于创新校企合作办学机制、实现产教深度融合,具有重要而积极的意义。

(二)我国烹饪教育产业学院的现状

目前,我国烹饪教育产业学院从名称上有两类,一类是以菜品名称命名的学院,如2016 年 5 月在湖北江汉艺术职业学院成立的潜江龙虾学院,2020 年 5 月在广西柳州职业技术学院成立的螺蛳粉产业学院,2021 年 5 月在广西商业技师学院成立的油茶美食学院等。另一类是以地方菜系命名的学院,如湘菜学院、桂菜学院、龙菜学院、潮菜学院、津菜学院、淮扬菜烹饪学院、陕菜学院、渝菜学院、盐帮美食学院、顺德厨师学院、辽菜师傅学院、国际粤菜学院等。这些菜品菜系学院的组建，一般是在学校层面或二级学院层面，在原有的体制上成立的。这些一般是当地办学水平较高，具有烹饪教育引领地位的院校，以继承与发展区域烹饪技艺，弘扬中华饮食文化为己任。由于地域自然条件不同，菜式和饮食习俗的差异，导致中华饮食带有鲜明的地方特色，各地烹饪院校一方面搞好人才培养，另一方面，具备振兴地方菜，推动区域餐饮行业发展，实现烹饪教育服务社会的功能。烹饪教育产业学院在实践上有所探索，但在理论研究上相对滞后，在知网输入关键词"烹饪产业学院"有2篇相关文章，"餐饮产业学院"有3篇相关文章（截至写作时），而且有的文章与产业学院的联系并不紧密。

（三）产业学院的内涵

近年来，产业学院引起高等院校（高职院校和应用型本科院校）和社会的高度关注。在查阅知网输入关键词"产业学院"，有1284篇文章，最早出现在2005年，2006年及以后年份和文章数依次为：2006（2）、2007（4）、2008（1）、2009（6）、2010（11）、2011（6）、2012（8）、2013（17）、2014（15）、2015（26）、2016（28）、2017（40）、2018（72）、2019（138）、2020（279）、2021（490）、2022（截至4月底136），表明对产业学院的关注度逐年上升。关于产业学院的界定，学者们从不同的研究视角，做出了不同的概括，可以说是仁者见仁，智者见智。从教育行政管理部门上看，《教育部办公厅 工业和信息化部办公厅关于印发《现代产业学院建设指南（试行）》的通知（教高厅函〔2020〕16号）和《教育部办公厅工业和信息化部办公厅关于公布首批现代产业学院名单的通知》（教高厅函〔2021〕39号）文件中对产业学院也没有一个明确的界定，但提出了现代产业学院是特色鲜明，与产业紧密联系的高校与地方政府，行业企业等多主体共建共享的学院；明确了产业学院的定位，即坚持育人为本、产业为要、产教融合、创新发展，这"四个坚持"也是现代产业学院建设的原则；现代产业学院的基本功能，即人才培养、科学研究、技术创新、企业服务、学生创业等，而且是融于一体的。从上述两个文件定位我们可以理清产业学院的基本特征。虽然产业学院尚在探索之中，不宜过早地做出界定，但是，我们也要对产业学院内涵的特质做出判断。产业学院可以理解为立足区域产业发展，依托院校专业建设，以高质量人才培养为核心、实现教育功能为目标，整合院校与企业、行业、政府等资源优势，共同打造的产教融合、校企合作的办学共同体。

（四）烹饪教育产业学院建设的基础设计

关于产业学院的构成，同样有不同的提法。比较典型的有邓泽民、李欣的《职业教育产业学院基本内涵及界定要求探究》一文，提出了对探索中的产业学院的认识，有基地说、实体说、模式说、机构说、平台说、组织说等，可以在烹饪教育产业学院建设中参考。

第一，烹饪教育产业学院的基本构成要素是共建。

烹饪教育产业学院的性质，无论是基地说、实体说、模式说、机构说、平台说、组织说等多种说法，从建设主体来看，烹饪教育产业学院可以建在学校里，也可以建在餐饮企业里，还可以建在其他区域，如政府打造的产业园区内。但办学主体为烹饪院校联合餐饮企业是最基本的必备要素。学校和企业的合作形式，可以是两个法人单位联合形成一个新的法人单位；也可以某种契约的形式建立合作，如学校引进企业入校，形成既是从事生产的企业又是学校实训基地，形成紧密的双元办学烹饪教育产业学院。在"学校、企业、行业协会、政府"要素中，可以排列组合为双元的"学校—企业""学校—行业协会""学校—政府"办学形式;以及三元的"学校—企业—政府""学校—企业—行业协会""学校—行业协会—政府"办学形式;还有"四元"的"学校—企业—行业协会—政府"办学形式。但无论怎样交集,交聚在餐饮产业链、协同育人以及实现其烹饪教育的功能是烹饪教育产业学院的核心要义。各烹饪院校在建设产业学院时要根据自身的情况与外部环境来设计。

第二,烹饪教育产业学院的管理模式体制机制上要共管。

从烹饪教育产业学院校企参与的联系紧密程度来看,可以是紧密型,合作方以资金或资产入股,建立混合所有制的法人实体;也可以是松散型,参与各方没有资产纽带,产业学院不是独立的法人。首先,如果是紧密型的,学校和企业都以法人的形式成立新的法人单位的产业学院,那么就应该按照现代法人的治理模式;如果是松散型的,烹饪院校和餐饮企业不是成立新的法人单位,则根据双方投入的人、财、物情况采取托管合作、产权合作、契约合作、资源协同等多种资源整合与合作办学模式,形成共同管理。其次,成立由学校、企业、行业、政府参与的产业学院理事会或董事会,行使产业学院重大事务的决策权。再次,成立由各方面专家组成的咨询指导委员会,起到建言献策、指导咨询的作用。

(五)烹饪教育产业学院拉动烹饪专业办学水平

建设烹饪教育产业学院对烹饪院校实现其人才培养、科技开发、服务社会、文化传承与国际交流的功能有全面的拉动作用,当下主要在以下几个方面体现得较为明显。

一是促进烹饪人才培养模式创新。烹饪教育产业学院通过校企合作共同开展专业规划,强化烹饪专业和餐饮产业的对接,围绕餐饮产业链打造烹饪专业群,利用餐饮行业企业资源和优势提高烹饪院校烹饪专业建设水平;实施烹饪人才共育,基于产业需求共同设定人才培养目标,共同制订人才培养方案,共同完善人才培养模式,实现校、企、行、政多主体协同育人;完善校企课程体系,优化课程结构,强化课程与餐饮岗位的对接,共同组织教学实施和实习实训,真正实现协调推进多主体之间开放合作,整合多主体创新要素和资源,推动课程内容与餐饮行业标准、餐饮产业需求和餐饮岗位能力有机融合,凝练产教深度融合,从而加速烹饪人才的供需对接。

二是促进"双师双能型"烹饪教师队伍水平提升。建立一支技艺精湛、专兼结合的"双师双能型"教师队伍,是烹饪教育高质量发展的根本,以产业学院为平台,打通餐饮企业和烹饪院校的"旋转门",实现了餐饮企业经营管理人才、高技能人才和烹饪职业院校教师的双向流动。校企双方共同培养"双师型"专业教师和"双能型"产业导师,推进师资队伍的校企共训、双向交流、互融互通。从烹饪专业教师职业需求与学生就业岗位需求的视角设立教学组织,以餐饮产业链和烹饪人才供给链等逻辑为脉络重构烹饪专业群,以烹饪大专业、大学科强化加强烹饪专业内部协同教学,打破原有的教学壁垒,实现科教协同和产教融合发展。

三是推动实践教学平台创新。强化"产学研用"体系化设计,通过校企合作共同建设高标准餐饮实习实训基地,共同设计烹饪实践教学体系,共同打造校内、校外实训基地,建设"浸润式"产学研融合实践平台。引进餐饮企业研发平台,生产基地建设兼餐饮产品生产、教学研发、创新创业功能于一体的校企"产学研用"协同的实验实训实习基地。充分利用产业学院中餐饮龙头企业的优质资源,加强技术创新,推动信息技术与教育教学深度融合,营造智能化的学习环境。一方面,能让餐饮企业直接参与烹饪人才培养,另一方面,也利于学校教师参与餐饮企业新产品的研发和管理创新,为企业注入活力,实现为餐饮企业行业服务的功能。

四是促进校企行政协调联动。"校企行政"协同育人是烹饪教育培养高素质技能型人才的重要手段和深化职业教育改革的必然要求,而建设协同育人标准体系是推进产教融合、校企合作的有力支撑。烹饪教育产业学院有效实现校企行政技术、人才、信息和资源的共享,共建技术创新和转化平台,联合开展技术攻关和成果转化,发挥"产学研用"合作示范作用,建立优势互补、互利共赢的协同机制,提高对餐饮产业服务能力和烹饪人才培养水平,推动餐饮产业转型升级,更好地服务地方经济发展,促进教育链、人才链与产业链、创新链的有机衔接,推动产教融合的深度发展。

(六)烹饪教育产业学院建设的路径

在构成烹饪教育产业学院的诸多要素中,烹饪院校是产业学院建设的第一主体,推进产业学院建设一般要经过以下路径。

一是建立组织结构。成立以烹饪院校主管领导为组长,以烹饪院校为主体,教务、科研、产业、财务、组织、人事、资产、后勤等相关部门为成员的领导小组,领导小组下设实施机构。注意吸收与产业学院要素相关的校企行政等部门组成指导组、顾问组或专家组等。这是烹饪教育产业学院建设的组织保障。

二是做好顶层设计。就是从整体上做好烹饪教育产业学院建设的整体规划,形成方案,包括明确选择什么水准的餐饮龙头企业、形成新的法人单位还是契约合作,怎样向教育行政等政府有关部门请示,怎样与餐饮行业协会等部门沟通等问题。这是烹饪教育产业学院建设的纲领性文件。

三是落实科学分工。根据顶层设计形成的方案,将具体建设任务落实到具体部门和人,建立台账,形成"事、人、时"的形象进度表。这是烹饪教育产业学院建设的关键步骤。

四是培训领会实质。烹饪教育产业学院是新事物,都在探索之中,即便是烹饪专业技术人员也不一定完全深刻领会,需要进行培训形成共识。这是烹饪教育产业学院建设顺利实施的条件。

五是稳步推进实施。烹饪教育产业学院建设的推进,要按照项目管理方式推进实施。如顶层设计的方案,由主管部门及相关的校企行政等部门组成专家组以开题的形式报告,产业学院成立过程要进行中期检查,成立完成后要进行验收。在保证每个环节稳步推进的前提下,才能达到学院建设的目标,这是烹饪教育产业学院建设不可或缺的环节。

六是建设成果验证。烹饪教育产业学院建成后,能否实现其产教融合、校企合作、工学结合、知行合一的建设目标,要在运行中检验。发现不符合实际的地方适时修改完善,建设好融人才培养、科学研究、技术创新、企业服务、学生创业等功能于一体的现代产业学院。这是烹饪教育产业学院建设的最终目标。

烹饪教育产业学院建设一些地方烹饪院校从菜品菜系学院开始了建设试点。在理论上,要明晰产业学院的"产业"属性,其在教学组织形态、人才培养模式等方面要具有"产业"的特质,为餐饮产业的发展服务;教育的属性决定其本质是"学校",它的根本职能是育人,要遵循教育规律,为人的全面发展服务。发展产业学院是"产"与"教"双向的主动选择。在实践上,探索解决政策法规不健全、利益机制不明确、治理机制不完善等实际工作中存在的问题。烹饪教育产业学院作为新事物,需要校企行政等社会方方面面协调一致探索与系统推进。对于从事烹饪教育的院校来说,无疑是提升教学质量和办学水平、实现其教育功能的有利契机。我们充分利用烹饪教育产业学院建设的新机遇,真正做到与餐饮企业等参与各方共建、共管、共享,调动参与各方的积极性,真正形成校企命运共同体,共同为培养高素质烹饪人才,推动餐饮产业发展,弘扬中国饮食文化做出贡献。

第九节 新版餐饮职业教育专业目录解读

职业教育专业目录是职业教育包括餐饮职业教育的基础性教育指导文件。教育部办公厅于 2020 年印发了《教育部办公厅关于做好职业教育专业目录修(制)订工作的通知》(教职成厅函〔2020〕10 号),这是落实《国家职业教育改革实施方案》"每 5 年修订 1 次职业院校专业目录"的要求。2020 年是职业教育专业目录修订年,餐饮职业教育专业目录随之启动。我作为全国餐饮职业教育教学指导委员会(简称餐饮行指委)副主任委员,有幸参与了相关工作。2020 年 4 月按照教育部职业教育及成人教育司下发函《关于组织开展本科层次职业教育试点专业设置论证工作的通知》(以下简称教育部职教本科设置函)精神,论证了本科层次烹饪职业教育。2020 年 7 月,按照教育部职业教育教学指导委员会办公室的要求,餐饮行指委对职业教育对接产业进行了分析,这是专业设置与调整的逻辑起点。2020 年 11 月,按照《教育部办公厅关于征求对新版职业教育专业目录意见的函》,餐饮行指委提出了建议。最终,2021 年 3 月教育部印发了《职业教育专业目录(2021 年)》(以下简称新版《目录》)。

新版《目录》共 19 个大类,旅游大类分为旅游类和餐饮类,97 个专业类中餐饮类占一类,1349 个专业中,餐饮类占 9 个。其中中职为 358 个中的 3 个,高职专科为 744 个中的 5 个,高职本科为 247 个中的 1 个。本节对餐饮类中职、高职专科、高职本科新版《目录》与原有专业目录(以下简称旧版《目录》)进行横向比较;从五个维度对餐饮类新版专业目录特征进行分析,旨在科学地理解新版专业目录的内涵,把握餐饮职业教育高质量发展的新机遇提供思路。

一、餐饮类新旧两版专业目录横向比较

(一)餐饮类中职新旧两版专业目录横向比较

餐饮类中职新旧两版专业目录比较见表 2-29。

表 2-29 餐饮类中职新旧两版专业目录

新版(7402)		旧版(13)		备注
专业代码	专业名称	专业代码	专业名称	
740201	中餐烹饪	130700	中餐烹饪与营养膳食	更名
740202	西餐烹饪	130800	西餐烹饪	保留
740203	中西面点	131100	中西面点	保留

从表 2-29 可知,餐饮类中职新版与旧版专业目录数量未变,只有"中餐烹饪与营养膳食"更名为"中餐烹饪",更名率为 33.33%。"营养膳食"与"中餐烹饪"相并列是不符合逻

辑的,在本章第一节烹饪专业属性中已做过阐述。餐饮类中职三个专业中餐烹饪、西餐烹饪在逻辑上是科学的,是从风味上区分的。2020 年 4 月,根据经济社会发展和餐饮业对人才的需求状况,又增加了中西面点专业,本质上是将中餐烹饪中的"中餐烹调""中式面点制作"两个技能方向的"中式面点制作"提出,将西餐烹饪中的"西餐烹调""西式面点制作"提出。虽然这在理论上显得欠缺科学性和规范性,但在现实中具有实用性。在本章第二节烹饪专业设置中做了详细讨论。

(二)餐饮类高职专科新旧两版专业目录的横向比较

餐饮类高职专科新旧两版专业目录比较见表 2-30。

表 2-30　餐饮类高职专科新旧两版专业目录

新版(5402)		旧版(6402)		备注
专业代码	专业名称	专业代码	专业名称	
540501	餐饮智能管理	640201	餐饮管理	更名
540202	烹饪工艺与营养	640202	烹调工艺与营养	更名
540203	中西面点工艺	640204	中西面点工艺	保留
540204	西式烹饪工艺	640205	西餐工艺	更名
540205	营养配餐	640203	营养配餐	保留

从表 2-30 可以看出,餐饮类高职专科新版与旧版专业目录数量相同,变化是三个更名,一个顺序调整。一是"餐饮管理"更名为"餐饮智能管理",这是推进数字化升级改造,构建未来技术技能在餐饮类专业中的具体表现。基于此,餐饮管理专业对接的是新餐饮经济、新餐饮业态、新餐饮技术技能、新餐饮职业,名称亦做相应的改变。二是"烹调工艺与营养"更名为"烹饪工艺与营养",这等于将该专业的范围扩大,将中西面点工艺、西餐烹饪工艺纳入该范围,同上述中职所述科学性、规范性与现实性的关系一样,"烹饪工艺"可以给不同地区、不同院校更大的灵活性和自主权。"烹饪工艺与营养"一般约定俗成为中式烹饪工艺与营养,关于后附"营养"二字,亦在本章第一节烹饪专业属性中做过讨论。三是"西餐工艺"更名为"西餐烹饪工艺","烹饪"是动词,与"西餐"组合,完善了该专业的内涵。一个顺序调整即原来"营养配餐(640203)"由旧版《目录》第三调至新版《目录》的第五(540205)。新版专业目录由"管理—烹饪(中式)—中西面点—西式烹饪—配餐"形成系列。

(三)餐饮类高职本科专业目录与职业技术师范专业目录的比较

餐饮类高职本科与职业技术师范专业目录比较见表 2-31。

表 2-31　餐饮类高职本科与职业技术师范本科专业目录

新版(3402)		旧版(0827)		备注
专业代码	专业名称	专业代码	专业名称	
340201	烹饪与餐饮管理	082708T	烹饪与营养教育	新增

表 2-31 新版《目录》新增了餐饮类高职本科专业"烹饪与餐饮管理",这是作为餐饮烹饪教育工作者呼吁多年,盼望已久的幸事,是落实《国家职业教育改革实施方案》的增设本科层次职业教育的具体举措,打破了餐饮烹饪教育人才培养只在高职专科层次的"天花

2 heat222

板".高职烹饪本科是新设立的专业,没有旧版的专业目录比较,可以将职业技术师范教育中的专业——烹饪与营养教育视为旧版并做比较。烹饪与餐饮管理是为餐饮业培养人才,烹饪与营养教育是为餐饮教育培养教师。

二、餐饮类新版专业目录特征分析

目前餐饮类新版专业目录,坚持服务餐饮业发展,促进就业的导向,全面体现餐饮职业教育与数字化改造的理念,落实教育供给侧结构性改革的新需求,体现了几个特点。

(一)覆盖全面,餐饮业主要职业(岗位)群基本被覆盖

餐饮类专业是在科学分析餐饮产业、餐饮职业、餐饮岗位基础上确定的。在本章第二节烹饪专业设置中,归纳出餐饮业岗位是由"餐"——菜肴、面点、小吃等,"饮"——咖啡、茶、酒、饮料等,"送"——配送与外卖三部分的制作与服务构成的。目前,餐饮类专业以手工食品加工——烹饪为主线,另外加上餐饮服务与营养配餐。基于手工食品的加工,从风味上来分,餐饮类专业可分为中餐、西餐的加工;从加工对象上来分,餐饮类专业可分为菜肴、面点的加工;从理论上进行划分,餐饮类专业可按以下四个方面设置(图2-32)。

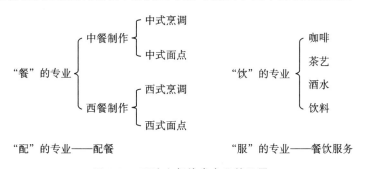

图 2-32　理论上餐饮类专业的设置

目前的餐饮类专业目录虽然没有专门的"饮"的专业,其相关课程在"餐""配""服"的专业中所涵盖,"饮品制作与服务"专业将随着餐饮业的发展动态设置(值得注意的是,在旅游类(5401)于专业目录中,如设置了"葡萄酒文化与营销"(540108)、"茶艺与茶文化"(540109)两个专业,这对餐饮类专业设置是一个补充)。可见,餐饮类"中、专、本"三个层次的专业设置基本涵盖餐饮业主要职业岗位(群)。

(二)宽窄结合,有利于餐饮烹饪院校根据社会需求灵活办学

《国家职业教育改革方案》指出"健全专业设置定期评估机制,强化地方引导本区域职业院校优化专业设置的职责"。这表明,专业目录既要保持其规范性和稳定性,又要根据餐饮行业和区域发展的实际,具有灵活性和动态变化性,做到宽窄结合。餐饮类新版专业目录,中职的"中餐烹饪""西餐烹饪"体现了"宽",而"中西面点"则相对为"窄",因为"餐"中既包含菜肴制作(红案),又包含面点制作(白案),"宽"具有包容性,可在其范围之下设置专业或专业方向,"窄"具有精准性,能准确对应行业企业岗位(群)。

再看高职专科专业,"烹饪工艺与营养"这是由原来"烹调工艺与营养"的"窄"调整而"宽"起来的,从理论上"烹饪"涵盖中餐("做菜"——中式烹调,"做饭"——中式面点),西餐("做菜"——西式烹调,"做饭"——西式面点),也可以理解部分涵盖"营养配餐"。从专业

体量上看,烹饪工艺与营养多以中餐烹调为主,这是与餐饮企业中餐烹调岗位数量相匹配的,这也是专业目录"宽"的另一个理由。中西面点、西式烹饪、营养配餐专业体现了精准对接餐饮企业岗位,体现了"窄"。

再观察新设置的高职本科专业,是高职本科零的突破,"烹饪与餐饮管理"是宽专业,便于各餐饮烹饪院校在该目录之下开设相关专业方向。

(三)层次清晰,体现不同层次餐饮烹饪教育,培养不同规格人才

餐饮类专业从中职、高职专科再到高职本科,从名称上层次清晰,体现了该层次专业的内涵。对于中职而言,只体现"烹饪",即"中餐烹饪""西餐烹饪""中西面点(烹饪)"。其基本含义是培养餐饮企业厨房菜点制作的经验层面的技术技能型人才,强调的是"怎么做菜(点)",通过菜(点)制作"量"的接触,不断习得烹饪技能,职业活动由"点到线",培养规格达到初中级(5级或4级)烹调师(面点师)。

对于高职专科而言,体现了"工艺",即"烹饪工艺与营养""中西面点工艺""西式烹饪工艺"。什么是"工艺"?先看汉语权威辞书《辞海》的解释为利用生产工具对各种原材料、半成品进行加工或处理(如切削、热处理和测量等),使之成为产品的方法;再看英文权威辞书,英文有"technique""technology"和"craft"三个词,其与烹饪有关的解释列于表 2-32。

表 2-32 technique,technology 和 craft 的英文释义

	英文释义	翻译	来源
technique	1. a particular way of doing sth, especially one in which you have to learn special skills	技巧;技艺;工艺	Oxford Advanced Learners Dictionary 8th Edition(以下简称牛津词典)
	2. the skill with which sb is able to do sth practical	技术;技能	
	3. a way of carrying out a particular task, especially the execution or performance of an artistic work or a scientific procedure	(尤指创作艺术作品或进行科学操作所需的)技巧,技术,工艺	新牛津英汉汉解大词典(以下简称新牛津词典)
	4. skill or ability in a particular field	技能,技艺	
	5. a skillful or efficient way of doing or achieving something	手段,方法	
technology	1. scientific knowledge used in practical ways in industry, for example in designing new machines	科技;工艺;工程技术;技术学;工艺学	牛津词典
	2. machinery or equipment designed using technology	技术性机器(或设备)	
	3. the application of scientific knowledge for practical purposes, especially in industry	技术,工艺;工业技术	

	英文释义	翻译	来源
technology	4. machinery and equipment developed from such scientific knowledge	机器；设备	新牛津词典
	5. the branch of knowledge dealing with engineering or applied sciences	技术学，工艺学	
craft	1. an activity involving a special skill at making things with your hands	手艺；工艺	牛津词典
	2. all the skills needed for a particular activity	技巧；技能；技艺	
	3. an activity involving skill in making things by hand	工艺，手艺	
	4. work or objects made by hand	手工艺品	新牛津词典
	5. a skilled activity or profession	（需要熟练技艺的）行业，职业	
	6. skill in carrying out one's work	技巧	

无论中文还是英文，"工艺"的释意为产品熟练的加工手段，体现"技巧、技能、技艺"。具体到高职专科烹饪专业而言，它是培养餐饮企业厨房菜点制作和厨房管理的策略层面的高级技术技能型人才，强调的是在"怎么做"菜点的基础上把菜点"做得更好"，通过菜点制作和厨房管理"量与质"的接触，不断掌握烹饪技能和厨房管理知识，职业活动由"线到面"，培养规格达到中高级（3～4 级）烹调师（面点师）和厨房主管。

对于高职本科专业而言，是培养厨房复杂菜点制作、中央厨房生产、餐饮企业管理、中央厨房运营的高级复合技术技能型人才。通过菜点制作、餐饮企业管理，"量的扩充，质的提升，综合性"的接触，不断掌握烹饪技能、餐饮企业管理、中央厨房运营的知识，职业活动由"面到体"，培养规格达到中高级烹调师（面点师）和厨师长、餐饮经理、中央厨房主管、经理等。

（四）数字化改造，构建餐饮企业未来技术技能体系

餐饮业是传统的服务行业，餐饮产品——菜点的制作多以手工操作为主，餐饮服务也是在餐饮的情境下"人对人"的服务。随着科学技术的发展，物联网和智能创造业迎来了第四次工业革命。人工智能、大数据、云计算、物联网逐渐渗透至餐饮业，机器人做菜、机器人应用于部分服务岗位已经成为现实。在新冠疫情期间，广东碧桂园集团支援武汉的"煲仔饭"机器人，之后在广东顺德"机器人餐厅"已经投入运营。这都表明新技术的应用给餐饮企业带来新的业态和新的经营模式，构成了新的职业场景，传统餐饮企业的转型升级必然导致专业的改造与升级，餐饮类新专业目录由"餐饮管理"变为"餐饮智能管理"则体现了数字化改造，瞄准了餐饮产业的高端，构建了餐饮企业未来的技术技能体系。

（五）纵向贯通，横向融通构建餐饮职业教育体系

餐饮类职业教育中职起步于 20 世纪 50 年代，高职专科在改革开放后有了大发展，20世纪 90 年代中后期才有职业技术师范教育——烹饪与营养教育专业。餐饮行业和餐饮教育界一直期待的餐饮职教本科终于诞生了，打破了餐饮类职业教育无本科的"天花板"，解决了高职专科餐饮管理专业与应用型本科酒店管理、旅游管理、工商管理，高职专科烹饪类专业与食品科学与工程衔接不紧密的尴尬局面。而且在目前只有一个高职本科专业的情况下，高职本科烹饪与餐饮管理是"宽"设置，这有利于与高职专科餐饮管理、烹饪类专业的有效衔接。同时，餐饮类中职专业目录由 2 级调整为 3 级，统一按专业大类、专业类、专业进行三级分类，一体化设计了餐饮中职、餐饮高职专科、餐饮高职本科不同层次专业，有效对接了现代服务业中现代餐饮行业体系，充分体现了餐饮专业中职是基础，高职专科是骨干，高职本科是牵引的格局。在横向维度上，新版专业目录用新一代信息技术融合、改造、定位、升级专业，如旧版的"餐饮管理"升级为"餐饮智能管理"，这就需要围绕智能设置相关基础课程和专业课程。烹饪类专业虽然未冠有"智能""数字"等，但是新一代信息技术在烹饪加工中的应用亦初见端倪，将影响着烹饪加工的方向，基于此，在烹饪类专业中，课程结构亦要做适当调整。

新版餐饮类专业目录与餐饮业发展相匹配，具有鲜明的时代性和引领性。以新版餐饮类专业目录发布为契机，餐饮烹饪院校要准确把握新版专业目录的内涵，对接新专业目录，优化专业设置，结合实际增设专业方向；准确把握餐饮职业教育"技术是本质、职业是定位"的特征，确定不同层次的餐饮教育的人才培养定位，构建与餐饮企业岗位相对接的课程体系；推进专兼结合的"双师型"教师队伍，开发高质量的形式多样的教材，推进培养模式和教学方法的创新等"三教"改革，增强餐饮职业教育对餐饮业发展的适应性，推进餐饮职业教育高质量发展。

第十节 本科烹饪专业建设

这里我们讨论职业技术师范教育烹饪与营养教育专业与高职本科烹饪与餐饮管理专业建设的重点工作。之所以将这两个专业放在一起讨论，是因为它同属餐饮类，同是本科层次，都有其明确的职业属性和定位。前者为烹饪院校和培训机构培养教师，已有 20 多年的办学历史，目前全国有近 30 所院校开设该专业；后者为餐饮企业培养人才，2021 年新版职业教育专业目录修订时设置了该专业，两者共同面对的问题就是培养什么人、怎样养人。

一、高职本科烹饪专业的设置背景

从国家职业教育发展环境看，根据《国家职业教育改革实施方案》（以下简称职教 20条），从国家层面对职业教育的发展类型进行定位，指出职业教育与普通教育是两种不同类型的教育，具有同样的地位。这一定位为本科层次烹饪教育专业设置、完善我国现代烹饪教育体系提供了发展空间。关于本科层次职业教育，职教 20 条指出，推动具备条件的普通本科高校向应用型转变,鼓励有条件的普通高校开办应用技术类型专业或课程,开展本科层次职业教育试点。本科层次职业教育的相关概念,早在 2014 年国务院《国务院关于加快发展职业教育的决定》中就有所体现,职教 20 条颁布以后,2019 年 7 月,15 所民办类高等职业技术院校陆续更名为职业类大学,特别是在高职院校"双高"建设的背景下 A 类和 B 类"双高"建设院校可以建立本科试点,到 2021 年 9 月,全国有 32 所学校为职业教育本科职业技术大学,2022 年 5 月 1 日施行的《中华人民共和国职业教育法》规定,不仅职业大学可以申办本科专业,办学条件好的高职院校也可以申办本科专业。

2020 年 4 月,教育部职业教育与成人教育司提出了"四个坚持"的工作原则,即坚持需求导向,坚持职业教育类型特点,坚持高层次技术技能人才培养定位,坚持系统设计。为贯彻落实教育部对职教本科的设置工作,全国餐饮职业教育教学指导委员会组织论证了本科层次烹饪专业设置的相应工作,向教育部提交了申报材料。

从我国现代烹饪教育体系现状看,我国烹饪教育从 20 世纪 50 年代的中职烹饪职业教育开始,历经了 60 多年的发展,现将其发展状况归纳为图 2-33。

由图 2-33 可知,我国烹饪教育体系,当下主要由烹饪职业教育、烹饪职业技术师范教育、烹饪学科教育所构成。对于烹饪职业教育而言,只有中职烹饪职业教育和高职专科烹饪职业教育,高职本科烹饪教育在 2021 年 3 月颁布的专业目录中设置了高职本科烹饪与餐饮管理专业,应该看作是填补了烹饪职业教育体系中的缺失,这与餐饮业对人才的需求不断吻合。2019 年,全国餐饮业收入达到 46721 亿元,比改革开放初期的 1978 年增长 700 多倍;2021 年,全国餐饮业克服了 2020 年新冠疫情的冲击,收入达到 47895 亿元,餐饮市场规模恢复至 2019 年水平。全国餐饮业的国家级行业组织——中国烹饪协会与全国餐饮职业教育教学指导委员会(简称餐饮行指委)合署办公,对烹饪人才的需求进行了调查,从需求侧看,随着餐饮业的转型升级,对本科层次烹饪职业教育人才需求量的不断增长已经成为趋势;从供给侧看,全国有近 30 所普通高等院校、师范院校举办本科层次的职业技术师范专业来培养烹饪专业教师,这些院校在全国本科烹饪教育联盟会上对举办非师范类的本科层次烹饪职业教育专业的呼声越来越高。在"双高"背景下,特别是教育部职教本科设置函下发以来,全国 200 多所具有专科层次烹饪教育的职业院校中也有多所院校参与到申办本科层次烹饪职业教育的行列中来,如广东、广西、浙江、江苏、辽宁、海南、甘肃等省的专科层次的烹饪院校已经申办本科层次的烹饪职业教育。因此在这样的背景下,需要理清本科层次烹饪职业教育的高层次技术技能人才培养规律这一基础性且关键性的问题。

二、高职本科烹饪与餐饮管理专业的定位

教育部职教本科设置函规定的工作原则要求专业设置遵循技术技能人才成长规律,突出知识与技术技能水平的高层次,不做专业层次职业教育的简单延伸。就高职本科烹饪人才的培养定位而言,以教育部职教本科设置函为指导,结合我发表过的拙文《我国现代烹饪教育体系的构建》和《基于专业建设的本科职业教育发展的思考——以烹饪专业为例》,以下位高职专科烹饪职业教育——烹饪类专业为重要参考系来探讨烹饪与餐饮管理专业的定位。

烹饪与餐饮管理专业是高职专科餐饮烹饪类专业高一层次的专业,由高素质烹饪人才提升到高层次烹饪人才的培养,究竟"高层次"体现在哪里?我们将思辨的结果列于表 2-33。

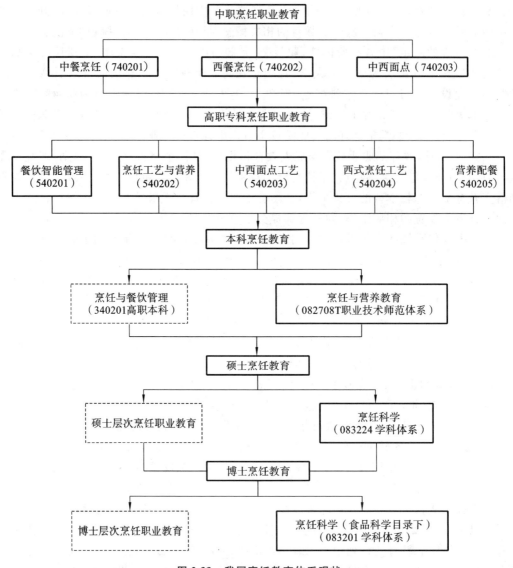

图 2-33 我国烹饪教育体系现状

表 2-33 高职本科烹饪专业与高职专科烹饪类专业的比较

项目	高职专科烹饪类专业	高职本科烹饪专业
产品加工地点	传统厨房为主	传统厨房＋中央厨房
加工手段	手工操作技术技能为主	手工操作技术技能＋机械化、自动化技术
技术特征	附身技术为主	附身技术＋离身技术
知识类型	隐性知识为主的行动体系	隐性知识的行动体系＋显性知识的学科体系
创造性	艺术创造为主	艺术创造＋科学创造
经营管理范围	厨房管理为主	餐饮企业(含厨房)经营管理＋ 中央厨房、团餐企业经营管理
工作岗位集成性	菜点等餐饮产品生产	菜点等餐饮产品生产＋ 餐饮产品设计研发、创新

续表

项目	高职专科烹饪类专业	高职本科烹饪专业
工作方式创新性	传统方式生产、经营管理	传统方式生产、经营管理＋ 智能化生产、经营管理
工作场景综合性	餐厅、食堂	餐厅、食堂＋配送、外卖

表 2-33 显示，高职本科烹饪与餐饮管理专业的高层次体现于餐饮产业的转型升级。与高职专科烹饪类专业相比，从餐饮产品生产地点看，不仅有传统厨房菜点加工，还有从餐饮企业派生出来的，工厂化（工业化）、集约化生产餐饮产品的中央厨房的产品生产；从加工手段看，不仅有手工操作技术技能，还有机械化、自动化技术；从技术特征看，不仅有与人的身体有关的职业技术即"附身技术"，还有与人的身体无关的工程技术即"离身技术"；从知识类型看，不仅有意会性的隐性知识，还有可言性的显性知识；从创造性看，不仅以艺术创造为主，还有科学创造；从经营管理范围看，不仅有厨房、传统餐饮企业的经营管理，还有中央厨房、团餐企业的经营管理；从工作岗位集成性看，既包括菜点的加工、生产，还包括菜点的设计、研发和创新；从工作方式创新性看，既有传统的菜点生产、经营管理，还有智能化的机器人生产、经营管理；从工作场景综合性看，既有餐厅、食堂，还有外卖、配送服务等。烹饪与餐饮管理专业提供的是中高端服务，解决的是更加复杂的菜点制作，餐饮产品生产、设计与研发，企业经营管理等问题，即发生了岗位集成和工作方式的创新，工作场景的综合，是符合餐饮产业高端的职业能力需求的。

基于此，需要长学制本科层次烹饪专业来培养人才，其人才培养定位是能在大中型餐馆（饭店）等现代餐饮企业和中央厨房及团餐企业，从事餐饮产品制作、餐饮经营管理等工作的高层次技术技能和管理人才。主要面向：现代餐饮企业、大型中央厨房及团餐等企业内的中高级烹调师（面点师）、厨师长，餐饮门店经理，中央厨房主管、经理等岗位群，餐饮产品生产、设计研发、经营管理等技术领域。

为了准确地把握高职本科烹饪与餐饮管理专业人才培养规格定位，借鉴我国教育名家姜大源教授的学术观点，结合我国烹饪教育现状，可在理论上对中职、高职专科和高职本科烹饪职业教育的基本区分点进行分析（表 2-34）。

表 2-34 不同层次烹饪职业教育的基本区分点

	中职	高职专科	高职本科
教育功能层次	厨房菜点制作	厨房复杂菜点制作 厨房管理为主	厨房复杂菜点制作 中央厨房产品生产 餐饮企业管理 中央厨房运营
人才培养定位	技能型	高级技能型	高级复合技能型
教育内容层次	经验层面技能 怎么做 量的接触 功能性学习	策略层面技能 怎么做＋做得更好 量与质的接触 方案性学习	高级策略层面技能 怎么做＋做得更好＋做得更全面 量的扩充、质的提升、综合性 设计性学习

续表

	中职	高职专科	高职本科
职业活动	点到线	线到面	面到体
职业岗位	初中级烹调师（面点师）	中高级烹调师（面点师）厨房主管	中高级烹调师（面点师）厨师长、餐厅经理、中央厨房主管、经理

　　关于表2-34的相关结论，在本章第二节"烹饪专业培养目标分析"中已经做过一些探讨，这里再对其烹饪职业教育层次进行归纳辨析。烹饪职业教育层次的提升，总体上由简单到复杂的提升过程，人才培养定位呈现出由技术技能型到高素质技术技能型，再到高层次复合型技术技能的趋势；职业活动由"点→线"到"线→面"再到"面→体"的变化；技术技能的类别由"经验层面"到"策略层面"再到"高级策略层面"，即"怎么做（量的接触）"到"怎么做＋做得更好（量与质的接触）"再到"怎么做＋做得更好＋做得更全面（量的扩充、质的提升、综合性）"的提升；就学习者而言的学习类型由"功能性学习"到"方案性学习"再到"设计性学习"。

　　这里我们还要着重探讨厨房菜点制作技能等级方面的内容。这是因为对于烹饪职业教育，不论哪个层次烹饪技能的习得始终是一条主线。那么，随着办学层次的提升，烹饪技能是否随之提升呢？有人曾提出中职的烹饪技能，达到中级（四级工）标准，高职专科的烹饪技能达到高级（三级工）标准，高职本科的烹饪技能则达到技师（二级工）标准，这是值得商榷的。我们知道烹饪技能的习得，是需要在情境与时间中逐渐积累的。此前，受中国烹饪协会委托，我牵头修订了人社部（全称为中华人民共和国人力资源和社会保障部）《国家职业技能标准　中式烹调师职业技能标准》（G2B4-03-02-01）、《国家职业技能标准　中式面点师职业技能标准》（G2B4-03-02-02）两项标准。这里以中式烹调师为例，取得中级中式烹调师证书、专科层次烹饪等相关专业毕业证书、连续在本岗位工作年限达到两年以上者，可以申请高级中式烹调师职业资格及相应证书；连续在本岗位工作年限达四年以上者可以申请中式烹调技师职业资格。从时间上看，一位高职专科或高职本科烹饪专业学生，学习时间只有三年到四年，即使没有其他课程的学习，也很难达到高级中式烹调师或中式烹调技师的标准。我在本章"不同层次烹饪专业课程结构现状分析"中，针对问卷及实地调研的关于中职中餐烹饪专业、高职专科烹饪工艺与营养专业和本科烹饪与营养教育专业课程计划做了分析，现将有关烹饪技能课程理论和实践（实训）学时数列入表2-35。

表2-35　不同层次烹饪专业技能课程理论和实践（实训）学时

中职中餐烹饪专业		高职专科烹饪工艺与营养专业		本科烹饪与营养教育专业	
课程	学时	课程	学时	课程	学时
中餐烹调工艺	理论 32 实践 96	烹调工艺	理论 64 实践 0	烹调工艺学	理论 64 实践 0
		菜肴制作	理论 0 实践 256	菜肴制作	理论 0 实践 256

续表

中职中餐烹饪专业		高职专科烹饪工艺与营养专业		本科烹饪与营养教育专业	
课程	学时	课程	学时	课程	学时
西餐工艺	理论 12 实践 36	西餐制作	理论 14 实践 50	西餐制作	理论 10 实践 22
食品雕刻与冷拼工艺	理论 16 实践 32	食品雕刻	理论 6 实践 50	食品雕刻与造型	理论 10 实践 22
中西面点工艺	理论 8 实践 24			面点制作	理论 10 实践 22
面点制作	理论 8 实践 24	面点制作	理论 20 实践 12		
营养配餐	理论 16 实践 16	营养配餐	理论 20 实践 12		
				认识实习	2 周
				专业实习	10 周
顶岗实习	一年按 40 周计	顶岗实习	16 周	毕业实习	4 周
				专业社会实践	2 周
总计	92（理论）+228（实践）+40 周（顶岗实习）	总计	124（理论）+ 380（实践）+16 周（顶岗实习）	总计	110（理论）+328（实践）+18 周（综合实习）

从表 2-35 可以看出，高职专科烹饪工艺与营养专业与本科烹饪与营养教育专业烹饪技能课程理论、实践以及顶岗实习的学时大体相当，而中职中餐烹饪专业则远高于它们，特别是顶岗实习，一年有 40 周，毕业时烹饪技能等级确定为中级（四级），考虑到全国的整体情况（还有欠发达地区），确定烹饪技能等级为初中级（五级到四级），这样的确定基于目前中职烹饪学校实际的培养规格。中职烹饪专业学生与高职专科乃至本科烹饪专业学生相比，年龄、综合素质有差异，导致学习时的接受能力不同，但尽管如此最终获得烹饪职业资格等级也不能相差太大。我们认为就专业素质、专业知识而言，高职专科和高职本科烹饪专业的学生能达到较高的标准，我们在设计高职专科烹饪专业职业资格证书等级时设计为中高级（四级到三级），在拙著前述中提出"准高级烹调师或准高级面点师"，之所以加个"准"字，其含义是专业素质、知识储备量达到高级技术的标准，技能经过一定时间的锤炼可以达到标准，同样考虑全国地区差异和同一地区的个体差异，我们设计本科烹饪专业职业资格达到中高级烹调师或中级面点师，即四级为基本要求，三级为优秀学生的要求，这与高职专科烹饪专业是一致的。

三、高职本科烹饪与餐饮管理专业职业能力与主要核心课程

专业职业能力涉及素质、知识、能力三个方面,这里从主要专业能力维度展开讨论。高职本科烹饪专业主要专业能力确定为以下七个方面:一是具备菜点等餐饮产品制作与生产能力;二是具备餐饮产品设计、研发能力;三是具备饮食美学与科学配餐与筵席设计能力;四是具备餐饮企业、中央厨房经营管理能力;五是具备餐饮信息化系统应用、数字化运营能力;六是具备初步的烹饪科学研究、解决复杂技术问题和一定的创新能力;七是具备一定的外语应用水平和阅读外文专业资料的能力。

姜大源教授曾提出个体职业能力主要取决于专业能力、方法能力和社会能力三个方面。其中专业能力主要指从事专业活动所具备的技能高低,知识强弱。上述七个主要专业能力要求都与上位培养目标相对应,其下位是与专业课程体系相联系,这里我们重点讨论核心课程。

关于餐饮产品制作与生产能力,我们设计了"烹饪工艺学"("烹调工艺学""面点工艺学"),"饮食营养学""餐饮食品安全控制技术"等课程,"烹饪工艺学"属于过程性知识,而"饮食营养学""餐饮食品安全控制技术"是与工作过程集成的知识。菜点等餐饮产品的制作能力强调的是传统厨房的菜点制作;生产能力强调的是中央厨房的菜点生产。"餐饮食品安全控制技术"则侧重介绍餐饮食品生产经营中危害分析及关键操作点等内容。

关于科学配餐与筵席设计能力,我们设计了"饮食美学""科学配餐与筵席设计"课程,配餐与筵席都是菜点组合。"饮食美学"则是由本质论、形态论、范畴论、创造论构成,是配餐与筵席设计的宏观基础,饮食美学形式美论中形式美法则能有效地指导配餐与筵席设计。

关于餐饮企业、中央厨房经营管理能力,我们设计了"现代餐饮企业经营管理"课程,该课程包括餐饮经营管理的全部内容。在"现代餐饮企业经营管理"课程的基础上,我们还设计了"中央厨房运营"课程,该课程是针对中央厨房工业化生产与运营开设的,对于将厨房设施设备的硬件安排在课程中,无论是传统厨房和中央厨房均是不可缺少的。

关于具备餐饮信息化系统应用、数字化运营能力,我们设计了"餐饮数字化运营"课程,该课程在掌握信息化系统的基本原理与技术的基础上,对餐饮企业运营管理模式进行数字化重构,运用数字化技术,提升餐饮企业运营工作效率,适应餐饮企业转型升级的需要。

关于具备餐饮产品设计、研发能力,初步的烹饪科学研究,解决复杂技术问题和一定的创新能力,我们设计了"餐饮产品设计创新""烹饪加工原理与应用"课程,该课程在依据餐饮产品设计基本原则、方法、创新性思维、创新性技法的基础上,从烹饪材料、加工设备、加工工艺等方面开发出全新型餐饮产品,或对原有餐饮产品进行改造创新。这些能力的获得,离不开烹饪理论指导,从烹饪加工中食物成分的相互作用、变化机理上指导提升技术技能,可解决复杂技术问题。

关于具备一定的外语应用水平和阅读外文专业资料的能力,我们设计了"餐饮专业英语"课程,既要使学生的外语应用水平达到本科生的基本要求,还要为中国烹饪、中国饮食文化国际化传播储备人才。

四、高职本科烹饪专业建设重点工作

高职本科烹饪专业人才培养目标定位和培养规格回答了培养什么人的问题,专业建设

重点工作回答的是怎样培养人的问题。办好本科烹饪职业教育是一个系统工程,涉及方方面面,首先要确定其原则。一是本科烹饪职业教育(包括培养烹饪师资和培养烹饪技术技能人才)要坚持类型教育,这是做好本科烹饪职业教育的基础;二是按照现代餐饮业的转型升级和社会发展对本科烹饪职业教育人才的需求来设计教学体系和培养方案;三是以烹饪工艺学为主干学科,以烹饪技术技能掌握为主线,以过程性知识的串行结构开发课程,构建教学内容体系;四是烹饪实践教学仍然要实施"产教融合、校企合作、工学结合",这是职业教育的基本特征,在烹饪职业教育中表现得尤为突出;五是烹饪教师队伍的"双师型"结构是提高本科烹饪教学质量的最基本的条件。基于牢牢把握这些原则,重点做好以下工作。

（一）制定本科烹饪专业教学标准

国家职教 20 条提出要完善教育教学相关标准,在职业院校落地实施。根据本科烹饪教育的现状,目前有近 30 所院校举办本科烹饪职业技术师范教育(烹饪与营养教育专业)。这些本科烹饪院校从 2015 年自发成立了本科烹饪教育联盟,从 2016 年开始分别在扬州大学、哈尔滨商业大学、昆明学院、岭南师范学院、四川旅游学院举办五次论坛和联席会议。本科烹饪教育联盟是自发成立的,没有得到教育行政部门或教育部行指委的领导和指导。从本科烹饪与营养教育专业的专业属性看,它是食品科学与工程类下的专业,归结在食品科学与工程类教学指导委员会之内,它与传统食品科学与工程类(食品科学与工程、食品质量与安全、粮食工程、乳品工程、酿酒工程)专业相比,起步晚、规模小,属于小众专业,许多教育教学基础工作尚未启动;从本科烹饪与营养教育专业的行业属性来说,它又属于餐饮业的范畴,也可以在教育部餐饮行指委的指导下开展教育教学等基础建设工作。目前,各院校都在各自探索之中,许多基本问题如本科烹饪与营养教育专业的属性、培养目标定位、人才培养规格尚没有完全形成共识。鉴于此,对于现有的本科烹饪与营养教育专业以及拟进行高职本科烹饪与餐饮管理专业试点时,制定专业教学标准就显得十分必要和重要。制定过程要按照职业教育逻辑来进行,遵循"党和国家对育人总体要求—调研岗位需求—典型工作任务和能力分析—形成培养目标和规格要求—构建课程体系—提出教学条件和师资队伍等配套要求"的流程科学地实施。

具体而言,党和国家对育人总体要求是教学标准研制的逻辑起点,就是要全面落实立德树人根本任务,在专业层面回答好德智体美劳"五育并举",德技并重培养技术技能人才。要推进思政教育与技术技能培养融合统一,突出劳动精神、工匠精神和职业素养的培养。调研岗位需求为教学标准提供全面客观的依据,可采用访谈的直接调研、问卷的间接调研等调研方式;调研对象是餐饮行业企业、烹饪院校、毕业生、研究评价机构等;调研目的是摸清餐饮产业发展趋势,餐饮行业人才结构与餐饮技术、技能和餐饮行业企业对烹饪人才的需求状况,理清餐饮企业职业岗位设置情况和工作任务,科学归纳出典型工作任务,明确本科烹饪职业教育面向的职业岗位(群)所需要的素质、知识、能力,形成本科烹饪专业培养目标和培养规格要求,接着构建课程体系——课程设置及学时安排,课程设置包括公共基础课程、专业课程(专业基础课程和专业核心课程,专业拓展课程)、实践性教学环节;配备师资队伍,包括师资队伍结构、专业带头人、专任教师、兼职教师等;配备教学条件,包括教学设施、校内外实训实验场所;配备教学资源,包括教材、图书文献、数字教学资源等;还要有质量保障和毕业要求以及学生毕业后继续学习深造建议等方面都有清晰的把握,以达到本科烹饪专业人才培养的基本要求。各个学校可根据自身情况,增加相应的培养模块,做到基本标准与个性有机结合。本科烹饪专业教学标准确定后,其课程标准的制定就有了依据,同时,也为本科烹饪专业人才培养方案提供了核心素材。因此,本科烹饪专业教学标准的制定,对于指导烹饪院校开展教学工作,保障人才培养质量,推动烹饪职业教育内涵发展都起重要作用。

(二)"1+X"证书在本科烹饪专业中的应用

"1+X"证书试点是职业教育改革的重要举措之一,是职教20条改革方案的亮点和重大创新,也是职业教育界和社会关注的热点。"X"为若干职业技能等级证书,即学习者完成某一职业岗位关键工作领域的典型工作任务以及职业生涯发展所需的相关知识、技能和学习后获得的反映职业技能或能力水平的凭证。虽然它不是准入资格鉴定,也不是岗位工作经验和业绩的补充,但也需要"X"证书来反映学生今后职业活动和个人职业生涯发展所需要的综合能力。高职本科烹饪与餐饮管理专业的"X"很好理解,本科烹饪与营养教育专业也需要"X"。我们知道,本科烹饪营养与教育专业是"职业教育+师范教育"的跨界教育,职业教育是基础,师范教育是目的。因而,烹饪教师应具备的职业活动的综合能力不仅包括烹饪知识与技能的"X",还包括烹饪知识与技能传授的"X"。在本科烹饪专业中如何实施"1+X"证书? 一是搞清"1+X"证书的内涵及其"1"与"X"的关系。二是以社会化机制招募培训评价组织,进行"X"证书标准开发、教材和学习资源开发、考核站点建设、考核颁证、协助试点院校实施证书培训,对证书的社会声誉和质量负责。三是选择烹饪院校作为开发试点,推进本科烹饪教育在办学模式、课程模式、教学管理、教学组织、教学评价等方面的改革等。

(三)加强本科烹饪专业教材建设

教材建设是提高本科烹饪人才质量的重要环节。要以教育部将启动新一轮国家规划教材为契机,统一编写好教材。现有的近30所开展本科烹饪与营养教育的院校,由于整体规模小,举办该专业的起始时间不一,有的院校自编、自选教材,如1989年黑龙江商学院举办烹饪本科专业以来,于20世纪90年代初自编了《烹饪化学》《饮食营养学》《饮食卫生学》《烹饪原料学》《烹饪科学与加工技术》《面点工艺学》《中国食品雕刻技艺》《中国宴会筵席摆台艺术》《食品加工中的化学变化》(译著)等教材。时代发展到今天,需要近30所从事本科烹饪教育的院校联手编写专业教材,同时也为拟开展的高职本科烹饪与餐饮管理专业的院校选用。教材编写的逻辑应从以下路径入手。一是以培养目标为切入点,教材最终要为人才培养目标服务。二是以职业技能标准为结合点,无论是培养烹饪教师还是烹饪技术技能人才,都需要掌握烹饪技能,烹饪本科学生应达到四级/三级即中级/高级工的要求。三是以课程体系为关键点,这是因为课程体系直接与培养目标中专业素质相对应,包括课程结构和课程标准两个方面。四是以教材开发为落脚点。根据确定的本科烹饪专业的课程体系,开发满足其专业人才培养目标要求的,实现课程内容与中式烹调师或中式面点师职业技能标准、教学过程与生产过程对接的本科烹饪课程系列教材。随着经济、科技和社会的发展,纸质教材即教科书应向教学资源转化,我们应在纸质教材的基础上,探索开发使用数字化、新型活页式、工作手册等多种教材形式,并配套信息化资源。

(四)创新本科烹饪专业培养模式

本科烹饪专业培养目标的实现,关键在于课程。从现有的本科烹饪与营养教育专业的培养方案上看,基本上是传统的基础课(平台课)、专业基础课和专业课学科体系的三段式培养模式。烹饪职业教育到了本科层次,素养、知识、能力都应属"本"。从课程角度看,公共基础课如大学语文、高等数学、大学英语、计算机等课程是基础,要开足。专业(技术技能)课程,如中式冷菜制作、中式热菜制作、中式面点制作等主干课程需要足够的课时使学生习得烹饪技能;专业基础课程如饮食营养学、餐饮食品安全、烹饪基本功、烹饪工艺学、烹饪工艺美术、菜点创新等课程,是学好主干课程的基础。一方面,本科烹饪教育对学生的素养、知识、能力要求高,另一方面,上述课程按照学科体系并行排列,与烹饪教育的职业类型格格不入。笔者曾经借鉴中国职业教育研究所原所长助理,国家教育名家姜大源教授的理论,探讨烹饪专业课程改革思路,发表过《基于显性与隐性知识特征的烹饪专业课程改革理性的思考》一文,在烹饪专业课程开发的理论层面,以课程的内容选择和序化为重点,将显性知识的学科类即传统意义上的基础课按学科体系"并行排序";将隐性知识过程类知识即传统意义上专业课的主干课按行动体系"串行排序";在"串行排序"中应融入显性知识即传统意义上专业基础课的技能集成的理论知识。这样既体现了类型教育的技术知识课程的隐性知识,以情境性回答"怎么做""怎么做更好"为特征的过程性知识,也能按其教学规律提高教学质量,普及项目教学法、情境教学法、模块教学法等方式。教学模式创新要充分利用信息化"互联网+烹饪教育",在"六位一体"教室基础上,利用"数字-智能理实一体化教室"。还要说明的是,由于本科烹饪与营养教育专业的师范属性,学生毕业后可从事中职、高职烹饪教育,在校期间其不仅要学好烹饪知识与技能,还要学到烹饪知识与技能的教学方法,因此,掌握适合烹饪专业的教学模式的就显得更加重要了。

（五）打造本科烹饪专业的特色实训基地

产教融合、校企合作是构建现代职业教育体系的重要内涵,也是实训基地建设的重要途径。本科烹饪职业教育专业的职业性,离开餐饮企业、离开餐饮行业不能完成实质的实训任务,更谈不上学生很好地习得烹饪技艺。高星级酒店和中国烹饪协会评定的中华餐饮名店可以作为产教融合的实训基地和产教融合的试点企业。在实训基地和试点企业完成实训教学工作,探索高星级酒店和中华餐饮名店作为产教融合型企业的机制。同时,校内的实训室(基地)也要引入餐饮企业实现共建、共管、共享,不仅为在校学生,也为社会培养烹饪人才提供服务。值得注意的是,本科烹饪职业技术师范教育的重要属性之一是师范性,这样,它们实训基地便多了一个维度,即中职、高职烹饪院校,要打造校企合作、校校合作的高水平的实训基地。

（六）进一步加强双师型教师队伍建设

就现有的烹饪教师队伍建设而言,笔者曾对烹饪专业教师队伍现状进行调查,从目标、路径与对策三个维度提出烹饪专业教师队伍建设的意见。职教20条进一步明确了如何打造双师型教师队伍,对现有学校的教师要严格按照文件精神,一方面,提升烹饪专业教师素质,另一方面,要从餐饮企业一线引进烹饪专业教师,可专兼结合。文件上规定,引进的烹饪专业教师原则上要从具有3年以上餐饮企业工作经验并具有高职以上学历的人员中公开招聘,这充分体现了职业教育是类型教育的特征。而本科烹饪与营养教育专业,由于它的烹饪职业属性可将该专业学生作为职业技术师范院校的毕业生来对待,直接补充到中职、高职烹饪院校专业教师中。这就对学生在校时间习得烹饪技能提出来更高的要求和挑战,要与三年餐饮企业工作经验相对应,因此,加强本科烹饪与营养教育专业建设就成为重中之重。要选择教育质量较好的院校作为烹饪双师型教师培养培训基地,将教育部在 20 世纪 90 年代末设立的"全国重点建设职教师资培养培训基地"充分发挥作用,基地要按照新时代、新要求,加大基地建设力度,为烹饪双师型教师队伍建设做出新的贡献。

职教 20 条是在新时代发展中国职业教育的纲领性文件,为本科烹饪职业教育发展提供了难得的机遇。根据餐饮产业的转型升级和对烹饪技术技能人才的需求,高职专科烹饪职业教育培养层次的提升,以及本科烹饪职业技术师范教育在原有的以培养中职、高职烹饪教师为主,发展为现代餐饮企业培养技术、经营管理,以及为大型中央厨房及团餐等餐饮企业培养餐饮产品生产、设计研发、经营管理等技术领域的高层次技术技能人才,将职教 20 条的精神实质与本科烹饪专业建设有机结合,是办好本科烹饪职业教育的基础和前提。教育行政部门,各院校和教育部餐饮行指委要充分发挥各自的职能,探索本科烹饪职业教育的办学规律,培养符合社会需求的高层次烹饪技术技能人才,为满足人们对美好生活的需要做出贡献。

五、烹饪与营养教育专业是应用型本科还是职教型本科

从 20 世纪 90 年代开设了职业技术师范教育专业——烹饪与营养教育专业(目录为 082708T),目前有近 30 所普通高等院校、高等师范院校开设了该专业。烹饪与营养教育专业是在没有职业本科的情况下,在普通高等教育专业目录之下设置的,被一些院校理解为应用型本科教育。随着职业教育的大发展,职业型本科教育应运而生,教育部的新版职业教育专业目录增加了高职本科——烹饪与餐饮管理专业(目录 340201),这两个专业在培养规格和课程结构有很大的相似性,烹饪与营养教育专业突出"学术性、技术性、师范性"三性;而烹饪与餐饮管理专业则突出"学术性、技术性、管理性"。在这两个"三性"中,"学术性"是本科层次人才培养规格的要求;"技术性"是餐饮行业的职业要求;"师范性"是培养烹饪教师的要求,"管理性"是培养餐饮企业管理者的要求。烹饪与餐饮管理专业基本上把烹饪与营养教育专业"师范性"的教育模块,用"管理性"的经营管理的深度和广度代替。烹饪与餐饮管理专业是职教型本科专业,那么烹饪与营养教育专业是职教型本科还是应用型本科? 这实际上给我们提出了问题,显然这个问题已经成为本科烹饪教育新的现实问题。

我们这里仅从国家文件表述和学校办学的历史与现实状况来辨析。一是从国家职教 20 条来看,在"完善高层次应用型人才培养体系"中指出"发展以职业需求为导向、以实践能力培养为重点、以产学研用结合为途径的专业学位研究生培养模式,加强专业学位硕士研究生培养。推动具备条件的普通本科高校向应用型转变,鼓励有条件的普通高校开办应用技术类型专业或课程。开展本科层次职业教育试点"。在国家层面的文件中,在"高层次应用型人才"框架下提出了普通本科高校"应用型"转变,普通本科高校开办"应用技术类型"专业或课程,试办"本科层次职业教育"三个概念,即普通本科高校的"应用型"、普通本科高校专业或课程的"应用技术类型",职业教育的本科层次即"职教本科",显然它们同属于应用型人才一类。二是从我国高等教育现实状况看,在学校类型上存在研究型高校(以培养硕士、博士研究生为重点),普通高校(以培养本科生为重点),职业型高校(以培养技术技能人才为重点);在人才规格类型上,一般有研究型(学术型)人才(一般指研究型高校培养的硕士、博士研究生),应用型(工程型)人才(一般指普通高校培养的本科生),技术技能型人才(职业教育类高校、应用技术类高校培养的本科生)。三是从国外欧美发达国家高等教育类型看,它们只有学术型(研究型)、应用型两类。四是从科学研究的类型上看,有基础

研究、应用基础研究、应用研究,本质上应用基础研究也属于应用研究的范畴。五是从我国高校的定位看,大体上有科研(研究)型、科研教学型(以科研为主)、教学科研型(以教学为主)、教学(应用)型四类。六是从我的教育工作经历看,我曾工作的黑龙江商学院是原商业部属院校,是为商品流通领域培养应用型人才的,合校为哈尔滨商业大学后,学校定位于教学科研型。我从 1993 年开始培养烹饪科学、传统食品工业化、快餐学硕士;以及 2006 年学校获批食品科学(烹饪科学)博士点后,我指导的博士中有两名针对黑龙江地方名菜肴"锅包肉"展开研究,是属于应用基础研究和应用研究的。再有,1985 年原商业部属四川烹饪高等专科学校成立时,我国还没有高职的说法,只有高专,四川烹饪高等专科学校的烹饪等专业是培养技术技能人才的,2013 年升格为四川旅游学院,进入了应用型高校的范畴,是我国 100 所"应用型本科产教融合发展工程项目"建设高校。我还注意到,时任教育部部长陈宝生在河北省调研时提出"以中职为基础、以高职为骨干、以应用型本科为牵引,建设技能型社会",从中可以看出本科教育"应用型"与"职教型"的关系。基于以上分析看应用型高校(专业)的内涵,应用型的范畴较为宽泛,它应该包含以技术技能为主要特征的职教型。之所以出现普通高校向应用型转变,开办应用技术类型专业或课程,开展职教本科试点,是结合我国高等教育现状从路径上来审视的,一方面,在我国原有的教育结构中,只有普通高校培养本科生,其培养的人才绝大多数是以培养应用型(工科为工程型)人才为主。有些专业应用性很强,如医学专业,师范专业面向的职业(岗位)群都需要理论和实践紧密结合;另一方面,随着我国进入新的发展阶段,产业升级和经济结构调整不断加快,各行各业对技术技能人才的需求越来越紧迫,职业教育的重要地位和作用越来越凸显。目前高职专科教育院校有 1400 余所,占据了普通本专科院校的半壁江山(52.90%),加快构建现代职业教育体系,培养更多高素质技术技能人才、能工巧匠、大国工匠是当务之急。高等职业教育在新技术革命背景下,职业教育的产业需求形成矛盾,表现为需求结构变化带来的新增人员供给质量和层次不足,存量人员能力转换和提升不够,在这一背景下,职教本科的举办就成为必然。这是从两种类型即普通教育与职业教育两个方面来讨论应用型人才的培养,聚焦于应用,焦点在于它们都是面向能力的实践教育。从餐饮类专业来看,目前正在举办的职业技术师范教育专业——烹饪与营养教育专业,是在普遍高等教育专业目录之下设置的职业技术师范专业(其专业目录为 082708T),既可以理解为应用型本科教育,也可以理解为职教型本科教育,它的人才培养职业面向是为中职烹饪、高职专科烹饪院校以及培训机构培养教师。

六、烹饪与营养教育专业的工程教育专业认证

烹饪与营养教育专业作为本科教育要建设一流专业,要不要专业认证,用什么专业认证标准?这涉及的是该专业建设的方向问题。目前该专业归属在食品科学与工程类专业教学指导委员会之内,在申报一流专业建设点时,出现不顺畅的局面,这是因为目前要用工程教育专业认证标准来衡量。

烹饪与营养教育专业设置的初衷是为中职烹饪、高职专科烹饪院校以及培训机构培养教师,是属于职业技术师范教育。早在 20 世纪 90 年代,教育部为培养职业教育教师,在全国(吉林、河北、天津、河南、安徽、常州、江西、广东)设置了 8 所职业技术师范院校,后来分批次设立了 100 个"全国重点建设职教师资培养培训基地",承担全国中高职专业师资(包括烹饪专业师资)的培训、在职教师硕士研究生的培养。烹饪职业教育发展关键在于具有双师型素

质的师资,烹饪与营养教育专业就这样起步并逐渐发展起来。烹饪与营养教育专业(082708T)是在食品科学与工程(0827)下设置的,这对烹饪的自然科学属性,烹饪是食品科学的一部分给予了明确的地位,为烹饪专业学科发展奠定了理论基础,起到了积极的作用。

工程教育专业认证是指专业认证机构针对高等教育机构开设的工程类专业教育实施的专门性认证。工程教育专业认证是国际通行的工程教育质量保障制度,也是实现工程教育国际互认和工程师资格国际互认的重要基础。工程教育认证标准的核心理念是"学生中心、产出导向,持续改进",即以产出为导向的教育教学体系,包括培养目标和毕业要求、课程体系、师资队伍、支持条件,以学生毕业要求为准绳综合评价人才培养质量,要确认工科专业毕业生达到行业认可的既定质量标准要求,是一种以培养目标和毕业出口要求为导向的合格性评价,体现持续改进的质量观,这是工程教育行之有效的专业质量提升工程重要的保障制度。

在工程教育认证通用标准的框架下,各专业设置了紧密结合专业特征的指标,课程体系下设置了课程设置、实践环节、毕业设计三个二级指标;师资队伍之下设置了专业背景、工程背景两个二级指标;专业条件之下设置了专业资料、实验条件、实践基地三个二级指标。这里我们仅从课程设置方面对食品科学与工程专业认证标准与现行的烹饪与营养教育专业的课程设置进行分析,见表2-36。

表2-36 烹饪与营养教育专业课程设置对标食品科学与工程专业认证标准

项目	食品科学与工程专业认证标准课程	烹饪与营养教育专业课程
数学与自然科学类课程	数学:高等数学、线性代数、概率与数理统计	高等数学
	自然科学:物理学、无机化学、有机化学、分析化学、物理化学	基础化学
	生物科学基础课程:生物化学、微生物学	食品微生物学
工程基础类课程(可自行设置,但必须包含食品知识领域)	工程制图基础知识,食品机械工程,食品加工单元操作的基本原理、基本方法、基本技术等	无
专业基础类课程(可自行设置,但必须包含食品知识领域)	食品原料与成品中各种成分的化学性质,营养知识,生理功能,体内代谢机制,食品加工储藏化学(微生物变化、物理变化、组织变化,食品各种危害因素及其检测和控制的基本概念、基本原理、基本技术等)	烹饪化学饮食营养学烹饪原料学
专业类课程(可自行设置,但必须包含的知识领域)	食品加工工艺技术、食品质量与安全控制技术、加工机械与设备、食品生产车间与工厂设计、食品产品开发、食品管理、食品贸易、食品流通、营养与健康、加工与环境等	现代快餐、菜肴制作、面点制作、烹调工艺学、面点工艺学、西餐概论、餐饮食品安全与控制技术、厨房设备管理;饭店营销学、餐饮企业管理、管理学原理、餐饮企业人力资源管理、中医食疗、功能食品概论

一方面,从表 2-36 可知,烹饪与营养教育专业课程设置与食品科学与工程专业认证标准要求的课程设置要求相差甚远,表现在数学、自然科学类课程差距较大,工程基础类课程一门没有开设,专业基础类课程虽然开设了烹饪化学、饮食营养学、烹饪原料学,但是有的知识领域不能被包含的内容,如食品原料与成品的生理功能、体内代谢机制、食品储藏的一些变化、食品各种危害因素及其检测和控制等;专业类课程主要是厨房加工食品——菜肴、面点加工,没有加工机械与设备、食品生产车间与工厂设计、食品产品开发课程等,除此之外,其他知识领域课程也不是完全对应。另一方面,我本人是食品科学与工程专业硕士、博士研究生,从事食品科学与工程专业、烹饪与营养教育专业的教学与科研,熟悉这两个专业开设课程的情况,即便是有课程对应上的标准,但其深度和广度也有较大差异。当然,烹饪与营养教育专业开设了与培养目标相关的课程,如教育心理学、职业教育学、现代教育技术等,这些与认证标准无关。该专业培养的是烹饪教师,这是由"学术性、技术性、师范性"即"懂理论、会操作、能教学",具备烹饪教师应具有的综合专业素质决定的。为理清两个专业的差异,我们将其异同列入表 2-37。

表 2-37　食品科学与工程、烹饪与营养教育专业的异同

项目	食品科学与工程	烹饪与营养教育
专业性质	工学、工程类	职业技术、师范类
研究对象	工业食品	手工食品(菜肴、面点)
加工地点	工厂为主	厨房为主
加工手段	机械化、自动化技术为主	手工操作技术技能为主
知识类型	显性知识为主的学科体系	隐性知识为主的行动体系
技术特征	离身技术	附身技术
创造性	科学创造为主	艺术创造为主
加工原理	食品科学	食品科学
产品形态	标准化的中间与终端产品相结合	非标准化的终端产品
培养目标	食品领域工程师	烹饪职业院校教师

表 2-37 显示,两个专业的研究对象同属于《食品安全法》界定的食品的范畴,其加工原理同属于食品科学,而在加工地点、加工手段、产品形态等方面存在较大差异。这是由专业性质和培养目标决定的。烹饪与营养教育专业申报食品科学与工程专业的一流专业建设点,建设期内要通过其工程教育专业认证,通过表 1 和表 2 分析可知相距甚远。一是因为这是从工程教育专业认证的要求上进行设置,这样就偏离了该专业的培养目标;二是如果在没有改变课程结构上的基础上增加工程类课程设置,课程总数将大大超标,四年时间完成不了所有课程,亦不可行;特别是该专业的菜肴、面点加工技术技能的习得需要花费大量的课时(时间),而且这是该专业的核心课程,是不能压缩时间的。这就意味着烹饪与营养教育专业的国家一流专业认证标准要根据该专业本身的特点来制定。从近年设置国家一流本科专业建设点情况看,2020 年全国只有扬州大学烹饪与营养教育专业获批一流本科专业建设点,要考核通过其建设任务也非常艰难。2021 年有几所高校申报烹饪与营养教育专业国家一流专业建设点,多因用工程教育专业认证标准来衡量时相差较大,没有拿到

"入场券",这些为我们的专业建设提出了新的课题。

七、基于高职本科烹饪职业教育的系统设计

综上所述,在烹饪职业教育的体系中,增设高职本科烹饪职业教育能够满足餐饮业转型升级对人才的需求,也能够填补烹饪职业教育体系所面临的缺失。抓准高职本科烹饪职业教育类型及其特征,梳理人才培养目标、规格及就业方向,制定教学标准,以及按照国家教育部颁发的《本科层次职业教育专业设置管理办法(试行)》的办学条件,包括师资队伍水平、专业人才培养方案、基本办学条件、技术研发与社会服务、社会声誉等设置条件做好充分论证和准备,这些是高职本科烹饪职业教育生存的基础。

高职本科烹饪职业教育专业目录的颁布,打破了烹饪职业教育止步于高职专科层次的"天花板",既是千万家庭实现上烹饪职业本科大学的梦想,也是烹饪教育工作者多年的期待,更是国家构建起纵向贯通、横向融通的现代职业教育体系的重要举措。当下申办高职烹饪与餐饮管理专业的有餐饮类专业高职双高院校和举办烹饪与营养教育专业的本科院校。高职双高院校办学条件好、办学质量高,与高职本科烹饪与餐饮管理专业是同一类型,有共同的专业基因,是举办烹饪与餐饮管理高层次人才培养的重要力量;举办烹饪与营养教育专业的本科院校,从师资培养过渡到餐饮业人才培养,既有职业教育基因又是在同一层次,能够顺利地实现办学经验的迁移,是推动本科烹饪与餐饮管理专业高层次的人才培养的中坚力量。2021年教育部第二批国家级职业教育教师教学创新团队课题研究项目"新时代职业院校旅游餐饮专业领域团队教师教学教育改革创新与实践",由教育部全国重点建设职业教育师资培养培训基地哈尔滨商业大学和哈尔滨商业大学旅游烹饪学院承担,其中研究内容就是针对烹饪与餐饮管理专业的教学团队建设,这对于本科烹饪与餐饮管理专业建设将奠定良好的基础。

这样我国烹饪教育体系中,培养烹饪技术技能人才的中职烹饪专业有中餐烹饪(740201)、西餐烹饪(740202)、中西面点(740203);培养高素质烹饪技术技能人才的高职专科烹饪类专业有烹饪工艺与营养(540202)、中西面点工艺(540203)、西式烹饪工艺(540204)、营养配餐(540205)4个,还有一个专业原餐饮管理(640201)经过数字化改造为餐饮智能管理(540201)专业,这是技术与管理的复合专业;培养高层次烹饪技术技能人才的高职本科烹饪与餐饮管理专业(340201),它也是技术与管理的复合专业,可以有效衔接高职餐饮类各个专业。这样便在餐饮类专业中从中职、高职专科、再到高职本科形成了纵向贯通的格局。再往上层次,烹饪专业硕士层次、烹饪专业博士层次办学,还有进一步开拓的空间,这既是本科烹饪职业教育与时俱进的动力,也是摆在烹饪教育工作者面前的新课题。这个系统设计的原则是烹饪职业活动从功能到内容上逐渐由简单到复杂的递进关系。在横向融通方面,应加强烹饪职业教育与烹饪继续教育、烹饪普通教育的有机衔接、协调发展。面向在校生和全体社会成员广泛开展职业培训,促进学历教育与非学历培训衔接连通。高职本科烹饪专业要与烹饪与营养教育专业(职业技术师范教育),硕士层次烹饪科学专业(学科教育),博士层次的烹饪学科方向(学科教育)有机联系、衔接连通。要加快学分银行建设,促进资源互享、课程互通、学分互认,畅通各类人才成长通道。

2021年正值"十四五"的开局之年,"十四五"时期是我国由全面建成小康社会向基本实现社会主义现代化迈进的关键时期,经济社会的发展可带来餐饮业和餐饮烹饪职业教育的繁荣。2021年,习近平总书记强调"稳步发展职业本科教育,建设一批高水平职业院校

和专业"。教育部先后印发《本科层次职业学校设置标准(试行)》和《本科层次职业教育专业设置管理办法(试行)》。国务院学位委员会发布《关于做好本科层次职业学校学士学位授权与授予工作的意见》。本科职业教育的制度框架基本建成。至 2021 年底,全国正式设立的职业本科学校有 32 所,发布于 20 个省(市),招生规模 3.8 万人。我们作为从事多年的烹饪教育工作者,要在烹饪院校体系结构更加合理、烹饪职业教育定位更加清晰,烹饪职业教育的吸引力大幅提升的大好形势下,不断巩固中等烹饪职业教育的基础地位,更加强化高职专科烹饪职业教育的主体地位,稳步推进高职本科烹饪职业教育试点工作,这样,烹饪教育的春天将又一次到来!

第三章 烹饪科学研究——亟待开展的领域

科学研究是学校特别是高等学校的职能之一,与人才培养、学科建设紧密相关且良性互动。目前烹饪科学研究起步晚,研究成果尚需深入,是亟待开展的领域。本章从烹饪科学研究的内涵与方向出发,探讨烹饪科学研究与烹饪学科建设的关系、烹饪科学研究的步骤与方法、烹饪科学研究进展、烹饪科学研究趋势。

第一节　烹饪科学研究的内涵与方向

一、什么是烹饪科学研究

科学研究是指运用科学的方法,探索未知的现象,揭示客观规律,创造新理论、新技术、开辟知识新应用领域的智力性劳动。科学研究是指"反复探索"的意思。英文叫"research",其中前缀 re 是"反复"的意思,search 是"探索"的意思。科学研究的内涵包含整理、继承知识和创新、发展知识两部分。其主要特征如下。①探索性与创新性:这是科研工作区别于一般劳动性工作之所在。②继承性和积累性:科学研究工作必须建立在科学的方法和知识基础上,而这些方法和知识是人们通过大量的科学研究积累发展形成的,我们利用这些方法和知识,体现科学研究的继承性,同时我们在科学研究中的创新,也为科学的发展积累了知识。

根据研究工作的目的、任务和方法不同,科学研究通常划分为以下几种类型。①基础研究:对新理论、新原理的探讨,目的在于发现新的科学领域,为新的技术发明和创造提供理论前提。②应用研究:把基础研究发现的新的理论应用于特定的目标的研究,它是基础研究的继续,目的在于为基础研究的成果开辟具体的应用途径,使之转化为实用技术。③开发研究:又称发展研究,是把基础研究、应用研究应用于生产实践的研究,是科学转化为生产力的中心环节。基础研究、应用研究、开发研究是整个科学研究系统三个互相联系的环节,它们在一个国家、一个专业领域的科学研究体系中协调一致地发展。开展科学研究应具备一定的条件,如需有一支合理的科学研究队伍、必要的科学研究经费、完善的科学研究技术装备及科技实验场所等。

按照研究目的划分,科学研究可分为以下几种类型。①探索性研究:对研究对象或问题进行初步了解,以获得初步印象和感性认识,并为日后周密而深入的研究提供基础和方向。②描述性研究:正确描述某些总体或某种现象的特征或全貌的研究,任务是收集资料、发现情况、提供信息,描述主要规律和特征。③解释性研究:探索某种假设与条件因素之间的因果关系,探寻现象背后的原因,揭示现象发生或变化的内在规律。

烹饪科学研究就是烹饪加工领域的科学研究,指利用科学研究手段和装备,为了认识烹饪加工过程的内在本质和运动规律而进行的调查研究、实验、试制等一系列的活动,为开发新原料、应用新设备、优化新工艺、生产新产品提供理论依据和技术。烹饪科学研究的基本任务就是探索、认识烹饪加工过程中的未知现象,这同样具有探索性、创新性、继承性、积累性的特征。

二、烹饪科学研究方向

中国烹饪作为以手工操作为主的食品加工手段,研究内容是什么,如何开展烹饪科学研究,是一直困扰着这一领域研究人员的基本问题。我们经过多年的思考与实践凝练出烹饪科学研究的主要方向,归纳为以下三个方面(图 3-1)。

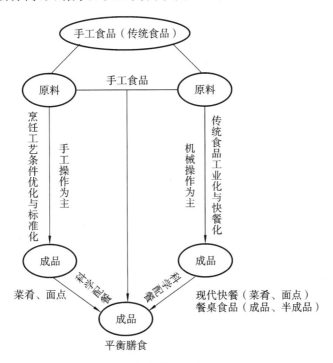

图 3-1 烹饪科学研究的主要方向

（一）烹饪工艺条件优化与标准化

关键词是探索烹饪加工规律、烹饪工艺标准化。

我们在第一章从广义和狭义两个方面界定了烹饪学。狭义的烹饪学,就是烹饪的核心要义即自然科学属性的烹饪工艺学。它是在以手工操作为主的食品的制作中,将原料加工为直接食用的成品——菜肴、面点。其研究内容包括原料的选择、工具(设备)选用、工艺条件优化、成品状态(成分、性状、品质)、食物成分的相互作用等方面的知识。具体就烹调工艺而言,要对食物原料的选取、预加工、切配(成型)、成熟、调味等整体工艺条件优化,得到最佳工艺标准化参数,将隐性知识转化为显性知识,探索出烹调加工规律,最终得到安全、富含营养素,味、触(口感)、香、色、形等感官状态符合人们审美习惯的菜肴。

总之,对烹饪工艺条件进行优化,使其标准化,是工业化的基础和前提。因此,应将探索烹饪加工规律——烹饪工艺条件优化与标准化凝练为烹饪科学研究的第一方向。

（二）传统食品工业化与快餐化

关键词是传统食品工业化、传统食品向现代快餐食品转化。

1. 传统食品工业化 传统食品是相对现代食品而言,其界定有狭义的和广义的:前者是指手工食品即由餐饮业或家庭烹饪手工操作的食品;后者包括过渡到工厂生产的食品,但机械化水平低的工业食品也包含在内。这里我们特指狭义的传统食品。所谓工业化,是指应用现代科学技术、先进生产手段、现代化管理从事生产活动的过程。而传统食品的工业化是指在手工食品的加工中,应用现代科学技术、先进生产手段、现代化管理,将其加工过程定量化、标准化、机械化、自动化、连续化。具体地说,以手工食品加工工艺为主线,以定量代替模糊,以标准代替个性,以机械代替手工,以自动控制代替人工控制,以连续化的生产方式代替间歇的生产,即以工业化生产方式,生产出感官状态符合人们审美习惯的烹饪食品——菜肴、面点,或适合家庭烹饪的半成品、成品——餐桌食品。

传统食品工业化是烹饪加工技术由以隐性知识为主的加工过程逐渐转化为以显性知识为主的标准化、工业化操作过程;是食品科学向手工食品加工渗透,手工食品的烹饪技艺走向科学化的过程,即由烹饪技艺的艺术创造向食品科学的科学创造转化的过程。但有一点要说明的是,转化的终点不是使传统食品成为工业食品,而是最大限度地使感官性状保持原状或接近手工食品的性状。

2. 传统食品快餐化 从现代快餐食品产生来探讨这一问题。快餐食品是由传统食品转化而来的,传统食品转化为快餐食品的过程称为餐饮的快餐化。传统食品的显著特征是手工操作,属于手工食品,它与我们定义的狭义传统食品是同一概念。传统食品在快餐化过程中,由于所采取的加工手段、加工场所、经营场所不同,在符合快餐"制售快捷、营养均衡、服务简便、价格低廉、食用便利、质量标准"特征的前提下,可快餐化为传统快餐食品和现代快餐食品。现代快餐食品以标准化、工厂(业)化、机械化加工手段为特征,它与上述传统食品工业化的含义相匹配。也就是说,传统食品工业化的烹饪产品(菜肴、面点)与餐桌食品(家庭烹饪用成品、半成品)就是传统食品快餐化的现代快餐食品,亦即快餐食品是以传统食品为基础,食品科学向餐饮业渗透,烹饪技艺走向科学化,两者相互结合与渗透的产物。传统食品的工业化与传统食品的快餐化过程可用图 3-2 表示。

图 3-2 传统食品的工业化与传统食品的快餐化过程

由图 3-2 可知,传统食品经工业(厂)化后转为工业食品,经快餐化后转为传统快餐食品,经工厂化后转为现代快餐食品。值得注意的是,传统食品工业化的前提是食品加工过程的标准化。一方面,要使以手工操作、隐性知识、艺术创造为主要特征的传统食品工业化,就必须对其加工工艺进行定量研究,为机械设计制造提供依据。同时,工艺定量研究是烹饪学科建设的一项基础工作。另一方面,传统食品工业化不同于工业食品的生产过程,有其自身的规律性。随着科学研究的不断深入、传统食品工业化的不断完善,学科体系将逐渐建立起来,这既为食品学科增添新的内容,还为相关学科赋予了新的内涵。

综上所述,将传统食品工业化、快餐化为现代快餐将成为烹饪科学研究的又一个方向。

(三)科学配餐

关键词是以科学与美学为指导,用手工食品的成品、工业化的成品组配科学合理的平衡膳食。

科学配餐是以饮食科学知识为指导,以调配成营养均衡、感官性状符合人们审美习惯的膳食为目标的配餐活动。这里饮食科学知识既包括食品营养知识,又包括烹饪原料知识、烹饪工艺知识、饮食美学知识等。食品营养知识包括现代营养学知识和传统营养学知识;烹饪原料知识是有关烹饪原料的种类、性质、结构及其应用价值的知识体系;烹饪工艺知识是通过烹饪工具,将烹饪原料进行切割、组配、加热烹制、调味等主要工序,将烹饪原料加工成菜点的知识体系;饮食美学知识是研究饮食活动领域美及其审美规律的知识体系。在科学配餐中,配什么指不仅要配实质美(实质美即营养卫生),还要配感觉美,包括味道美(味觉美,也即调配化学味)、口感美(触觉美,也即调配物理味)、气味美(嗅觉美)、色彩美(视觉美)、形态美(视觉美);如何配指要用到形式美法则,包括均齐与渐次、对称与平衡、对比与调和、比例与节奏、多样与统一等。通过这些知识在科学配餐实践中的运用,才能得出营养均衡、感官性状符合人们审美习惯的膳食。

科学配餐有狭义和广义之分。狭义是指小分量配餐,一份或若干份(如团餐)的配餐活动,广义是指以科学配餐的目标,以研发半成品或成品为科学配餐提供原料或直接应用的配餐活动。科学配餐由三个方面构成:手工食品的原料、手工食品的成品、传统餐饮食品的工业化成品,经过科学组配,最终形成科学合理的平衡膳食。例如,中国菜肴脂肪含量高,难以达到平衡状态,笔者指导的研究生以脂肪替代品为研究课题,经过科学配餐后使食品既保留了脂肪的口感,又使脂肪含量符合要求;中国膳食中钙元素含量不足,笔者指导的研究生以从鸡骨泥生产中提取钙元素为研究课题,将钙元素较高的鸡骨泥添加到食品中提高了钙元素含量;笔者进一步指导研究生以鸡骨泥为原料生产风味酱,既增加了钙元素含量,又增加了调味功能。再如,现代快餐食品中的"杂粮风味肠""煲仔饭"等均是科学配餐的最终成品,这些都是科学配餐方向研究的实例。因而,应将科学配餐凝练为烹饪科学研究的第三个方向。

第二节　烹饪科学研究与烹饪学科建设

烹饪科学研究与烹饪人才培养、烹饪学科建设有着相互联系、相互促进的关系,这些工作体现不同层次烹饪教育的功能。

一、基于专业与学科联系与区别的烹饪人才培养

(一)专业与学科的联系与区别

一般而言,专业是高等学校或中等专业学校根据社会分工要求所分成的学业门类,它侧重于社会职业,但不等于社会职业;学科是一门科学领域或一门科学的分支,是按照学问的性质而划分的门类,它侧重于学术性。教育部颁布的专业目录针对本科及本科以下的办学层次,而颁布的学科目录则针对硕士、博士研究生层次。参考相关学者的研究成果,结合笔者多年来的教学实践和理解,将专业与学科的异同列入表3-1。

表 3-1　专业与学科的异同

项目	专业	学科
范畴	劳动性质分类与社会职业分工	科学知识的分类
教育层次培养对象	中职、高职、本科学生	硕士、博士
构成元素	课程	知识单元
构成要素	培养目标、培养方案 培养条件、社会需求等	研究对象、研究领域 研究理论体系、研究方法等
稳定性	易变化	较稳定
建设目的	培养符合社会需求的各类中、高级专门人才	拥有高水平的研究成果,培育具有科研创新能力的人才
建设目标	精品课程建设,教学名师建设,精品教材建设,符合社会需求的专业培养目标与培养方案的制订	拥有一流的科研成果,构建并完善学科理论体系
建设主要内容	专业师资队伍建设,专业实验和实习基地建设,专业教学手段与教学方法建设,专业课程开发,专业教材建设	学术梯队建设,学科研究基础建设,科学研究项目设立,学科研究方向建设,学科环境建设
依据	依托一定的学科基础	缘于知识发展与创新
存在实体	教学团队、学生、专业基地	学术队伍、学生、学科基地
联系	将学术成果转化为优质教育资源	对专业建设起支撑作用

综上所述,在教育体系中,专业与学科并存,二者既有本质上的区别,又相互联系、相互依存、相互促进、共同发展。在烹饪教育的体系中,中等烹饪职业教育、高等烹饪职业教育、本科烹饪师范教育要搞好专业建设;而烹饪科学硕士、博士研究生教育要搞好学科建设。

（二）烹饪科学硕士、博士研究生教育的专业目录与培养目标

在第二章中,我们重点讨论了本科以下的烹饪教育,这里我们讨论烹饪科学硕士、博士研究生的烹饪学科教育。

烹饪学科建设直接或间接地为人才培养服务,是以研究生教育为动力而发展的。在我国的现行教育体制中,专业学科目录一方面揭示该专业、学科的属性,另一方面决定该专业、学科是否具有办学地位。表 3-2 给出了硕士、博士研究生烹饪学科目录。

表 3-2　硕士、博士研究生烹饪学科目录

办学层次	学科名称	目录号
硕士	烹饪科学	083224
博士	食品科学	083201

在烹饪教育发展实践中,哈尔滨商业大学于 1993 年开始在食品科学专业目录（083201）下培养烹饪硕士研究生,于 2006 开始培养烹饪博士研究生,其研究方向为烹饪工艺条件优化、传统食品工业化和科学配餐,探索了烹饪硕士、博士的人才培养,而且经教育部批准,2016 年我国硕士研究生招生目录增加了烹饪科学（083224）专业,这既是对烹饪硕士人才的重视,也为烹饪教育高层次人才培养带来重大转机。

这里,我们还要看到这样一个问题:烹饪专业学科无论在哪个层次,烹饪技能掌握是一条主线,这是烹饪教育体系的一个特点。烹饪是人类为了满足其生理需求和心理需求,把可食性原料加工成为直接食用成品的活动。因而,烹饪专业学科是以技能掌握为基础的。烹饪是食品加工的手段之一,其目的是使原料变为直接可食用的食品,这是烹饪这一概念的核心要义。烹饪所提供的核心产品——菜肴、面点,即手工食品,其加工手段以手工操作为主。就烹饪的知识类型而言,对手工食品加工的烹饪对应以隐性知识为主的知识类型,以艺术创造为主,表现为"附身"的技能,即不能离开人而存在。在中职烹饪专业、高职烹饪专业、本科烹饪师范专业人才培养过程中,烹饪技能的习得都是核心概念。因此,烹饪专业教育培养的是技能型人才,以烹饪技能的掌握为基础,如果离开了这一点,烹饪专业人才培养就变成了无源之水、无本之木。

即使是到了烹饪硕士、博士研究生教育层面,开展烹饪科学研究,首先也要在掌握烹饪技能的基础上展开。例如,我们以黑龙江地方名菜"锅包肉"为研究对象,使这一传统食品工业化,其研究目标是这道菜肴进入消费者餐桌上时,其感官性状与刚烹饪出来菜肴的感官性状无限接近,则需要对其食物成分的相互作用机理开展深入研究。安排5名硕士研究生和2名博士研究生对此展开研究。研究之前,要求其对"锅包肉"的烹调工艺反复操作,以掌握操作技能,保证科学研究的准确性。

对不同层次烹饪教育培养目标较清晰地表述、深刻地理解,并将其落实到烹饪教育教学之中,构建符合餐饮人才市场对不同层次烹饪人才的现代烹饪教育体系是十分必要的。烹饪学科教育培养目标比较见表3-3。

表3-3 烹饪学科教育培养目标比较

烹饪学科教育	培养目标
硕士烹饪学科 烹饪科学 (083224)	旨在培养能坚实地掌握烹饪科学理论,了解烹饪科学相关方向的研究动态;具有较系统的烹饪专业知识、烹饪操作与实验技能;能够较熟练操作运用先进的仪器设备开展烹饪科学研究;掌握实验数据处理分析能力;能够运用外语较熟练地查阅外文资料;具有一定的写作能力和语言交流能力;具有独立从事烹饪领域的科研、教学、应用开发及管理能力的专门人才
博士烹饪学科 食品科学 (083201)	旨在培养学生系统扎实地掌握食品科学与烹饪科学的基本理论、专业知识和实践技能;具有熟练运用各种手段获取信息和新知识的能力;具有对本领域涉及的科学技术问题进行鉴别、分析和凝练能力;具有跟踪和把握食品科学与烹饪科学研究领域前沿动态,发现有价值的科学问题的能力;具有在实验方案设计、仪器设备使用、数据处理、结果分析与提炼等方向体现研究创新的能力;具有能熟练运用一门外语进行文献查阅和学术交流,以文案和口头描述的方式总结和评价科学研究的价值,表达学术思想,展示科研成果的能力;具有综合利用专业知识开展烹饪科学领域的技术革新、项目设计及工程化实践的能力;具有胜任高等学校、科研院所、大型企业及政府部门的科学研究、人才培养、技术开发及专业性管理工作能力的专门人才

二、基于烹饪科学研究基本要素的系统模式构建

通过以上对烹饪科学研究的理解,可以看出烹饪科学研究是一个涉及面很广的复杂问题,涉及谁来研究、研究什么、是否有项目和培养人才、在什么平台和环境下研究、是否取得

成果等,即涉及研究队伍、研究方向、学科交叉渗透、科研项目、人才培养、研究平台、学术环境建设、学术成果八个基本要素,而且它们之间有着十分复杂的内外联系。

从烹饪科学研究的内涵来看,它是烹饪知识、技术以及应用领域的创新性活动;从烹饪科学研究的结构上来看,它是智力性创新系统,即我们从系统论的视角来看,基本要素等构成了烹饪科学研究的系统,涉及面广,有着复杂的内外联系,形成了科学研究即知识创新的系统模式。这个模式由四个子系统组成,各个子系统包含若干要素,见图3-3。

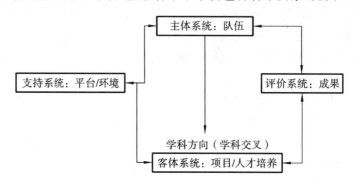

图 3-3　烹饪科学研究的系统模式

这个模式的第一个系统烹饪科学研究主体系统和第二个系统烹饪科学研究客体系统是系统论创造活动要素主客体的对立统一,分析烹饪科学研究的内部因素;第三个系统烹饪科学研究支持系统是将烹饪科学研究的整体活动的"大主体",分析烹饪科学研究的外部环境因素,第四个系统产品创新评价系统是对主体系统和客体系统也即整个烹饪科学研究运行过程的评价。这四个系统是一个有机的整体,共同构成了烹饪科学研究的系统模式。

(一)主体系统

第一个系统是科学研究的主体系统,由科学研究队伍构成。人是第一要素,科学研究亦是如此,要有一批热衷于烹饪科学研究的教师组成学术共同体。特别是科学技术发展至今天,只靠一个人单打独斗是很难搞出大的项目和取得成绩的。要组织和建设包括学术带头人、后备学术带头人以及骨干成员、一般成员研究梯队。烹饪科学研究队伍要从其教师队伍现状的特殊性出发,要兼顾学科型教师、工程型教师、技术技能型教师的有机结合,以弥补"双师型"教师尚不足、搞科研和搞工艺教师往往脱节的现象。这样,既有利于科研工作取得成果,又有利于提高各类型教师的整体素质,从而加强烹饪科学研究梯队建设。20世纪90年代初,我作为原黑龙江商学院旅游烹饪系主任带领教师进行烹饪科学研究时,就是按这一思路来加强学科梯队建设的,既凝聚了科研队伍,又成长了一批教师。实践证明,没有科学研究队伍是做不大甚至是做不成科学研究的,因而,我们说队伍建设是科学研究的根本因素。

(二)客体系统

第二个系统是科学研究的客体系统,是科学研究主体作用的对象,是科学研究活动要素主体与客体的统一,包括科学研究项目和人才培养两个要素,既相辅相成又相互依赖,保持协调才能保证科学研究目标的实现。没有科研项目,科学研究便乏力、缺乏精准目标。科研项目承载着学术研究的一系列活动,包括研究目标、研究时间、所用资源、研究质量等方面。作为烹饪专业的教师,要从自身的研究方向出发,一是申报纵向科研项目。纵向科研项目是国家各级政府基金支撑的项目,如科技攻关项目、自然科学基金、社会科学基金、哲学社会科学研究项目、教育科学规划项目、留学人员资助项目等。二是联系横向科研项目。横向科研项目是指除纵向科研项目以外的所有项目,包括烹饪院校专业教师承担的各级政府和部门、非政府组织(NGO)和企业等各类科研项目。如菜点标准化、传统食品工业化、新产品开发等研究成果可以为餐饮企业服务,作为横向科研项目。三是校内科研项目。校内科研项目是指研究经费来自校内的科研项目。一般而言,校内科研项目研究出成果后,可作为申报纵向科研项目和承担横向科研项目的基础。四是实际工作项目化。在积极申报各类项目的同时,还可在实际工作中将自身工作项目化。例如,作为烹饪专业的教师,都应该有自身的教学工作,如开设的课程;在教学中有课程建设、实训基地、校企合作、现代学徒制等工作,我们均可以将其作为项目来做,即工作项目化,有一定基础后,可在学校、餐饮行指委、省市和国家科研部门等立项。近年来,有关学者、专家对传统食品加工工艺过程进行了研究,如我负责的课题组于20世纪90年代初承担了原商业部首次为烹饪学科科研所列的重大科技攻关课题"烹调中主要操作环节最佳工艺条件的初步研究",研究成果发表及发布在《食品科学》等有关学术刊物和亚太地区营养、美食保健研讨会上,并获国内贸易部科技成果二等奖。同时,该项研究获黑龙江省教学成果二等奖。将烹饪科学研究的成果引入烹饪专业教学之中,既提升了教学水平,也形成了烹饪科学研究和烹饪专业教学的良性互动;教师通过烹饪科学研究,既提升了教师的科研能力,也形成了科学研究与教师队伍建设的良性互动。

人才培养是烹饪院校核心职能,也是烹饪科学研究的要义之一。科学研究所产生新知识、新技术进一步促进了与人才培养的实践统一。一方面,从科学研究成果与教学的关系看,烹饪科学研究成果转化为优质教育资源,对烹饪人才培养质量的提升起到举足轻重的作用。另一方面,从烹饪人才规格看,烹饪本科人才需要具备一定的科研能力,烹饪科学硕士、博士研究生需具备独立从事科研的能力。因此,科研能力是烹饪本科以上人才规格中的必备要素。另外,从烹饪人才培养的过程看,高年级烹饪本科生、烹饪科学硕士及博士研究生都要参与烹饪科学研究工作,毕业论文往往是指导老师的科学研究项目或者是拟开展的课题的前期探索。总之,烹饪科学研究与人才培养是良性互动的,是以烹饪教育为动力而发展的。烹饪人才培养质量的提高,有助于烹饪科研成果的输出,从而为烹饪专业建设和烹饪学科建设提供了良好外部环境和资源支持。自1996年黑龙江商学院首批烹饪科学硕士研究生毕业后,接着连续培养了传统食品工业化、快餐、科学配餐等烹饪科学硕士研究生,哈尔滨商业大学2006年博士学位点中有全国唯一的餐饮食品工业化研究方向(即烹饪科学方向之一),2016年教育部批准哈尔滨商业大学设立全国目前唯一的烹饪科学硕士学位点;旅游管理硕士学位点中有全国唯一的快餐与餐饮管理方向,形成了硕士研究生与博士研究生,自然科学与社会科学结合的针对传统食品工业化、快餐的人才培养格局,对烹饪学科的人才培养起到了决定性的作用。我从1993年开始培养烹饪科学研究生开始,已经培养的硕士、博士研究生超过100名。以人才培养为目标,以项目为依托,产生了一批科研成果,实现了人才培养与科学研究的结合与互动。

(三)支持系统

第三个系统是科学研究的支持系统,是对主体、客体而言的外部环境因素,包括平台建设和环境建设两个要素。研究平台是科学研究的载体,有平台才能凝聚人才。平台承载着科学研究工作的运行。一般而言,烹饪院校下设二级学院、教研室是基础平台。还应根据需求建立新的平台,如四川旅游学院的"川菜研究发展中心",是四川省教育厅人文社会的研究基地,每年度的科研立项是面向社会开放的;还有"四川 2011 协同创新中心——川菜产业化和国际化协同创新中心"是四川省川菜产业化、国际化的创新平台;顺德职业技术学院"岭南餐饮企业经营管理创新中心"是学校服务社会的有效载体的平台;1998 年成立了黑龙江商学院中式快餐研发中心,我任主任,合校为哈尔滨商业大学后,成为中式快餐研究发展中心博士后科研基地。这些平台都是烹饪科学研究的载体,在平台上开展了许多烹饪科学研究工作,并取得了成果。

良好的学术环境是培养优秀科技人才、激发科技工作者创新活力的重要基础。学术环境包括"硬环境"和"软环境"。硬环境包括设施设备建设及教学科研信息服务体系等。哈尔滨商业大学目前是教育部信息服务中心,正在新建先进一体化实验楼,为烹饪学科的发展提供了硬件空间,同时各学科的硬件条件也向烹饪学科集聚,实现各学科间的硬环境共享。软环境包括内容如下:一是科研管理环境,烹饪院校科研管理部门和工作人员,要牢固树立服务科研工作的理念,并将其付之于行动中。二是宏观政策环境,烹饪院校要把科研工作放在重要位置,合理配置人、财、物等资源,处理好教学与科研的关系。三是学术民主环境,科学研究也要按毛泽东主席所说"百家齐放、百家争鸣"的方针,允许不同学术观点特别是新观点的争论。四是学术诚信环境,烹饪院校既要为教师创造学术自由的环境,也要创造学术公平的环境,使诚信搞科研,诚信出成果成为每个成员的行为准则。五是人才成长环境,"走出去、请进来",鼓励烹饪教师参加学术会议等学术活动,将烹饪专家学者请进来进行学术交流;做好"传帮带",营造青年成长、成才的氛围,支持他们作为课题负责人进行烹饪科学研究等。微观上是学术目标和学科间交叉渗透形成的一种学科间相互渗透的学术氛围。哈尔滨商业大学高度重视烹饪学科发展,已于 2015 年底确定为学校的一流发展学科建设点,整合了烹饪科学、食品科学与工程、药学、机械工程、制冷及低温工程、计算机科学与技术、信息与通信工程、经济学、工商管理(含市场营销、物流管理)等学科。

(四)评价系统

第四个系统是评价系统,它是对主体系统、客体系统亦即整个科学研究运行过程的评价,以科研成果为表征。科学研究最终要取得成果,这是科学研究的目标。就餐饮烹饪专业的科学研究成果而言,需要是餐饮烹饪专业教师辛勤劳动的结晶,是衡量其任务完成与否、质量优劣以及贡献大小的标志。一般而言,科研成果应具有创造性和先进性;应具备理论价值和实践价值;应得到专家评议和社会公认。成果的物化形式一般有论文、著作、教材、科研项目、专利、获奖等。对于应用性成果应进入生产实际领域,并取得经济效益和社会效益。

还需注意的两个要素,即研究方向和学科交叉。学科交叉是选题的一部分,这两个要素是介于主体和客体之间的、偏于客体,即主体的思路要落实到客体的科学研究项目和人才培养上。作为烹饪专业教师要在学校学科专业发展定位、布局的框架下,在某一学科专业内部确定自身的研究方向。这是因为学科研究方向凝练是学科专业建设的根本任务之一,在学科专业建设中起着引领作用,搭建研究平台,汇集师资队伍,培养人才都是围绕学科专业方向来进行的。

从事烹饪工艺学等相关专业的教师和从事其他课程和研究方向的教师,都要确定自身的研究方向。值得注意的问题是,当我们确定了一个研究方向之后,就要一以贯之地坚持研究下去,这样才能搞出系列成果,形成自身的品牌。

学科交叉渗透本质上是选题的范畴,由于学科交叉渗透是产生新知识、创建新学科的途径,故十分重要。随着科学技术的发展,学科的分化是科学研究深入和细化的必然结果,也是促进学科发展的重要途径。同时,由于研究一些复杂问题需要多个学科的知识,学科发展有出现渗透乃至融合的趋势。从宏观上看,自然科学的宏观化、人文社会科学的微观化已经摆在我们面前。从中观上看,传统学科的划分存在"细化"的倾向,不能适应日益发展的科学技术以及经济社会的要求。从微观上看,就烹饪专业而言,要在不同学科、专业找到交叉点,如食品科学与烹饪技艺交叉点为快餐学,营养学与烹饪技艺交叉点为营养配餐,烹饪学与教育学交叉点为烹饪教育学等。总之,学科交叉渗透既能建立新的知识体系和学术领域,又能使研究取得突破性进展。

以上四个系统、八个要素共同构成了烹饪(餐饮)科学研究的系统模式,也可以认为是烹饪餐饮科学研究的路径。即以研究队伍为根本、以研究方向凝练为基础、以学科交叉渗透为媒介、以科研项目为前提、以人才培养为载体、以研究平台为依托、以学术环境建设为条件、以科研成果为目标。烹饪科学研究活动是烹饪知识的生产和应用过程的集中表现,其科学研究水平高低通常成为判断烹饪院校专业学科建设实力的重要指标。科学研究既是烹饪餐饮院校的使命,又是烹饪餐饮专业教师实现人生价值的载体,同时也希望我对烹饪餐饮科学研究系统模式的构建,能为烹饪餐饮专业年轻教师从事科学研究工作有所启示。

三、基于烹饪科学研究与烹饪学科建设联系的两者互动

烹饪科学研究是烹饪知识的生产和应用过程的集中表现,其科学研究水平通常成为判断烹饪院校学科建设实力的重要指标。烹饪学科的发展往往是从烹饪科学研究项目开始起步,烹饪科学研究是烹饪学科建设的先导。没有高水平的科学研究队伍以及科学研究成果,要想提高烹饪学科建设的质量只能是纸上谈兵。参考相关学者的研究成果,现将科学研究与学科建设的关系列入表 3-4。

表 3-4　科学研究与学科建设的关系

项目	科学研究	学科建设
本质	探索、认识未知	跟踪学科前沿动态与发展趋向的科学研究活动
建设内容	调查研究、实验、试制、人才培养	基地、项目、人才、学科点、学科方向建设
建设目标	创造出新的、更加科学的方法	产生有显示度的科学研究成果
建设主体	高校教师	高校教师
表现形式	学校办学层次和质量的整体反映	学校办学质量的综合表现
依据	学术实力	学术实力
作用	能够培养学生独立从事相关科学研究的能力,塑造创新思维与实践能力	对于学生培养专业的基础理论、专门知识和基本技能具有重要的作用

续表

项目	科学研究	学科建设
两者联系	科学研究作为学科建设的基本载体,是学科建设的前提与动力,是学科建设中最活跃、最重要的因素,是学科建设的关键。 科学研究的发展状况反映学科基础条件的建设状况和学术梯队的科学研究能力状况,影响教学与人才培养的质量	学科建设作为高校建设与发展的一面旗帜,是开展科学研究的基础与重要平台。 其决定了学校科学研究的方向与特色,影响高校科学研究水平的提升与学校的整体发展

一般认为,学科的形成来源于三个方面,一是这一领域研究课题的集合,二是专业分工的必然结果,三是要经历走向完善和被承认的过程。一个学科的形成要有一个过程,应该具备学科的代表人物、代表著作、科学的理论体系、鲜明的研究对象和内容,以及适宜的研究方法等条件。烹饪学科的建立,需要建立者长期工作在这一领域并在研究方向上有独特的见解,对烹饪学科的前沿方向有较好的把握并且有较深厚的理论基础和从事实践的研究功底,除此之外还要有一支专门从事烹饪学科建设的梯队。

因此,烹饪学科的建设应与烹饪科学研究相结合。如果只重视烹饪的科学研究工作,忽视烹饪学科建设,忽视对烹饪学科前沿的把握,闭门造车,必然导致烹饪研究成果缺乏科技水平;同样如果只重视烹饪学科建设,忽视了烹饪科学研究工作的完成,烹饪学科建设只停留在实验室的实验数据和论文上,研究成果也将会成为无源之水、无本之木,仅仅是脱离实践或没有经过实践论证的数据和论文而已。所以烹饪学科建设必须有烹饪科学研究工作做基础,烹饪科学研究工作也必须依托烹饪学科建设,两者相辅相成。

第三节　烹饪科学研究步骤与方法

烹饪科学研究属于科学研究的范畴,科学研究的步骤与方法适合烹饪科学研究,同时,也要考虑其特殊性。

一、选题——确定研究内容

确定研究内容是烹饪科学研究的准备工作,实验设计首先应明确研究方向和研究目标,因而,选题的确定绝不是一般意义上的准备工作,而是实验设计步骤中具有战略性的决策。

(一)确定选题的原则

实验设计是一项复杂的科研工作,确定研究内容则是为这项工作确定科研课题。它包括两方面内容:一是确定研究方向,二是确定研究方案。前者是研究学者在实验过程中的主攻方向,后者则是在此方向下明确具体任务,制订实施的计划和步骤。选题也是研究主体对某一领域的问题在理论价值、实践意义以及实验手段方面的综合性认识。因此选题应选择适合社会、市场需求,科学合理,新颖创新、实际可行且具有兴趣性的题目。

适合社会、市场需求,即确定选题的需要性原则。这是以服务社会、发展餐饮业为根本出发点,也是餐饮企业创造经济效益的首要前提。因而在确定选题之时,首先要综合考虑诸类社会经济因素:政治环境、生产力经济发展状况、人民生活水平和消费水平,以及不同民族、不同地域、不同宗教信仰、不同传统风俗下,人们的饮食习惯与饮食心理所存在的现实的差异。因此,烹饪科学研究作为一种科学研究,必须在这诸多差异中寻找平衡点。通过对所选课题进行多方面考虑,使其为大众所接受和喜爱,具有一定的市场价值,满足大众的消费心理、饮食习惯和消费水平。因而在选题确定之初,要做充分的资料查阅与分析来确定选题方向。

确定选题要科学合理,这体现了科研选题的科学性原则。烹饪科学研究是在食品科学的基础上,将食品科学的基本原理和烹饪技艺有机结合起来,因而,确定选题时要以二者作为基点,对产品选材、加工工艺、加工过程中产品性状变化、成品的包装、物流等因素做初步计划和可行性分析,确保项目设计的方向和路线的正确性。

确定的选题要有新颖创新性和可行性。没有创新的课题就没有价值。创新是科学研究的固有属性,创新的起点是从发现前人成果的问题上开始的,问题意识是创新性原则的前提。选题是否发现了问题、认识问题的深度和广度在更深的层面上决定了论文的创新水平。在创新的基础上,选题的确定还要切实可行,即充分注意和考察项目设计得以实现的物质技术基础,从人力、物力、财力方面给予保证。

确定的选题要有兴趣性原则。兴趣性也是选题的必备原则。选题的"选"取决于问题意识,自然科学研究凸显的是对自然的规律性认识,研究者必须要有敏锐的问题意识,有针对性地研究和分析问题,提出解决问题的指导方案,才能让自己的研究具有学术价值和社会价值。因此,选题时应发挥个人的兴趣,充分尊重个人的主体性和能动性,这也是教学和人才培养的基本规律。

最后,除上述原则外,所选题目应尽可能具体且明确,不琐碎,不孤立;要扬长避短,力求选题与专业贴近;要选择有发展的选题,尽量选择对新学科与新理论的研究。

(二) 确定选题的方法

选题包括选择方向、资料查阅、界定范围、确定题目等几个环节。在选题的方向确定以后,还要经过一定的资料查阅与调查研究,来进一步确定选题的范围,以便最后选定具体题目。但这只是一个选题的程序问题,仅仅掌握选题程序是不够的,还需要明白选题的方法。

1. 筛选法——确定选题方向　论文选题最容易出现的首要问题是把握不住选题方向。在具体操作中,应首先运用筛选法,对自己所学专业范围内的资料积累、现实科研需要、学科所长、兴趣爱好等进行逐一探究,对比筛选,权衡出主客观条件占有选项最多的选题,将其作为研究的选题方向。一般来说,以烹饪专业领域内的选题为基准,兼顾自身条件及选题的难易程度,做到扬长避短,充分发挥自己的优势,选准选题方向。

2. 浏览捕捉法——确定论文论题　浏览捕捉法是一种通过对文献资料快速、大量的阅读,在比较中确定选题的方法。浏览即是在对已有资料不断咀嚼消化过程中,提出问题,寻找自己研究选题的一种有效手段。在大量阅读现有资料中抽出主要的、次要的研究内容,并获得不同角度的、不同观点的看法和新的见解,才能使选题富有新意,最终写出富有创意的论文来,同时逐步提高分析、综合、归纳以及创新能力,充分调动学生学习及进行科学研究的积极性,为今后科研技能的提高打基础。

3. 追溯验证法——确定选题内容　追溯验证法是一种在自我思考的基础上对已有资料和研究成果的进一步验证,旨在跟踪追溯,充分考虑选题的可行性的方法。追溯验证是为了最大限度地避免与他人重复。

将各种选题方法综合运用,易做到真实、新颖、充分、符合实际;不断钻研已有资料,捕捉一闪之念,达到对某一角度的理性升华,形成自己的观点,确定选题题目;材料的平时积累及研究,也正是追溯验证的客观依据和观点确立的出发点,充分的现有资料不仅足以证明选题方向的正确性,又能成为选题内容的有益凭证和事实依据。总之,在开阔的视野中做定性、定点的选择,可以避免烹饪科学研究起步时的失误。

(三) 确定选题的步骤

选题确定的一个突出特点是涉及面广,制约因素多,选择自由度小。所以要卓有成效地完成选题的确定过程,除要遵循以上几项原则外,还必须掌握确定选题的一般步骤。

1. 提出选题　查阅文献与调研是对有关选题的历史、现状及发展趋势进行调查研究,要掌握前人对有关选题已做了哪些工作,还存在什么问题,问题的关键在哪里,已经得出什么结论,有什么经验和教训,以便在新的起点上选择选题。

2. 选题选择　根据查阅文献与调研的结果,优选出诸个烹饪科学问题,认真分析其在科技发展中的地位、作用、社会经济效益以及制约科学研究能够顺利进行的其他因素等。从诸个问题中优选出一个适宜的问题,然后进一步研究如何进行选题研究工作,拟出初步的研究计划和几种可行的研究方案,提出开题报告。开题报告一般包含以下内容:选题来源;研究目的与意义;国内外现状与发展趋势;主要研究内容所应用的方法;完成选题的主客观条件;研究周期和所需要的经费;需要有关部门解决的问题等。开题报告是有关部门组织同行专家对选题进行可行性研究和审批选题的重要依据。

3. 选题论证　论证是指对选题进行全面的评审,看其是否符合选题的基本原则,并分别对选题研究的目的性、根据性、创造性和可行性进行论证,以确定选题的正确性。选题论证一般采取同行专家研究评议与管理部门决策相结合的方式进行。评议内容包括:选题研究目的和预期的成果是否符合社会实践和科技发展的需要;开题报告对国内外现状和发展趋势分析是否正确,开题执行的论据是否充分、可靠;选题的科学技术意义和经济价值如何;选题所采用的初步研究计划和技术路线是否先进、合理、可行;选题的最后成果是否会给社会造成诸如污染环境、破坏生态平衡等不良后果;选题负责人和选题组人员能否胜任该选题的研究任务;提供该选题所需条件的必要性和实现的可能性等。

4. 选题确定　经过选题论证之后,该选题若通过,即选题确定。若没通过,该选题则被淘汰,需再按照选题的程序和原则,另行选定其他选题。

二、选材——收集资料

题目确定之后就是选材,即收集资料,这是做好烹饪科学研究的前提。

(一) 收集资料的方法

在开始新的研究计划之前,了解这一领域的历史与现状十分重要,否则将难以在该领域做出有创造性的贡献。因而,在进入计划阶段之前,对本选题的有关文献做充分的调查研究是必要的。

1. 查阅书籍　要想弄清某个选题的背景,首先要阅读一般的资料,如百科全书中的有关资料,然后再查阅手册中较详细的,但仍是较广泛的论述,这个过程可以通过在图书馆和图书目录中寻找与选题有关书籍来实现。如果找到最新出版的专业书籍,则可以通过参阅此类书中所附有的大量参考文献的著作目录来完成调查阶段的资料收集工作。

2. 查阅杂志　内容既全面又新颖的书籍一般情况下很难得到。因此,第二步工作是要到专业杂志或年刊的总览出版物中去寻找调查报告或评论性文章,它们对指导方向、提供主要参考资料是十分有益的。

3. 查阅文摘　必须查阅一定量、相应的文摘杂志,年份由近及远,直至查到有关专题在文献中得到充分论述为止。

4. 查阅论文　阅读最新发表的论文原著,通过阅读最新发表的论文可以了解该领域的最新发展动态。至此,研究工作者已经可以了解哪些期刊中可能有与自己选题有关的论文及在该领域中从事研究的主要人员的姓名。

5. 文献拾遗　由于每篇论文都有关于过去研究工作的文献记载,查找资料可以根据年份由近及远地进行,复查以前查阅文摘杂志所漏掉的资料,以达到调查文献的拾遗目的。在资料收集的过程中,应避免将专业范围限制在一个狭小范围内,因为要有新的创意源源不断地输入研究工作中,往往需阅读其他专业的书籍,从中获取灵感。要充分依靠书籍、文摘、专业分类目录等,利用一切可得线索,包括可能的出版日期、一般知识、在这方面研究最有权威的国家、本选题相关的专业杂志,以及从事本选题研究工作的研究者等。专家的建议特别值得注意,同时否定性的论文报告也应加以利用。查阅索引时,必须查出该领域的所有同义词,因为关于某个选题的论文,一般都不会登载在同一处。

(二) 研究烹饪科学应收集的有关资料

1. 专科性百科全书　最普通的资料来源是专科性百科全书,通过查阅专业性百科全书可对一个新领域进行最初的了解。百科全书在规模和内容上均超过其他类型的工具书。百科全书的主要作用是供人们查检必要的知识和事实资料,其完备性在于它几乎包容了各种工具书的成分,囊括了各方面的知识。研究烹饪科学时,参阅以下几种专业性的百科全书是十分有帮助的。

(1) Encyclopedia of Food Science and Technology. John Wiley and Sons Inc. New York,1992.

(2) Food and Nutrition Encyclopedia. CRC Press Inc. London,1994.

(3) The International Dictionary of Food and Nutrition. John Wiley and Sons Inc. New York,1993.

(4) 加工食品的营养价值手册. 轻工业出版社,1989.

(5) 中华食品工业大辞典. 中国食品出版社,1989.

(6) 中国大百科全书(轻工卷). 中国大百科全书出版社,1991.

(7) 国际食品法典和中国农产品分类实用手册——水果、香草和香料. 中国大百科全书出版社,2015.

2. 文献索引　　索引是一种常用提供线索的检索工具,它通常能够按照人名和主题名帮助人们迅速地查检到书刊文献中所需资料,减少查找的盲目性。索引种类很多,按被分析对象分期刊索引、报纸索引、专书索引、文集索引及各种类型的文献索引等。文摘是索引的延伸,它在指明资料的来源和记录书刊以及各种文献内容方面具有相同作用。

(1) 电子标引与索引。电子标引与索引涵盖了网络标引与索引和文摘索引数据库。电子索引,又称索引数据库,是指制作成数据库、电子图书、光盘、网页等形式,用计算机显示和查找的索引。

(2) 文献类型标引与索引。国内的文献类型标引与索引研究主要是针对某一特定文献类型的研究,例如,对期刊、图书、报纸、学位论文、年鉴、古籍、年谱、档案、公文、新闻、词典、案卷、专利等的标引与索引。

(3) 网络检索与搜索引擎。国内的网络检索与搜索引擎的研究主要包括专门搜索引擎、元搜索引擎、网上信息查询、网上信息检索等。

(4) 学科标引与索引。学科标引与索引主要是按文献所属学科来划分的,如工学、农学、医学以及历史等。

(5) 索引语言。国内的索引语言研究主要集中于分类法、受控词表、叙词法等。如元数据应用、网络数据库、网络检索工具、数字图书馆和电子商务等。

3. 文献检索　　以上各种索引为有关烹饪的文献检索提供了诸多检索入口,而所有这些索引都可以将它们组织起来,构成各式各样的检索工具。按检索手段,可将检索工具分为手工检索工具和机读检索工具。文献检索包括手工检索与计算机检索。

科技文献的手工检索中,最基本最常见的检索要求是查找与本选题有关的针对性文献,一般都遵循以下步骤。

(1) 了解提问和检索要求。鉴别提问中所用术语的真正含义,可避免误检;明确检索目的,可帮助决定采用哪种有效的检索工具和哪种合理的检索步骤,并做出合适的检索决策。

(2) 选择合适的检索工具。

(3) 确定检索途径,选取检索项目与检索词,明确检索回溯时间。

(4) 选用合适的检索方法查找有关资料。

(5) 获取原始文献,原始文献的获取一般要注意由近到远的原则,即能在近处查得不必向远处去索取。

利用计算机进行信息检索的方式有脱机与联机之分,但检索过程大致相似,甚至与手工检索过程差不多,最大区别在于选择合适的检索工具。计算机检索是根据检索要求与计算机存储的特点,用机器所能接受的检索语言表达出检索要求。可制定具体而合适的检索策略(包括选什么检索系统,选用哪些数据库,用什么检索词,组成怎样的提问式,采用什么检索步骤等)以便进行检索,通常是根据检索要求,首先确定检索的系统与数据库名称、检索词及其相关关系、检索步骤。信息社会发展到今天,利用网络检索文献是极为有效的手段,如可以利用著名的搜索工具百度搜索快餐相关的资料,同时也可以进入专业的网站,如哈尔滨商业大学(https://www.hrbcu.edu.cn)查阅相关资料。

以中国知网的检索方法为例,介绍该方法。

登录方式:通过学校图书馆网页进入中国知网。

直接登录中国知网首页,点击右上角的登录,输入用户名及密码。中国知网首页图见图 3-4。

图 3-4 中国知网首页图

中国知网的检索类型可分为文献检索、知识元检索、引文检索(左侧检索方式),最常用的主要是文献检索,此外还包含高级检索、出版物检索(右侧检索方式),如图 3-5 所示。

图 3-5 检索类型示意图

通过以下几种检索方式可以直接进入中国知网检索主页面。

检索方式:可通过主题、篇名、关键词、作者、全文、摘要、单位及中图分类号等进行检索。选定检索方式后在检索框里输入相应的关键词。

检索内容:可分为期刊,硕士、博士论文,会议,报纸,外文文献,年鉴,百科等(见图 3-6)。

图 3-6 检索内容

检索后的文献可按相关度、发表时间进行排序。查找的结果会显示总数(见图3-7)。被检索的文献点击下载的标识即可进行下载。

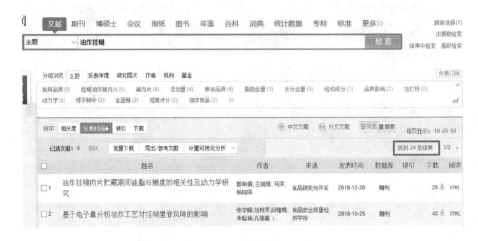

图 3-7　检索出文献页面

查阅的方式主要包括 HTML 阅读、CAJ 下载、PDF 下载,下载页面如图3-8所示。

图 3-8　下载页面

4.烹饪相关的书籍、期刊

(1)书籍。专业书籍是专门写给本专业的相关人员或者对这个专业有一定了解的人阅读的,专业书籍的作用是可以丰富专业知识、了解专业情况,有利于研究学者掌握专业基础知识。因此,阅读一定的专业书籍有利于科研工作的进行,烹饪科学研究者可参考《中国现代快餐》(高等教育出版社,2005)、《中国食品产业文化简史》(高等教育出版社,2016)等专业书籍。

(2)期刊。与烹饪科学研究相关的期刊分为核心期刊和非核心期刊。

①核心期刊:核心期刊见表3-5。

表 3-5　与烹饪科学研究相关的核心期刊汇总

杂志名称	期刊收录情况	复合影响因子	综合影响因子
食品科学	CA JST EI CSCD	1.918	1.443
中国食品学报	CA EI CSCD	1.162	0.837
农业工程学报	CA JST Pж(AJ)EI CSCD	3.147	2.209
华南理工大学学报（自然科学版）	CA SA Pж(AJ)EI CSCD	0.867	0.532
光谱学与光谱分析	CA SA SCI JST Pж(AJ)EI CSCD	1.155	0.771
食品与发酵工业	CA JST CSCD	1.150	0.865
食品工业科技	CA CSCD	1.153	0.854
中国粮油学报	CA JST CSCD	1.121	0.805
中国油脂	CA JST Pж(AJ) CSCD	1.271	0.988
食品科技	CA	0.797	0.570
食品与生物技术学报	CA JST CSCD	0.809	0.589
食品研究与开发	CA	0.773	0.599
中国乳品工业	CA CSCD	0.676	0.501
中国食品添加剂	CA	0.821	0.653
食品与机械	CSCD	1.135	0.928
食品工业	CA	0.663	0.502
现代食品科技	CA	1.299	0.889
粮食与油脂		0.889	0.660
河南工业大学学报（自然科学版）	CA Pж(AJ)	1.030	0.784
中国调味品	CA Pж(AJ)	0.663	0.537
中国食品卫生杂志	JST CSCD	1.495	1.276
肉类研究	JST	0.902	0.696
中国酿造	CA Pж(AJ)	1.145	0.958
美食研究	CA Pж(AJ)	0.380	0.222
食品与发酵工业	CA JST CSCD	1.150	0.865
理化检验（化学分册）	CA JST CSCD	0.790	0.650
色谱	CA JST Pж(AJ) CSCD	2.077	1.630
分析测试学报	CA JST Pж(AJ) CSCD	1.579	1.314
卫生研究	CA JST Pж(AJ) CSCD	1.060	0.720
营养学报	CA JST CSCD	0.883	0.667
东北农业大学学报	CA CSCD	1.110	0.769
中国科技论文	CA JST Pж(AJ)	0.579	0.359
中国农业科技导报	CA JST CSCD	1.439	0.990

注：影响因子皆为 2018 年的。

②非核心期刊:非核心期刊如表 3-6 所示。

表 3-6　与烹饪科学研究相关的非核心期刊汇总

杂志名称	期刊收录情况	复合影响因子	综合影响因子
粮食与饲料工业	CA	0.835	0.596
粮油食品科技		0.814	0.565
酿酒科技		0.765	0.556
茶叶科学技术		0.861	0.747
粮食加工		0.403	0.261
粮食科技与经济		0.610	0.455
粮食与食品工业	JST	0.474	0.315
中国食品药品监管		0.187	0.085
肉类工业		0.372	0.279
乳业科学与技术		0.571	0.438
食品与发酵科技	CA	0.653	0.476
食品与药品	CA	0.743	0.470
饮料工业		0.446	0.317
中国茶叶加工		0.475	0.398
中国乳业		0.203	0.143
中国食品工业		0.072	0.046
农产品加工		0.420	0.305
黑龙江科学		0.102	0.053
食品安全质量检测学报	CA JST Рж(AJ)	0.995	0.759
轻工科技		0.209	0.112
食品安全导刊		0.155	0.100
黑龙江八一农垦大学学报		0.805	0.652
食品工程		0.507	0.394
江苏调味副食品		0.404	0.298
四川旅游学院学报		0.255	0.142
哈尔滨商业大学学报(自然科学版)	CA Рж(AJ)	0.400	0.251
岭南师范学院学报		0.169	0.093
河南科技学院学报(自然科学版)		0.524	0.358
湖北农业科学	JST	0.451	0.289
现代农业科技		0.158	0.100

续表

杂志名称	期刊收录情况	复合影响因子	综合影响因子
武汉轻工大学学报	CA	0.455	0.278
中国食物与营养		0.918	0.649

注:影响因子皆为 2018 年的。

此外还应关注国内有关烹饪科学的会议以及相应涉及烹饪的国家相关政策和法规。

三、实验设计——确定研究方案

在完成了选题确定及各种文献资料的收集、整理、综合、分析的准备工作之后,就进入了实验设计阶段。实验设计就是在收集前人有关资料的基础上,找出自己不够清楚或有待深入的地方,结合自己的知识结构,利用已有的实验条件确定研究选题的过程。因此,实验设计要明确设计内容和设计原则,同时整体最优的设计还需综合运用各种设计方法。

(一)实验设计的内容

实验设计过程中,除全面考虑和正确表述选题的名称、依据、目的、意义、现状、研究内容、影响指标和进度以外,还要着重把处理因素、研究对象、方法、检测指标、分组与对照、干扰因素以及误差控制、统计处理等问题设计好,总的说来包括两方面。

(1)理论设计。理论设计是整个实验设计的理论指导,是实现科学性和创造性的关键。

(2)统计学设计。统计学设计是将统计学的知识和方法应用在理论设计基础上,保证研究结果的精确性和可重复性。

(二)设计步骤

设计步骤:选题→查询→阅读(专著、综述、论文等)→写出综述→方案设计→做预实验(样本确定、误差控制)→初步结果→开题报告或实验设计书→正式实验→误差控制→初步结果→方案确定。

(三)实验设计的原则

一个合理、严密的实验设计,应遵循下列原则。

(1)目的性原则。实验设计必须能够回答和解决设计中所提出的问题。

(2)可重复原则。实验设计必须使实验结果在同样条件下能重复得到,否则说明实验设计有问题。

(3)经济性原则。用最少的人力、物力、财力和最短的时间取得最佳成果。

(4)科学性原则。实验设计应符合一般的自然规律,要在研究中不断发现新现象,修正和调整实验计划或内容,使之更加切合实际。

(5)创新性原则。要注意尽可能地在实验设计中采用新观点、新概念、新方法及新技术。

(6)对照性原则。有比较才能鉴别,对照是比较的基础。对照的种类有很多,可根据研究目的和内容加以选择。

(7)规范性原则。规范性包括实验设计最初的资料查询、科研选题、开题报告、实验设计书的撰写等。

（8）统计学原则。在实验设计过程中,应充分考虑分组、例数、采用指标、数据表达、误差控制等方面的数据统计方法。

（四）实验设计的要求

（1）数据表达。实验结果的表达应具有直观性、简便性。

（2）误差控制。需要控制的误差:抽样误差、感官误差、系统误差、随机误差、顺序误差、理论误差、非均匀误差等。

（3）实验标准化。整个实验过程必须采用标准化的方法进行,每一步必须有明确记录,保证数据的可靠性。

（4）失败分析。认真分析失败的实验,从失败中找到解决问题的办法,直至取得成功。

（五）实验设计的方法

实验设计是研究如何制订适当实验方案以便对实验数据进行有效统计分析的理论与方法。通常所说的实验设计是以概率论、数理统计和线性代数等为理论基础,科学地安排实验方案,正确地分析实验结果,尽快地获得最优化方案的一种数学方法。

（1）单因素实验设计。单因素实验是一种实验中只有一个因素在变化,其余的因素保持不变的实验,通过只观察一种因素的变化来确定整体实验中该因素的具体作用及影响。单因素实验可为正交实验做准备,为正交实验提供一个合理的数据范围。

（2）多因素实验设计。多因素实验是指自变量不是一种,而是两种或两种以上的实验。多因素实验的种类很多,主要以因素的数量和水平作为划分实验设计的分类标准。因素是指在实验中的自变量。两因素实验指实验中有两个自变量,三因素实验指实验中有三个自变量。因素的水平(层次)是指一个因素的不同方面。在实验中同一种自变量也就是说同一种因素会有不同的水平(层次)。

（3）正交实验设计。正交实验设计与数据处理是以概率论、数理统计及线性代数为理论基础,利用标准化正交表安排实验方案,并对结果进行计算分析,最终迅速找到优化方案的一种科学计算方法。它是处理多因素优化问题的有效方法,正交表是正交实验设计的基本工具,具有均匀分散性和整齐可比性。其特点如下:①有一套表格,便于多因素实验的设计与数据分析;②能在众多的实验条件中选出代表性强的少数实验条件,根据代表性强的少数实验结果数据可推断出最佳实验条件或生产工艺;③由于有正交性,易于分析出每个因素的主效应,并通过实验数据进一步分析处理,可以提供比实验结果本身多得多的对各因子的分析;④数据点分布均匀且具有整齐可比性,因此可应用方差分析对实验数据进行分析。经过对实验结果进行分析,能清楚各个因素对实验指标的影响程度,确定因素的主次顺序,找出较好的实验条件或最优参数组合。

（4）多水平实验设计。①均匀实验设计:均匀实验设计的基本思想是抛开正交实验设计中整齐可比性的特点而只考虑实验点的均匀分散性,即让实验点在所考察的范围内尽量均匀地分布。由于不再考虑整齐可比性,那些在正交实验设计中为整齐可比性而设置的实验点可不再考虑,因而可大大减少实验次数,且实验次数与各因素所取的水平数相等。用均匀实验设计可适当增加实验的水平数而不必担心出现像正交实验设计那样实验次数呈平方增长的现象。其特点就是除了有一套简易的表格外,它能以最少的实验次数、最短的实验周期得到一个回归方程,该方程能定量地描述各因素对目标函数的影响,得到最佳工艺条件。②响应面实验设计：响应面实验设计是利用合理的实验方法并通过实验得到一定的数据，采用多元二次回归方程来拟合因素与响应值之间的函数关系，通过回归方程的分析来寻求最优的工艺参数，解决多变量的一种统计学方法。响应面实验设计在以下情况中可进行应用：a. 确信或怀疑因素对指标存在非线性的影响；b. 因素个数为 2～7 个，一般不超过 4 个；c. 所有的因素均为计量值数据；实验区域已接近最优区域；d. 基于 2 水平的全因子正交试验。

四、决策——选择实验方案

选择最佳实验方案，必须经过实验设计的可行性研究（广义上说，从选题的确定到实验结果的得出，都可以看作是实验设计的可行性研究）。可行性研究是对实验设计的每个步骤及各项指标的综合评价，可衡量实验的价值和优劣。所以，我们应首先明确该如何选取合适的价值标准和评价内容。

（一）评价中注意的问题

实验设计的评价，除了考察它的科学根据外，主要看它的实用价值即它的功能和效用满足社会需要的程度，经济性，可靠性，安全性以及社会心理因素等。而这些因素之间往往是相互矛盾的，同时，这些因素与自然因素之间也会有矛盾，需把它们协调起来，选取一个当时当地比较合理的评价标准。一般说来，选取价值标准应注意以下两个方面。

1. 价值标准的综合性 价值标准必须是一个综合性的评价指标，选取价值标准要与实验目标密切相关的科学技术因素和有关的经济性因素、社会因素等综合起来，对规定的系统目标和相应的实验方案进行综合量度。

2. 价值标准的时空性 价值标准必须有明确的时间和空间的边界条件，所谓时间和空间边界条件是指价值标准的相对性问题。即判定一个实验价值的大小、优劣，不能离开实际所处的时间和空间环境。

因为随时间和空间环境的变化，实验所涉及的各种因素也会发生变化。例如，实验原料的品质、成品会随季节交替而变化。所以，在确定方案的评价细则和指标时，要正确把握一个妥协式的最优实验方案（为了优化一个指标，而不得不降低或牺牲其他指标的合理性）。

（二）评价内容

在选取合适的价值标准的同时，还应确定实验方案的实际评价内容，这主要包括以下几个方面。

1. 技术评价 主要评价实验方案的技术水平（创新性、可靠性、适用性），实验实施的可能性，最终实验成果的推广前景等。在技术评价中，还必须非常重视对实验中所隐藏的风险因素的估价：一是方案的技术要求与已有科学定律不相容而造成的自然风险；二是由于技术要求超过了现有技术水平、技术能力的技术风险。要排除这两类风险，设计者必须有大量的第一手材料，证明方案的科学性和可靠性。

2. 经济评价 评价一个实验方案的好坏除需要考虑它的预期成果外，还要分析实验方案所产生的经济成本。经济评价，是为了节省并有效地使用实验经费，在开始实验之前，要认真进行可行性研究，并对其最终的经济成本进行计算和分析。

3. 社会评价 主要从政策、法令以及生态环境、社会可持续性发展以及人文价值等方面对备选方案进行分析评价。

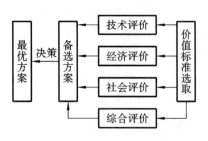

以上三点是实验方案评价所包含的几个主要方面,因此需要我们在对实验方案各个细目进行分别评价的基础上,根据价值标准的要求对实验方案进行评价,从而选取整体上最优的方案。最优实验方案的决策过程见图 3-9。

图 3-9 最优实验方案的决策过程

五、实施——实验研究

通过科学的实验设计,应用数学方法对实验结果进行分析和综合,从而获得对烹饪工艺各项技术指标的定量和定性的认识,形成对实际操作有指导作用的烹饪理论,是烹饪科学研究的主要目的。

(一) 工艺条件实验研究

在烹饪科学研究中,一个产品(菜点)的研究涉及一系列的工艺过程,每个工艺又包含诸多工艺条件即技术参数。对于最佳工艺条件的选择首先应进行实验设计。根据"实验设计——确定研究方案"部分内容可知,实验设计包括单因素实验设计、多因素实验设计、正交实验设计以及多水平实验设计。其中正交实验设计、响应面实验设计基本涉及实验设计的全部内容。

正交实验设计由于具有实验处理次数比较少、实验数据的相关性经过处理被消除等优点而被广泛采用,但是由于其存在着某些固有的难以消除的缺点,如在二次回归法中预测值的方差随着实验点在因子空间的位置不同而呈现较大的差异,不容易根据预测值寻找最佳区域。响应面实验设计解决了这一问题,在此以我的烹饪科学硕士芦健萍的硕士论文的一部分——"芹菜水油焯工艺优化"为例,简要介绍这种方法的实际应用。

芹菜水油焯工艺受到时间、液料比、水油比、温度等因素的影响,根据单因素实验的分析结果,得到时间、液料比、水油比三个因素对于芹菜水油焯工艺的影响都显著。然后将水油焯后芹菜的维生素 C 含量作为响应值,用中心组实验设计实验方案,利用响应面结果,得到最佳制备方案。响应面实验因素与水平设计见表 3-7。

表 3-7 响应面实验因素与水平设计表

编码号	时间/min	液料比	水油比
−1	2	3	12
0	3	4	16
1	4	5	20

设计响应面实验方案,研究芹菜的最佳焯水工艺条件,共设计 17 组试验,响应值为维生素 C 含量值,响应面实验方案及实验结果如表 3-8 所示。

表 3-8　响应面实验方案及实验结果

实验编号	时间/min	液料比	水油比	维生素 C 含量/(mg/100g)
1	2	3	16	5.62
2	4	3	16	4.90
3	2	5	16	5.64
4	4	5	16	5.05
5	2	4	12	5.38
6	4	4	12	5.35
7	2	4	20	5.58
8	4	4	20	5.12
9	3	3	12	5.57
10	3	5	12	5.26
11	3	3	20	5.47
12	3	5	20	5.60
13	3	4	16	5.83
14	3	4	16	5.85
15	3	4	16	5.76
16	3	4	16	5.80
17	3	4	16	5.79

实验结果的统计分析如下：

①回归方程的确定：以时间(A)、液料比(B)、水油比(C)为自变量，以维生素 C 含量为响应值(Y)，进行响应面实验分析。采用 Design-expert 8.0.6 软件对表 3-8 中数据进行多项式拟合回归，建立多元二次响应面回归模型：

$$Y = 5.81 - 0.22A - (1.250E+003)B + 0.026C + 0.032AB - 0.11AC + 0.11BC - 0.31A^2 - 0.19B^2 - 0.14C^2 。$$

②回归方程显著性检验：对所得的回归方程进行方差分析，结果见表 3-9。

表 3-9　三因素三次回归正交组合设计实验结果方差分析

变异来源	平方和	自由度	均方	F 值	P 值	显著性
Model	1.22	9	0.14	8.35	0.0053	Significant
A	0.40	1	0.40	25.00	0.0016	
B	1.250E−005	1	1.250E−005	7.716E−004	0.0786	
C	0.0463	1	0.0463	0.34	0.5780	
AB	0.0457	1	0.0457	0.26	0.6253	
AC	0.046	1	0.046	2.85	0.1305	
BC	0.048	1	0.048	2.99	0.1275	
A^2	0.41	1	0.41	25.06	0.0016	

变异来源	平方和	自由度	均方	F 值	P 值	显著性
B^2	0.16	1	0.16	9.68	0.0170	
C^2	0.080	1	0.080	4.95	0.0614	
残差	0.11	7	0.016			
失拟项	0.11	3	0.036	29.40	0.2135	not
误差	4.920E−003	4	1.230E−003			Significant
总和	1.33	16				

由表 3-9 可知,模型具有显著性($P<0.05$),失拟项($P>0.05$),回归方程拟合度和可信度较高,可用作对芹菜水油焯工艺优化验证实验。

③各因素交互效应对实验结果的影响:通过表 3-9 中显著性的结果可知,A($P<0.05$)对芹菜维生素 C 含量影响显著,而 B、C($P>0.05$)对芹菜维生素 C 含量影响不显著;交互相 AB、AC、BC($P>0.05$)对芹菜维生素 C 含量影响均不显著,按影响大小排列为 $BC>AC>AB$;二次项 A^2、B^2($P<0.05$)对芹菜维生素 C 含量影响显著,C^2 对芹菜维生素 C 含量影响不显著,表明各因素对芹菜维生素 C 含量影响不是简单的线性关系,各因素交互作用影响响应面示意图如图 3-10 至图 3-12 所示。

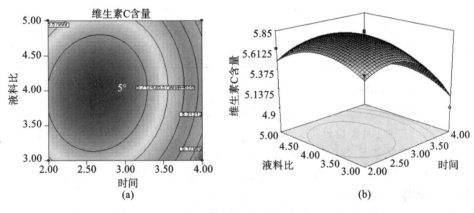

图 3-10　时间与液料比交互作用影响响应面示意图

经过分析,最终确定最优水油焯工艺条件为时间 3 min、液料比 1∶4、水油比 16.38∶1,温度 100 ℃,在最佳条件下预测得到水油焯后芹菜维生素 C 含量为 5.81 mg/100 g,叶绿素含量为 6.94 mg/100 g,感官评分为 86.8 分,硬度为 88.45N,采用此工艺条件进行验证实验,得到的水油焯后维生素 C 含量为 5.77 mg/100 g,与实际值差异不显著($P<0.05$),说明采用响应面法优化后得到的工艺参数可靠可行,具有一定的实际应用价值。

(二)研究过程相关指标分析

在烹制过程中,烹饪原料发生复杂的食物成分的相互作用,这些作用对菜点的色、香、味、形以及营养等具有极其重要的意义。例如,美拉德反应和焦糖化反应不但能使菜点产生光鲜亮丽的色泽,还可以使菜点散发出诱人的香气。蛋白质的热分解则主要决定了菜肴的口感和营养因素,对菜点有很大的影响,通过对烹饪原料进行加热处理,不仅能够使其变软、杀菌、成型,而且还可以使烹饪原料的营养成分更容易被人体吸收。这里,我们重点介

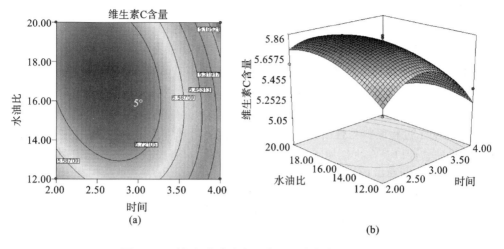

图 3-11　时间与水油比交互作用影响响应面示意图

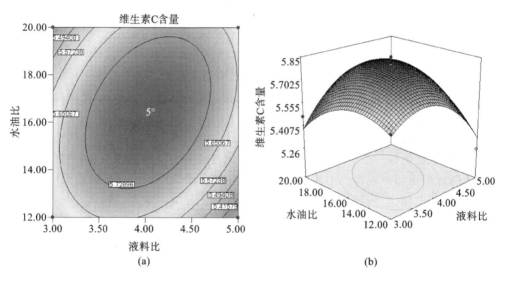

图 3-12　液料比与水油比交互作用影响响应面示意图

绍烹饪原料在加工过程中的成分、物理化学性质、组织学形态以及风味香气等相关指标的分析。

1. 烹饪加工过程原料成分研究　明确原料在加工过程中的成分含量变化有助于成品品质的控制，同时也为原料规格的确定提供重要依据。各种原料成分可以从食物成分表中查到。但由于季节和地域环境条件的改变以及加工条件的不同，原料易发生一系列变化。所以不仅要准确掌握烹饪加工过程中原料成分的构成及变化，还要有实验手段加以测定，一般包括以下指标。

（1）水分测定。

（2）蛋白质含量测定。

（3）脂肪含量测定。

（4）灰分的测定。

（5）总碳水化合物含量测定。

（6）粗纤维含量测定。

（7）总糖含量测定。

（8）维生素含量测定。

烹饪单元操作的不同往往涉及烹饪原料成分的改变。因此以上原料成分通常作为烹饪科学研究的基础检测指标。对于相应指标的检测方法可参阅《食品分析》《食品检测》或《食品分析与检验》等书籍。

2. 烹饪加工过程原料物性研究　烹饪原料物性（物理性质）是菜点品质和风味的重要因素。原料的物性以及在烹饪加工过程中物性的变化，可通过仪器来测定。测定方法分为基础方法、经验方法和模拟方法三种。

（1）基础方法。该方法是测定基础流变体性质的方法，求出烹饪原料物性黏性系数、静态黏弹性常数和动态黏弹性常数的物性值。毛细管黏度计、旋转黏度计测定其黏性系数，糯变测定装置、应力松弛测定装置、动态黏弹性测定装置测定其静态黏弹性常数，拉力试验机、硫化仪测定其动态黏弹性常数（破断特性）。

（2）经验方法。该方法不属于很清楚的力学定义相关范围，是与经验性烹饪原料特性相关物性值的测定，所用仪器有硬度计、肉剪断试验机、透度计、凝乳计、压缩计、酥松测定仪等。

（3）模拟方法。该方法是用手揉搓、伸展，用嘴咀嚼等行为，在实验室相似的条件下，对烹饪原料及产品进行测定。主要的仪器有（淀粉）黏焙测量器、（麦粉）黏性曲线仪、延伸仪、质构仪、流变仪等。

3. 烹饪加工过程原料组织学研究　烹饪操作引起的烹饪原料变化有形态变化、物质变化、分散状态变化等。烹饪原料食品组织学研究方法分为烹饪操作引起的烹饪原料变化和各种显微镜的运用与观察。主要以一般染色法观察其染色组织。研究组织中的细胞收缩、膨胀、变形、破坏、空胞等，以及结构物质溶解、流出、凝固等状态。物质变化是研究化学染色的显微镜标本，了解色泽的深浅，掌握物质变化、物质增减，以及物质的转移、新生物质和侵入物质。分散状态变化，是根据显微镜观察研究物质的分散状态，固形物质或流动物质中的气胞、液胞、油滴、结晶等，将它们进行加热或用固定剂稳定后，制作一般标准标本，用显微镜观察，一般涂抹在载玻片上观察。各种显微镜的运用与观察种类有可视光线、紫外线、电子射线。其中可视光线又分为立体显微镜观察，用于低倍率的观察，配制试样；生物显微镜观察，用于一般观察；相位差显微镜观察，用于根据光学的厚度差观察细微构造；偏光显微镜观察，用于检测结晶体、淀粉的构造变化；熔点测定显微镜观察，用于测定结晶的熔点，加热引起的物质变化。

还有利用紫外线的荧光显微镜，观察检测组织内的荧光物质、细胞内物质的荧光方法。

电子射线运用又分为透视型电子显微镜和扫描型电子显微镜。透视型电子显微镜用来观察细胞、物质的细微构造。扫描型电子显微镜用来观察物质表面构造，细胞、组织内物质的细微立体构造。

4. 烹饪加工过程原料风味研究　食品的风味是食品的基本要素之一。它是指食物在入口之后，人的味觉器官、嗅觉器官和触觉神经等对其的综合感觉。风味包括滋味和香味两种。滋味来源于食品中的滋味呈味物质如无机盐、游离氨基酸、小肽和核酸代谢产物如肌苷酸、核糖等；香味主要由食品在受热过程中产生的挥发性风味物质如不饱和醛酮、含硫化合物等。味道和香气是食品的两个重要的感官特性，如食品在炖煮或烧烤的热处理过程中形成的化合物非常复杂，主要包括挥发性化合物形成香气特性；非挥发性与水溶性化合物形成味道与触觉特性；香味增强剂与协同增效剂，但是决定食品风味特征最主要的因素还是挥发性化合物以及一些杂环化合物产生。

目前，烹饪加工过程中原料风味物质的研究主要涉及以下内容：①天然产物中食品风味的来源、组成和特征；②用合成材料重新组成食品风味，增强或调整食品的风味，修正食品风味的缺陷；③对食品中与风味有关的关键成分进行质量控制；④研究人体嗅觉和味觉机理，增强消费者对食品的可接受性等。

随着科研手段和仪器的改进以及色谱和波谱技术的逐步完善，核磁共振、高分辨色谱质谱、气相色谱质谱联用以及高效液相色谱、电子鼻、电子舌等设备逐渐应用于食品的风味物质的研究中，使得风味的研究得以迅速发展。

5. 指标分析实例——烹饪原料加工中的水分变化　我们可以通过具体的实验事例来详述如何测定烹饪原料在加工过程中的成分变化。这里，以我的烹饪科学博士郭希娟——"油炸挂糊肉片在储藏过程中水分的动态变化"一文的实验为例，来阐述其分析方法。

（1）采用干燥法来测定原料中水分含量。

具体实验步骤如下：将 $1.0\ cm \times 1.0\ cm$ 的油炸挂糊肉片小块去糊绞碎用双层复合袋包装，$4\ ℃$ 冷藏放置一段时间使水分平衡。当混合样品含水量达到 55% 时，分别取 $5.0\ g$ 放入铝制干燥杯中，$70\ ℃$ 常压条件下分别干燥 1 h、2 h、3 h、4 h、5 h、6 h、7 h、8 h，取样时应立即盖上杯盖，并置入干燥皿中保持 30 min，称其质量，根据质量变化计算样品含水量，即可获得具有不同含水量的样品。取 2 g 样品于 $0\ ℃$、$10\ ℃$、$20\ ℃$、$30\ ℃$、$40\ ℃$ 条件下测定水分活度 a_w。每组重复 3 次。

（2）建立水分动力学模型和解吸等温模型来预测储藏过程中原料水分活度的变化。

①水分动力学模型：用 Fick 第二定律来解释水分在储藏过程中的散失过程。肉片中水分散失受肉片中成分、温度、水分含量等多种因素的影响。物料水分比（moisture ratio，MR）的计算如下式：

$$MR = \frac{M_0 - M_e}{M - M_e}$$

式中：M_0 为初始水分含量；M_e 为平衡状态的水分含量。

②解吸等温模型：食品的解吸等温模型的建立可以用来预测储存过程中 a_w 的变化。根据 Raoult（拉乌尔）定律，在特定的压力条件下，理想溶液的 a_w 等于溶剂的物质的量分数，a_w 的数学表达式如下式：

$$a_w = F \frac{N_1}{N_1 + N_2} = \frac{P}{P_0}$$

式中：F 是逸度系数，理想气体的逸度系数恒等于 1；N_1 为水的物质的量；N_2 是所有溶质的物质的量；P 为食品的水分蒸汽压；P_0 为纯水的蒸汽压。

③采用低场核磁来测原料中水分迁移的情况：具体实验步骤如下，用取样器取直径为 1.0 cm，高度为 3.0 cm 肉样放入进样管中，室温放置 5 min，每个实验平行 3 次。设定参数：质子共振频率 22.3 MHz，磁体温度 32 ℃，90°脉冲至 180°脉冲之间的时间为 200 μs，重复间隔时间 t_w 为 1800 ms，模拟增益为 20，横向弛豫时间 t_2 使用 CPMG 序列测量。得到的指数衰减图形使用上海纽迈电子科技公司的核磁共振分析应用软件进行反演，结果为离散型与连续型相结合的 t_2 谱，得到相应数据。t_{21} 表示深层结合水又叫结合水，主要是与蛋白

紧密结合的水;t_{22}表示不易流动水,流动性介于深层结合水和自由水之间,此部分水结合于蛋白质、糖等大分子之间;t_{23}表示自由水又叫流动水。

(三)实验研究分析方法

1. 感官分析法 感官分析是食品分析的重要方法之一,并因其综合、快速、准确、灵敏、与消费要求贴近等特点而是现代理化分析、仪器分析都无法取代的。感官分析是以人的感觉器官(眼、耳、鼻、口、手)作为分析仪器进行分析的方法,是一种对客观情况进行主观判断的分析方法。感官分析包括两方面内容:一是以人的感官测定物品的特性;二是以物品来获知人的特性。感官检验根据用途的不同分为两大类型,分析型和偏爱型。食品的质量特性有固有质量特性和感觉质量特性之分,固有质量特性不受人的主观影响而存在,例如食品的色、香、味、形、质等是食品本身所固有的,与人的主观因素无关,这种对食品的固有质量特性进行的分析称为分析型感官检验;感觉质量特性则受人的感知程度与主观因素影响,例如,食品的色泽是否悦目、香气是否诱人、滋味是否可口、形状是否美观、质地是否良好等则是依赖人的心理、生理的综合感觉去判断的,对食品的感觉质量特性进行的分析称为偏爱型感官检验。在食品的研制、生产和管理等过程中需要进行分析型感官检验,而在产品规划、市场调查和方案设计等过程中则需要进行偏爱型感官检验。分析型感官检验是把人的感觉器官当作一种测量分析仪器来测定物品的质量特性或鉴别物品之间的差异等,每次分析型感官检验根据不同的目的选择不同性质的评价小组进行,检验的最终结论是评价小组中评价员各自分析结果的综合,而并不看重个人的结论如何。

感官的评定原理建立在统计学、生理学及心理学的基础上。统计心理学是专门研究由化学或物理引起刺激与感觉关系,与风味有着密切的联系领域。在实际运用中就是感官分析。所谓风味就是人们吃完食物后都有经验性的感觉,有美味的感觉,或者尝过味道后,每个人都会根据自己的感觉进行评价,多数情况下,是五种感官分析总的评价。统计心理学与健康、心理状态等身体内部环境,饮食风俗、饮食习惯等饮食人文环境,气氛、温度、湿度等外部环境条件等相关。这些口味、香味以及人感受食物时的综合味道,除了感官分析外还没有别的方法。感官分析分差距识别法、风味与特性顺序法、风味或特定量化法和风味或特性内容分析法。差距识别法有2点比较法、3点比较法、1:2比较法和评点法。风味与特性顺序法有顺序法和一般比较法。风味或特定量化法有评点法、评定尺度法和一对比较法。风味或特性内容分析法有风味侧面描述法和语意区别(SD)法。

2. 理化分析法

(1)仪器分析法。这种方法是根据食品的物理和化学性质,利用精密的分析仪器对食品的组成成分进行分析的方法,是食品分析与检验方法发展的趋势。食品中微量成分或低浓度的有毒有害物质的分析常采用仪器分析法进行检测。仪器分析方法一般具有灵敏、快速、准确的特点,但所用仪器设备较昂贵,分析成本较高。目前,在我国的食品卫生标准检验方法中,仪器分析法所占的比例也越来越大。食品分析与检验常用的仪器分析法有紫外可见分光光度法、红外光谱法、原子吸收光谱法、原子发射光谱法、气相色谱法、高效液相色谱法、荧光分光光度法、薄层色谱法、电位分析法、库仑分析法、伏安分析法、极谱分析法、离子选择电极法、核磁共振波谱分析法以及气相色谱质谱、液相色谱质谱和等离子发射光谱质谱联用法等。此外,许多全自动分析仪也已经广泛应用,如蛋白质自动分析仪、氨基酸分析仪、脂肪测定仪、碳水化合物测定仪和水分测定仪等。

食品物理检验法主要有密度和相对密度检验法,折光率检验法,比旋光度检验法,黏度检验法,液态食品透明度、浊度和色度检验法,气体压力检验法,以及固态食品的比体积测定等。

食品物理检验法是根据食品的物理参数与食品组成成分及其含量之间的关系,可通过测定食品的物理量了解食品的组成成分、含量和食品品质的检测方法。食品物理检验法快速、准确,是常用的检验方法。物理检验的一种方法是直接测定某些食品质量指标的物理量,并以此来判断食品的品质,如测定罐头的真空度,饮料中的固体颗粒度,面包的比体积,冰激凌的膨胀率,液体的透明度、黏度和浊度等。食品物理检验的另一种方法是测定某些食品的物理量参数,如密度、相对密度、折光率、比旋光度等,并通过其与食品的组成和含量之间的关系,间接检测食品的组成和含量。质构仪可以检测食品多个机械性能参数和感官评价参数,是以食品组成成分的化学性质为基础进行的分析方法,包括定性分析和定量分析两部分,是食品分析与检验中基础的方法。

(2) 化学分析法。这种方法适于食品的常量分析,主要包括质量分析法(定性、定量分析法)和容量分析法。

①质量分析法:它是通过称量食品某种成分的质量,来确定食品的组成和含量的,食品中水分、灰分、脂肪、纤维素等成分的测定采用质量分析法;容量分析法也叫滴定分析法,包括酸碱滴定法、氧化还原滴定法、配位滴定法和沉淀滴定法,食品中酸度、蛋白质、脂肪酸价、过氧化值等的测定采用容量分析法。此外,所有食品分析与检验样品的预处理方法都是采用化学分析法来完成的。

定性分析是检测出化合物中有无某种元素或基团的分析。定性反应有利用石蕊反应、碘反应、茚三酮反应、靛酚反应的呈色反应,对酸、碱、淀粉、氨基酸和维生素 C 进行检测;有利用硝酸银沉淀、三氯乙酸沉淀方式的沉淀反应,对还原糖、氯离子、氯化钠、蛋白质的检测;有利用热凝固反应方式的凝固反应,对蛋白质的检测;有利用还原酶活性、磷酸酶活性的酶反应,对牛乳的鉴别;有利用食用色素染色、碘元素、碘化钾试剂染色方法,对餐具脂肪的残留和淀粉以及蛋白质的检测;还有利用硫胺素荧光法进行荧光发生,对维生素 B_1 的检测等。

定量分析是测定目的成分最终阶段的方法,有重量分析、容量分析、物理化学分析。重量分析是将目的成分从试样中分离出来,直接称出其重量的方法,有干燥方法,目的是对原料中水分和固形物定量;燃烧,因阻燃物质的存在,对原料中无机质(灰分)的定量;提取,因可溶性物质存在,对脂肪(醚提取物)的定量;沉淀,因不溶性物质存在,对沉淀生成物铁(氧化亚铁)的定量和硫酸根离子(硫酸钡)的定量;酸、碱分解的方法,原料中不溶性残渣存在,目的是纤维的定量。在原料一般成分分析中,水分、无机质(灰分)、脂肪、纤维四种成分,可能通过重量分析得出结果。

②容量分析法:它是选择试剂与目的成分在短时间内(瞬间)发生定量反应,了解原料成分变化的方法,此方法有非常广泛的利用价值。配制一般规定的已知试剂浓度,对目的成分进行滴定反应,反应终点用指示剂或电子设备等方法来判断。中和滴定是利用氢氧化钠、氢氧化钾、硫酸分别对含有机酸、游离脂肪酸和氮元素(氨)进行滴定,例如对食醋、果酸浓度,脂肪酸价、蛋白质等定量测定。沉淀滴定是利用硝酸银对氯离子进行滴定,例如对食盐定量测定。氧化还原滴定是利用高锰酸钾、二氯苯酚对铜离子、抗坏血酸进行滴定,例如对还原糖定量测定(斐林法)和维生素 C 定量测定(靛酚测定法)。碘滴定是利用硫代硫酸

钠对碘元素进行滴定。螯合滴定是利用 EDTA 试剂进行滴定,例如对水硬度的测定。

3. 微生物分析法 食品的微生物分析主要是指细菌学的检验,包括真菌及其毒素、食源性病原体毒素等的检验。经典的方法有固体培养基法、液体培养基发酵法等。在食品检验方面,生物检验技术具有严格检验与管理食品生产加工,利用生物相关特性及相关化学特征判定食品品质、检验食品安全性的特点,且其检验结果具有一定的精准性、所需设备简单、适用范围广,因此其应用十分广泛。近期出现了一系列新的技术更是推动了微生物分析法的发展,如食源性病原体的酶联免疫吸附试验(enzyme linked immunosorbent assay,ELISA)、保守序列的标记及其定量检测技术、特异性基因 DNA 芯片快速检验技术以及选择性吸附真菌毒素法和血清学快速分析等方法。这类方法由于操作简单快速、无须贵重仪器与设备,可在检测现场实施,因而近些年越来越受到人们的重视。

此外,实际分析工作中,样品的预处理技术和方法如样品溶液的制备技术、被测组分的分离纯化、干扰物质的消除方法以及分析方法的选择等,都与分析的准确度和精密度有关,这些技术都是研究方法的内容,都是不可忽略的重要问题。

(四)成品(菜点)质量的模糊数学分析方法

尽管目前先进的实验检测手段与方法已在食品工业中被应用,但由于烹饪的菜肴具有独特性,感官检验还是主要的检测手段,因此,对于烹饪菜肴质量的评定方法,适宜采用目前国际上广泛采用的模糊综合评判法。

模糊综合评判法是应用模糊数学中的模糊关系对感官检验的结果进行综合评判从而获得一个综合且较客观的结果的方法。

模糊数学将一系列需要研究的现象作为一个论域(即讨论范围)并将论域中一部分相互联系的因素称为集合。

下面以快餐食品质量评定为例,介绍这种方法的具体步骤。

1. 确定指标 在感官检验时,常选择若干个能反映食品质量的指标作为论域 U,

$$U=\{u_1,u_2,u_3,u_4\cdots u_n\} \tag{3-1}$$

u_n 表示有限个指标。采用模糊综合评判法对快餐食品进行感官检验时,采用以下能反映质量的指标定为论域,如制售速度、营养(均衡)、价格、品质、服务难易,用 U 表示。

$$U=\{u_1,u_2,u_3,u_4,u_5\} \tag{3-2}$$

其中,u_1 为(制售速度),u_2 为(营养),u_3 为(价格),u_4 为(品质),u_5 为(服务难易)。

2. 规定评语论域 设感官检验的评语论域为 V,

$$V=\{v_1,v_2,v_3,v_4\cdots v_m\} \tag{3-3}$$

评语可以用文字表示,也可以用具体数值或评定等级表示。

在本例中 $V=\{91\sim100\ 分(v_1),81\sim100\ 分(v_2),71\sim80\ 分(v_3),61\sim70\ 分(v_4),61\sim51\ 分(v_5)\}$。

3. 确定权重 对同一产品,由于各项指标对其质量影响不是完全平级的,因此需要确定它们的权重。

设权重因素为 X,

$$X=\{x_1,x_2,x_3,x_4\cdots x_n\} \tag{3-4}$$

其中,$\sum_{i=1}^{n} x_i = 1\ (0 < x < 1)$。

X 的因素是 U 中的一个模糊子集，X_n 与 U_n 是对应的，本例中权重 $X=(0.1,0.4,$ $0.2,0.2,0.1)$，即制售速度为 10 分，营养为 40 分，价格为 20 分，品质为 20 分，服务难易为 10 分。

4. 评判　在评判时，需选择若干名有经验评委设为 $K($人$)$ 一般选 5~10 人为宜，对各项感官指标进行评定，结果填入表内，如表 3-10 所示。

表 3-10　感官评定表

	V_1	V_2	V_3	V_4	$\cdots$	V_m
U_1	y_{11}	y_{12}	y_{13}	y_{14}	$\cdots$	y_{1m}
U_2	y_{21}	y_{22}	y_{23}	y_{24}	$\cdots$	y_{2m}
$\vdots$	$\vdots$	$\vdots$	$\vdots$	$\vdots$		$\vdots$
U_n	y_{n1}	y_{n2}	y_{n3}	y_{n4}	$\cdots$	y_{nm}

本例中，选用 10 名评委对产品评分列表 3-11。

表 3-11　对产品评分情况

	90~100 分	81~90 分	71~80 分	61~70 分	51~60 分
销售速度	1	2	5	2	0
营养	2	3	4	1	0
价格	0	3	5	2	0
品质	1	2	3	4	0
服务难易	2	2	4	1	1

其中，$\sum\limits_{ij}^{n} Y_{ij}=K \quad i=1,2,3\cdots n$。

5. 构造模糊关系矩阵　将表中数据分别除以总数 K，即可得到一组关系，称为模糊矩阵 $\mathbf{R}$。

$$\mathbf{R}=\begin{bmatrix} \dfrac{y_{11}}{K} & \dfrac{y_{12}}{K} & \dfrac{y_{13}}{K} & \cdots & \dfrac{y_{1n}}{K} \\ \dfrac{y_{21}}{K} & \dfrac{y_{22}}{K} & \dfrac{y_{23}}{K} & \cdots & \dfrac{y_{2n}}{K} \\ \vdots & \vdots & \vdots & & \vdots \\ \dfrac{y_{m1}}{K} & \dfrac{y_{m2}}{K} & \dfrac{y_{m3}}{K} & \cdots & \dfrac{y_{mn}}{K} \end{bmatrix}$$

也可以表示 $\underset{\sim}{\mathbf{R}}(V_{ij})n\times m$

其中，$0<V_{ij}<1$，　$i=1,2,3\cdots n$，　$j=1,2,3\cdots m(ij$ 表示行与列$)$。

$\mathbf{R}$ 称为综合评判的模糊关系矩阵，它包含了与评审有关的所有模糊信息。

本例中 $m=5,n=5$（表示为 5 行 5 列的矩阵），由其表中数据得模糊矩阵关系：

$$\mathbf{R} = \begin{bmatrix} 0.1 & 0.2 & 0.5 & 0.2 & 0 \\ 0.2 & 0.3 & 0.4 & 0.1 & 0 \\ 0 & 0.3 & 0.5 & 0.2 & 0 \\ 0.1 & 0.2 & 0.3 & 0.4 & 0 \\ 0.2 & 0.2 & 0.4 & 0.1 & 0.1 \end{bmatrix}$$

6. 模糊运算 产品感官评判的 $\underset{\sim}{\mathbf{Y}}$ 结果是模糊向量和模糊关系矩阵的合成。

$$\underset{\sim}{\mathbf{Y}} = \underset{\sim}{\mathbf{X}} \cdot \underset{\sim}{\mathbf{R}}$$

$$\underset{\sim}{\mathbf{Y}} = (y_1, y_2, y_3 \cdots y_m) = (x_1, x_2, x_3 \cdots x_m) \cdot \begin{bmatrix} r_{11} & r_{12} & r_{13} & \cdots & r_{1m} \\ r_{21} & r_{22} & r_{23} & \cdots & r_{2m} \end{bmatrix} \quad (3\text{-}6)$$

其中，$y_m = \wedge_{k=1}^n (X_k \wedge V_{kj}) (j=1,2,3,4 \cdots m)$。

"∨"表示两个数值中取大值，"∧"表示取小值。"·"表示两个模糊关系合成运算。在本例中 $X=(0.1,0.4,0.2,0.2,0.1)$，由矩阵得 $y_1=0.2$。

同理得到 y_2, y_3, y_4, y_5，分别为 $0.3, 0.4, 0.2, 0.1$。

故 $\underset{\sim}{\mathbf{Y}} = (0.2, 0.3, 0.4, 0.2, 0.1)$

7. 归一化处理 运算后得到各数的总和应为1，否则需归一化处理。本例中各数和为1.2，故需经归一化处理：

$$\underset{\sim}{\mathbf{Y}} = (0.2/1.2, 0.3/1.2, 0.4/1.2, 0.2/1.2, 0.1/1.2)$$

$$\underset{\sim}{\mathbf{Y}} = (0.17, 0.25, 0.34, 0.17, 0.09)$$

8. 评判结果 将得到的结果与 $\underset{\sim}{\mathbf{Y}}$ 原假设的评语论域比较，评判结果峰值表综合评判的最佳评判结果。本例中，模糊关系在综合评判结果峰值为0.34，即该产品得分为71~80分。

9. 具有同种峰值产品的比较 如果在评判中出现峰值相同的情况，可采用"重心偏移法"来比较。

如：现有另一产品2号，前例中设为产品1号。最终得到的评判结果为：

$\mathbf{Z}=(0.17,0.25,0.34,0.24,0.18)$。它与前例中的评判结果峰值相同。

现分别用下面的模糊关系曲线表示二者，如图3-13和图3-14所示。

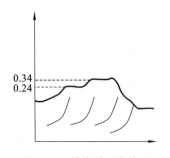
图 3-13　模糊关系曲线 1

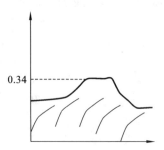
图 3-14　模糊关系曲线 2

由图3-12与图3-13可知，虽然它们峰值都出现在同一范围内均为0.34，但二者中各数值分布不一样，右边出现一个次峰0.24，这表明分数向高位移动，产生"重心偏移"，即10名评委中，多数认为产品2号得分在71~80分之间，还有一部分评委认为应在81~90分之间。而评委对产品1号意见较一致，在71~80分之间，所以产品2号比产品1号好。

以上讨论的数学模型，能够编成计算机程序，只要输入评判分数，运算由计算机完成，最后打印出评判结果即可。

六、总结——撰写科研论文

对于实验研究者来说,撰写实验论文是实验课题研究的最后一个程序。科研论文是一种专门用于实验成果研究验收、鉴定的实用性报告。它是研究者在成果研究结束后对研究成果进行客观、全面、实事求是的总结描述,是科技成果鉴定中最重要的材料,也是实验成果验收、鉴定的主要依据。

(一)科研论文的主要内容

一篇符合规范的科研论文,需要包含以下三个内容:一是"为什么要选择这个选题进行实验研究?"即研究这个选题有什么理论意义和现实意义。二是"这个选题是怎么进行研究的?"要着重讲清研究的理论依据、实验目标、实验内容、实验方法及步骤,讲清研究的主要过程。三是"该实验研究取得了什么样的成果?"即成果和创新点是什么。

1. 实验研究提出的背景 用简洁的语言清楚地阐述该实验的相关研究在国内外的研究现状,选择这个选题进行研究的原因。

2. 实验研究的意义 实验研究的意义包括理论意义和现实意义。理论意义是指为该研究方向的理论做了哪些补充、拓展或者创新;现实意义是指对相关领域的现状有哪些具体的作用,有什么实质性的帮助。

3. 实验研究的理论依据 实验研究的理论依据是进行实验研究的理论指导。实验研究需要在一定的理论指导下来进行。这部分的陈述要求理论依据要具体,要围绕实验研究的需要,有针对性地列出实验研究所依据的若干个具体的理论观点或若干项具体的政策,所依据的理论要具有科学性和先进性,所选择的政策要具有时代性。

4. 实验研究的目标 实验研究的目标体现在研究的方向上,是实验研究预期达到的目标。当实验结束后,通过预期实验目标与最终实验成果的对比可以得到实验的完成程度。

5. 实验研究的主要内容 对研究主要内容的表述应当紧扣实验研究目标,简明扼要,准确中肯,一目了然。实验研究的主要内容与实验研究创新性有着密切的内在联系,主要内容的研究结果必须在研究成果的创新性中有所体现。

6. 实验研究的方法及步骤 一项成果的研究,往往要采用多种科研方法。包括研究对象取样和选择的方法;资料收集与处理采取的方法;研究因素的操作与控制的方法等。对于烹饪科学研究来说,具体的实验方法如单因素实验法、正交实验法、模糊数学法、对比实验法等;还有最后进行数据分析处理也有许多的方法。一般实验研究分为准备、实施、总结三个阶段。在每个阶段中简要陈述做了哪项工作,并且在研究过程中解决的技术难题、难点及采取的科学方法等。

7. 实验研究的主要过程 这部分是整个科研论文比较重要的部分。需要通过对实验研究过程进行回顾、梳理、归纳、提炼。具体地陈述实验研究采取哪些措施、策略,或对基本的做法来展开研究。要运用理论知识和实验数据将每一步的实验研究过程阐述清楚,具有一定的逻辑性,不能用总结式的语言撰写。

8. 实验研究的科学性、创新点 这个部分是整篇科研论文中最为重要的部分。决定一篇科研论文能否全面、准确地反映实验研究成果的基本情况,使研究成果具有推广价值和借鉴价值。要严谨地提出结论,切忌夸夸其谈、妄下结论,任意引申和发挥。

9. 实验研究中存在的问题及未来展望 每一个实验进行的过程中都不是完美的,因此在这部分需要找出实验过程存在的问题。而且要阐述对今后相关研究的设想,如何开展后续的研究等。

(二)科研论文的结构

1. 题目 开门见山,便于检索。

2. 作者及单位 清晰明确,不存异议。

3. 摘要 高度概括,中英文摘要。

4. 关键词 专业术语,一般为2~5个。

5. 引言 提纲挈领,引出问题。

6. 正文 论文主体,依序而论。

7. 结论 言简意赅,逐条列出。

8. 致谢 实事求是,真诚致谢。

9. 参考文献 依据国标(GB/T 7714—2005《文后参考文献著录规则》)规定执行。

10. 附录 补充阐释,编号逐个列出。

(三)撰写科研论文的注意事项

1. 关于署名 直接参加论文工作者,按贡献大小依次排列。

2. 关于致谢 提供资助的基金、项目,对论文工作提供较大帮助者。

3. 关于保密 根据国家保密法及知识产权要求执行。

4. 关于"首次" 科技查询,慎重提及。

总之,烹饪科学实验是一门综合性科学实验,其完整的体系应包括烹饪操作、烹饪原料化学、烹饪原料食品组织学及菜肴品尝心理等方面的内容和方法。只有完善烹饪科学实验体系的构建,才能对菜品的创新、菜品品质的分析、烹饪加工过程中成分和组织的变化、烹饪操作的标准化研究提供科学的依据和分析问题、解决问题的方法。

第四节　烹饪科学研究进展

在第一章我们界定狭义的烹饪学即烹饪科学,它是针对烹饪的自然科学属性而言的。烹饪科学是关于将原料加工为直接食用的食品——菜肴、面点的一般规律的科学。其研究对象包括原料的选择、工具选用、工艺条件优化、成品状态(成分、性状、品质)及其食物成分的相互作用的知识体系。烹饪的核心要义是以手工操作为主的食品加工,因此,狭义的烹饪学是研究食物原料的选取、预加工、切配(成型)、成熟、调味,使之成为营养素符合人体需求,味、触(口感)、香、色、形等感官状态符合人们审美习惯的成品(菜肴、面点)的应用科学。烹饪工艺从对象上可分为制作菜肴的烹饪工艺和制作面点的面点工艺两部分。通过查阅关于研究烹饪工艺的文献,总结其研究重点,将其按照烹饪工艺单元操作进行分类,如表3-12所示。

表 3-12 烹饪工艺单元操作研究进展概述

单元操作		博士论文/篇	硕士论文/篇	期刊论文/篇	综述/篇
烹饪原料的选择		1	2	4	11
烹饪原料初加工	鲜活原料初加工	1	34	16	4
	干货原料初加工	0	5	46	31
烹饪初步加热处理	焯水	1	1	11	1
	走红	0	4	5	1
	过油	1	0	5	1
	汽蒸	0	1	10	1
烹饪前处理	配菜	0	2	1	2
	上浆、挂糊	1	2	24	5
	制汤	0	13	23	3
加热烹制	水传热	2	16	42	2
	油传热	5	10	268	8
	固体传热	0	6	26	0
	蒸汽传热	1	8	34	3
	热辐射	0	5	48	0
调味技术		0	2	23	4
勾芡		0	4	4	10

注:本表格的统计时间为 2018 年 11 月 20 日。

在烹饪工艺中,原料切配、加热烹制、调味被称为核心技能,是影响菜肴品质的关键因素,因此,这里主要介绍烹饪传热介质及其调味技术的研究进展。

一、以水为传热介质

水传热是以水为加热体,在热作用下,使原料受热变性成熟的烹饪方式。水传热烹饪的食物避免了烧烤类食物长时间烹制而产生的致癌物,是一种健康的烹饪方式。"水烹"是典型的水、火共烹法,在"火烹"的基础上,由于水传热介质的加入,使水传热烹饪工艺特征明显,对于烹饪原料的营养成分和感官性状都产生影响。这里,我们对水传热介质的烹饪工艺研究进展进行归纳与展望。

(一)水传热烹饪工艺的特征

以水为传热介质的烹饪技法主要包括烧、煮、炖、卤、煲、汆、涮、烩、焖、扒、煨、熇、焯等。在传统的烹饪进程中,水作为一种重要的传热介质,被广泛地应用于水焯和水煮工艺中。水焯主要是使被烹饪的原料熟化成半成品,去除不被接受的异味;使烹饪原料内部组织软化,缩短烹饪时间,便于人体吸收。水煮是水传热烹饪工艺中最常见、功能最齐全的一种烹饪技法。水煮是将初步熟处理后的半成品原料中加入适量的水烹制成菜的一种烹饪方法,主要适用于质地柔软、体积较小的食材。以水作为传热介质烹制的菜肴成品汤汁浓醇、质地烂而不腻。

水作为传热介质具有比热容大、导热性能均匀的优点,加之水的化学性质单一,不会产生有害物质,对原料本身风味不会产生不利的影响,不易焦化,价格低廉。在不同水量、温度与时间的作用下,烹制的菜肴会形成不同软、烂、嫩等主题风味特色,但同时也会造成一部分营养素的损失,尤其是水溶性维生素,一些氨基酸、脂肪也会流失于水中,不利于菜肴色泽与硬度的保护。水的沸点较低,标准状况下为 100 ℃,在此温度下进行烹饪的食物营养损失相对较少,感官品质较好。在不同的水量、温度与时间作用下,菜肴会形成各种风味特色,因此水传热是生活中应用十分广的烹饪方式。

水传热烹饪过程主要是通过水的对流作用,对烹饪原料进行强化换热,在加热过程中,加热散失的热量会源源不断地被后期加热的热量补充,使得原料在加热的过程中可以保持快速而均匀的受热。在水传热烹饪加工过程中,烹饪原料会发生一系列的物理、化学变化而使得原料组织变性分解,达到保存菜肴香气、原汁原味的目的。因此以煮制为代表的水传热烹饪方法被广泛地应用于人们的日常生活中。水传热烹饪工艺主要与传热时间、传热温度、原料的性质有关。加热时间越长、温度越高的原料传热速率越快。

(二)水传热烹饪工艺对原料营养素变化的研究进展

1. 蛋白质的变化　水传热烹饪工艺是常用的肉类菜肴熟制工艺,如水煮等适当的热处理可以提高菜肴品质,但过度的加热处理方式则会导致原料的持水力降低,风味性质变差,而蛋白质的变性程度则是影响热处理后原料品质变化的主要因素之一。2013 年 L. Asghari 等在水煮、油炸和微波处理对虹鳟鱼片近似成分影响的实验中,研究了虹鳟鱼在油炸、水煮和微波处理后蛋白质的变化,结果得出所有的烹饪方法都会使得烹饪原料的总蛋白质含量升高。而 2012 年 Yun、张锐等在水煮和微波处理对巴西蘑菇营养品质及抗氧化能力影响的实验中,得出水煮会降低烹饪原料的蛋白质含量。2015 年李晓龙等在水煮加热虾肉蛋白质变化的实验中,得出蛋白质及其组分含量变化随加热温度的升高而升高,其中 80 ℃ 最为明显。2018 年彭珠妮等在水煮牛肉冷藏期间脂质和蛋白质氧化与质构特征变化的实验中,研究了水煮处理后的牛肉条在 4 ℃冷藏 0~5 天的条件下,牛肉中血红素铁含量与脂质与蛋白质氧化之间的关系,随着储藏天数的增加,牛肉中血红素铁含量呈下降的趋势,而非血红素铁含量呈上升趋势。2015 年何小龙在低压水煮草鱼肉的品质及营养特征的实验中,通过研究不同压力对水煮草鱼肉中粗蛋白质含量的影响,得出随着加热压力的不断减小,草鱼肉中的粗蛋白质含量稍有增大。2017 年刘韵等在不同水煮时间对单环刺螠汤汁调味基料营养和呈味成分的影响的实验中,研究了不同水煮时间(0.5 h、1 h、2 h、3 h)对单环刺螠营养成分的影响,结果表明水煮时间对汤汁中可溶性蛋白质含量有显著影响,表现为随着水煮时间的延长,可溶性蛋白质含量随之增高。2013 年钟鸣等在不同的水煮条件对花刺参体壁形态结构和蛋白溶失影响的实验中,研究了不同水煮时间与温度对花刺参蛋白溶失率的影响。随着水煮条件的不断进行,花刺参中的收缩胶原纤维的交联结构会逐渐消失,胶原蛋白不断发生变性,进而呈现纤维凝胶化而溶失。综上所述,随着温度和时间的递增,蛋白溶失率逐渐升高,其中 70~80 ℃为临界温度。

2. 矿物质变化　矿物质是衡量一道菜肴营养物质含量的因素之一,在水传热烹饪加工过程中,常常伴随着矿物质流失的问题,因此在实际的保护措施中应避免矿物质溶出。2013 年 L. Asghari 等在水煮、油炸和微波处理对虹鳟鱼片近似成分影响的实验中,研究了水煮对虹鳟鱼矿物质组成(钠、钙、镁、钾、磷、铁、锌)的影响,其中生鱼样本中矿物质含量的顺序依次为磷、钾、钠、钙、镁、铁、锌,而水煮后钠和磷含量显著降低。2015 年何小龙在低压水煮草鱼肉的品质及营养特征的实验中,研究了不同压力条件下水煮草鱼肉中钾含量的变化,研究表明常压条件下与 0.6 bar、0.4 bar 压力条件下水煮草鱼肉中的钾含量之间存在显著的差异。2017 年刘建华等在高温水煮和酸煮对猪骨硬度及化学成分影响的实验中,研究了不同煮制时间与不同体积分数醋酸含量处理后猪骨钙、磷含量以及猪骨中钙、磷溶出量,结果表明加酸可促进猪骨钙、磷溶出。总的来说,水煮后烹饪原料的矿物质有损失,在加压以及加酸的情况下矿物质的溶出量增加。

3. 维生素变化　维生素是维持人体正常生理功能所必须的营养物质,但在烹饪加工过程中极易损失,尤其是水传热烹饪工艺,采用恰当的加工处理方法以减少维生素的流失是值得注意的问题。2010 年陈宝宏在不同水煮时间对青椒中维生素 C 含量的影响的实验中,研究了不同水煮时间(3 min、5 min、10 min)对青椒中维生素 C 含量的影响,结果表明水煮时间对青椒维生素 C 含量有显著影响,且随着煮制时间的延长,维生素 C 含量损失增加。2016 年吴萧在不同烹饪方法对苦瓜中维生素 C 含量影响实验中,在相同的加热温度与时间下,采用三种烹饪方法(煮、炒、炖)对木瓜进行加热处理,结果得出在烹饪温度为 80 ℃,烹饪时间为 3 min 时木瓜维生素 C 保持率最高。2015 年何小龙在低压水煮草鱼肉的品质及营养特征的实验中,研究了不同压力条件下水煮草鱼肉中生育酚含量的变化,结果得出随着压力的降低生育酚的含量逐渐升高。1993 年 Mikael 在蒸煮、真空蒸煮对花椰菜感官品质影响的实验中,研究了蒸和煮以及真空低温烹饪三种烹饪方法对花椰菜果实中维生素的保存情况,结果表明煮制处理的样本维生素保留量最低。2009 年 Yuan 等在不同烹饪方法对西蓝花保健成分影响的实验中,发现水煮、蒸、微波加热、炒、先煮后炒五种烹饪方法均使西蓝花中维生素 C 含量下降,其中水煮后炒制使维生素 C 损失最严重,损失率为38%;漂烫处理西蓝花维生素 C 含量损失率要高于微波处理,但是低于水煮处理。总的来说,煮的烹饪方法会造成大量维生素的损失,但在恰当的温度及时间的处理下烹饪原料维生素的损失率会有所降低,加压也会造成维生素的损失加剧,因此在实际的烹饪操作过程中要控制压力、温度及时间。

4. 脂肪变化　脂质氧化是形成风味物质的主要途径,而风味是决定菜肴好坏的关键因素。2018 年何立超等在不同煮制时间对水煮鸡蛋质构及蛋黄脂质成分影响的实验中,研究了不同水煮时间(10 min、15 min、20 min、25 min)对鸡蛋蛋黄脂质成分的影响,结果得出在煮制 15 min 前单不饱和脂肪酸含量下降显著而多不饱和脂肪酸含量变化不显著,之后延长煮制时间单不饱和脂肪酸并未见有显著变化而多不饱和脂肪酸含量显著下降。2015 年殷廷等在海参水煮液多糖和脂肪酸组成分析的实验中,采用 GC-MS 分析脂肪酸组成,结果共检测出 9 种饱和脂肪酸、11 种单不饱和脂肪酸以及 8 种多不饱和脂肪酸。2015年王瑞花等在葱姜蒜混合物对炖煮猪肉感官品质、脂肪氧化及脂肪酸组成影响的实验中,研究了葱姜蒜混合物不同添加量对炖煮猪肉脂肪氧化与脂肪酸组成的影响,结果表明葱姜蒜混合物能够抑制炖煮猪肉中硫代巴比妥酸值与过氧化值的产生,添加量为 15% 时效果最佳,与此同时,添加葱姜蒜混合物能够使单不饱和脂肪酸和多不饱和脂肪酸含量显著升高,改善炖煮猪肉营养价值。

(三)水传热烹饪工艺对原料感官性状变化的研究进展

1. 风味物质变化　菜肴的风味多指滋味与香味。滋味指品尝到的咸、甜、酸、鲜等味道,而香味物质主要来自挥发性的醛、烃、酮、醇、酯等。由于烹饪技法的多样性,加之调味料的作用,菜肴的呈味状态较为复杂。不同的煮调方式会影响烹制食材活性物质的浸出量,进而影响其风味与口感。其中以水传热烹饪工艺为代表的烹饪技法如炖、煮通常呈味多样,值得深入研究。2017 年侯莉等在炖煮牛肉的风味物质分析的实验中,采用气相色谱质谱(简称 GC-MS)联用与气相色谱嗅闻分析两种方法检测牛肉的风味物质,结果共检测出 162 种挥发性化合物以及 74 个气味活性区,并得出了 3-甲硫基丙醛对炖煮牛肉风味影响最大。陈海涛等也得出了相似的结论。2018 年黄名正等在添加氯化钠对炖煮牛肉挥发性风味成分影响的实验中,研究了两种炖煮方式(添加氯化钠、不添加氯化钠)下牛肉的挥发性风味物质,经过两种方式相互补充的烹饪操作后共检测出 62 种挥发性成分。2017 年Zhang 等在牦牛骨汤挥发性化合物的气相色谱质谱联用检测指纹图谱的实验中,对比了 2种不同来源的牛骨汤风味的差异。2017 年 Gong、Ma 等通过使用 GC-MS 与电子鼻对辣牛肉的挥发性成分进行了分析。2017 年肖群飞等在猪五花肉炖煮肉汤香气物质的分析鉴定的实验中,采用气相色谱质谱联用检测出 102 种化合物,进行气相色谱嗅闻分析检测出 39个气味保留区。2017 年赵健等在猪骨炖煮香气物质的分析鉴定的实验中,利用 GC-MS 对炖煮猪骨香气物质进行了分析鉴定,结果共鉴定出 127 种化合物,通过稀释法气相色谱嗅闻分析,检测出 46 个气味活性物质。2011 年曾画艳等在清炖与红烧猪肉挥发性风味成分的 GC-MS 比较的实验中,研究了两种烹饪方式(清炖与红烧)对猪肉挥发性风味物质的影响,并与生肉样品进行比较,结果表明熟制后肉香贡献化合物总数显著大于生猪肉,其中在清炖与红烧猪肉中分别检测出 68 和 69 种挥发性风味成分。

2. 颜色变化　在实际的烹饪过程中,人们更倾向于保持果蔬原有的绿色,而叶绿素是果蔬维持绿色的主要物质。叶绿素是一种以二价镁离子为形成体,四个吡咯环为配位体配合物的脂溶性色素,在受热的情况下,蛋白质会发生凝固进而失去对叶绿素的保护作用,叶绿素便会在有机酸的作用下形成黄绿色的脱镁叶绿素,进而影响植物性原料的色泽。而水传热烹饪方法对动物性原料色泽的影响则不显著,杨君娜也证实了这一结论。因此,水传热烹饪方法对烹饪原料颜色影响的研究主要集中于植物性原料上。2015 年贾丽娜在速冻调理回锅肉加工工艺及冻藏期间品质变化研究的实验中,通过回锅肉配料青椒护色的实验得出,漂烫可以使青椒组织中的空气逸出,折射光减少,色泽比原料青椒的色泽更加鲜绿,此外,实验还研究了在漂烫时添加不同浓度氯化钠(0.0%、0.2%、0.4%、0.6%、0.8%、1.0%)的护色效果,结果表明添加氯化钠对青椒色泽影响较大,并得出了氯化钠有较好的护色效果,最佳的护色添加浓度为 0.6%。2011 年高伟民在青辣椒在水煮过程中护色措施的研究以及护色剂对硬度影响的实验中,研究了三种护色剂($NaHCO_3$、维生素 C、$CuSO_4 \cdot 5H_2O$)对水煮青椒颜色的影响,结果表明只有 $NaHCO_3$ 具有护色效果,且最佳的护色添加浓度为 300 mg/L。2011 年胡燕等在常用护色剂对水煮藕片品质影响的实验中,通过研究双氧水(过氧化氢)、亚硫酸钠和次氯酸钠三种护色剂对水煮藕片褐变的影响,以明度、总色度差以及褐变度作为评判指标,结果得出了三种护色剂均有抑制水煮藕片褐变的作用。

3. 质构变化　质构是评判烹饪原料感官好坏的重要指标之一。原果胶作为植物细胞壁的主要成分,是决定植物性原料质构好坏的重要因素。通常细胞间的原果胶以及纤维素会与蛋白质紧紧地结合在一起形成黏合剂,使烹饪原料组织间的细胞进行黏合而产生脆度。但是原果胶在果胶酶或加热条件下极易水解成果胶和果胶酸,致使细胞间变得松软,因此,烹饪原料感官上表现为脆度下降。2012 年袁宗胜在水煮毛竹笋片罐头的保脆工艺的实验中得出,三聚磷酸钠和氯化钙对竹笋的脆度有影响,而且保脆剂的配比对竹笋脆度的影响最大,保脆剂的最佳比例为三聚磷酸钠:氯化钙＝1:2。2016 年 Gang 等在微波结合保脆剂对小米辣椒脆度影响的实验中,通过单因素实验确定微波漂烫的最优条件,结果表明最优工艺为微波功率为 525 W、处理时间为 64.5 s、乳酸钙添加量为 0.08%。总的来说,水煮会降低烹饪原料的脆度,因此,在实际的烹饪过程中可通过添加保脆剂、优化操作条件等进行保脆,从而实现水传热烹饪过程中原料质构的最优化。

（四）展望

随着水传热烹饪方法的不断拓展应用,人们越来越重视水传热烹饪过程中营养素与感官品质的调控。目前在营养素的研究方面,国内外并没有一种较好的水传热烹饪方法可以最大化地降低营养素的流失,因此今后的研究重点仍应集中在找出防止营养素流失的有效措施上;在感官品质研究方面,目前多是测定风味物质的研究,几乎没有增强原料风味方面的研究;在蔬菜的护色与保脆方面,多是单品蔬菜的研究,而蔬菜的护色与保脆鲜有人研究,尤其是菜肴类调理食品,在储藏期间蔬菜的品质更是需要把控的。目前对于水传热的研究,虽已经总结了一定的数据,但国内的研究数据较少,对于营养素流失与感官调控上还有很多的不足,因此寻求一种既健康又营养的水传热烹饪方法仍是未来需要努力的方向,这将为今后进一步研究水传热的烹饪方法提供一定的理论指导。

二、以油脂为传热介质

油传热是指在高温作用下烹饪原料与油脂直接接触从而对烹饪原料热加工的一种烹饪工艺,油脂作为传热介质具有高密度和高热容量特征,因此传热速率很快,为水传热速率的 2 倍左右,且由于油炸食物特有的风味和色泽,油炸加工工艺风靡整个欧洲乃至全世界,仅我国每年就有成百上千吨的油脂应用于煎炸方面。图 3-15 显示油炸过程中,伴随着油脂的热传递和油脂的氧化,植物性烹饪原料发生了一系列的物理化学反应,主要包括水分损失、油脂吸收、表面硬壳形成、淀粉糊化、芳构化、蛋白质变性、水解反应、氧化反应、油脂聚合反应和美拉德反应引起的色泽变化等,这些物理化学变化会使烹饪原料的品质指标发生改变。因此在烹饪加工工艺中研究油炸过程的传热机理及对烹饪原料品质指标的动态相关性影响成为一种趋势,逐渐受到公众关注。

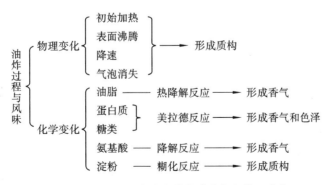

图 3-15　煎炸过程中发生的化学变化和物理变化

表 3-13 显示油炸传热过程中烹饪原料品质指标变化种类和机理,1996 年 Yi 在食品油炸过程中传热传质参数建模的研究中发现,油炸过程中油脂的传热和烹饪原料的传质是一个动态平衡的过程,因此油炸过程中烹饪原料的水分蒸发、吸油的量、组织结构、外壳厚度

都会对油炸产物的感官评价指标产生影响,甚至产生有害物质,影响人类健康。目前的文献大多关于煎炸过程中油脂的变化过程,对煎炸过程中烹饪原料品质指标变化过程的动态分析却很少,本文对煎炸过程中的热传递与烹饪原料品质变化相关性进行详细阐述,并对最新的研究进展加以总结,以期对未来的油炸工艺起到一定的借鉴作用。

表 3-13　油炸传热过程引起的烹饪原料品质指标变化种类和机理

指标	煎炸过程中变化机理
色泽质构特征	美拉德反应呈现金黄色泽; 油炸传热会使烹饪原料的结构组织发生较大的坍塌,从而导致孔隙率增加
吸油量	随着水分的散失,油脂会渗透进烹饪原料,且烹饪原料温度越低,压强越低,油脂的渗透效果越明显
微观结构	油炸使烹饪原料受热逸出水分,形成小孔,随着油炸程度增加,小孔变大
有害物质	油炸传热的高温作用下,烹饪原料易发生化学反应,形成多环芳烃、杂环胺类化合物和丙烯酰胺等有害物

(一) 烹饪中油传热机理与影响因素

1. 油传热机理　煎炸过程中,油传热介质为油脂。煎炸过程的热传递方式主要为热传导,热传导使得烹饪原料在高温作用下发生化学物理变化进而形成外焦里嫩的口感和鲜香诱人的风味。油炸烹饪加工过程一般被定义为四个阶段:第一阶段为水分转移阶段。通过热对流传导,烹饪原料表面水分达到沸点。第二阶段,烹饪原料表面水分沸腾并且蒸发,烹饪原料表面包围的蒸汽形成一层保护膜,阻止油脂渗入烹饪原料内部。因此,由于水分的存在,热传递由直接对流变成强制对流,这种对流方式提高了热传递系数。高温和表面水分蒸发的双重作用导致烹饪原料表面变硬逐渐形成酥脆的外表和金褐色的色泽,这一过程使烹饪原料毛细管中的水分散发出来,烹饪原料因此出现空隙变得蓬松,油脂的传递便开始产生,煎炸的油脂渗入空隙流进烹饪原料。第三阶段烹饪原料内部温度逐渐达到沸点,烹饪原料中心熟化,淀粉糊化和蛋白质变性等化学变化会发生在这一阶段,表面壳层厚度增加,水分蒸发减少。第四阶段,表面水分蒸发停止,烹饪原料表面不再出现气泡。

煎炸过程发生的化学变化主要有两类,第一类是烹饪原料本身在高温作用下,表面化学物质发生分解、聚合,并在水分蒸发作用下发生水解反应。第二类是油脂与烹饪原料中的相互交换作用,油脂接触氧气发生氧化,形成的氧化产物会同烹饪原料本身的醛类等化学物质发生反应,形成油炸食物特有的香气和风味。

2. 油传热传质影响因素　油传热速率受烹饪原料种类、形状与大小,油料比,油炸温度等因素影响。不同烹饪原料特有固体属性不同,传热系数不同。2002 年 Moreira 在油炸模型建立的实验中,认为油炸是在温度为 160～205 ℃的热油中,食物由生至熟的一种加工工艺,且这种加工工艺包含了热量传递和质量传递两个过程。1996 年 Paul 在煎炸过程中脂肪/油脂的动态物理特征的实验中,发现传热与传质是一个动态平衡过程,因此传质的速率与传热的速率密切相关。1996 年 Dincer 在产品油炸过程中传热传质参数建模的实验中,研究马铃薯煎炸过程中的传热传质模型,将温度和水分含量作为影响油炸系数和阻碍系数的影响因子,从而推算油炸动力学模型中热扩散系数、传热系数、湿扩散系数和湿传递系数。事实上,热量随着油脂的传递渗透到食物中,并导致食物内部水分蒸发,正是这种现象导致烹饪原料内部毛细管路径的形成和增加,空隙率的增加导致油脂进入烹饪原料速率增大,给烹饪原料中心带来的热量也随之增多,而不同的烹饪原料组织结构不同,水分分布不同,空隙的分布情况不同,传热速率也有所不同。

油炸温度不同,传热速率不同。2017 年汪孝等在油炒温度对猪肉水分影响的实验中研究发现,对于同样的成熟终点值,油温越高,达到终点值时间越短,速率越快。2001 年 Krokida 在油炸土豆条质量问题的实验中研究发现,增加油炸温度导致孔隙率的增加,进而传热速率增加。2000 年 Southern 在构建简单移动边界模型来确定土豆煎鸡蛋时间的实验中发现,模型预测情况较实际情况变化浮动大,原因是传热系数为烹饪原料本身作为固体特有的,当烹饪原料受热水分蒸发后,固有性质发生改变,传热系数也会随之改变,而模型未能将这点纳入考虑。

烹饪原料形状大小不同,油料比不同,传热速率也不同。1996 年 Dincer 在食品油炸过程中传热传质参数建模的实验中,研究了三种不同形状的马铃薯深度油炸情况,发现不同形状的马铃薯具有不同的传热速率。2013 年邓力在炒的烹饪过程数值模拟与优化及其技术特征和参数分析的实验中,研究发现特征尺寸、颗粒厚度越小的烹饪原料,传热速率越快。油料比即油脂和烹饪原料的比例,2013 年邓力中式烹饪热/质传递过程数学模型构建的实验中研究发现,过低的油料比会对油传热速率产生不利影响,油脂作为传热的介质不能及时补充水分蒸发损失的热量,油温会迅速下降,影响烹饪传热效率。

总的来说,传热系数是烹饪原料作为固体特有的属性,不同的烹饪原料具有不同的传热系数,这与烹饪原料孔隙率、空隙分布情况、烹饪原料形状和大小相关,且油炸温度越高,热传递速率越快,油料比越小,传热速率越慢。

3. 油传热加工工艺的种类　公元前六世纪开始常压油炸作为一种传统的烹饪方式存在。常压油炸包括煎和深度油炸,区别在于油量的多少。常压油炸是油脂与食物直接接触并以油脂为介质传热的一种烹饪方式,是一种由烹饪器具向植物性烹饪原料直接进行热传递的过程,是家庭烹饪常用方式。冷冻负压油炸是在油炸前,对烹饪原料进行热烫、冷冻和解冻预处理,使得到的油炸食品质地更嫩、含油量更低,且能很好地保持烹饪原料的色泽和质构。但是冷冻负压油炸工艺较为复杂,所以应用范围较小。真空油炸是一种新型的油炸方式,真空的方式使水的沸点降低,绝对压力低于大气压,因为不接触氧气,所以油脂裂化现象减少。与传统油炸相比,真空油炸食品风味和色泽得到很好的保护,有较低的低烯酰胺含量,营养物质保存较完整。

(二) 油传热对烹饪原料品质指标影响

1. 色泽　色泽是评判油炸食品品质的重要指标。烹饪原料色泽的改变与油脂吸收量和美拉德反应相关,且美拉德反应与糖和氨基酸的含量有关。目前检测油炸植物性烹饪原料的色泽常用色度计,其中 L 代表明暗度,a 代表红绿色,b 代表黄蓝色,a 为正代表红色,相反代表绿色;b 为正代表黄色,相反代表蓝色。2000 年 Sahin 在煎炸参数对炸马铃薯色泽影响的实验中研究发现,随着油炸温度的增加,马铃薯 L 值不断减小,b 值也不断减小;随着烹饪时间的增加,a 值上升,b 值下降,因为油炸过程中发生的美拉德反应使马铃薯色泽发生改变。2015 年 Yi 在油炸和微波薯条的理化和感官特征的实验中,比较了微波油炸和传统油炸对薯条的影响并得出,传统油炸较微波油炸三种色度值变化的幅度大,原因是比起微波油炸,传统油炸发生的化学反应更多。烹饪原料的色泽和油脂的色泽是相互作用的,煎炸过程中烹饪原料遇热的焦糖化产物、烹饪原料自身脂溶性色素和烹饪原料与油脂降解产物产生的黑色物质都会溶于油脂中,而油脂的色泽会随着传质的作用,重新吸附在烹饪原料中,引起烹饪原料色泽的改变。总的来说,烹饪原料色泽的改变与油脂的色泽、自身的化学变化相关,油脂色泽越深,通过吸附使得烹饪原料色泽越深。焦糖化反应程度越大,加工后的油炸食品颜色越深。

2. 质构　不同的油炸工艺和不同的淀粉类烹饪原料对质构影响不同。影响油炸淀粉类菜肴质地的因素包括淀粉含量、淀粉颗粒大小、细胞壁多糖、非淀粉多糖和果胶物质的含量。由于油炸淀粉类菜肴复杂多样,质构程序也随之不断改进。目前已开发出不同的应力系统和仪器,主要包括压缩剪切、拉伸、弯曲和咬合、压缩-挤压等应力系统。感官评价术语也随之出现,如酥的、脆的、易碎的等词用来描述油炸马铃薯类食品。目前的质构分析常常与感官评价相联系。感官分析中的硬度指标与仪器分析中弹性模量、断裂力、压缩能和硬度呈正相关。感官分析中的脆性与仪器分析中表观弹性模量、断裂力、压缩能和硬度指标呈负相关。2013年颜未来在不同加工工艺对油炸香芋片品质特征影响研究的实验中,研究鲜切油炸、热烫油炸和热烫冷冻三种不同油炸工艺对油炸香芋片质构的影响,得出结论为经过热烫冷冻,再用瞬时高温油炸处理得到的香芋片质构特征最佳。2014年Akinpelu在应用响应面法(RSM)优化车前草片真空油炸工艺条件的实验中研究发现,油炸温度和油炸时间的增加都会增加车前草片的剪切力,随着真空压力的加入,剪切力会变小,2010年Bouchon在构造深脂肪煎炸吸油关系的实验中也得到了相同的结论。但2008年Silva等在真空油炸高品质的水果和蔬菜为基础零食的实验中研究发现以杧果、绿豆、马铃薯和紫薯为烹饪原料,传统油炸和真空油炸对其硬度差异不显著。剪切力的增大,与烹饪原料表面遇热脱水结壳有关,壳厚度越大,剪切力越大。剪切力的降低,与细胞破裂、淀粉糊化有关。2006年杨铭铎等在油炸过程与油炸食品品质的动态关系研究的实验中,研究发现剪切力的大小与微观结构变化有关,随着水分的蒸发,烹饪原料出现气孔,气孔越均匀,剪切力越小,气孔的不均匀现象和塌陷现象都会使剪切力增加。总的来说,油炸工艺的不同,对剪切力的大小会产生很大的影响。剪切力的变化取决于烹饪原料微观结构的变化,随着油炸温度的升高、油炸时间的延长,烹饪原料内部气孔由最开始的不规则到规则再到塌陷,剪切力随之增大减小再增大。

3. 含油率　影响植物性烹饪原料含油率的因素主要有原料本身的表面积、体积、表面粗糙程度、水分含量、油炸温度、油炸时间。2011年Mohebbi在预处理蘑菇含水率和含油量的人工神经网络建模的实验中,通过研究油炸蘑菇发现,增加油炸次数和升高油炸温度都会造成蘑菇水分含量的降低和油脂含量的增加,且涂层和渗透脱水都使烹饪原料含油量降低。食物表面水分遇高温蒸发,迫使内部水分转移到表面,造成烹饪原料水分含量减少,2007年Ikoko在渗透预处理对油炸车前草减脂及食味影响的实验中研究发现,烹饪原料中含油量的升高与烹饪原料中水分含量的降低有关,当烹饪原料内部汽化时,附着于烹饪原料表面的油脂会随着水蒸气逸出的毛细管道进入烹饪原料内部,且油脂的进入会维持烹饪原料的体态完整。吸油量除了与油炸的温度和时间有关,还和油炸食品内外压强差有关,烹饪原料在冷却期间,水蒸气的冷凝降低内部压力,空气的压力使得油渗透到食物中。1997年Moreira等在影响油炸玉米粉圆饼片油吸收因素的实验中,研究发现油炸过程中只有20%的油含量渗出,大部分油在冷却过程中渗透到食品中。2010年Mariacarolina在食品表面粗糙度对油炸产品吸油量影响的实验中研究发现,同类型的植物性烹饪原料中,表面越粗糙吸油量越大,不同类别的植物性原料结论却相反。总的来说,吸油量与水分含量成反比,蒸发的水分越多,吸入的油量越大。植物性烹饪原料内部压力与吸油量成反比,内部压力越小,表面附着的油越容易进入烹饪原料内部。烹饪原料表面粗糙程度、表面积和体积大小都会影响吸油率。

4. 水分含量　水分含量的损失一般通过蒸发、渗出和扩散三种方式。2016 年 Zhang 等在初始含水率对炸薯片吸油行为影响的实验中,研究油炸马铃薯切片时发现,煎炸时间对烹饪原料水分含量有显著影响。2014 年 Manjunatha 在深油煎炸过程中水分流失和吸油动力学研究的实验中,发现油炸过程中烹饪原料表面接触高温并开始水分蒸发,水分含量迅速下降。外表面变干,形成一层水膜包围在烹饪原料表面,压力梯度使得内部水分转化为蒸汽,蒸汽通过细胞结构中的毛细管道逸出,随着油炸温度的升高,水分含量显著降低。2012 年 Pedreschi 在炸马铃薯中物理、化学和微观结构变化的实验中指出,不同种类的马铃薯有不同的水分含量,且水分损失率与水分含量成正比。2005 年 Budzaki 在面团深油煎炸过程中的水分损失和油脂吸收的实验中研究发现,煎炸过程中水分含量的损失分为两个时期,前期水分损失率较大,后期水分损失率较小且基本保持不变。2013 年 Andrés 在油炸时薯条的质量转移和体积变化的实验中,研究三种不同预处理下油炸马铃薯水分损失情况,得到结论冷冻预处理下的油炸马铃薯水分含量损失最小,漂烫和未经处理的油炸马铃薯水分损失相当,因为漂烫会促进马铃薯淀粉糊化,改变马铃薯微观结构,从而造成更大的水分损失率。总的来说,不同的植物性烹饪原料自身水分含量和微观结构不同,油炸时水分损失率也不同。随着烹饪时间和温度增加,水分含量会有所增加,但水分损失率在煎炸前期较大,后期会有所降低。

5. 风味　植物性烹饪原料煎炸过程中,会产生具有挥发性的小分子,形成特有的风味,小分子主要包括醛类、醇类、烃类、酮类、酸类、酯类、芳香类和杂环类等。烹饪原料煎炸过程中,挥发性成分以三种形式存在,第一种直接挥发,第二种溶于油脂中,与烹饪原料发生反应,第三种被烹饪原料吸收,形成煎炸类菜肴特有的风味。2015 年 Zhang 在油炸过程中挥发性醛的变化的实验中,比较三种不同油炸烹饪原料风味得出结论,不同煎炸体系中,醛均为主要挥发成分,且大多数检测到的醛不是直接氧化产物,而是氧化性中间体的反应产物。煎炸过程也会产生有害的挥发性成分,2006 年 Boskou 在油炸土豆和煎炸土豆中反式-2,4 葵二烯醛的含量的实验中研究得出,煎炸过程中会生成反式-2,4-葵二烯醛。总的来说,随着油炸时间和油炸温度的升高,挥发性成分增多。不同的油脂成分不同,产生的挥发性物质不同。不同的烹饪原料与油脂作用方式不同,产生的挥发性物质也不同。

6. 微观结构　油传热对烹饪原料微观结构有很大的影响。不同的油炸方式对微观结构有不同的影响,相较于深层油炸,微波油炸使烹饪原料孔隙分布和结构更均匀。油传热作用在烹饪原料不同位置会产生不同的微观结构,2016 年 Isik 在马铃薯煎炸过程中,马铃薯外壳和核心区域的孔隙发育、油脂和水分分布的实验中研究发现,相比较于内部而言,油炸马铃薯外部孔隙较小,但无论是内部还是外部,随着油炸时间的延长,孔隙都在变大。2012 年 Al-Khusaibi 在不同压力下油炸马铃薯微观结构变化的实验中研究发现,烹饪原料吸油量的降低可能是由微观结构中细胞的破裂导致,且淀粉颗粒抗压能力很强,即使 700 MPa 的高压也不能改变其结构。2015 年张令文在油炸过程中淀粉的颗粒形貌、结晶度与热力学特征变化的实验中,研究初炸和复炸工艺对淀粉颗粒形貌变化得出结论,随着初炸时间延长,淀粉颗粒由原貌逐渐崩解,复炸工艺使崩解的淀粉颗粒融合,形成大的团聚体。

2004 年 Canet 在再加工技术对国产（水煮/炒）冷冻蔬菜质量影响的实验中，将冷冻蔬菜进行油炒和水煮两种不同工艺处理，研究发现较水煮而言，油炒工艺下的蔬菜细胞微观结构膨大且更紧密，这也是油炒工艺较水煮工艺剪切力增大的原因。总的来说，不同的油传热工艺对微观结构有不同的影响，压力对淀粉颗粒微观结构影响不大，但是油炸时间和油炸次数却对淀粉颗粒微观结构有很大影响，且烹饪原料微观结构的变化与质构特征有很大的关联性。

（三）展望

植物性烹饪原料的油传热动态分析近些年已成为研究热点。油炸工艺的优化可提高植物性烹饪原料品质，且不同的品质指标之间是具有相关性的，如水分含量和油含量成反比，微观结构的改变对质构和色泽产生一定的影响。因此研究品质指标和油炸过程的动态相关性是一种趋势，且国内外在此研究上均取得一定的进展。国外对于油传热与植物性烹饪原料品质的动态相关性分析较早也较多，国内大多文献是对油传热和油脂品质的动态分析，而对烹饪原料品质分析比较少。

从目前的研究来看，从原料选取上来讲，对于植物性烹饪原料的油炸情况研究较多，而动物性较少。从研究程度上来讲，多集中在研究宏观品质，而对于具体化学成分对品质影响的研究较少。这也导致了油炸工艺的控制方面缺乏一定的数据依据。因此，将油炸原料种类范围扩大，研究向着分子层面更加深入是很有必要的。

三、以固体为传热介质

以固体作为传热介质的烹饪工艺主要包括金属传热和其他固体传热。应用的金属传热的介质主要有铁锅、铁板等。应用的固体主要有食盐、泥土、细石、盐等。这里，我们对固体传热的研究进展进行归纳与展望。

（一）固体传热烹饪工艺特征

以固体作为传热介质的烹饪方法主要包括泥煨、盐焗、铁锅烤、铁板和石烹等。固体传热具有传热性能好、比热容小、升温快等特点，可以使得烹饪原料均匀受热。金属是热的良好导体，传热速度快，一经加热，热量很快通过金属传递给被加热原料，且提供人体所需的某些元素，如加热后生成可溶性铁盐，进而补偿人体铁吸收不足，加之金属传热迅速，使原料表面受热剧烈，迅速失去水分，有利于焦糖化反应的发生，使成品具有诱人的金黄色泽，风味独特、宜人，然而金属传热迅速，会使温度急骤升高或下降，不利于温度的控制，会造成加热不均匀现象。食盐、粗沙、细石子、泥等，导热性能都不佳，因此升温降温都比较温和，对原料营养破坏和流失率都小，原料本身的风味物质不易流失。

固体传热的方式主要是热传导，固体传热的温度通常很高，温度可达到 $200 \sim 300$ ℃。在烹饪传热的过程中分子受热后加速运动，分子之间相互撞击加剧，在碰撞过程中能量较高的分子把部分能量传给能量较低的分子，直至达到能量平衡为止。因此，固体传热过程中热量是从容器的外表面传到内表面，固体菜品被容器加热，热量从固体食材外表传到内部，即完成了烹饪的过程。

（二）固体传热烹饪工艺研究进展

1. 金属传热 金属传热介质在烹饪中有着广泛的用途，如煎、贴等方法，但金属传热也有其特殊性,金属既可作为传热介质又可作为加热容器的组成材料。2001 年王霞等人在铁板烧猪肉制作工艺的实验中得出,猪肉经山药液、蜂蜜、鸡蛋等裹后再进行铁板烧烤,不仅风味独特,而且肉质疏松、颜色美观适合于工业化生产。2013 年夏季亮在煎炸时间与煎炸温度对花生油脂肪酸组成影响的实验中,研究了煎制时间和煎制温度对花生油脂肪酸组成的影响。结果表明煎制温度的升高与煎制时间的延长都能导致花生油中的中碳链脂肪酸、奇数碳链脂肪酸和反式脂肪酸含量增加,同时导致多不饱和脂肪酸含量下降。

2. 砂石传热　"石烹"是我国古代的一种原始的烹饪方法,其历史可追溯到旧石器时代。它是利用石板、沙子做炊具,间接利用火的热能烹制食物的烹饪方法,代表菜肴为"叫花鸡"。2012 年史万震在常熟叫花鸡电烤成熟工艺研究的实验中,采用四因素三水平正交试验,并利用物性仪对常熟叫花鸡的硬度进行测定,综合感官得分,研究叫花鸡电烤成熟的最佳火候标准。通过对硬度和感官评定指标的综合分析,得出叫花鸡电烤成熟的最佳火候为前期温度 220 ℃,时间 30 min;后期温度 100 ℃,时间 240 min。并得出肉类在加热中肌原纤维与肌内结缔组织的性质和变化决定了肉的嫩度,在 60 ℃与 65 ℃时分别是鸡脯与鸡腿变化的转折点。2008 年岑宁在常熟叫花鸡常温保鲜技术研究的实验中,通过单因素试验,筛选出最佳防腐效果的防腐剂,再通过正交试验,将乳酸链球菌素、乳酸钠、山梨酸钾混合加入常熟叫花鸡的腹腔填料中,通过对常温下不同储藏时间的常熟叫花鸡腹腔填料中菌落总数测定和感官分析,研究复合型防腐剂对常熟叫花鸡填料的防腐作用,以探讨常熟叫花鸡常温下的保鲜技术。以乳酸链球菌素为主的复合型防腐剂联合其他防腐剂的抑菌效果明显大于单一抑菌效果且能将菜肴保质期从 2 天延长到 5 天。

3. 食盐传热　食盐具有良好的传热性,还能赋予食物一定的咸味。以食盐为传热介质的烹饪工艺主要是盐焗,代表菜肴是盐焗鸡。目前对盐焗鸡的研究主要集中于原料的选取、腌制和灭菌等方面。2006 年冯璐等在不同杀菌方式对盐焗鸡质量影响的实验中,探讨了不同杀菌方式对盐焗鸡腿杀菌效果的优劣以及对肉质的影响,进行低温长时杀菌和微波杀菌的对比实验,并在感官、理化、微生物和质构方面对杀菌效果进行比较,实验结果表明,微波杀菌效果要明显优于低温长时杀菌,对肉质的损伤较小,杀菌时间短,并且在储藏过程中微生物生长缓慢,货架期较长;低温长时杀菌虽杀菌效果不够理想,但也实现了 25 ℃下较长时间的保藏,较传统的巴氏杀菌方法有了较大的改进。2010 年孙万根等人通过研究传统盐焗工艺和现代水焗工艺对盐焗鸡翅挥发性风味物质的影响。实验中利用 GC-MS 来检测风味物质,通过比较两种盐焗工艺产品挥发性风味物质的差别,发现两种盐焗鸡翅挥发性风味物质的种类和相对含量都不相同,传统盐焗工艺的鸡翅共检测出 86 种挥发性风味物质,其中醛类 12 种,相对含量为 5.74%;酮类 7 种,相对含量为 0.40%,而现代水焗工艺的鸡翅检测出 93 种挥发性风味物质,其中醛类 15 种,相对含量为 12.94%;酮类 8 种,相对含量为 1.33%。2012 年赵冰等人在盐焗工艺对盐焗鸡翅挥发性风味物质的实验中,研究了盐焗鸡翅加工过程中食盐的渗透规律及对口感的影响,建立盐焗鸡翅感官质量评价标准及方法,并通过理化分析检测盐焗鸡翅的食盐含量。结果表明,质量分数 8%的盐水、煮制时间 40 min 时,盐焗鸡翅成品口感评价最好,且煮制过程中盐焗鸡翅中层和内层的食盐渗透模型中渗透率和时间、盐水浓度的线性关系显著。

(三)展望

从查阅的文献来看,以水、油和蒸汽为传热介质的研究较多,固体传热研究较少,且并没有一个系统的总结。在实际的生产生活中,大多数固体传热介质在使用的时候并不方便,使用的频率较低。因此,在烹饪菜肴时应恰当运用固体传热的方法,研发更轻便的固体传热烹饪设备,进而使其在烹饪工艺中更具有实用价值。

四、以蒸汽为传热介质

中国素有"三蒸九扣七大碗,不是蒸笼不请客"的说法。蒸是利用蒸汽使食物熟化的食品加工方法。蒸汽是达到沸点而汽化的水,因此以蒸汽为传热介质的烹饪方法实际上就是以水为传热介质烹饪方法的发展。然而中国传统烹饪技法只有"蒸"一种,它体现着中国烹饪的特色,能够最大限度地保留烹饪原料的色、香、味、形及其营养成分,应用范围十分广泛,几乎所有烹饪原料均可制成粉蒸类的菜肴。这里,我们对蒸汽传热工艺——蒸制技法基本特征进行探讨并对其研究进展进行综述。

(一)蒸制技法特征

蒸制技法早在距今 6000 多年前的远古时期就已经出现,《古史考》中曾记载着黄帝作釜甑,黄帝始蒸谷为饭,烹谷为粥,甑的出现代表了蒸制烹饪工艺的出现,也代表了人类历史上最早对蒸汽的开发与使用。随着餐饮业的不断发展,蒸制方法也不断地被衍生开来。因此按照蒸制工艺的不同,可将蒸制工艺分为清蒸、粉蒸、封蒸、炮蒸、包蒸、酿蒸、造型蒸和扣蒸等。按照温度和压力的对应关系,又可将蒸汽划分为饱和蒸汽和过热蒸汽,如图 3-15 所见。饱和蒸汽是水在密闭空间达到沸腾状态而产生的水蒸气,常压条件下达到沸点温度,是原料熟化方式中最常用的加热介质。而过热蒸汽是指将达到饱和蒸汽的水蒸气继续升温加热,使得蒸汽沸点温度在常压条件下高于饱和蒸汽沸点的一种无色透明水蒸气。饱和蒸汽热的传递方式主要为热对流,在传热的过程中,热原通过加热下层装置的水分,使得水分蒸发产生水蒸气,由于液体内部各点温度和状态不同,容器中的蒸汽在高温的作用下形成剧烈对流,将热量传递给原料使之熟化。除了对流传热外,过热蒸汽还依赖于被加热原料表面发生水凝结所释放出的凝结热来加热原料。食材释放的凝结水凝结的同时会吸收大量的凝结热($2256.7\ \mathrm{J/g}$),进而使得原料本身快速升温实现熟化。另外,过热蒸汽具有在低温部分较先凝结的性质,因此可抑制加热不均匀现象的产生。

蒸制效果主要受蒸制时间、蒸制温度、原料属性等影响。在蒸制的过程中蒸制原料的风味和质地会发生一系列的改变,色泽会趋于平稳。对肉质原料来说,其蛋白质因受到蒸制时热量的作用而变性凝固,使得肉汁分离、体积变小、肉质变硬,从而使得产品拥有独特风味。此外,蒸制的过程还能杀死原料中寄藏的微生物等,对于稳定原料的品质有重要作用。同时过热蒸汽结合干燥设备的使用也可以更好地降低蛋白质破坏、美拉德褐变严重、口感下降等情况的发生。

以蒸为主要的烹饪技法不仅具有悠久的历史,还蕴含着传统养生的历史内涵和文化价值,符合现代科学的营养观。蒸汽传热能够保持原料营养价值;减少水分的散失;具有较高的比热容进而能够缩短烹饪时间;杀菌;不会产生有害物质等优点。因此蒸制的菜肴存在以下优点:蒸菜有利于食物的消化吸收;蒸菜不会产生如煎、烤、炸等带来的苯并芘、丙烯酰胺等有害物质;蒸菜有利于保护食物中的营养素;蒸菜有利于食物酸碱平衡的调节。在传统蒸菜优点的基础上,过热蒸汽传热烹制的菜肴存在以下优点:传热速率比饱和蒸汽更快;更好地改善食品品质;可以快速干燥蒸制菜肴表面;在低氧的条件下也可以加热;在常压条件下可进行高温加热;加工的安全性高;极大地减少了原料内部水分的损耗;保存更多的营养物质等。不同压力、温度下的蒸汽分类见图 3-16。

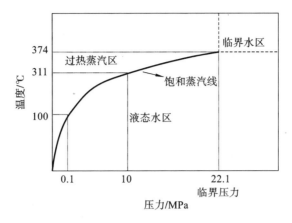

图 3-16　不同压力、温度下的蒸汽分类

（二）蒸制技法的研究进展

1. 饱和蒸汽蒸制技法　中国蒸菜发展至今,其品种之多,样式之繁复,已经成为中国菜肴必不可少的一份子。纵观蒸汽传热在中国烹饪中的应用,大致可以分为以下四类:以畜禽类原料烹制的菜肴,日常的菜肴主要有蒸肉、蒸鸭、蒸排骨、蒸猪蹄等数百余种;以水产类原料烹制的菜肴,日常的菜肴主要有清蒸鱼、蛤蜊蒸蛋、蒸鳝鱼、蒸海胆等;以蔬菜类原料烹制的菜肴,日常的菜肴主要有蒸芋头、蒸莲藕等,几乎达到了万物皆可蒸可食之的境地;以及以米面类原料烹制的中国蒸制主食,常见的如蒸米饭、蒸馒头、蒸发糕等。本文依据以上几种分类方式阐述烹饪工艺蒸汽传热的发展现状,为蒸制菜肴及主食的发展提供参数指导,有利于促进中国蒸菜工业化、标准化的进一步发展。

（1）畜禽肉蒸制。2017 年刘永峰等在牛肉蒸制工艺及其质构、营养品质评价的实验中,通过对牛肉蒸制所得产品感官、质构指标进行鉴评,并通过对脂肪酸、氨基酸分析评价,得到牛肉蒸制工艺最佳添加量为加水量 15%,蒸制牛肉时间为 60 min,浸泡牛肉的时间为80 min,这对于牛肉的蒸制工艺提供了良好的参数指导。2008 年谢碧秀在粉蒸肉的生产工艺的实验中,优化了粉蒸肉的配方及加工工艺,并对不同肥瘦比的粉蒸肉的质构特征、色泽、氧化值及风味物质进行分析。实验得出其最佳生产工艺为猪五花肉 1000 g,酱油 15 g,黄酒 2 g,白糖 4 g,大米 115 g,胡椒粉 1.1 g,桂皮 1.8 g,八角 3 g,丁香 1.8 g,姜粉 1.5 g,盐 6 g,味精 4 g,红曲色素 0.03%,肥瘦比为 6∶4,加水量 15%,最佳腌制时间为 60 min,最佳的蒸煮时间为 40 min。2013 年何容等在豌豆粉蒸肉罐头制作工艺的实验中,以猪五花肉和豌豆作为菜肴的主要原料,加入特制的葱油、红油等,得出了品质高且适合于工业化生产的蒸肉罐头。2017 年张哲奇等在一种粉蒸肉加工中挥发性物质变化分析的实验中,得出各阶段的风味物质分别为 69 种、43 种、50 种和 56 种,且随着蒸制时间的增加,粉蒸物风味物质的含量也逐渐增加,其中壬醛、癸醛以及肉桂酸甲酯对粉蒸肉产品特征风味的形成贡献大,也说明了这几种物质是构成了粉蒸肉的主要特征风味。基于此可以初步确定其风味构成及其变化机制,为后续进一步优化粉蒸肉品质和工业化生产提供理论基础。2013年苏赵等在方便粉蒸鸭肉加工工艺的研究中,采用传统粉蒸肉加工方法,真空包装的形式,得出最佳的生产工艺为鸭肉厚度为 0.6 cm,长为 5 cm,宽为 3 cm,米粉添加量为 20%,腌制时间 30 min,加水量为 6%,米粉粒度 30 目,在 120 ℃的环境下杀菌 45 min,此条件下,方便粉蒸鸭肉的风味色泽良好。

(2)水产品蒸制。2015 年韩忠等在蒸汽微波加热对鱼肉品质影响的实验中,通过将微波和蒸汽进行结合使用,研究加热过程中蒸鱼的蛋白质变性点以及其相应的理化指标。结果表明最佳的制作工艺为鱼肉 45 g,蒸汽微波加热时间为 100 s,此时蒸鱼的品质最好。2012 年戴阳军等在响应面法优化粉蒸鱼的加工工艺的实验中,得出粉蒸鱼的最佳制作工艺条件为草鱼片 100 g、去腥剂 10 g、白砂糖 1 g、味精 0.06 g、葱粉 0.03 g、姜粉 0.06 g、蚝油 4 g、盐 0.29 g、水 15.5 g、温度 120 ℃、时间 19.4 min,这将为粉蒸鱼今后的研究提供参数指导,奠定粉蒸鱼工业化的发展。2018 年王阳等在熟化方式对预制鲍鱼品质影响的实验中,对比沸水煮制、蒸制、微波、真空隔水煮制四种不同熟化方式对鲍鱼品质的影响,研究得出通过蒸制得到的鲍鱼其蛋白质含量和水分含量较高,综合品质较佳。水产品原料在餐饮业中消费量大,利用蒸汽传热可以很好地保留水产品烹饪原料的营养价值。

(3)面点蒸制。2004 年何松等在馒头蒸制理论初步研究的实验中,通过分析不同蒸制条件对一次发酵馒头重量、高径比、不同区域水分含量、淀粉 α 度以及蛋白质含量变化,分析得出当馒头面团为 100 g 时,汽量为 3890 kg/h,时间为 25 min 时,此时馒头的品质最好,这对于以后蒸汽传热在馒头应用的研究具有很好的借鉴价值。2010 年苌艳花等在馒头白度与蒸制过程关系研究的实验中,得出任何蒸制压力下的馒头在蒸制时间达到 12 min 时都可以达到食用熟度。当蒸汽压力较小时,馒头的白度值随着时间的增加而呈现下降的趋势;当蒸汽压力较大时,馒头的白度值随着时间的增加呈现先上升再下降最后又上升的趋势,且馒头的白度值随着蒸汽压力的增大而增大。2009 年苏东民等在馒头坯在汽蒸过程中水分迁移特征研究的实验中,得出馒头坯总的吸水量随着加水量的增加呈先上升后下降的趋势。2007 年冷进松等在馒头在蒸制和蒸烤过程中理化及微生物指标变化的实验中,对比了在蒸制和蒸烤的条件下,馒头在加工过程中重量、高径比、各层水分、pH 值、还原糖含量及微生物的变化,以此为以后深入研究馒头蒸制理论及风味问题做些前期工作,也为馒头在储存期间的理化和微生物变化提供理论依据。2009 年沈伊亮等在米发糕汽蒸工艺模型的实验中,通过响应面法对米发糕质构特征进行了深入研究,实验中通过建立汽蒸条件与米发糕质构特征关系的数学模型,综合各指标得出最佳的工艺条件为蒸制压力为 101 kPa、蒸制时间为 15 min。此研究呈现了米发糕质构特征与汽蒸条件之间的内在联系,为米发糕的工业化生产提供了有力的理论与科学条件。

2. 过热蒸汽蒸制技法 过热蒸汽以一种新型食品加工热处理技术的身份出现,引起了研究学者的广泛关注。目前过热蒸汽主要应用于食品干燥、食品杀菌、食品加工等方面。过热蒸汽在烹制菜肴方面存在减短烹制时间、提高出成率、脱去油脂抑制其氧化、减少盐含量、改善原料品质质地、能瞬时杀菌等显著优点,故将过热蒸汽应用于烹饪行业具有广阔的发展空间。现将烹饪加工中过热蒸汽的研究进展及应用现状进行了较为系统的概述,以期在烹饪加工过程中更合理地使用过热蒸汽。

(1)畜禽肉蒸制。2017 年王雅琪在烤鸭品质评价方法及红外蒸汽烤制工艺参数优化研究的实验中,通过对烤炉烤制及红外蒸汽烤制得到的烤鸭进行品质及有害物质的比较,发现通过过热蒸汽制得的烤鸭外部脆皮,内部饱满多汁,且杂环胺含量较少,进而优化了烤鸭红外蒸汽烤制的工艺参数,为规范烤鸭产品的评价方法提供了有力的技术支撑。2006 年 Kadoma 等在过热蒸汽烹饪过程中,水和油在肉中转移的实验中,比较研究热风烤炉和过热蒸汽对牛肋排、猪肉、鸡翅等原料的出成率的影响,结果得出过热蒸汽的使用可提高5％左右的原料出成率。2017年尹莉丽等在过热蒸汽加工红烧肉的工艺研究的实验中,利用过热蒸汽得到红烧肉加工的最佳工艺参数:过热蒸汽温度200 ℃、五花肉焯水时间10 min和蒸汽处理时间30 min。将过热蒸汽技术应用于红烧肉加工可以使其繁复的过程简单化、标准化,为红烧肉标准化加工,工业化生产提供参数指导。2005年Kadoma等在发展健康过热蒸汽烹饪技术的实验中,将加入10％食盐的鸡胸肉糜分别采用150 ℃的过热蒸汽和高温空气对鸡胸肉糜进行烹饪处理。结果发现,使用过热蒸汽加热的鸡肉饼其盐分含量降低了10％以上,而高温空气下无差别。2015年曹仲文等在基于万能蒸烤箱的猪里脊肉熟制工艺的优化研究的实验中,以万能蒸烤箱为加热设备,并得出了最佳的制作工艺条件为加热温度为210 ℃、加热湿度为60％,加热时间为15 min。2015年曹仲文等在基于万能蒸烤箱的猪里脊肉熟制工艺的优化研究的实验中,得到鸡丁最佳生产工艺为加热温度为115 ℃,加热时间为5 min,加热湿度为90％,这为过热蒸汽烹制鸡丁的后续研究奠定基础。

（2）水产品蒸制。以鲹鱼为样品分别采用280 ℃的过热蒸汽和电加热烧烤对其加热11 min后,为防止加热后的油脂氧化,发现过热蒸汽烹制的鱼肉其过氧化值仅为电加热烧烤的一半,这说明过热蒸汽可以有效地预防水产品烹制过程中有害物质的产生。2017年朱塽等在不同蒸制方式下太湖蟹感官评定及营养价值比较的实验中,对比明火蒸锅与电蒸箱两种蒸制方式对太湖蟹感官评定及营养价值的影响,该研究对日常烹饪和企业生产都具有一定的指导意义。

（3）面点蒸制。为探索过热蒸汽传热技术在主食加工方面的发展,2017年于泉等在基于万能蒸烤箱的南瓜饼制作的工艺优化的实验中得出,万能蒸烤箱烹制南瓜饼的最佳工艺为加热温度为110 ℃、加热时间为9 min、加热湿度为80％,此时得到的南瓜饼品质最优。2011年李竹生等和2007年冷进松等在蒸烤馒头生产工艺研究的实验中,借鉴烤制面包的工艺,研究得出蒸烤馒头的最佳生产工艺,以此可以说明蒸烤工艺可以延长馒头的保存期,馒头通常冷热时都可以食用,其口感符合国人对平淡、简单、便宜的追求,因此馒头蒸烤工艺的使用也有利于推动其工业化生产。2015年潘燕等在紫苏粕蒸烤馒头研制的实验中研究得出,紫苏粕馒头的最佳工艺配方为中草药提取液添加量为7.2 mL、醒发时间为52 min、蒸烤温度为176 ℃,蒸烤工艺制得的紫苏粕蒸烤馒头具有独特风味,这为保健食品行业奠定良好基础,也促进馒头加工工艺多样性的发展。

（三）展望

蒸汽传热烹饪工艺具有悠久的历史,能最大限度地保持原料的本味,但受原料新鲜度的影响很大,此外,蒸汽传热在实际的应用中仍存在以下问题。蒸汽传热由于其自身的局限性,所制作的菜肴口味较为单一、风味往往不够浓郁,随着人们生活水平的不断提高,人们对营养卫生、口感丰富的菜肴愈加钟爱,故在实际的生产加工中,将蒸汽设备与微波技术、烤制技术结合,既可以丰富所烹制菜肴的风味,又可以改善其口感,发展前景甚好;此外,目前大量的速冻食品已经广泛应用于烹饪行业,将速冻食品解冻后再烹制会使原料的营养价值大打折扣,将蒸汽传热技术与微波解冻技术相结合,实现解冻与烹制一体化,这将极大地促进蒸制菜肴的工业化发展;通常蒸汽传热的设备较为复杂,且对加热设备密闭性的要求十分严格,若需要加热的原料处于常温状态时,原料的表面便会产生冷凝水,因此,被加热的原料便需要经过预处理方可更好地进行蒸制;人们偏爱蒸肉,在蒸制的过程中可以通过结合全谷物原料和杂粮类原料的营养特征,进行有效的营养补充,研究出风味品种更加独特、营养更加丰富且使用方便的蒸肉产品,这对于改善我国居民的营养状况及国人的身体发展十分重要,也恰好满足餐饮市场的发展需求。

从查阅的文献来看,在设备的选择上,蒸制设备单独应用的多,结合使用的少。在研究程度上,目前蒸汽传热的研究多集中于原料的感官品质上,对于具体的影响因素的研究极少,且蒸制传热的研究多集中于国内,这也严重限制了蒸制工艺的发展。因此全面优化蒸汽传热烹饪方式在烹饪发展过程中具有很大的发展空间。

五、以热辐射为传热方式

随着社会发展,加热方式不断改变,以热辐射方式为主的烹饪方式仍占具绝大部分餐饮市场。辐射传热又称热辐射,是热传递的一种基本方式。近年来,利用热辐射烹制菜肴逐渐成了研究热点。然而食物在烹制过程中并非一种传热方式单独作用,而是两种或三种传热方式共同作用制作出美味的菜肴,为了使得烹饪菜肴更美味,营养价值更高,以辐射加热为主的新型烹饪设备相继研发且应用广泛。这里,我们对国内外热辐射在烹饪方法、烹饪设备中的研究进展展开介绍,以期为烹饪工艺中热辐射的发展和应用提供理论依据。

(一)热辐射的基本特征

烹饪中的传热方式主要包括热辐射、热传导和热对流三种形式。其中,热辐射是指高温物体以电磁波的形式向空间发射能量来传递热量。热辐射与热传导和热对流差别主要表现为热辐射可在真空中传递,热传导和热对流在介质中才可实现;热辐射可产生能量转移和能量转换,热对流和热传导只有能量转移。根据波长的不同,电磁波包括无线电波、红外线、可见紫外线、γ射线、χ射线以及电子线,其中红外线和无线电波用于食品烹饪,γ射线、χ射线及电子线用于食品杀菌。红外线是处于可见光和微波间的一种波线,红外线可分为短红外线、中红外线和远红外线(如表 3-14 所示)。在红外辐射加热过程中,红外线照射到被加热食物表面时,一部分反射,一部分透过,一部分被食物吸收。食物吸收红外线的原因:食物分子运动与红外辐射频率相一致,产生共振或转动,食物将红外辐射吸收转化成分子热运动,随物料温度升高,食物分子运动加速,导致其水分丧失。通常红外辐射作用于湿食材表面,传递机制主要依靠水含量,在加热过程中,热辐射的形式会发生改变,反射和吸收会随水含量的减少而下降。在烹制食材时根据食材薄厚应选择适宜的红外加热方式,短红外线可透过表层作用于食材内部,而远红外线被表层吸收。红外线热辐射的特点:吸收性好,高分子物质可吸收 $3\sim25~\mu m$ 的辐射能;红外线和电磁波一样具有直射性,被照射的部分升温快,未被照射的部分升温慢;红外线和可见光一样具有反射性,被加热物体的温度与照射距离的平方成反比,被加热食材距离红外线距离越近,其加热效率越高。

表 3-14 红外线辐射波长分类

类别	波长范围/μm
短红外线(NIR)	$0.75\sim1.4$
中红外线(MIR)	$1.4\sim3$
远红外线(FIR)	$3\sim1000$

微波是指波长在 1～1000 mm,频率波段在 300 MHz～300 GHz 范围内电磁波,其能量比无线电波大得多。传热主要利用分子的被动极化现象,由于内部正负电荷分布不均匀产生极性。水可作为吸收微波最佳传热介质,凡含水的物质必能吸收微波。当食材接收到微波时,促使食材分子间的分极增大,并导致其转动方向随着微波的正负半周振荡而变化,由于微波频率高,正负半周变化速率快,故食材分子之间产生高速摩擦,进而生成热量。与传统加热由表及里方式不同,微波辐射加热是通过高频振荡产生“内摩擦”致热的。微波传热的特点:加热速率快,可使被加热食材本身成为发热体,进而不再需要热传导的过程,因此,在较短的时间内就可以达到加热的效果;微波加热时电磁波可均匀渗透到食材各个部分,可对原料均匀加热;微波加热时只能通过被加热原料来吸收而生热,极大提高热效率;热惯性小易于控制;既可以较多地保存食物营养价值又可对食物进行杀菌。

总之,凡温度为绝对零度以上的一切物质都拥有向外发射辐射粒子的能力,辐射粒子所具备的能量被称为辐射能。因此,物体均具有辐射的能力,物体所保持的温度越高,其辐射的能力就越强,物体将本身的热能转化为向外发射辐射能的现象被称为热辐射。1971年,Polder 等最早从密集体间辐射传热理论上推导出两平行板间进场辐射公式。2001年 Volokitin 等从密集体间辐射传热理论上经推导得出近场辐射量比远场辐射经斯蒂芬-玻耳兹曼定律计算的结果大 5～6 个数量级。新疆馕坑食品利用黑体辐射进行熟制,在计算辐射能时应用到普朗克黑体辐射公式。因此,计算烹饪工艺辐射能时,针对不同的辐射传热选择不同的计算公式。利用辐射传热烹饪食物与其他烹饪方式相比热效率高,常规的加热方式如蒸汽、火、油等都是通过热传导的方式将热量从被加热物体的外部传到内部,升温时间长,然而辐射传热通常是内外共同加热的方式,因此可实现短时加热;通常的加热方法,若提高加热的速率,就会形成外焦里生的现象,而辐射传热时食物各部分均能接收电磁波,均匀性得到改善;辐射传热的设备通常体积小,加热效率高,穿透能力强,具有便携性,方便家庭使用;增加食品风味,且能较好保存食物的营养素并且对烹饪食品具有很好的杀菌效果。2004年 Venkatesh 等在微波处理农用食品材料的介电性能综述中,发现经过微波烹饪能够对香肠进行杀菌,提高香肠品质,延长保质期。又如,利用中红外-热风组合干燥设备具有高效、节能、环保、改善品质的特点,同时便于智能化控制可实现连续化生产。

(二) 热辐射在烹饪工艺中的应用进展

1. 烹饪设备的应用进展

(1) 红外线设备。红外线设备是指通过电热元件及电阻丝进行通电发热,在使用时利用红外线对原料直接加热辐射的一类设备。此类设备在烹饪中应用广泛,以电烤箱、电子消毒柜等作为典型的代表。2017年李宏燕等在自然对流红外辐射复合加热在羊肉烤制过程中的传热解析的实验中,为使羊肉串具有外焦里嫩的品质,利用电热管与红外线复合加热的方法,第一段为电热管加热,加热空气 85 ℃,烤制 5 min,第二段为 2 kW 短波红外加热管加热,时间 2 min,可为开发工业化烤制食品提供理论依据。2014年张令文等在远红外辅助油炸对挂糊油炸猪肉片食用品质影响的实验中,以猪后腿为实验材料,探讨远红外辅助油炸和普通热传导油炸对猪肉片品质的影响,结果发现,远红外辅助油炸方式促使挂糊的猪肉片色泽更好、肉质软嫩且降低脂肪含量。1999年 Sheridan 在远红外辐射肉制品烹饪的应用实验中,利用远红外技术对牛肉馅饼加工,实验中发现馅饼中心温度与馅饼中脂肪含量成正比,远红外处理方式可减低由于干燥和高温引起的牛肉饼表面出现碳化的情况,与传统方式相比可节能 55%。2017 年 Sengun 等在欧姆-红外组合蒸煮系统对肉丸微生物质量影响的实验中,发现肉丸样品中好氧细菌在红外热通量为 1.96 和 4.50 之间时数量减少,并且经红外加热处理后霉菌、酵母菌、金黄色葡萄球菌、产气荚膜梭菌、沙门氏菌、单核细胞增生李斯特氏菌和大肠杆菌 O157:H7 均不存在,表明欧姆-红外组合烹饪肉丸具有巨大潜力。2009 年 Gasperlin 等在剥皮和烧烤法对鸡胸浅肌杂环胺形成影响的实验中,比较电烤与红外烤箱 2 种烤制方法对鸡胸肉产生杂环胺含量的影响,结果得出当温度相同时,电烤箱烹制鸡肉产生的杂环胺含量比红外烤箱产生的量多,不同加工工艺杂环胺种类与含量见表 3-15。

表 3-15　加工方法对肉制品中杂环胺含量的影响

序号	加工工艺	肉品种类	杂环胺种类	总杂环胺含量/(ng·g^{-1})
1	电烤箱	牛排	PhIP、MeIQx	30.00
2	电烤箱	鸡胸肉	PhIP、MeIQx、DiMeIQx	4.75
3	红外烤箱	鸡胸肉	Harman、Norharman	2.37
4	微波炉	鸭胸肉	Harman、Norharman、Trp-P-1、Trp-P-2、AaC、MeAaC、MeIQx、4,8-DiMeIQx、IQ、PhIP	111.81
5	油煎	牛肉	PhIP、MeIQx、DiMeIQx、IQ	41.00

(2)微波设备。传统微波炉输出功率是固定值,对食物加热不连续,耗能高。因此,在传统微波炉基础上研究出多种新型微波炉,并将微波炉与其他烹饪仪器联用可提升食物品质。2016 年刘忠义等在不同微波烹饪方式对白萝卜品质和风味影响的实验中,研究水浴锅、变频微波炉、非变频微波炉和直喷微波炉对白萝卜维生素 C、风味物质和质构的影响,实验结果表明,非变频微波炉和直喷微波炉保留维生素 C 效果较其他两种好,且加热温度应控制在 85~95 ℃,保温 5 min。2005 年林向阳等在 MRI 研究冷冻馒头微波复热过程水分的迁移变化的实验中,利用微波炉-蒸汽联合技术加热冷冻馒头,应用 MRI 技术测量馒头复热过程中水分迁移情况,结果表明此技术可减少馒头内部水分流失。2014 年韩忠等在 SDS-PAGE 电泳法对微波加热猪肉终点温度的鉴定及其品质特征研究的实验中,利用聚丙烯酰胺凝胶电泳(SDS-PAGE 电泳)法分别检测猪肉微波和水浴加热后 G-肌动蛋白变形情况,对比分析得出猪肉经 700 W 变频加热 70 s 后持水能力强、蒸煮损失少、耗能最低。1981 年 Kenneth 和 Chyis 分析 800 W 和 1600 W 两种功率微波炉烧烤食物中维生素 B$_1$ 的损失情况,研究表明不同功率的微波炉对食物维生素的损失无显著性差异。2007 年 Jun Zhang 等在利用微波-真空加热参数加工美味脆的大头鱼片的实验中,以香酥鲥鱼片为研究对象,探究预脱水鱼片含水量、微波炉输出功率和真空度对产品品质的影响,利用单因素和正交试验确定最佳工艺参数为预脱水鱼片含水量控制在 15.3±1%(50 ℃热风干燥 3.5 h),微波输出功率为 686±3.5 W,微波加热 12 s,真空度为 0.095 MPa,平衡 10 s 后再加热 1 min。2007 年 Zhang 等在用微波真空加热参数来处理美味的脆皮鲤鱼片的实验中,利用微波真空冷冻干燥设备干燥鱼片,研究发现,适量的水分含量、微波功率和真空度可有效提高鱼片的膨化率和脆度。2007 年 Takaharu 等在热空气干燥和微波真空干燥对海产品中水迁移率的内阻的实验中,以扇贝柱为试验对象,对比热空气干燥与微波真空干燥两种方式对扇贝柱的影响,表明利用微波真空干燥时间短、效率高、产品复水性好。又如利用真空冷冻干燥设备将传统菜肴干制,在家简单复水后即可食用且品质较好,2009 年徐竞在正交

试验优化回锅肉的真空冷冻干燥工艺的实验中,以回锅肉为研究对象,研究真空干燥回锅肉最优工艺为复水含量 140％～150％,温度 65～85 ℃,时间 20～30 min 为最优。

2. 在烹饪工艺中的应用进展

(1)烤。烤是指将未加工原料抹油调味后,放入烤箱或烤炉中,利用热辐射以及热空气的对流作用来进行传热,对原料加热、上色,致使原料成熟的一类烹饪方法。烤主要是通过空气和烤汁作为传热介质进行传热的,传热形式为热辐射、热对流和热传导。依据操作方法和所用器具的不同,可以把烤分为明炉烤、暗炉烤和煨烤三种。1981 年 Kenneth 和 Chyis 分别利用电炉和微波炉对鸡肉烧烤加工,研究发现微波炉烧烤比电炉更有利于鸡肉中维生素 B_1 的保留。2012 年夏杨毅在荣昌烤乳猪加工过程品质特征变化研究的实验中,采用红外线烤制方法代替传统烤乳猪,提高食用安全和品质的同时,研究发现烤制时间和温度对荣昌烤乳猪的硬度、剪切力和色泽有显著影响,所产生的挥发性物质主要包括醛类 25 种、酮类 7 种、醇 6 种、酸 3 种、醚 1 种、酯 4 种、烃类化合物 15 种等共计 68 种挥发性物质。1998 年 Sinha 在不同烹饪方法对煮制不同程度肉汁的牛肉中杂环胺含量研究的实验中,比较以辐射传热方式为主的三种烹饪方式包括锅煎、烘烤和烧烤中牛排杂环胺有害物质的含量,发现烘烤方式与锅煎和烤制相比杂环胺含量最低。2014 年 Xiao 等在过热蒸汽冲击烫漂在农产品加工中应用的实验中,采用过热蒸汽和冲击复合联用技术,与传统和单一加工技术相比,结果发现烤制食材具有更高的传热效率,加热均匀,缩短加热时间,营养物质的流失程度也极大地降低。2014 年 Roldan 等在添加磷酸盐和烹饪方法对熟羊肉的理化和感官特征影响的实验中,研究磷酸盐对烤熟羊肉理化和感官特征的影响,羔羊腰部注射含有 0.2％或 0.4％磷酸盐混合物溶液经烤箱烘烤后,样品韧性随着磷酸盐添加量增加而降低,多汁性得到改善,并提高烘烤羊肉的纹理结构。

(2)微波。微波与烤的传热方式相同,都是利用热辐射传递热量使食物熟制,区别在于,微波热量传递顺序由里及表,烤传热由表及里。微波烹饪的主要特点为传热传质效率高,对食物营养破坏程度小,可在短时间内使食物成熟,但是风味和色泽不突出。微波是近二十多年才进入中国并逐渐普及,国内对微波食品研究较少,只有少量点心和肉类预制品,几乎没有专门生产微波食品的厂家。2000 年 Henrik 等在微波增强了球蛋白的折叠和变性的实验中研究发现,微波加热对蛋白质有一定影响,当蛋白质未完全变性,微波对 β-乳球蛋白的伸展和变性都有着一定的加强作用。2008 年 Chuah 等在烹饪对花椒抗氧化性能的影响的实验中,运用不同烹饪方法(微波、炒、水煮)处理不同品种的辣椒,结果表明微波加热以及炒制的烹饪方法更适合辣椒烹制成熟,并且其抗氧化成分以最大限度地保留下来。2012 年李超在牛肉微波菜肴品质控制技术研究的实验中,对微波烹饪牛肉工艺进行优化,研究表明,实验最优技术参数为牛肉丝宽度 2.5 mm、青椒丝宽度 2 mm,加热时间为 6 min、加热火力为高火(P-100％)。

(三)展望

热辐射与常规传热方式不同,多为由里及表反方向导热,这使得热辐射在传统烹饪、食材加热干燥和食品加工方面具有很大优势的同时还应用于食物杀菌,并且不断向其他领域拓宽,如催化化学反应、新材料辐射加工处理等。然而,与欧美日等发达国家相比,我国对于烹饪传热机理研究不够深入,烹饪加工设备研究力度不够,起步较晚。热辐射对温度较为敏感,一旦过度热辐射便会促进食物中有害物质的产生,导致食品油脂品质的恶化,增加食品当中的二噁英含量,过度辐射加热还会导致食物中酶活性降低。2012 年武丽荣等在油炸食品中丙烯酰胺的形成及减少措施的实验中曾提出,常规加热情况下丙烯酰胺的产生量为 30 $\mu g/kg$,而利用热辐射加热后食物中丙烯酰胺含量为 260~276 $\mu g/kg$,是常规加热的 8~9 倍。其次,以热辐射为主的烹饪设备制作出的食物在某些风味方面的表现不如热传导和热对流方式加工的食物,安全卫生等方面并不乐观。

食物在进行微波辐射加热时,本身的介电物质含量对加热效果有极大影响,食物加热前的温度与成熟所需时间有很大关系。2016 年 Pathare 等在肉类烹饪质量和能量评价的实验中,阐述了不同烹饪方法包括烤箱、煎炸、微波和欧姆烹饪对肉和肉制品颜色、嫩度、蒸煮损失等品质影响,表明根据不同消费者的喜好,应选择不同的烹饪方式,如微波烹饪与传统烹饪相比虽可节约能源,但烹饪会导致较高的烹饪损失。因此,热辐射原理和烹饪设备需要进一步研究与改进,先进烹饪仪器更需要大力推广。根据人们的需要及食材的性质烹饪菜肴时应选择适宜的烹饪工艺和传热设备,为使菜肴营养价值高、味道鲜美,烹饪时往往采用热辐射、热对流和热传导三种传热方式复合作用,因此,三种传热方式复合作用机理需要进一步探讨。烹饪工艺辐射传热及其他传热方式的探究对传承和发扬我国博大精深的餐饮文化具有十分重要的意义,而且有助于推动中式烹饪的发展。

六、调味技术

自古烹饪不分家,一道好的菜肴,需要"烹"去加热致熟,更少不了"调"去赋予滋味。我国饮食文化底蕴深厚,博大精深,烹饪技艺则是这段文明史上的重要组成部分。随着饮食业的飞速发展,人们对调味技术已经有了一个大致的认识,从宏观到微观,从食品到化学。这里,我们对调味技术在烹饪上的应用进展进行了归纳与展望。

(一) 调味技术的基本特征

调味就是以原料的本味为基础,正确运用各种调味品,施以不同调味手段,使原料提鲜、增香、异味消除并形成各种复合美味的过程。味的调和包括烹饪原料本味的配合处理和调味品与原料的相互作用处理。菜肴在整个烹饪过程中,包括基本调味、决定性调味、辅助调味三个程序。基本调味是调味的第一个阶段,其主要目的是使原料先有一个基本滋味,并解除部分腥膻异味,具体方法是使用调味品将需烹饪的菜肴原料调拌及浸泡。决定性调味是调味的第二个阶段,即在菜肴制作过程中的适当时候,将调味品投入,这是起决定性作用的定型调味,大部分菜肴的口味都是由这一调味阶段确定的,决定性调味是其达到既定风味质量的关键所在。辅助调味是调味的第三个阶段,主要是弥补第一、二阶段调味的不足,增加菜肴的滋味。调味方法可分为腌渍调味、分散调味、热渗调味、裹浇调味、粘撒调味、跟碟调味等。在烹饪中,由于调味是结合加热进行的,受加热方式限制,调味有三个时机,即加热前调味、加热中调味以及加热后调味。调味手段结合火候可以把相同的原料做成不同口味的菜点,调味还有提高成品营养价值的作用,因为许多调味品如油、盐、糖、辣椒等本身就含有营养素。

调味过程遵循以下原理:①味强化原理:一种味加入会使另一种味得到一定程度的增强。这两种味可以是相同的,也可以是不同的,而且同味强化的结果有时会远远大于两种味感的叠加。②味掩蔽原理:一种味的加入,使另一种味的强度减弱乃至消失。③味干涉原理:一种味的加入,使另一种味失真。④香效应原理:增香原本只能提供香味,并不能提供甜感之味,但由于条件反射,会增强人对增香调味品的吸引力,食用时能产生愉快的感受。⑤味派生原理:两种味的混合,会产生出第三种味。⑥味反应原理:食品的一些物理或化学状态还会使人们的味感发生变化。

(二)调味技术在烹饪原料中的应用进展

1. 禽畜类原料调味　1969 年 Kirmura 等人从牛肉鲜味的实验中发现,几种氨基酸鲜味剂并不具有牛肉的特征味道,而当所有游离氨基酸共同作用时才会产生牛肉的味感。2006 年杨铭铎在鸡骨泥-鸡腿蘑保健复合风味酱的实验中,采用双醇法水解鸡骨泥和鸡腿磨,并对鸡骨泥复合风味配方进行了研究。结果发现当水解 pH 为 6、温度 55 ℃、底物浓度为 50%、木瓜蛋白酶 50 U/g,酶解时间 3 h 时鸡骨泥水解完全,调味的口感最好。2007 年蒲彬在风味羊肉酱的调味技术研究的实验中,对风味羊肉酱的加工工艺技术进行了研究,该学者设计麻辣味、咸辣味、咸甜味、孜然味 4 种风味的羊肉酱产品的配方,重点对风味羊肉酱的调味技术进行研究,并对风味羊肉酱加工中的关键问题进行了讨论。2010 年余海忠在五香菜烹饪鱼专用调味品的研制实验中,以五香菜为基料,以花椒、姜、辣椒、大蒜、胡椒、八角、小茴香及食盐为辅料进行五香菜烹饪鱼专用调味品的研制,并通过正交试验得出了最佳配方。其中麻辣型五香菜调味品的最佳组合为五香菜 62.5%、辣椒 4.8%、花椒 9.6%、姜 9.6%、胡椒 8.7%、食盐 4.8%,清香型五香菜烹饪鱼专用调味品的最佳组合为五香菜 72.1%、八角 2.4%、小茴香 2.4%、姜 9.6%、大蒜 8.7%、食盐 4.8%。2013 年 5 月乔若瑾研究了海蜇调味品的配方工艺,确定配方的最佳参数:食盐含量 15%,食醋含量 8%,白砂糖含量 6%,麦芽糖含量 6%,酱油含量 20%,味精含量 0.3%,肌苷酸钠、鸟苷酸钠混合含量 0.015%,CMC-Na 含量为 0.25%。2016 年滕瑜等在大菱鲆熏制预调味技术研究的实验中,研究了大菱鲆的熏制预调味技术。结果表明,在食盐 3 g、白糖 5 g、料酒 2 g、酱油 3 g 的预调味优化配方下感官评价最好、味道最佳,经熏制后鱼肉完整结实、色泽金黄明显、具有特有熏制香味。

2. 植物原料调味　2007 年龚韵在鲜花椒调味油制备技术研究的实验中,选用新鲜青花椒进行鲜花椒调味油制备技术的研究,并得出鲜花椒化学成分浸出的制备工艺为鲜花椒经全粉碎(20 目)后在 45 ℃下浸制 5 天,采用超声波脱水处理优于目前普遍采用的真空干燥,最佳处理条件为超声功率 100 W,超声时间为 4 s,超声次数 30 次,沉降温度 55 ℃,沉降时间为 1 h,此时的麻味物质与香味物质损失小。2013 年陈晔等在正交试验法优化制备即食调味冻干香菇的关键工艺的实验中,对即食调味冻干香菇的调味、真空冷冻干燥的关键技术,采用正交试验方法进行研究。结果表明,调味品的比例为香菇∶酱油∶白砂糖∶调味品 A=100∶20∶6∶3;真空冷冻干燥参数为铺盘厚度为 3.5 cm,真空度 30~50 Pa,以 90 ℃为初始干燥温度,维持 5 h,此后加热温度为 85 ℃—75 ℃—60 ℃,当物料中心温度维持在 50 ℃以上 4 h 后,即可出仓。按此技术工艺获得的即食调味冻干香菇口感松脆可口、咸甜适中、香菇味浓郁,同时保留了新鲜香菇丁原有的形状和营养成分。2015 年尹爽等在贵州特色水豆豉后发酵及调味技术研究的实验中,将贵州特色食品水豆豉,在后发酵处理后经过洗曲、未经洗曲这两种不同条件下,对发酵过程中氨基酸态氮、水分、总酸等理化指标的变化情况进行研究。结果表明:经过洗曲生产的水豆豉与未经洗曲的水豆豉相比,豉香浓郁,口感良好,其氨基酸态氮质量分数也更高。同时以感官评分为指标,对水豆豉后发酵结束后加入的辅料用量进行单因素和正交试验设计,得出其汤汁的较优辅料配比为生姜 10％、白酒 2％、辣椒面 5％、食盐 5％、木姜子 0.4％。

（三）展望

目前,调味个性化使得不同地区饮食习惯差异很大,很难被一种口味统一,把传统工艺融入现代化的大生产之中,开发出适合于不同地区、不同人群需求的有个性的产品将成为新的研究趋势;加之菜肴的呈味原理通常错综复杂,在实际的烹饪中,中餐更应注重调味技术,进一步实现调味的标准化。因此如何将我国菜肴的风味与调味科学化、标准化,是今后食品风味和食品调味领域非常具有发展前景和研究意义的方向。

从以上文献来看烹饪科学研究进展,总体上烹饪科学研究已经具有了一定规模。从研究内容来看,目前的研究多停留在烹饪加工全过程原料及成品品质、组分以及有害物质等形成、变化的工艺改善方面,缺少烹饪加工中的风味物质研究,对相应的影响机理缺少研究;从研究手段来看,目前的研究多采用感官监评与仪器监评相结合的方法,缺少动力学以及数学模型的构建;从分析方法来看,目前的分析方法过于单一,不能很好地对实验结果进行理论升华;从研究的广度和深度上看,各个烹饪单元操作在广度上不够全面,在深度上没有达到食品科学研究的深度。从总体上看,烹饪科学研究仍然有很大的努力空间,是亟待开发的领域,且具有良好的发展前景。

第五节　烹饪科学研究趋势

前三次工业革命的到来带来了机械、电气和信息技术。现今,物联网和智能制造业迎来了第四次工业革命——"工业 4.0"。"工业 4.0"是由德国提出的概念,美国称之为"工业互联网",中国称之为"中国制造 2025",虽然名称不同,但这三者的实质是相同的,都指向一个核心——智能制造。因此,简而言之"互联网＋制造"即"工业 4.0"。"工业 4.0"有很大的发展潜力,"工业 4.0"的道路将是一段革命性的发展。

习近平总书记的党的十九大报告曾多次提到互联网,并着重提出推动互联网、大数据、人工智能和实体经济深度融合,在中高端消费、创新引领、绿色低碳、共享经济、现代供应链、人力资本服务等领域培育新增长点、形成新动能。党的十九大为我们指明了方向。互联网作为一个工具,其本质是改变信息交互方式,提高生产力和改进效率。"工业 4.0"的到来必将引起全社会、各领域、各行业智能整合时代的到来,也必然会对烹饪加工产生影响,在这样的时代背景下,作为手工食品加工的烹饪科学如何与互联网及互联网衍生技术有机结合,并对烹饪科学的研究趋势产生哪些影响,是当前阶段需要我们认真思考的。

一、"工业 4.0"时代

（一）大数据

大数据是海量、复杂的数据集合,现有的一般软件工具无法提取、存储、搜索、共享、分析、处理这些数据。它具有大量、高速、多样、价值密度、真实性 5 个特征。大数据的系统架构主要包括 5 个主要环节:数据准备、数据存储与管理、计算处理、数据分析和结果展现。提高大数据的实际应用能力,分析每个环节的特点及作用,并以此为基础进行合理有效的应用,可提高数据的分析与处理能力。随着信息技术的快速发展,大数据给人们的生活与工作带来极大的便利。在对人们生活中形形色色的事物进行数据化处理之后,可以通过数据格式存储和分析的手段使得这些信息呈现更大的价值。

（二）云计算平台

逐步递增的海量数据以及数据和服务的互联网化趋势使得传统的计算模式在进行大数据处理时涌现出许多问题,云计算平台油然而生。云计算平台也被称为云平台。在云平台,通过虚拟化技术建立功能强大、具有可伸缩性的数据和服务中心,以数据存储为主或数据处理为主或计算和数据存储处理兼顾的 3 种类型为用户提供强大的计算能力和极为充足的存储空间。

（三）人工智能

人工智能是通过人类智能活动规律的研究,塑造具有一定智能的人工系统,并研究如何使计算机完成以人类的智力才能胜任的工作,即研究如何利用计算机硬件和软件来模拟一些人类智能行为的基本理论、方法和技术。人工智能的技术突破在多个领域催生了一批新兴的细分行业,主要包括深度学习（机器学习）、自然语言处理、计算机视觉（图像识别）、手势控制、虚拟私人助手、智能机器人、推荐引擎和协助过滤算法、情境感知计算、语音翻译、视频内容自动识别等。

（四）物联网

物联网并不是一种独立的网络,它是一种基于计算机网络技术的新技术,它通过互联网将物体之间相互连接。主要采用射频识别技术、红外传感技术、信息传感技术实现物品的智能跟踪、识别、定位、监控和管理。

物联网主要分为三层架构:感知层、网络层、应用层。感知层是物联网的"感知器官",它解决了如何从人类和物理世界中获取数据的问题,并且由各种传感器和传感器网关组成。该层被认为是物联网的核心层,主要用于物品识别标注和信息的智能收集。它由两个主要部分组成:基本传感器设备（如 RFID 标签和读卡器）和传感器组成的网络（如 RFID 网络、传感器网络等）。网络层是物联网的"神经系统",它的主要功能是接入和传输,是信息交换和传输的数据通路,包括接入网和传输网。它主要解决了如何将感知层获得的数据在一定范围内进行长距离传输的问题。应用层是物联网的"表情反馈",它解决了信息处理和人机界面的问题。从网络层发送的数据进入各种信息系统可在该层中进行处理,并通过各种设备与人们进行交互。各行各业的专业应用子网都建立在这三层基础架构之上。

（五）大数据、云计算平台、人工智能与物联网四者的关系

从 2007 年开始,科学院的相关研究团队提出了互联网的未来趋势,互联网正朝着与人类高度相似的方向发展,它将拥有自己的视觉、听觉、触觉、运动神经系统,以及它自己的记忆神经系统、中枢神经系统、自主神经系统。如果将互联网视为人的"大脑",大数据、云计算平台、人工智能以及物联网,它们都不是凭空出现的新事物,而是在互联网这个"大脑"发育过程中,由于神经系统的不均衡发展导致的波浪式高峰,往往是一个技术或模式成熟后,下一个技术或模式才有蓬勃发育的基础。因此,大数据、云计算平台、人工智能和物联网都是以互联网为基础而发展的（图 3-17）。

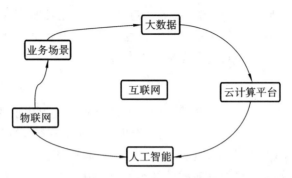

图 3-17　大数据、云计算平台、人工智能、物联网及互联网的关系图

大数据是从业务场景中或物联网的感知层产生的一种具有极大规模的数据集合,相当于人脑从小到大记忆和存储的大量知识。只有通过消化、吸收和重组,知识才能创造更大的价值。也就是说,大数据技术的重要性不在于能否掌握海量的数据信息,而在于能否对这些有意义数据进行专业的处理。随着时代的发展,数据愈发庞大,必然无法由一台计算机进行处理。它必须依赖于云计算平台的分布式处理、分布式数据库、云存储和虚拟化技术。在云计算平台中,决定最终性能的关键因素是各种算法的应用,这也是人工智能的作用。人工智能相当于一个"人"吸收了大量的知识(数据),不断深入学习,演化成一个"优越"的人的过程。因此,人工智能离不开大数据,更是以云计算平台为基础来完成深度学习的演变。虽然人工智能的核心是算法,但它是基于大量的历史数据和实时数据来预测未来的。因此,大量数据对于人工智能的重要性是不言而喻的。可以处理和学习的数据越多,其预测准确度就会越高。人工智能需要的是连续不断的数据流入,大规模节点和物联网应用程序生成的数据也是来源之一。物联网的应用,人工智能的实时分析可以帮助企业通过数据分析和数据挖掘来提高运营绩效和发现新的业务场景。

物联网是目标,人工智能是实现的途径,物联网的实现离不开人工智能的发展。人工智能是大数据和云计算平台相结合的产物,负责计算、处理、分析和规划,而物联网则侧重于解决方案的确定、传输和控制,二者相辅相成。简单来说,物联网的正常运行是通过大数据传输信息给云计算平台,由云计算平台进行处理,然后人工智能提取云计算平台存储的大量数据进行活动而实现的,是一种层层递进、环环相扣、正向循环的关系。

二、"工业 4.0"时代对烹饪科学研究的影响

(一)大数据对烹饪科学研究的影响

大数据对烹饪科学研究的影响主要表现在两个方面。

第一个方面是直接影响,如今,餐饮需求的个性化进一步加强、互联网的高度普及、商业地产价格上升、原料价格上涨、人力成本增加、各种税费较多等多方面原因,使得餐饮业需要通过转型升级来适应时代的演变与发展。"工业 4.0"与"中国制造 2025"为餐饮业发展提供了新机遇,人工智能化餐饮革命已经成为不争的事实。大数据是实现厨房设备人工智能化的基础,只有拥有海量的数据,才能发现数据中有价值的规律,进而指导实践,创造非凡的价值。烹饪科研人员有必要以工业化生产方式的要求为基础,以记录的方式,将烹饪加工过程定性、定量、标准化、数字化,形成一套完备的烹饪科学体系,最终形成原料、切

配、预处理、复合调味、各类人群的营养需求等一系列的数据库,再根据不同的设备需要有针对性地赋予新型智能化厨房设备数据基础。这种新型智能化厨房设备也可以在家庭中实现。烹饪科研人员收集大量经典菜品的烹饪数据后,实验研究经典菜品在各个方面的操作细节,数据处理后形成准确的量化烹饪参数图像,用智能的程序将其导入厨房设备,这样极大降低了烹饪的难度,方便更多的民众掌握烹饪技艺,享受美食的乐趣,提高人们饮食生活质量,满足人们对美好生活的向往。

第二个方面是间接影响,餐饮业的智能整合时代不仅仅在于技术上的升级,更广泛涉及企业经营模式、服务方式、营销手段等方面。此时,大数据应用的重要意义在于节约餐饮企业的成本,加强管理,增加客源和绩效,改善消费者的服务体验,实现精准化、个性化的服务。餐饮企业应广泛收集收据,根据消费者保留的个人基本信息以及后期浏览和消费历史,分析不同消费者群体的消费偏好和购买习惯,利用大数据进行点、线、面全面的分析,预测其消费意愿,根据这些群体的喜好和习惯进行有针对性的个性化服务。餐饮企业的服务内容中,餐饮产品必不可少,也就是说要想实现餐饮产品的精准营销,投其所好,需要烹饪科研人员进入餐饮企业,利用烹饪科学相关领域知识,与厨师共同协作开发各式各样的新菜品,从而满足消费者的需求,提高销售和利润率。

(二)人工智能对烹饪科学研究的影响

20世纪80年代,美国被誉为"机器人之父"的约瑟夫·恩格尔伯格提出过使用机器人为人类做菜的设想。这个想法在2006年随着中国菜肴自动烹饪机器人(automatic integrated cooker,简称AIC)的出世而实现。其基本原理:将机电一体化技术和烹饪科学技术相结合,将烹饪过程规范化、数据化,通过机器得以解读,运用机械设计、自动控制、计算机等技术模拟厨师的操作过程,准确掌握火候,实现中餐独有的技法,如炒、熘、爆、烹、烧、熘等,达到专业厨师水平。它具有方便操作、生产可持续、出品质量稳定等特点。对于传统手工烹饪而言,以中国传统烹饪理论为基础、实验研究为手段开发的自动烹饪机器人,为中国烹饪的科学化和标准化进程开辟了新的途径。

然而从上述自动烹饪机器人的特点来看,仅仅类似于一种智能的机器,还是需要人在一旁辅助,进行投放原料、选择模式等操作,由此可见,人工智能在烹饪应用中只是刚刚起步的状态。人工智能的本质是通过信息模拟人类的意识以及思维,这一领域的研究包括机器人、语言识别、图像识别、自然语言处理和专家系统等。由此来看,烹饪科学与人工智能结合应用的道路还很长远。人工智能技术属于计算机科学领域,该领域的人才并不了解烹饪科学知识,所以需要烹饪科学研究人员与该领域研究人员合作。比如,要实现机器人智能识别功能,则需要烹饪科研人员汇总大量的烹饪原料的信息,内容包括形态、营养素含量、如何搭配等;要实现生产的可持续性,则需要烹饪科研人员提供如何将烹饪过程简化或改良使油烟废水排放合理,符合科学规范;要实现出品质量稳定,则需要烹饪科研人员对每一道菜肴进行定性和定量的分析,将烹饪工艺过程分解细化,找出关键工艺点以及研究出标准配方,将数据与菜肴的最佳品质相匹配,使工艺流程标准化以及工艺参数数据化,实现传统烹饪经验隐性知识显性化。

但需要注意的是,一些对制作标准要求比较高的菜肴,在智能化出品的同时一定要保留其传统的味道,如淮扬名菜"清炖狮子头",必须先将五花肉加工成石榴籽大的细丁,然后经过粗斩、调味、搅打上劲、成型、炖制等一系列复杂的过程,才能做出色、香、味、形俱佳的狮子头,如果少了哪一道工序,势必就无法做出原来的风味。所以在研发人工智能化厨房设备时一定要考虑到这些因素,不能像国外快餐企业的产品那样千篇一律,否则就无法体现中国菜的特色,甚至可能导致传统烹饪的倒退,那就失去了人工智能应用于烹饪的意义。这种情况下,可以让人工智能作为"帮厨"的角色,参与某一部分或某几个部分的工艺流程。

中国餐饮业所面临的主要矛盾仍然是市场供应的传统方式与社会需求之间的差距,餐饮供给难以满足人民群众日渐增长的餐饮消费需求而形成的结构性不平衡。而且随着"中国制造2025"国家战略的逐步推进,餐饮企业将会进入智能整合时代。餐饮企业的菜肴出品模式定将受到餐饮企业整合转型的影响,这意味着餐饮厨房的生产技术将迎来新一轮变革。人工智能与烹饪结合应用到餐饮业中,可以减少餐饮业的人工成本、提高上菜速度、提高翻台率,由于中国的餐饮业各有特色,所以需要大量的烹饪科研人员来协助烹饪由人工到智能的转换。

此外,在烹饪菜肴品质鉴定与评价方面,也有着利用人工智能技术模拟人类的嗅觉与味觉的智能仪器,但是都存在一定局限性。如何将人工智能技术更好地利用到烹饪菜肴品质鉴定与评价中来,也是烹饪科学研究的一个新的方向。

习近平总书记在主持学习时也曾强调,人工智能是引领这一轮科技革命和产业变革的战略性技术,具有溢出带动性很强的"头雁"效应。人工智能的迅速发展为烹饪科学的研究提供了新思路,使得烹饪科学的研究不再拘泥于烹饪原理、烹饪加工规律、烹饪的工业化和标准化等方面的研究,而是可以探究如何将烹饪科学与人工智能技术有机结合,实现智能烹饪。

(三)物联网对烹饪科学研究的影响

不同于现有的餐饮O2O模式,对目前餐厅的经营模式进行深度改造,将整个系统互联网化和物联网化而打造的餐厅,称之为智慧餐厅。智慧餐厅在物联网技术的支撑下,依靠人脸识别、服务交互和语音互动等人工智能,以及云计算、大数据处理的物联网应用平台,通过客户订单预约系统、自主点餐系统、后厨互动系统、前台收银系统、信息管理系统以及食品安全可追溯系统等功能,可显著节约员工数量、降低经营成本、提升管理绩效、严格把控食品安全。物联网环境下的餐饮服务系统由移动设备终端(如移动电话)、餐厅平板电脑终端、厨房显示终端、RFID读卡模块以及服务器端5大部分组成,可将顾客入店、下单、用餐、支付、服务评估等一系列流程信息化处理。这样的高科技智能化餐厅,可有效地节约人工成本,提升餐厅的信息化水平,提高管理效率,促进顾客广泛传播。

智慧餐厅中的智慧厨房自然必不可少。能够远程控制的油烟机、自动设定烹饪程序的炉灶、懂得提醒储存时间的冰箱等备受憧憬的智慧厨房时代即将来临,正在从不同的维度颠覆着人们的生活模式,带来人们全新的生活体验。智慧厨房是一个基于物联网技术的,具有智能操作及管理功能的厨房系统,通过可视化操作面板(如触摸显示屏、手机及平板电脑App等方式)可对所有厨房设备进行操作与控制。同时还可通过体感、红外感应等成熟技术来实现动作的感应。智慧厨房功能可能包括:食材新鲜程度和存储数量的监控、原料的自动处理、烹饪流程的提醒与展示、具体烹饪参数的调节和控制、食物的营养搭配建议、对特殊人群的食材挑选等。比如,从冰箱中刚取出一块肉,系统经过扫描感应自动预设解冻模式及时间,人需要做的只是将肉放进设备中。利用人的行为,通过智能识别系统,简化烹饪以及其他过程的操作,使整个厨房成为一个完整的互联运行管理系统,做到智能、高效、可靠。大胆设想一下，未来的智慧厨房可能只需要 2~3 个人就可以完成厨房内所有的工作。而在家庭中，有了智慧厨房，每一个人都能轻易变成大厨，通过手机或其他智能设备在家或在外都可以方便地控制厨房，以及监控所烹饪食物的状况，可以满足人类快节奏的生活。要实现上述的所有功能，需要烹饪科研人员利用烹饪科学领域的知识进行深层次的研究，比如食材新鲜程度的等级如何划分、不同的原料都有怎样的处理方法、烹饪流程的关键点在哪儿、提供具体工艺参数的数据和建议营养搭配的数据等。

利用物联网技术构建智慧厨房带给青年人的是健康、高效、节约、快捷以及高科技的魅力。目前中国老龄化日趋严重，与发达国家比较而言呈现出未富先老的社会特征，给经济发展带来重大压力。老年人老无所依，由于身体变化和身体障碍导致营养不良的现象比比皆是，如何养老已经成为人们关注的焦点。智能化和高科技化是厨房产品的发展趋势，对老年人而言，智慧厨房的功能操作难度是无法解决的难题。在这样的情况下，如何设计出更适合老年人需求的智慧厨房产品来提升他们的生活质量，为孤独老人、空巢老人提升幸福感，让他们感受到社会的关爱，也是烹饪科学研究应该思考的问题。

三、烹饪科学研究趋势的展望

我们在本章第一节中定义了什么是烹饪科学研究，并且归纳了烹饪科学研究的主要研究对象。但随着"工业 4.0"概念的提出以及智能化在烹饪领域的逐渐渗透，结合烹饪相关研究发展动态及国家发展形势，烹饪科学的研究趋势值得进一步思考。

（一）传统烹饪经验数据化

在"工业 4.0"时代下，智能制造是核心，这是制造业必然的发展趋势。但要使烹饪实现智能操作，首先要将烹饪大师烂熟于心的传统烹饪经验经过烹饪科学研究人员的科学实验研究优化标准实现数据化，才能进一步与程序算法结合创造更大的价值。具体表现在烹饪加工的各个方面，包括食物原料的选择、初加工、成熟、调味等整体工艺条件优化，探索出烹饪的加工规律，得到最佳工艺标准化参数，建立庞大的数据库，为人工智能提供后台数据支持。食品安全一直是人们高度关注的问题，将烹饪原料的种类及产地建立庞大的数据库，结合大数据与云计算平台技术形成可追溯体系，这样既可以保证食材安全还可以确定营养素。传统烹饪经验数据化，是传统烹饪智能化操作的基础和前提，因此，这是当今时代背景下烹饪科学研究发展的必然趋势。

（二）传统食品智能工业化

"工业 4.0"背景下，"中国制造 2025"对制造业提出了新的要求，在各个领域的制造业面临智能转型的同时，也推动着传统烹饪食品工业化的发展。现代食品工业已经发展得比较完善，生活中处处可见现代食品工业的产品，但是与传统烹饪食品对比，其在感官性状上还是有很大的差别。传统烹饪食品即由餐饮业或家庭烹饪手工制作的食品，将其实现工业化是指以传统烹饪工艺标准化参数为基础，以机械操作代替手工操作，通过工厂连续化生产制作出感官性状基本保持原状的烹饪成品或半成品。目前传统烹饪食品工业化的研究比较落后，没有重大的突破，面对即将到来的无人智能化工厂，如何利用 AI＋IOT（人工智能＋物联网）实现传统烹饪食品智能工业化是烹饪科学研究的趋势。传统烹饪食品都是做完即食的，工业化生产之后在物流配送或储存过程中如何利用 AI＋IOT 监控、保持它的感官性状也是烹饪科学研究者应该思考的关键问题。

除此之外,传统食品一旦实现了智能工业化生产,也将带动烹饪快餐化的发展,未来的公交站、地铁站附近可能会出现许多"无人快餐站",上班族们只需要在显示屏或手机 App 中简单操作之后等待 2～3 分钟就可以直接取餐带走,快餐种类不再单一,而且极为方便。这也将会是烹饪科学未来参与研究的方向。

(三)科学配餐智能化

科学配餐主要包括两个方面,即营养均衡、美味可口。那什么是科学配餐智能化呢?科学配餐智能化是指采用互联网及互联网衍生技术从用餐者的健康状态出发,顺应个人口味、习惯,将食物进行营养搭配。要完成科学配餐,则需要大量饮食科学的储备知识,即使是非常有经验的营养师也很难掌握上万种食物信息,但人工智能可以实现。不仅如此,目前营养师大多采用的是每餐带量食谱,这类配餐看似健康,但执行困难,且千篇一律。人们构想的智慧生活中,利用人工智能来进行科学配餐是一种设想,也是烹饪科学今后研究的一种新趋势。烹饪科研人员可以协作计算机专业人士深入研究如何使人工智能能够解读科学配餐的规律和方法,从而实现科学配餐智能化。

第四章　服务社会——承担的社会责任

作为烹饪教育的主体——烹饪院校,在承担好烹饪教学、科学研究及其相关工作的基础上,还需要发挥好服务社会的重要职能。这既是烹饪教育的内在价值和使命,也是烹饪教育通过服务社会来吸取营养从而进一步完善烹饪教育的重要途径。为了更好地服务社会并充分有效地承担起自身的社会责任,就有必要基于社会构成的不同要素和这些要素对烹饪教育的要求,形成烹饪教育服务社会的着力点和实施路径。因此,本章基于社会学的基本理论,在解构社会构成的基础上,建立了烹饪教育服务于社会的框架模型,并对烹饪教育服务社会的内容、要素和具体路径与方式进行深入分析。

第一节　社会的构成结构

社会是人类生活的共同体,社会在本质上是生产关系的总和,它是以共同的物质生产活动为基础而相互联系的人们的有机整体。早在中国古代,就形成了对社会相关的界定,从而形成了词源学上的社会。我国古籍中,"社"是指用来祭神的一块地方。《孝经·纬》记载:社,土地之主也。土地阔不可尽敬,故封土为社,以报功也。其中,"社"就是一块土地的主人。而"会"就是集会。两个字合起来就表示民间节日举行的演艺集会或祭神的庆祝活动的地方。

在西方,社会的含义来自拉丁文"socius",之后演化为英语"society"。在此基础上,西方学者从不同角度对社会的内涵进行了界定,也由此形成了不同的理论学派,包括社会唯名论、社会唯实论、社会建构论和马克思主义社会观。其中,社会唯名论认为社会是代表具有同样特征的许多人的名称,是空名,而非实体,真正实在的只是个人。个人的存在是客观真实的,但社会只是一个虚名,社会本质上是个人及其行为的一种组合,代表人物有马克思·韦伯等。社会唯实论认为社会不仅仅是个人的集合,它是一个客观存在的东西,是真实存在的实体。社会本身就是真正的客观存在,它独立于个人,有自己的结构和运转规则,而这些规则又不一定反映个体的意志,代表人物有齐美尔、涂尔干等。社会建构论者则力图避免前两种看法的对立状态,从社会过程性的建构入手,动态地看待问题,寻求解决问题的有效方法。

按照马克思的观点,所谓社会,是人类历史发展的产物,是人们按照自己不断增长和提高的劳动和生活的需要,创造性地结合成不同社会关系,进行不同社会活动的生活共同体。具体而言,马克思主义关于"社会"的论点,可以归纳为下列三点:第一,社会是人们交往的产物,是各种社会关系的总和,生产关系是社会的本质和基础。第二,人类社会区别于动物社会的特征是劳动。第三,人类社会是自然界长期发展的产物,人类社会是与自然界有重大区别的特殊领域。

因此,从外在形态上看,社会是人和自然环境以及人与人之间有机结合而成的共同体;从内在本质上看,社会是以生产关系为基础的各种社会关系的总和。它具有以下特征:第一,几乎所有的社会成员关系都发生在社会的边界以内;第二,为了满足人们的需求,一个社会要建立起一些社会程序和机制来获取和分配经济的或其他种类的资源;第三,做出决策和解决争端的最终权威属于整个社会;第四,社会是其成员效忠和捍卫的最高一级的组织形式;第五,所有社会成员分享着共同的、独特的文化,通常也拥有共同的语言。

基于社会的内涵和特征,社会不同要素的构成及其关系形成了特定条件下的社会结构。社会结构(social structure)是指社会系统的各组成部分及要素之间持久的、稳定的相互联系模式,即社会系统的静态构成状况。社会结构反映的是社会静态的状况,同时又预示着动态变迁的趋势和内容。社会结构体现了一个群体或一个社会中各要素相互关联的方式,形成了社会发展的基石。

按照不同的层次,社会结构分为宏观社会结构和微观社会结构。宏观社会结构指社会的整体结构,即整个社会的构成状况,包括社会结构、经济结构、政治结构、文化教育结构等。其中,社会制度作为上述要素的结合,充分体现了宏观社会结构的核心要件。微观社会结构指社会的个体结构,表现为日常生活中人际互动的模式。社会学对于微观社会结构的考察侧重于社会中人与人之间的差异与特性。其基本的结构单位包括个人、角色、群体和组织、社团和社区等。

一、宏观社会结构——社会制度

宏观社会结构的核心是社会制度。社会制度的形成与发展,体现了社会关系与社会规范,这种关系与规范又影响了企业的存在和个人的行为。

(一)社会制度的含义

社会制度在英文中为 social institution,包含了机构、组织,习俗、风俗,制订规则、创建社会等多方面的要素。在我国古代,商鞅的《商君书》提出,凡将立国,制度不可不察也,治法不可不慎也,国务不可不谨也,事本不可不抟也。制度时,则国俗可化,而民从制;治法明,则官无邪;国务壹,则民应用;事本抟,则民喜农而乐战,阐释了社会制度的重要性。

伴随着社会的发展,学者们从不同的角度对社会制度的内涵进行了界定。总体而言,社会制度是指在一定历史条件下形成的社会关系以及与之相联系的社会活动的规范体系,它是社会关系的最高层次,是一种固定化的较为持久的社会关系,在社会关系中占据最重要的地位。上述内涵从不同的层次分析了社会制度,包括了宏观、中观和微观层面的社会制度。

从宏观层面的社会制度分析,社会制度为社会形态或政治学的专门术语,如原始公社社会制度、奴隶社会制度、资本主义社会制度、社会主义社会制度和共产主义社会制度等。这一含义构成宏观的社会制度。

从中观层面的社会制度分析,社会制度是社会为了组织和管理某一方面的社会活动而确立的行为规则和规范体系,如家庭社会制度、经济社会制度、政治社会制度、教育社会制度和宗教社会制度等。它以具体的组织结构、社会制度设施作为自己的实体。

从微观层面的社会制度分析,社会制度是指某一组织或群体内部用以约束成员行为的社会规范,是某种规定的行为模式或办事程序、规则,如考勤社会制度、值班社会制度、审批社会制度等,通常由各个具体工作部门单独或联合制订。

(二)社会制度的构成要素

社会制度的构成要素主要包括如下四个方面。

1. 观念系统或概念系统(社会价值观) 它是社会制度存在及施行的合理性根据,其主要内容有抽象的社会学说、社会理论和社会思想。

2. 规范系统　社会制度中包含的一整套行为规则,用以规范社会成员之间的相互关系,其主要内容包括不成文的社会约定和成文的规则和规定。通常包括习俗、规则、道德、宗教、法律等。

3. 组织系统(权威和地位结构)　组织系统是检验和推动社会组织运行的机构和组织体系,是组织目标和任务的载体。有形的组织系统包括组织的首脑、职能部门和具体的执行任务的办事人员。

4. 设备系统　设备系统是组织内容的实施者,是社会制度正常运行的物质资源,包括实用性物资设备和象征性符号设备。

社会制度的概念、规范、组织和设备系统共同构成社会制度的整体,其中,概念和规范是社会制度的"灵魂",而组织和设备是社会制度的"躯体"。社会制度的四个构成要素的发展具有不平衡性。任何一种构成要素的僵化和落后都会影响到整个社会制度功能的发挥。在现实社会中,社会制度的概念和规范系统应该适应不断发展的组织变化和物资设备的更新,而各种社会组织也只有不断适应概念和规范系统的变革才能有效地完成任务。

(三) 社会制度的特征

基于社会制度的内涵,作为制约社会行动重要结构框架的社会制度,具有如下几个方面的特征。

第一,社会制度的普遍性或抽象性。社会制度的普遍性或抽象性是指社会制度所包含的规则,其是适用于所有人的;规则本身不为特定的目的或为具体的人或事项服务。家庭、经济、政治、教育、宗教等人类社会的主要社会制度,普遍存在于所有民族、国家和社会中,它对所管辖范围内的人们均无一例外地有制约作用。因此,社会制度的普遍性要求社会制度面前人人平等。

第二,社会制度的确定性。社会制度的确定性有三层含义:首先,社会制度是显明的,为人们所认识和理解;其次,社会制度是具可预见性的,即通过确定的奖惩措施,指示人们未来行动的可靠方向;再次,社会制度是具相对稳定性的,社会制度的稳定性可减少社会制度执行的成本,提高社会制度的可信赖性。

第三,社会制度的开放性。社会制度的开放性是指社会制度不是既定和封闭的,而应当能依据环境的变化而做出适时的调整。当环境发生变化时,应当允许行动者通过社会制度创新对新环境做出反应。

(四) 社会制度的类型

社会制度按照不同的标准,可以划分为不同的类型。

1. 按社会制度产生方式分类　按社会制度产生方式可分为内在社会制度、外在社会制度。内在社会制度由人类自发的行动和经验逐步演化而成。一开始人们的行动可能是基于本能或无明确目的的,但人们逐渐发现某些行事方式能够给自己或他人带来更好的满足时,这种行事方式就被足够多的人采用,形成一定数量以上的接受者,从而该行事方式或个人习惯就会变成一种习俗并被长期保存下去,最终通行于整个共同体。某种个别性规范若被某个行业运用并塑造,就会转变成行规或行业中的惯例。总之,能够满足人类需要的行为方式将被选择和保留,而相反的行为方式将被抛弃和终止。

在内在社会制度的形成过程中,大多数的内在社会制度是经由人类交往中试错式的选择和调整而逐渐发展起来的,并遵循着从习惯、习俗到惯例这一条稳定的路径演变。其中习惯是内在社会制度的初始状态,是个人稳定的行事方式。习惯作为个人行事方式的重复或复制,能使人免去在相似情境下选择一种行事方式所涉及的信息搜寻和理性计算的负担,从而使自己所面临的复杂生活简单化。习俗是内在社会制度的一般形态,是社会群体中一致的行事方式。习俗为共同体成员的交往与合作建立了稳定的社会基础。惯例是内在社会制度的高级形态,是一种特定的更具强制性规范的行事方式。惯例构成了自发的社会秩序的重要基础。因此,我们将习惯、习俗到惯例的演变而产生的社会制度称为内在社会制度。

外在社会制度是经人们的设计而产生的。它们往往是由那些居于社会权威中心的人设计并强加于社会。在民主社会,这些人被称为政治代理人,它们是通过合法的选举而产生,并由此获得了制定法律或法令的权力。这些法律规则自上而下加以实施,配有严格的惩罚措施,并依靠一个强制性的机构(司法系统)来执行。由于这类社会制度的外在性和强制性,公民有必要防止政治代理人为了私利而滥用其制定和执行规则的权力。因此,要求政治决策和执行过程本身也要遵循一定的程序和规则。我们称这类由法律、法令和程序性规则所构成的社会制度为外在社会制度。

在前现代社会,内在社会制度能够有效地对机会主义行为(如说谎、偷窃、赖账、欺诈等)加以控制,从而维持其内部的协调与稳定。因为在小共同体中,人们彼此熟悉、相互见面,自我执行和其他人的非正式监督在群体内部或关系网络中是有效的。他们乐于做出各种利他主义行为,并主要通过赢得社会声誉获得报偿。如果发现有人实施某种机会主义行为,那么来自共同体内的蔑视、谴责、孤立和报复,就会让他遭受严厉的惩罚而失去应有的地位和声誉。在由陌生人构成的复杂的现代社会里,内在社会制度已经不能排除所有的机会主义行为。因为人们常要与不会再见面的陌生人打交道,许多依据习俗或惯例的非正式约束在防止机会主义行为上已无效果。为了防止机会主义行为,促进陌生人之间的信赖与合作,就需要构建与实施更具一般性和强制性的外在社会制度。由国家来构建和执行的外在社会制度可以保证社会制度的公正性、确定性和有效性。外在的法律社会制度已经构成现代社会法治秩序和市场经济秩序的基石。

外在社会制度往往是在内在社会制度运作失效时才发挥作用的。习俗或惯例是规范人们交易和合作的基本手段,外在的法律社会制度通常是解决彼此利益纷争的最后的强制性手段。与外在社会制度运用的高成本相比,内在社会制度的运用相对经济,因为后者主要依靠当事人的自我执行以及共同体其他成员的非正式监督,而无须支付正式监督所需支付的组织和诉讼成本。外在社会制度的有效性还取决于其与作为社会传统的内在社会制度的相容性程度。二者愈相容,就愈能为人们接受和遵从;反之,可能引起人们采取某种逃避或违背规范的行为,从而使正式监督与执行的费用大增。

2. 按性质和作用范围分类 按性质和作用范围可分为家庭、经济、政治、宗教、科学、教育和社会保障社会制度等。在这样划分的社会制度中,现代社会重要的三种社会制度是政治、经济和教育社会制度。

政治社会制度是指通过权力机构、国家机关等对社会、群体或集团的政治活动进行协调、监督与控制的一整套规范体系,其功能体现在协调利益群体关系、管理公共事务、维护阶级统治利益等方面。

经济社会制度是规范人类经济领域的活动行为与调节经济关系的规范体系,当代社会主要有两种代表性的经济社会制度,分别是计划经济社会制度和市场经济社会制度。

教育社会制度就是对教育这一过程进行确定,以及为之设立的规范体系和组织体系,教育社会制度的载体是学校。烹饪教育正是教育社会制度框架下的重要组成部分。

3. 按形成过程分类　社会制度按形成过程可分为自然产生的社会制度(本原社会制度)和从一定历史需要出发而有计划地制定的社会制度(派生社会制度)。前者如家庭社会制度(人类自身再生产)和经济社会制度(物质资料再生产),后者如政治社会制度、宗教社会制度和教育社会制度等。

(五)社会制度的功能

整体来说,社会制度的功能是满足人们社会生活的需要。但不同层次的社会制度产生不同的功能,其影响和制约的范围也不同。

1. 行为导向功能　通过权利和义务系统确定个人的地位和角色,为人们提供思想和行为模式,使其较快地适应社会生活,避免个人与社会的矛盾和冲突。社会制度不仅可以通过告诉人们应该做什么和不应该做什么来确立社会基本秩序,还可以通过理想行为模式的提倡使人们的行为受到榜样的影响,从而推动社会的进步。

2. 社会整合功能　社会制度对偏离或背离社会制度的成员给予程度不同的批评教育、惩罚和制裁,从而起到对越轨行为的控制作用。作为规范体系的社会制度能协调社会行为,调适人际关系,发挥社会组织的正常功能,清除社会运行的障碍,建立社会正常的秩序。

3. 传递与创造文化的功能　社会制度中的社会学说、社会思想和社会理论是社会文化的重要体现。社会制度通过保存与传递人类的发明、创造、思想、信仰、风俗、习惯等文化,使之世代沿袭,并在空间上得到普及。同时,社会制度促进文化的累积与继承,推动人们创造新的文化。

4. 社会选择功能　社会制度通过选择机制促进社会的发展和社会流动。社会制度的功能还可分为外显功能与内隐功能。外显功能是与社会制度的目的直接相关的,内隐功能是在实现外显功能过程中带来的非预想的结果。如教育社会制度的外显功能是传授知识,培养人才;内隐功能是培养学生参与群体生活的知识和能力。

在社会制度发挥功能的过程中,社会制度并不全发挥着正功能,已经建立的社会制度常常代表社会上的传统行为模式,容易产生刻板、僵化的倾向,不易随时代的发展而及时变化,从而使得社会制度对个人行为与社会发展起一定阻碍作用。当社会关系发生变迁,导致原有的社会制度与社会现状不相适应时,社会制度就会阻碍社会的良性运行和协调发展,这就是社会制度的功能失调。社会制度功能失调发生的原因主要有三种。

第一,社会制度惰性。社会制度作为一种社会结构和规范体系,具有一定的稳定性。这种稳定性不合时宜地沉淀就会成为一种社会制度惰性。社会生活的需要和人类的需要却在不断地变化中,因此社会制度不可能完全适应社会生活和人类需要的变化。当这种不适应达到一定程度时,社会制度就会变成一种呆板、僵化的框架,不仅不能满足人类社会生活的需要,也不能满足人类的需要,进而阻碍社会的发展。

第二,结构紊乱。社会制度是由概念系统、规范系统、组织系统和设备系统四个基本要素构成。按照结构功能的要求,四个基本要素发挥作用必须稳定地协调在一起。但事实上这四个基本要素之间的关系未必十分协调,而且各个要素作为一个单独的系统,其内部的结构也不一定协调,因而社会制度在运行过程中会发生某种程度的混乱。

第三,关联失效。社会制度结构和社会结构是有机关联在一起的,社会结构的不稳定和社会的功能失调也会影响到社会制度结构。少数人操纵或干扰某种社会制度的执行或实施后,社会制度不仅不会发挥正常的功能,反而会产生相反的功能。

综上对宏观社会制度的重要构成要素、社会制度的含义、类型以及功能分析可以看出,宏观社会制度不但从上层建筑层面形成了一个国家经济社会的发展制度及其规范体系,而且对其制度下各项教育事业的发展形成了框架性的影响。对烹饪教育而言,一方面,当下我国经济、政治体制以及由此形成的教育制度,在宏观上对我国烹饪教育事业的发展起到规范性的影响和制约,烹饪教育事业只有在不违背我国整体经济制度、教育制度以及其他的制度规范的条件下,才能够获得其健康发展所需要的土壤和各种要件;另一方面,烹饪教育自身的建设与发展,又践行和证明着当下我国经济制度、教育制度的合理性、先进性和可行性。例如,作为烹饪教育的重要载体——烹饪院校,无论是从学校整体规划的制度形成和设计上,还是从对教师、学生进行管理过程中的教学制度、考试制度等教育教学制度的设计上,都是在我国教育制度的规范要求下,通过制度的贯彻和实施来体现我国教育制度的合理性的,并为进一步探索新的教育制度改革提供参考价值,从而也实现了烹饪教育和社会制度之间的内在互动。

二、微观社会结构——个人、角色、群体和组织、社团和社区

微观社会指宏观社会之外的个体结构。按照个体的角色和社会分工,微观社会结构主要包括个人、角色、群体和组织、社团和社区等。

(一) 个人

个人是构成社会的最基本的单位,这里所说的人,是指社会生活中的具体行动者,社会学者科尔曼称之为"法人行动者"。在现实生活中,每个人既与他人相互联系,又与他人存在差异性和相对独立性。

个人关系是指日常发生的人与人之间的直接联系或互动。个人关系是一种较低层次的社会关系,常常是不稳定的。个人关系主要包括同事关系、上下级关系、朋友关系、顾客与服务员关系、老乡关系、邻居关系、夫妻关系、父母与子女的关系、婆媳关系等,这些关系也构成了社会交互的基本单元。

(二) 角色

角色与个人行动相关,因为角色扮演是通过个人行动实现的。社会中有各种各样的位置或地位,社会或大众已经对这些位置赋予了相应的社会期望,于是人们的角色扮演行为就按照这些期望来进行。

1. 角色的含义　角色是群体或社会中具有某一特定身份的人的行为期待。身份或地位指的是在某一群体或社会中某一确定的社会位置。每个人在社会中都有一个位置,人们对占据这个位置的行为是有期待的。社会学中把人们在社会中占据的位置称之为地位,把人们对占据位置者的行为期待称之为角色。

2. 角色的类型　一般来说,按照人们获得角色的途径,角色可以分为以下两类。

第一,先赋角色。出身是人们获得角色的第一种方式。每个人都是由父母生养的,从父母那里获得的不可改变的东西构成一个人的初始社会地位,如性别、年龄、身份等,这就

是先赋角色,即由父母的遗传和自己的先天属性所形成的地位。

第二,自致角色。人们获得角色的第二种途径就是通过自己的努力。尽管先赋角色是无法改变的,但这并不意味着一个人只有先赋角色。除了先赋角色之外,人们还可以通过努力来获得自己的社会地位。因此,通过个人努力而获得的社会地位被称为自致角色。

在现代社会中,一个人在社会结构中的角色主要是通过个人努力的方式获得的。以工作为例,处于工作年龄、身体健康的人都会找一份工作,但很少人不经过努力就能够得到这份工作。正是这一原因,烹饪教育的一个很重要的职能就是帮助人们通过接受烹饪教育和不断地学习,来形成自己在社会中的理想的自致角色。

正如一个人一般不只有一种社会地位一样,社会中的每个人也不只有一种角色,而且一个社会地位可以包含多种社会角色。例如,市委副书记既是市委领导干部,也是其他类似干部的同事、公务人员,也许还有其他的社会兼职,如某个委员会的主任之类。社会学中把这种与某个地位相联系的角色称之为角色丛。个人的角色都不是固定不变的,总是有一些地位在消亡,另一些地位在产生。而且角色本身也在变化,这就是社会学中所说的角色的重新定义。同样需要注意的是,正因为每个人在社会中具有多种角色,所以会不可避免地产生角色之间的对立和冲突。当一个人同时扮演两个或者两个以上的角色时,如果角色之间发生了抵触,就会形成角色冲突。

（三）群体和组织

在个人和角色的基础上,人与人基于不同角色的集合体就变成了群体和组织,这就是社会结构的第三个要素。群体是由两个或两个以上的人组成的、具有认同感的人群;与群体比较,组织具有更加严格的规章和架构。在这个意义上讲,群体和组织实际上包括了人类社会所有的结构形式,从最简单的二人互动,到最复杂的国家之间、国际层面的互动,包括了群体和组织之间存在的各种重要差异,如结构复杂性差异、亲密性差异甚至交往性差异,而这些差异正是社会复杂性的基础。

1. 社会群体　社会群体又称社会团体,是指处在社会关系中的一群人的集合体。群体成员有共同的认同及某种团结一致的感觉,对群体中每个人的行为都有相同且确定的目标和期望。社会群体具有自己的显著特征,主要体现在以下五个方面:有明确的成员关系;有较持久的相互交往;有一致的群体意识和规范;有一定的分工协作;有一致行动的能力。

（1）社会群体的类型。按照不同的标注,社会群体可以划分为不同的类型。

第一,根据群体成员之间关系的亲密程度,可以分为初级群体和次级群体。初级群体(首属群体、直接群体)是指其成员相互熟悉、了解,因而以感情为基础结成亲密关系的社会群体。典型的初级群体有家庭、邻里、朋友和亲属等,以及复杂组织中的一些非正式群体,如军队中的战友群、工厂中的工友小集团以及学校里的"哥们儿"群体等。次级群体(次属群体)是指成员为了某种特定的目标集合在一起,通过明确的规章、社会制度结成正规关系的社会群体。如社团、政党、学校、军营、政府部门等。

第二,根据群体的组织化程度,可以分为正式群体和非正式群体。正式群体是指具有明确的组织章程,以完成某一或某些社会任务为目标的群体。正式群体具有明确的组织目标,人们的个人行为与组织目标一致,如工作班组、领导班子、机关、政党等。非正式群体是指根据自己的兴趣、爱好,主要依靠习俗和道德等非正式控制手段组成的群体,如临时性调查组、旅游伙伴、朋友群等。

第三,根据群体的心理归属程度,可以分为内群体和外群体。内群体是指一些人经常参与其中,或在其间工作,或在其间生活,或在其间进行其他活动,并且对该群体产生了一种感情上的认同的群体。内群体可以滋生出一种"同类意识",并分享由共同的经验而发展出的"我们感"。外群体是泛指内群体以外的社会群体,它是使"我们感"明显不同于自己的他人所形成的群体。

(2)社会群体规范与行为标准。社会群体规范是指在某一特定群体活动中,被认为是合适的成员行为的一种期望,是社会群体所确立的一种标准化的观念。社会群体规范在群体成员的共同活动中一经形成,便具有一种公认的社会力量,并不断内化为人们的心理尺度,成为对各种言行的判断标准。

基于社会群体规范,构成了社会群体的行为标准,其核心体现为群体决策和遵从。在此过程中,群体成员在群体活动中相互影响、相互作用,表现出与个人独处时不同的行为特征。社会心理学家通过实验发现:小群体的成员容易形成一致意见,以此来减少对环境的模糊看法;成员都会感受到群体意见不一致带来的压力,有些成员会放弃自己的正确判断,接受群体的一致意见。群体的压力还表现在群体决策过程中。通过一系列的研究发现,群体做出的决策要比个人更具冒险性,这种现象被称为"冒险的转变"。

2. 社会组织　社会组织是指为了达到一定的社会目标,执行一定的社会功能而有意识地组织起来,以一个相对独立单位存在的社会群体。社会分工是社会组织形成的基础。社会组织的构成要素一般包括规范、地位、角色和权威四个方面。

社会组织的特征主要体现为以下几个方面:第一,具有特定的目标和目标体系;第二,具备一定的物质条件;第三,组织成员角色化;第四,组织成员之间的交往具有片面性和间接性;第五,具有严格的规章、社会制度;第六,具有权力分层体系和科层化管理。

(1)社会组织的类型。一般来说,社会组织有广义和狭义之分。不同的学者从不同的角度对社会组织的类型进行了划分,比较有代表性的社会组织类型划分包括以下几点。

第一,美国结构功能论的代表塔尔科特·帕森斯根据社会组织的目标和功能对社会组织进行划分,可以划分为经济生产组织、政治目标组织、整合组织和模式维持组织。

第二,美国社会学交换论的代表彼得·布劳和理查德·斯科特根据社会组织目标与受益者的关系不同,把社会组织分为互利组织、商业组织、服务性组织和公益组织。

第三,美国社会学家艾桑尼根据社会组织对其成员的控制方式的不同,把社会组织分为强制性组织、功利性组织和规范性组织。

第四,艾桑尼还根据社会组织的专业化程度,将社会组织分为专业组织、半专业组织、非专业组织、服务组织。

第五,根据社会组织有无正式结构或结构的紧密程度,分为正式组织和非正式组织。

(2)社会组织的运行与管理。在社会组织的运行过程中,要按照社会组织自身的规则来进行,并充分发挥社会组织的以下功能:第一,整合社会,促进社会良性运行;第二,满足社会成员各种社会需求;第三,凝聚力量,提高社会活动的效率。

为了提升社会组织运行的效率和效益,就需要对社会组织进行有效的组织管理。社会组织管理是指运用社会组织权威协调社会组织内部的人力、物力等资源,以实现社会组织目标,提高社会组织活动效率。社会组织管理是围绕社会组织目标来进行的。社会组织目标是社会组织存在和发展的基础,社会组织管理就是为了有效地协调社会组织内的各种信息和资源,提高组织的工作效率,以期顺利地达到社会组织目标。社会组织管理是一个动态的协调过程,既要协调社会组织内部人与人的关系,又要协调社会组织内部人与物的关系。

(四)社团和社区

社团是有共同利益或共同志趣的人相聚而构成的社会活动的共同体。社区是个人在共同区域里的生活基础上构成的社会单位,人们在具体生活中形成的社会认同及相互联系,成为构建这一社会单位的基础。

社区的要素包括了人口、地域、文化与组织、公共服务设施等。其中,社区的人口总是以一定的社会群体或社会组织的形式存在,在一定社区中生存的人并不是孤立的、没有联系的个人,而是要进行共同的社会活动。社区的地域特征,包括社区的方位、形状、大小与表面特征、气候及自然资源。除此之外,在分析和判断社会运行的过程中,还包括社区意识和社会文化两个主要要素。

社区意识指居住在某一社区的人对于这个社区有一种心理上的结合,即所谓的归属感,这种归属感可以表现为我是某地居民而感到自豪;一种回归的亲切感;乡土观念;共同的意识,如共同的价值观念、共同的荣辱观等。

社区文化是社区居民在长期的社会活动中形成的共同的行为规范和观念,如语言、信仰、风俗、习惯等。社区的组织可分为正式组织和非正式组织两大类,包括学校、医院、生产部门、商业服务部门、党政机关及家庭、邻里、团体等。社区的共同文化和组织指导并控制着社区的行动,促使社区构成一个整体。

综上对由个人、角色、群体和组织、社团和社区等构成的微观社会结构的构成要素分析可以看出,烹饪及其烹饪教育与微观社会各要素间存在天然的紧密联系。

首先,个人的生存和成长,离不开食物和教育,由此,烹饪教育首先要服务好人们对饮食的需求,而人们为了更好地享受美味佳肴及其背后的文化,就有必要通过各种教育方式接受烹饪教育。

其次,人不单单是自然人,还是社会人,对餐饮的消费和饮食文化的了解,很大程度上可满足人们作为群体中的一员而呈现出来的社交需求,这在当今中国进入以满足精神需求为主要发展阶段的过程中体现得更为明显。

再次,烹饪教育和组织又紧密联系,餐饮企业是一个组织系统,烹饪教育也是一个组织系统,二者之间在进行科研成果转化、应用服务等方面会形成互动和互助的耦合机制。

最后,在对环境、社会责任越来越重视的公民社会中,人们通过社团组织和社区活动形成链接社会、关注社会的重要方式,也形成人们参与社会的重要途径,而烹饪作为一种文化和消费现象,本身就需要融入社团以及社区,通过助力社团和服务社区来承担自身的功能,弘扬饮食文化,以更好地满足人们的精神需求。

三、烹饪教育服务社会的路径——宏观责任和微观价值

基于前述对社会构成的结构分析和要素分析可以看出,宏观社会制度不但从上层建筑层面形成了一个国家经济社会的发展制度及其规范体系,同时还对微观社会结构中的个人、群体和组织、社团和社区等产生制约与影响,社会结构中的个人、群体和组织、社团和社区的发展必须受到社会制度的制约。因此,沿着社会构成结构的类型和层次,烹饪教育产生于社会又必须服务于社会的宏观结构和微观结构。

在宏观社会结构与烹饪教育的关系层面,烹饪教育的发展一方面是在国家教育体系和国家教育社会制度下发展而来的,要按照国家教育社会制度及其相关要求来推进;另一方面,烹饪教育对人才教育体制和功能的探索与发展,有助于探索完善社会教育制度的模式和方法,从而形成烹饪教育服务于社会制度的宏观责任,包括构建适应社会发展的烹饪教育制度及人才培养体系、提升烹饪技艺发展的行业标准和水平、促进餐饮业与社会经济的协同发展等。

在微观社会结构与烹饪教育的关系层面,烹饪教育首先要服务于微观社会结构中的个人、角色、群体和组织、社团和社区,因为他们是烹饪教育及其烹饪教育框架下的服务对象;其次,承担烹饪教育的主体——烹饪院校和相关烹饪培训机构以及这些机构的教育工作者,本身也是微观社会结构中的一个重要组成部分,他们的行为必须要适应微观社会结构中人际互动、组织互动的规则和关系,从而使烹饪教育形成更好的教育模式和教育体系,也更好地服务于微观社会结构中的对象。比如,在烹饪教育体系中,个人是烹饪教育的重要对象,个人一方面通过学校的烹饪教育形成专业技能,在烹饪专业领域里发展自己的职业和事业;另一方面,个人也是餐饮消费的主体,通过对烹饪的了解,能够更好地提升自己的生活水平,提升生活质量并满足对美好生活的向往。由此,烹饪教育服务于微观社会结构的功能主要体现为通过烹饪教育和由烹饪教育延伸出的相关服务为微观社会结构中的各主体提供多元化的产品与服务,从而更好地满足其价值需求,具体体现在以下几个方面:服务于消费者对餐饮产品与文化的多元需求;与行业协会等社会团体(NGO)构建产学研协同创新体系;为政府就餐饮业可持续发展提供研究支持;为餐饮企业等提供管理咨询顾问服务;服务于社区民众对饮食生活的多维诉求。

综上所述,烹饪教育服务于社会的路径体系如图 4-1 所示。

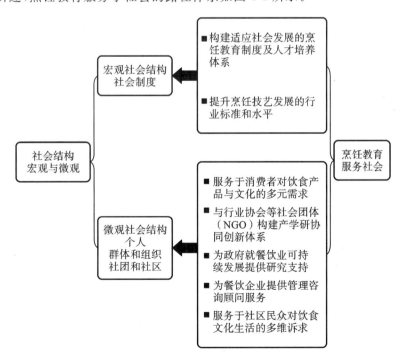

图 4-1 烹饪教育服务于社会的路径体系

第二节 烹饪教育服务社会的宏观功能
——承担的社会责任

基于宏观社会的基本构成和烹饪教育自身的基本内涵以及在服务于宏观社会过程中的嵌入性,烹饪教育服务社会的宏观功能主要体现为构建适应社会发展的烹饪教育制度及人才培养体系和提升烹饪技艺发展的行业标准和水平两大层面。

一、构建适应社会发展的烹饪教育制度及人才培养体系

烹饪教育构建适应社会发展的烹饪教育制度及人才培养体系是基于教育制度的内涵、框架和演进要求而形成的。因此,要构建适应社会发展的烹饪教育制度及人才培养体系,首先需要了解教育制度的内涵和构成要素。

教育制度是指一个国家各级各类教育机构与组织的体系及其管理的基本规则。它包含相互联系的两个基本方面:一是各级各类教育机构与组织的体系;二是教育机构与组织体系赖以存在和运行的一整套规则,如各种各样的教育法律、规则、条例等。教育制度既有与其他类型的社会制度相类似的特点,又有其自身独特的特点,主要体现为几下几点:第一,客观性。教育制度作为一种制度化的东西,不是从来就有的,而是一定时代的人们根据自己的需要制定的。第二,规范性。任何教育制度都是其制定者根据自己的需要制定的,是有其一定的规范性的。这种规范性主要表现为入学条件(即受教育权的限定)和各级各类学校培养目标的日益标准化。第三,历史性。教育制度是对客观现实的反映,具有一定的客观性;同时,又要满足其制定者的需要,体现一定的规范性。而客观性和规范性的具体内容又是随着社会的变化而变化的,因此在不同的社会历史时期和不同的文化背景下,就会有不同的教育制度,就需要建立不同的教育制度。第四,强制性。教育制度作为教育系统活动的规范是面向整个教育系统的。在某种意义上说,它独立于个体之外,对个体的行为具有一定的强制作用。

纵观我国烹饪教育的发展历程,教育制度是伴随着社会经济发展而逐步发展起来的,如第一章所述,经过60余年的发展,目前烹饪教育在办学层次上形成了中职、高职、本科、硕士、博士五个办学层次;在办学类型上形成了烹饪职业技术教育,烹饪职业技术师范教育、烹饪学科教育三个办学类型;在举办学校上形成了中等职业学校、高等职业学校、普通高等学校、高等师范学校的办学格局。

在我国烹饪教育和人才培养体系逐步成型的基础上,基于教育制度的内涵、特征和框架要素,我国目前已经形成了相对系统的烹饪教育制度,包括以下几个层次。

第一个层次的教育法,它是以《中华人民共和国宪法》为依据制定的基本法律,主要规定我国烹饪教育的基本性质、地位、任务、基本法律原则和基本教育制度等。

第二个层次的部门教育法,包括义务教育、职业教育、高等教育、成人教育、教师和教育经费等方面的法律,每一部门由全国人民代表大会或其常务委员会制定单行法律。这其中与烹饪教育直接相关的为《中华人民共和国职业教育法》《中华人民共和国高等教育法》等,

基于这些法律形成了职业烹饪教育、高等烹饪教育、成人烹饪教育、烹饪教师与科研队伍建设以及烹饪教育科研经费等相关规定。

第三个层次包括教育行政法规和地方性法规、自治条例、单行条例和教育行政规章等。其中，教育行政法规主要是为实施教育法和各单行法而制定的规范性文件。地方性法规、自治条例、单行条例和教育行政规章则是地方就具体的教育运行制定的，不仅数量最多，而且其内容的规定也最为具体、详细。对烹饪教育而言，各个地方行政部门以及高校和烹饪教育的培养部门都制定了较为具体的烹饪教育规范和制度。

综上分析可以看出，烹饪教育一方面是经济社会发展的产物，由此形成的烹饪教育制度是整个社会教育制度的重要构成框架；另一方面，烹饪教育自身的发展又不断地促进经济社会的发展，并对烹饪教育制度以及整体教育制度起到重要的推动和促进作用。基于烹饪教育与教育制度的耦合关系和对经济社会发展的适应与推动作用，最终形成了烹饪教育构建适应社会发展的烹饪教育制度及人才培养体系的重要宏观功能之一。

为了更好地发挥烹饪教育构建适应社会发展的烹饪教育制度及人才培养体系的功能，当前我国烹饪教育要围绕习近平总书记关于教育的重要论述，奋力开创新时代烹饪教育工作新局面，从而更好地适应经济社会发展，促进教育制度及人才培养体系的完善和优化。

（一）进一步促进我国烹饪教育制度及人才培养体系的优化和完善

如第一章所述，目前我国烹饪教育已经建立中职烹饪教育、高职烹饪教育、本科烹饪师范教育、烹饪科学硕士研究生乃至烹饪科学博士研究生教育，教育的层次基本齐全，为新时代我国烹饪教育的发展奠定了坚实的基础。这里之所以说"层次基本齐全"，一方面是因为目前烹饪本科层次只有烹饪职业技术师范教育，还没有普通应用型本科烹饪教育来培养烹饪专门人才。笔者的《我国现代烹饪教育体系的构建》提出了普通应用型本科烹饪教育属于高级策略层面的人才培养，即培养餐饮企业经营管理者，如餐饮企业主管、经理。培养内容应该包括组织与管理、餐厅的设立、菜单计划、生产管理、服务管理、成本控制、企业创新、人力资源管理等，是在高级策略层面培养现代餐饮企业经营管理者。本科烹饪教育培养现代餐饮企业经营管理者，并不意味着本科烹饪教育向餐饮管理方向转移，而是针对烹饪加工的产品——菜点设计与制作的创新而言，需要从市场需求侧获得信息，这就要求本科烹饪人才懂得餐饮企业经营管理，这样才能从供给侧为市场源源不断地提供创新产品。随着经济社会的发展，专业分工越来越细，食品加工领域出现了大量集约化生产菜肴、面点的中央厨房，这对烹饪人才提出了新的需求，因此，笔者在 2018 年全国烹饪本科教育联盟会议上倡导要设立"烹饪科学与工程"本科专业。

另一方面是因为烹饪学科教育包括了烹饪科学硕士、博士研究生的培养。在基于烹饪科学是食品科学一部分的基础上，1993 年笔者在黑龙江商学院食品科学专业目录下开始培养烹饪科学硕士，经过多年办学与烹饪科学研究成果的积淀，2016 年教育部批准设立烹饪科学硕士点。哈尔滨商业大学 2006 年申报博士点时，烹饪科学博士是食品科学一级学科下的一个方向，已有多名博士毕业。

这里有一个应该注意的问题，目前本科烹饪没有专业目录；烹饪科学硕士、博士研究生只有哈尔滨商业大学一所学校有目录，体量不足。基于此 2018 年哈尔滨商业大学开始与四川旅游学院联合培养烹饪科学硕士研究生，笔者的二年级硕士研究生已经在四川旅游学院开展研究工作。总体上，随着经济社会的发展和餐饮业的转型升级，必将带来对烹饪人才的新的需求,应用型本科烹饪教育将在探索中诞生;烹饪科学硕士、博士研究生的培养规模不断扩大,这样,现代烹饪职业教育体系从中职、高职到本科,再到硕士、博士就优化完善起来了。

(二)进一步构建与完善适应经济社会发展的烹饪科学与技术研发支持体系

如前所述,在我国烹饪教育发展的过程中,形成了不同层次的烹饪教育。各类烹饪教育都具备人才培养、科学研究、服务社会、文化传承的功能。但是,其功能的内涵有所差异,基于此不同层次烹饪院校所承担的烹饪科学与技术研发支持体系的内容亦不同。对于学科型烹饪人才即培养烹饪科学硕士、博士研究生的高等学校,要开展烹饪科学研究,如第三章所述;对于技能型烹饪人才培养即中职、高职烹饪院校,主要侧重于烹饪技术研发,如开发新原料、应用新设备、采用新技法,最终实现产品创新;对于烹饪师资人才培养的本科烹饪师范教育的院校,既要开展烹饪科学与技术研发,又要开展烹饪教育教学研究,这是由烹饪师资的"学术性、技术性、师范性"定位决定的。不仅如此,我们还要从历史、现实和未来发展的视角,构建与完善我国烹饪教育科学研究体系和对烹饪科学研究的支持体系,各级烹饪院校的教师是主力军。在研究烹饪范围上,要从狭义的烹饪学即烹饪科学拓展到广义的烹饪学,不仅要研究烹饪产品的生产过程,还要研究烹饪产品的消费过程;从自然科学拓展到餐饮管理学、餐饮营销学乃至饮食哲学、饮食美学、饮食文化学层面的人文社会科学的研究。改革开放以来,人民进入了从解决温饱问题到小康再到富裕生活的阶段,人民对美好生活的向往成为主要追求,尤其是中产阶级崛起后,他们已经成为消费的主流人群。中产阶级对餐饮的消费已经不是简简单单的吃饱需求,而是在吃好的基础上吃出健康、吃出文化、吃出品位乃至吃出美和哲学等。因此,我国烹饪教育各学校、教育支持机构要进一步完善适应经济社会发展的烹饪科学研究支持体系,从而形成新时期完善的烹饪科学发展机制。

(三)提升我国烹饪教育在世界的影响力

中国烹饪是中国传统文化的重要组成部分,在世界上享有盛誉。"箸文化"的中国与"刀叉文化"的法国、"手抓文化"的土耳其共称世界三大烹饪王国。但中国现代烹饪教育只有60多年的历史,中国烹饪教育的影响力与世界烹饪王国的名称不匹配,中餐在国外还缺少大品牌的企业,当然这与长期以来中国烹饪传统的教育形式、中国烹饪技艺的传承方式以及中国社会历史密切相关。因此,未来在推进我国烹饪教育服务于社会并形成现代化的烹饪教育制度及人才培养体系的过程中,一方面要充分运用海外中国文化中心、孔子学院传播中华烹饪,让国外民众在学习、品尝中华美食过程中获得愉悦,感受中华文化的魅力。另一方面,可通过世界各地的中餐馆,讲好中国故事、传播好中国声音、阐释好中国特色、展示好中国形象。同时,还要开辟国际化办学渠道,实现境内外联合办学,既要"请进来"即学校接受国外学生来我国学习、短期培训和旅行研学;也要"走出去"即中国烹饪专业学生、专业厨师到国外学习、交流。这样不仅可以提高中国烹饪在国际上的知名度,也可以弘扬中国饮食文化,使之为世界餐饮业做出贡献,提升我国烹饪教育在世界的影响力。

二、提升烹饪技艺发展的行业标准和水平

中国烹饪技艺的发展,是伴随着中华文明的发展而不断发展的。在中国浩瀚的历史演

进中,中国烹饪技艺作为食品加工的手段经历了不断发展的过程。这在第一章已做了讨论。中国烹饪技艺作为一种文化现象,其发展有着明显的时代性、民族性和地域性的特征,这就是社会文化的时代性、民族性和地域性在饮食文化中的具体体现,其中不仅包含着不同时期、不同民族、不同地域自然状况下形成的社会习俗,还受到价值观念等精神文化的影响。在烹饪技艺不断发展的过程中,一方面,烹饪技艺的变革与生产力水平密切相关;另一方面,烹饪教育又对烹饪技艺的升级与发展起到重要的促进和推动作用。基于此,作为有效承担起服务社会宏观职能的烹饪教育,要在构建适应经济社会发展的烹饪教育制度与人才培养体系的基础上,不断地提升烹饪技艺发展的行业标准和水平,形成与以烹饪为起点的食品加工手段相适应,并能够不断提升烹饪技艺水平的烹饪教育服务功能。

（一）提升烹饪技艺的标准化

我们知道,中国饮食文化博大精深,中国烹饪具有选料广泛、技法多样、口味多变、品种众多、品评多元的特征。烹饪加工手段属于艺术创造、以隐性知识为主,因而,烹饪技艺的掌握与传承,是靠师傅带徒弟或老师带学生在"情境"中实现的。这一方面使中国烹饪技艺呈现多元化、多样化,但另一方面也在某种程度上制约了中国烹饪技艺的发展,尤其是在拓展市场过程中,由于其标准化不足导致市场复制性扩展难以实现,制约了我国餐饮业的市场化和规模化发展。而西方的餐饮业,基于其标准化、流程化的操作模式,形成了在全球扩展和复制的商业模式,再基于品牌化的运作最后形成了全球化的发展网络。肯德基、麦当劳就是基于烹饪技艺标准化的全球化发展品牌。因此,未来想要提升我国烹饪技艺的影响力和促进我国餐饮业的规模化发展和市场扩展,烹饪教育需要在开设烹饪类专业,培养出大批烹饪专业人才的基础上,通过技术研发及支持体系,系统梳理烹饪工艺的各个操作环节,形成工艺标准,使隐性知识转变为显性知识,最终形成行业标准。这样才能提升烹饪技艺发展的行业标准和水平,提升烹饪技艺的标准化、流程化,从而能够形成我国烹饪技艺和餐饮市场的可复制性,不仅如此,还可对烹饪教育"走出去"乃至中国餐饮"走出去"起到积极的促进作用,最终促进我国烹饪技艺国内餐饮市场的发展与"走出去"有机结合。

（二）建立适应技术变革的餐饮企业智能升级体系

在蒸汽机的出现、大规模生产,电力的广泛应用以及计算机、信息技术发展之后,现今物联网和智能制造业迎来了第四次工业革命——"工业4.0"。"工业4.0"的到来引起了全社会、各领域、各行业智能整合时代的到来,既改变了传统的商业模式,也改变了人们的生活方式。餐饮业作为传统服务行业在智能化的发展中迎来了"餐饮4.0"智能整合时代,烹饪教育要充分发挥其社会服务功能,直面技术变革的餐饮企业智能升级的挑战。一方面,在餐饮企业领域呈现了从餐饮经营模式由O2O向O2M转化、餐饮营销由粗犷向精准转化、餐饮产品由质量差向质量优的转化、餐饮服务由低效率向高效率的转化、餐饮文化传播由传统化向网络化转化、餐饮管理由固定化向移动化转化的趋势。烹饪教育要适应这一趋势开展研发,提供智力支撑。

另一方面,"餐饮4.0"智能整合时代对餐饮产品的烹饪加工亦产生影响。在第三章第五节中,我们讨论明晰了"工业4.0"的主要技术内容及其相互关系,在此基础上,探讨大数据、云计算平台、人工智能、物联网对烹饪加工及其科学研究的影响,对在其影响之下的烹饪加工及其烹饪科学研究趋势做了展望。通过烹饪教育的发展来提升烹饪加工手段的技术适应性和先进性,提升烹饪加工手段的现代化与智能化,从而形成与烹饪加工手段不断吻合和相互促进的格局,最终提升烹饪技艺发展的行业标准和发展水平,更好地满足人们对美好生活的需要。

(三)促进餐饮业与社会经济的协同发展

按《全部经济活动国际标准行业分类》的定义,餐饮业是指以商业赢利为目的的餐饮服务机构。在我国,据《国民经济行业分类注释》的定义,餐饮业是指在一定场所对食物进行现场烹饪、调制,并出售给顾客,主要供现场消费的服务活动。包括酒楼、宾馆、饭店、菜馆、饭铺、酒馆、餐厅、小吃店、大排档、冷饮店、酒吧、咖啡屋、茶社等专门行业以及各种对外经营的食堂和摊车等。它们主要集中在游乐区、风景区、城镇的闹市区、学校及其周边、车站码头等与旅游业、娱乐业、交通运输业以及金融、商贸行业相互配套,构成了第三产业的重要组成部分。餐饮业作为中国第三产业中的一个传统服务性行业,自新中国成立以来,尤其在改革开放以后,始终保持着旺盛的增长势头,取得了突飞猛进的发展,展现出繁荣兴旺的新局面。餐饮业已经成为引人注目的消费热点,其销售总额在短短60年的时间,成功实现了百亿、千亿、万亿的飞跃,创下了惊人的历史奇迹,成为中国拉动经济增长的重要力量。

中国烹饪协会对2018年中国餐饮市场进行了分析并对2019年中国餐饮市场前景进行了预测。

2018年餐饮市场运行特点有以下几个方面。

1. 餐饮市场稳中趋缓 2018年,全球经济增长放缓,世界银行预计2018年增速为3.0%,较上年下降0.1个百分点。新兴市场和发展中经济体的经济增长率减速了0.1个百分点至4.2%,其中,中国GDP增长6.6%,比上年降低0.2个百分点,国民经济运行保持在合理区间,见图4-2。

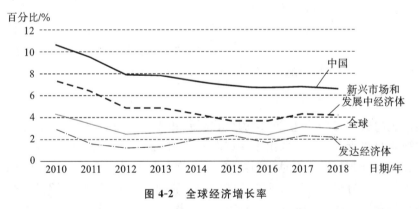

图4-2 全球经济增长率

对于中国经济而言,2018年内外部诸多不利因素叠加,是较为艰难的一年。作为促进经济增长的三驾动力马车之一,消费呈现出疲软迹象,增速减缓。2018年社会消费品零售总额增幅仅为9.0%,比上年下降1.2个百分点,甚至低于2003年非典时期。

在当前内外部发展环境严峻复杂的情形下,中国餐饮业总体运行平稳。2018年,全国餐饮收入42716亿元,首次超过四万亿,同比增长7.75%,比上年同期回落1.2个百分点。限额以上单位餐饮收入9236亿元,同比增长6.4%,较上年同期降低1个百分点,见图4-3。

实际上,在经济增长减缓的形势下,全球餐饮市场也都或多或少放慢了发展步伐。2018年1—10月,日本餐饮市场规模约为1.1万亿元人民币,同比降低0.4%,较上年同期下跌1.1个百分点。

图 4-3　中国餐饮市场发展状况（2009—2018 年）

注：2010 年起，国家统计局将统计口径由"住宿餐饮业零售额"调整为"餐饮收入"。

2. 经济贡献显著增强　目前，消费仍是中国经济增长的关键驱动因素。2018 年，最终消费支出对国内生产总值增长的贡献率高达 76.2%，比上年提升了 18.6 个百分点，消费对经济贡献进一步加大。而且，服务性消费处于领先地位，2018 年全国居民人均消费支出中，服务性消费占 44.2%，比上年提高了 1.6 个百分点。

作为重要传统服务性行业，餐饮业对刺激消费需求、推动经济增长发挥了重要作用，在扩大内需、繁荣市场、吸纳就业和提高人民生活质量等方面都做出了积极贡献。2018 年，餐饮市场增速领先于社会消费品零售总额增幅 0.5 个百分点；全国餐饮收入占社会消费品零售总额的比重持续上升，由上年的 10.8% 增至 11.2%；对社会消费品零售总额增长贡献率为 20.9%，比上年大幅上涨 9.6 个百分点；强劲拉动社会消费品零售总额增长了 1.9 个百分点，见图 4-4。

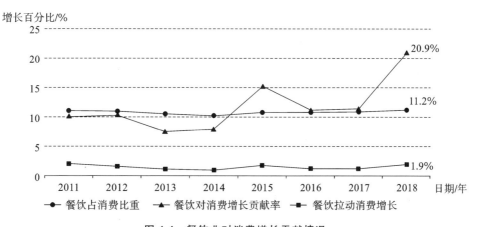

图 4-4　餐饮业对消费增长贡献情况

3. 地域美食不断强化　地域美食一直在促进餐饮全产业链发展、拉动当地经济、传承和发扬中国饮食文化以及传统烹饪技艺等方面都发挥着重要作用。随着地方特色餐饮的品牌效应和影响力日益提升，餐饮业不仅极大地推动了农业、食品加工、旅游文化等一系列相关产业发展，而且在独特地域饮食文化、行业发展与营商环境、专业人才教育培训、行业管理与规划等全方位做出了重要贡献，有利于各地增加就业、扶贫脱贫、城镇化建设、品牌打造等工作，进一步促进各地经济转型。

全国各地结合本地市场发展特点，努力不懈开辟新路径，寻求新突破。北京市推动老字号餐饮技艺传承工作,恢复和保持老字号菜品原汁原味,留住老百姓舌尖上的记忆。根据北京2022年冬奥会和冬残奥会张家口赛区餐饮服务保障工作要求以及京津冀一体化、雄安新区建设等发展战略,河北省采取"冀字号菜品研发基地"和"冀字号烹饪大师工作室"模式,深入开发河北省餐饮市场潜力。广东省则充分发挥"食在广东"的品牌优势,实施"粤菜师傅工程",推动打造四大美食名城工作。

当前,属地化、本土化餐饮消费已逐渐进入老百姓关注视野。美食既在城市中寻找特色,城市也在美食中探究特色,两者相互融合。例如,杭州作为数字化智能化城市的代表,一直走在科技前沿,其餐饮模式创新不断;而西安则尊重传统模式,注重家族传承和民间手艺,发展极具本地特色餐饮美食。

为了继续弘扬各地饮食文化和传统地方特色烹饪技艺,进一步挖掘地域菜系发展,2018年,中国烹饪协会首次向世界发布"中国菜"——全国省籍地域经典名菜和主题名宴,其中包含340道经典名菜、273席主题名宴及837家代表品牌企业。通过将"中国菜"打造成为行业响亮品牌,释放菜品创新发展的巨大潜能,不断丰富地域菜系文化、特色菜肴和主题宴席,提高和扩大品牌价值和影响力,让"中国菜"成为展现中国文化自信的标志。

全国各地餐饮市场差别迥异。2018年尽管大部分地区餐饮业发展都有不同程度的减速,山东省、河南省、浙江省、四川省、重庆市等传统餐饮产业大省仍以较高速度增长。而且,山东省极有可能超越广东省成为餐饮第一大省,也成为首个餐饮规模接近四千亿的省份。除了前三名的山东省、广东省、江苏省,河北省和河南省等中原地区也跻身于三千亿规模之列。

同时,地域美食经济结构也在悄然发生变化,发展动能正在由东部地区向中部、西部转移。由于经济发展程度不同,东部各省区市人均餐饮消费水平都在全国平均水平之上,而70%以上的西部省区市都在全国平均水平之下,仅有内蒙古自治区(简称内蒙古)、重庆市、四川省三个地区的人均消费水平较高。不过,中部、西部地区具有较大的发展潜力,大部分省区市餐饮市场增速较快,特别是内蒙古人均餐饮消费水平位于全国前列,表现抢眼,见图4-5。

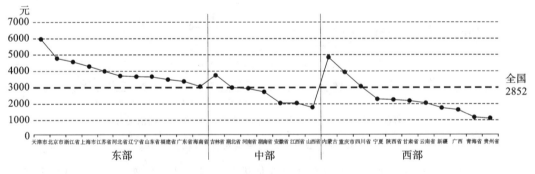

图4-5 2017年主要省市人均餐饮消费水平

而且,城镇餐饮新格局正逐步形成。知名餐饮连锁品牌仍将一二线城市作为竞争主战场,但布局已开始延伸,深入挖掘三四线城市消费潜力。一些小城市逐渐活跃,发展后劲不容小觑。

4. 餐饮市场发展新特点 众所周知,餐饮业向来竞争激烈,现在除了业内竞争之外,超市和便利店等其他食品行业也加入一起争夺市场份额。随着餐饮消费呈丰富多彩发展态势以及消费升级提质,餐饮消费越来越取决于价格和价值,并由发展型消费逐渐转向享受型、体验型消费和精准服务型消费,越来越向网络消费、体验消费、定制消费、智能消费趋势发展。在艰难竞争形势和消费新特征主导下,整个餐饮业走向可高度概括为品质提升,传统餐饮服务业向现代餐饮服务业渐进的趋势也日益显现。

(1)大众需求激发活力。在消费疲软和新模式新技术的冲击下,传统餐饮业面临严峻挑战,为求生存、谋发展,不断尝试创新注入发展新活力,高颜值的创意菜品、讲情调的就餐环境、追个性的用餐体验,各种手段层出不穷。然而几经周折,一波又一波各式网红餐厅兴衰更迭之后,市场竞争规律再次被验证:消费升级就是需求升级,发展趋势体现需求变化,高质量产品和服务是获胜的不二法宝。

随着消费需求越来越精准、细致,以大众化餐饮为主导,餐饮业不断激活发展潜力。火锅连锁品牌呷哺呷哺进行业态创新,从快餐转型到休闲餐饮,推出中高端品牌凑凑,实行"火锅＋茶饮"的复合业态,美味又休闲,将"为顾客提供更为舒适的用餐体验"这一理念贯彻到底,也通过多业态经营增强了竞争力。为迎合老百姓念旧情怀,北京老字号马凯餐厅地安门店在原址重新开张,受到大家热捧,吸引了老、中、青年多年龄层消费者前来光顾。当前,年轻群体已成为新生代消费主力军,来自长沙的胡桃里音乐餐吧打造年轻人喜爱的轻松用餐氛围,目前在全国已有 600 多家门店;老字号东来顺也尝试多元化转型,针对年轻消费者推出休闲小火锅副品牌涮局,并与盒马鲜生开展合作,欲借助线下体验发力线上火锅配送。

相对地,高端餐饮目前还处在冷静培育、复苏巩固、发展提升阶段,但并没有出现 2012 年之前的浮躁状态,而是展示出更加成熟理性的姿态。以意境菜著称的大董烤鸭已由 3 家门店扩张到北京、上海等地的 14 家,由一个品牌增至五个品牌,在不同消费层次中注入品牌的拉动功能。

品质提升不仅要产品升级,还体现在服务升级,满足不同用餐时段、不同层次和不同群体的消费需求。一日多餐社会化餐饮服务已成为以年轻群体为主导的新生活新方式。

此外,还有一些餐饮品牌在国内获得认可之后,继续寻求海外发展。成功上市的海底捞计划在伦敦开店;外婆家海外首家门店已在加拿大多伦多开业;鼎泰丰的包子在迪拜也大受热捧。

(2)新概念引导新模式。在百花齐放、百家争鸣的市场竞争中,既有一些餐饮企业专注主业,在业态、产品、服务上进行创新,也有一些餐饮企业继续尝试拓展,创新经营模式,取得了良好的效果。

餐饮边界线不断模糊,经营模式混搭。产业链较长是餐饮业发展的重要特点。一些餐饮企业又在原有基础上进行资源整合,把产业链向上、下游进行延伸拓展。当前已出现"前店后厂"自动化新形式,即为了提高效率、加强食品安全,把产业链上初始端田间工厂与最终场所餐厅联系在一起,生产加工出成品、半成品后配送到餐厅,在厨房进行定味定型加工后提供给消费者。而且,餐饮成品半成品还可以直接进入商超甚至在线售卖,消费者购买后,在家经过简易加工后即可享用。在海底捞推出自热小火锅之后,统一也最新推出了方便火锅和自热方便盒饭;呷哺呷哺也开始将自家的明星调味品打入零售市场;大董烧鸭推出"董到家"品牌,并在电子商务平台售卖自制的老北京炸酱面、节日礼盒等产品。

不过,产业链拓展过长会增加管理难度和加大经营风险。餐饮产业发展需要通过精细的社会分工,实现供应链间的精准配合。

新零售模式继续迅速发展。继盒马鲜生等新零售模式兴起,并为消费者带来了全新的体验和服务之后,京东 7Fresh、美团旗下生鲜超市小象生鲜也纷纷开业,口碑也进入阿里新零售体系,新零售大有星火燎原发展之势。不过逐渐曝出的食品安全问题也对其经营管理提出了挑战。西贝利用其品牌影响力也开始进军零售业,售卖牛羊肉、酱油、醋、山楂、杂粮等深受消费者喜爱的明星产品。此外,还开创了共享经济新业态,美味不用等旗下首家共享餐厅在上海开始试运营,其设立的初衷是为了解决热门餐厅就餐排队的麻烦。共享餐厅店内并不设厨房,用户在餐厅中可以通过 App 或者微信公众号下单,选择订购不同餐厅的菜品,由服务人员前往各餐厅取餐并送到用户餐桌上,实现美食共享。

餐饮业正尝试与多种模式相结合,探索进一步发展的可能性,与此同时也要注重在业态、经营、管理上实现传统升级,达到协调、共同发展。

(3)科技创新又出新招。在互联网科技的推动下,餐饮业形成了多渠道并举、多资源并用的"新餐饮"模式。当前,传统餐饮日益更新,餐饮服务需求持续旺盛,这是服务品质提升的亮眼表现。

在线餐饮外卖外送是互联网在餐饮业应用的一大重要形式,经历过井喷式猛涨后,现已进入稳定增长阶段。2018 年,在线餐饮外卖外送规模继续扩大,接近 2500 亿元,预计增速减缓至 18.4% 左右,见图 4-6。在由量变向质变转变的过程中,在线餐饮外卖外送不断在品质与效率之中追求均衡。曾经强调品质口感、鼓励到店自取的星巴克也开始推广"专星送"外卖配送服务,以应对来自瑞幸等国内本土咖啡品牌的强有力的竞争,而瑞幸咖啡则代表了新生代群体的消费习惯和消费喜好。同时,阿里收购饿了么,美团赴港成功上市,在线餐饮外卖外送平台再次经历调整洗牌,商户费率大战一触即发。

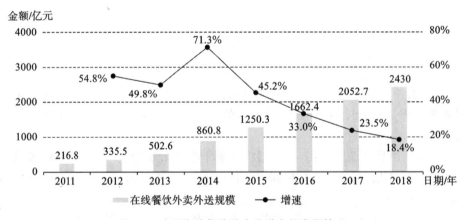

图 4-6　中国在线餐饮外卖外送市场发展情况

随着科学技术向前发展,餐饮业智能科技应用不断深入,餐饮品牌和科技巨头纷纷打造智慧餐厅,为消费者带来了日新月异的用餐体验,如海底捞智慧餐厅、京东 X 未来餐厅、阿里口碑智慧餐厅等。

5. 营商环境持续改善　餐饮业对经济发展贡献越来越高,各级政府对餐饮业发展的重视程度也越来越高。在深化供给侧结构性改革、提质增效战略部署下,一系列优化行业发展环境政策措施持续出台,从降低银行卡刷卡手续费、再到营改增等,不断减轻企业负担,政策措施越来越务实,效能明显提高。《网络餐饮服务食品安全监督管理办法》《餐饮服务食品安全操作规范》等政策法规相继实施,食品安全监管机制进一步健全完善,提升了餐饮业质量安全水平。而且,上海、重庆、海南、黑龙江、青海、山东、山西等地纷纷发布了促进支持本地民营经济发展的政策文件,这对于民营企业构成市场绝对主体的餐饮业来说,无疑又是一大福音。

2019年,社保入税新规开始执行,针对小微企业又推出一批新的普惠性减税措施,不断改善行业发展和营商环境,进一步推动餐饮业科学健康可持续发展。

放眼全球,餐饮业都是国家和地区服务业的重要组成部分,具有市场规模较大、增长速度较快、影响范围较广、吸收就业能力较强等特点,也是国家和地区输出资本、品牌和文化的重要方式和载体。改革开放四十多年,中国餐饮业实现了跨越式增长,但市场发展程度还不高,主要体现在单体规模小、产业化集中度低、发展方式粗放,不过依然存在巨大的发展空间。2019年,中国餐饮业主要有以下发展趋势。

(1)继续发挥促进经济发展重要作用。2019年,国内外发展环境更加复杂,困难挑战更多,经济下行压力加大,消费增长承受一定压力,但消费市场发展仍具备许多有利条件。2019年,商务部工作重点为"一促两稳三重点",从创新流通方式、优化消费环境、扩大商品和服务供给等方面,全面推出促进消费升级举措。据商务部预计,2019年社会消费品零售总额将增长9%左右,消费贡献率在65%左右,仍然是经济增长的第一引擎。虽然餐饮业将面临更加严峻形势,但是作为生活刚需,其抗风险能力较强,已成为激发内需新引擎,可继续为消费增长做出积极贡献,在扩内需、促消费、稳增长、惠民生方面发挥市场主体的重要作用。

(2)提质增效保持发展动力。推动高质量发展、提质增效依然是餐饮业供给侧改革的主线,通过激发市场活力、增强内生动力、释放内需潜力,促进餐饮市场平稳健康发展。

扩展市场服务领域和功能,市场短板领域一直亟待开放,诸如医院、铁路等团餐,老年餐饮等。随着商业综合体红利逐渐消失,餐饮企业又开始返回社区开店,"小而精""小而美"门店以其"小吃""小喝""小店""小味"的亲民形象,成为众多餐饮品牌的首选。西贝去年尝试创新"超级肉夹馍"获得成功,这将是2019年开始发展的战略重点。而也有餐饮企业反向而行选择较大门店,甚至是上千平方米的大店,星巴克等都推出了大型的体验店、概念店,提升消费体验。此外,在传统文化、食品安全、食品加工等领域进行多元素混搭也将是企业愿意尝试创新的方式。跨界经营和新零售模式都充分彰显出以支持消费者便利生活为理念的服务主张。

2018年,在"阳光餐饮"工程基础上,北京市全面启动首都餐饮业品质提升工作,至2018年底,中国烹饪协会配合北京市首批完成超过5000家"品质餐饮示范店"、75条"示范街(区)"、6个示范村的评审、公示、挂牌工作。为了进一步提升餐饮品质,促进餐饮业提质增效,2019年北京市继续推进首都餐饮业品质提升工作,而且这一社会共治新模式已引起其他省市市场监管部门的广泛关注。

(3)数字化智能化加速升级。随着5G时代如约而至,万物互联时代临近,供给侧数字化也将更趋完整,一次极具颠覆性的技术革命未来可期。

当前,餐饮业更加重视培育提升内功,正处于由外延扩张型向内涵集约型转变、由规模速度型向质量效率型升级的过程中,加快发展现代餐饮服务业。促进全行业升级,要依靠从产品、技术到运营管理,再到支付、物流、数据、云计算等在内的全方位力量。新涌现的新零售模式实质上就是对产业链上环节的数字化和互联网化的升级。2019年是餐饮业,甚至是生活服务行业领域数字化升级变革的重要一年。2016年,西贝就开始开展客户端数字化,在此基础上 2018 年又开始向"数字化西贝"战略转型。2019 年,西贝进一步加大对数字化方面人力财力的投入,加速西贝数字化生态建设。

随着消费不断提质升级,新技术、新体验、智慧化、数字化成为餐饮消费未来发展重心,移动化、自助化、智能化消费新体验也成为行业未来重要关注点。知名房地产商碧桂园也开始跨界做餐饮,计划在全国开 1000 家机器人餐厅,由机器人负责下单、炒菜、送菜。上海无人餐厅、北京自动售饭机在政策支持下完成了第一轮的试运行,进入 2.0 阶段。

从上述我国餐饮业的发展现状及未来的发展增长趋势可以看出,我国餐饮业的发展与我国经济社会的发展一脉相承,都保持了较高的协同化的高速增长,在其产业结构、管理水平、经营理念上已有了全面提升,并肩负起了繁荣经济、服务民生、展现文化的历史使命;但同时我们也要看到,在当前中国经济进入"新常态"的背景下,我国餐饮业也进入了一个新的常态化发展机制,一方面餐饮业要适应我国经济社会发展的脉络;另一方面,伴随着中国经济的"新常态"和八项规定等新的措施,我国餐饮业的结构也在发生变化,中国餐饮业还要面临物价上涨、人员短缺、食品安全等事件频发的问题,需要优化升级。而要实现上述目标,就必须充分发挥烹饪教育的积极作用。通过烹饪教育的教育服务、科学研究、校企合作等来促进餐饮业与社会经济的协同发展,并在此过程中促进餐饮业的现代化、信息化、智能化升级。

具体而言,烹饪教育要围绕如下十个方面来促进我国餐饮业的优化升级并实现与经济社会的协同发展。

1. 产业集群化 产业集群化是以市场为导向,立足本地优势,依靠政府、行业的指导,餐饮业龙头组织带动,将餐饮业产前、产中、产后各环节有机结合起来,实行专业化生产、区域化布局、一体化经营、社会化服务、现代企业管理产业组织形式的全面规划和安排。对于提升产业集中度、降低人力资源成本、保障食品安全,实现规模化经营和品牌建设均具有重要意义。因此,推进餐饮业产业集群化、加快餐饮业科技创新、提高餐饮业经济效益和市场化程度是各级政府、行业组织全局性把握、发展本地餐饮业的首要任务,是建设现代餐饮业、提高餐饮竞争力的首要环节。

2. 业态协调化 经过这么多年的不断发展,中国餐饮业业态也已经呈现出百花齐放的态势:从类型上主要分为正餐、团膳、快餐、休闲餐饮,档次上分为高、中、低档。所谓业态协调化是指面对当今行业"竞争激烈,生意难做"的困局、市场"个性化、大众化凸显"的形式,中国餐饮业应该打造"各类餐饮业态应互为补充、相互渗透,高、中、低档餐饮协调发展,中外餐饮相互融合,区域餐饮特色鲜明,大众化餐饮较为普及"的现代化餐饮发展新格局。目前,要发挥好早餐示范工程的作用。因此,更新业态组合方式、拓展大众市场将是中国餐饮业结构优化的恒久主旋律。

3. 市场国际化 市场国际化是指中国餐饮业应该尽快与国际市场接轨、渗透、融合、继承与变革,一方面,将自己融入世界发展的潮流中,努力学习来自先进国家和地区的先进技术和经营理念,以人之长、补己之短、因地制宜、不断创新。另一方面,以中国餐饮为载体,将博大精深的中国饮食文化推向国外,值得注意的是要利用好孔子学院这一传播平台。这样,也必将使中国餐饮在更大范围和更高层次上实现"引进来、走出去"的国际互动,呈现出与世界餐饮并驾齐驱的态势。

4. 信用制度化 当今的信用内涵是随着市场经济的发展而产生的,它既包括主观道德层面的诚信概念,也包括信用制度的内涵、道德和思想教育、制度的约束。所谓信用制度化是指各地政府、协会应该要结合本地区经济发展水平和餐饮企业对信用的认知程度,逐步构建、完善政府引导、部门管理、企业自律规范、社会广泛参与、市场化运作的信用经济消费体系,建立健全企业、消费者、政府部门和新闻媒体四位一体的监督管理体系,营造企业重诚信、人人讲诚信、顾客认诚信的良好氛围,促进餐饮业健康有序地发展。

5. 人才知识化 未来的中国餐饮业将与世界餐饮融合并举,能否取胜,人才是关键。这里的餐饮人才主要指餐饮业的从业人员,而人才专业化是指应该建立适合中国餐饮发展的"学校、培训机构、企业"三位一体的培训系统,时时更新、开拓餐饮管理理论、实践思路,使每一个餐饮从业者都具备从事生产、创造、扩展和应用知识的能力,创建起餐饮经营管理知识型人才库,真正完成餐饮从业者素质的全员、全面升级,最终实现中国餐饮业从经验管理向知识化、科学化管理发展。

6. 工艺科学化 工艺科学化首先要求加工过程定量化,即加入的原料、加工条件要定量;其次是加工过程合理化,即应用食品科学原理,使加工过程原料的营养损失最少,不产生有毒有害物质,加工成本最低;最后是加工成品美化,即应用美学原理,按照形式美法则的要求组配原料,使成品的味、触、香、色、形等特性符合人们的审美习惯。以上三者相互联系、相互制约,共同构成工艺科学化的要素。由于中国烹饪长久以来的经验化生产、模糊化传授,工艺科学化基本处于"一直在提倡,普及很缓慢"的状态,因此,工艺科学化是中国餐饮业在今后发展中倍加重视、付诸实践的一环。

7. 设备专门化 所谓设备专门化的含义,一方面,是指相关各种设备企业甚至餐饮企业本身都应该成立专门针对餐饮企业经营管理的需要的设备产品研发、生产部门,为餐饮业的发展提供源源不断的、与时俱进的硬件支持。另一方面,各餐饮企业也应该积极引进专业设备,利用高科技手段进行生产经营管理活动,不仅可以提高效率、减少失误、实现产品生产和管理工作的标准化、保证产品与服务质量的稳定性、使管理工作更深入,而且对于提升餐饮企业的形象、改善员工的工作环境、建立更为高级的企业文化等都是有帮助的。

8. 管理信息化 中国已经加入 WTO,整个经济已逐步融入经济全球化的大潮之中。以信息化带动工业化,带动现代化,企业信息的精准度、广泛性对于企业对内管理、对外决策正确性的影响越来越突显。云计算、物联网和移动互联网终端的普及和应用,为餐饮企业提升效率、拓展业务提供了有效的途径,为餐饮企业经营管理水平的提高创造了有利条件。在经济全球化这个大背景下,要求餐饮企业的经营者通过引入包含预定管理、点单管理、收银管理、厨房打印系统、厨房控制系统、采购管理、库存管理、财务管理、成本核算、会员管理、客户关系管理、POS 点菜系统、IC 卡点菜系统、手机点菜系统、连锁配送管理系统、分析决策等子系统的专业餐饮管理系统,更快捷、更灵活地处理企业的每一件事情,小到前台后台,大到统计分析。此外,还要求人员素质不断提高,一大批具有现代意识的企业家将脱颖而出,企业职工的文化素质和业务水平显著提高,一批为企业发展战略服务的专家、学者作为企业特聘的智囊团也将出现,从而最终实现信息系统的准确理解和正确驾驭,完成"电脑"与"人脑"的完美结合。

9. 经营规模化 餐饮业是资金密集型行业,原料、能源、房租及劳动力成本的提高与企业利润空间越来越小的矛盾,决定着餐饮业必然要引入规模经营。经营规模化是指中国餐饮企业应积极迈出连锁化、集团化发展的步伐,以大型龙头企业带动中等规模企业的整合与联动,以资产为纽带、以特色为灵魂、以品牌为旗帜、以创新为源泉、以管理为基础,选准方向、改造创新,迅速打造以民营资本为主体的集团公司,以此推进中国餐饮企业的跨越式发展。当然,任何餐饮企业选择规模扩张前,一定要认真考虑和评价自身的企业状况以及经营模式的优势和风险,进而做出合理的选择。一定要量力而行,稳扎稳打,要有规范,保证信誉。

10. 品牌特色化　品牌是给拥有者带来溢价、产生增值的一种无形的资产,它的载体是用以和其他竞争者的产品或劳务相区分的名称、术语、象征、记号或者设计及其组合,增值的源泉来自消费者心智中形成的关于其载体的印象。所谓品牌特色化是指餐饮企业品牌必须个性化,从产品定位、企业家个性、企业文化、管理理念、核心竞争力等一系列构建自身的差异化,才可能在后续提高品牌的知名度、品牌的忠诚度,以及在品牌的认知方面获得良好的效果,最终创造出属于自己的品牌文化价值。

综上所述,在未来20年的餐饮市场,在市场经济规律和国内外众多因素的影响下,餐饮业的竞争将会更加激烈,这将进一步激发餐饮业的变革。随着时间的推进,餐饮业向着现代化、智能化、信息化的方向大步迈进将是一种必然趋势。在此过程中,烹饪教育通过发挥其自身服务社会的宏观功能,助推中国餐饮业在继承民族优秀文化传统的基础上,与经济社会保持协同发展,展示出更加迷人的饮食文化风采,在世界上取得越来越高的地位。

第三节　烹饪教育服务社会的微观价值
——服务于多维度主体需求

烹饪教育通过促进社会教育水平发展、行业技术标准提升,有效地承担了服务于宏观社会的职能;在此基础上,烹饪教育还应该基于微观社会各主体的需求,通过有效的价值服务、协同创新、研究支持、文化传播等方式,来满足消费者和社区民众对饮食产品与文化的多元需求,并为政府就餐饮业可持续发展提供充分的支持。

一、服务于消费者对饮食产品与文化的多元需求

当前,伴随着中国人民从小康迈向温饱再到富裕的不断升级,居民对饮食产品与文化的需求也在不断升级。同时,面对着中外文化的交融,消费者迭代带来需求变化,消费环境日益复杂化,一线城市市场发展难度增大,增速放缓;中小城市市场成熟度相对较低,但消费挖掘潜力较大。需求多样且多变的年轻消费群不仅是餐饮业的挑战,也是改革的原动力。对餐饮业和企业的发展来说,需要顺应消费者的需求升级和转型,这也是餐饮企业推动行业变革的加速剂。在此过程中,变得越来越"挑剔"的消费者,也催生了新的餐饮消费趋势和消费需求,主要体现在如下方面。

(一)快时尚化

在生活节奏快速的当下,快时尚正成为一种趋势,餐饮业也不例外呈现快时尚化。在当前人气餐饮品牌TOP50中,大众休闲餐饮最受好评。在餐饮业回归大众市场并且主要受年轻人推动的大背景之下,价格适中、体验舒适、菜品符合大众口味的快时尚化新型休闲餐饮日益受到广泛欢迎。开放较早的厦门、广州、天津、上海、武汉是饮食"洋气"的城市,北

京是对新颖菜系接受度最高的城市,而武汉、青岛则是餐饮口味相对"传统"的城市。整体上,南方城市对休闲饮品偏好度比较高,尤其是厦门对咖啡的喜爱非常明显,而上海、长沙对奶茶也是爱得"深沉"。

（二）特色化

中国作为一个餐饮文化大国,各地菜系在全国各地各领风骚,呈现显著的特色化。与此同时,新锐菜品和外来菜系的加入,丰富了消费者的就餐选择,城市间的"偏爱"与"众爱"在文化与流行间共存。作为城市迁入主力的18～25岁人群贡献了大量的餐饮消费,从菜系看,在外地也可以受到欢迎的为川菜和粤菜,而湘菜和江浙菜则主要依靠区域性偏好。同时,随着新一代消费者逐渐成长起来,他们对各地口味的接受度越来越高,数据显示,以东北菜为代表的北方菜在南方已有了大范围渗透;而港式料理除了一线城市以外,也已经打入了大部分华东地区城市。相对而言,分量足、实惠、口味亲民的西北菜近年来增长迅猛;反观江浙菜则还是主要在华东地区比较流行。与此同时,青岛、郑州、北京是菜系喜好较为多元化的城市;而成都、广州、重庆、长沙、厦门几座城市人们对菜系口味的喜好较为集中,正餐消费多选择市场上的主流菜系。

（三）健康化

近年来,餐饮健康化的趋势十分明显,这都源于国民健康意识的不断提升。北京、厦门、杭州是对健康化饮食偏好度相对较高的城市,其中北京、厦门是对素食接受度较高的两大城市;长沙、杭州、武汉则是对水果生鲜偏好度较高的三座城市。数据显示,随着年纪的增长,人们对健康的关注度也会提高,不仅80后对其偏好度较高,70后也是重要的客群组成部分。另外,身份的改变也会影响消费者的饮食习惯,对比学生和刚毕业的年轻白领的中餐饮食结构,可以发现相对健康、清淡的江浙菜、粤菜是学生转化为年轻白领后首先增加的中餐消费品类。

（四）极致化

随着菜品的不断细分及小品类的崛起,餐饮选择日益丰富,比如火锅类目就日渐细分出云南火锅、豆捞、韩式火锅、潮汕牛肉锅等品类,虽然目前市场体量尚小,但仍然为很多喜欢尝新的80后、90后提供了多元化的餐饮选择。以小龙虾为例,这样一个小众的相关菜系日渐增多,例如,小龙虾饭、熟食品牌、各种口味的小龙虾及以小龙虾为材料的其他菜品。把一个单品类做到极致化成为新的趋势。

（五）潮流化

当网红渗入了人们的生活之后,以网红店为代表的潮流化品牌也日益增多,潮流化也成为餐饮业一个显著的趋势。要打造一个现象级的潮流品牌,除了品牌自身的创新外,品类的选择也十分重要。例如,奶茶本身就是年轻人高偏好的一个品类,尤其是90后年轻女性,而这个群体又是最容易受潮流影响及形成自发传播的,因而该品类就相对容易打造流行品牌。年轻人的消费习惯与观念也在引领着餐饮业的潮流。外卖平台上沙拉订单量的占比从2016年的1%跃升到了2017年的5%。沙拉品类已经逐渐从尝鲜品变成人们日常的正餐选择之一。

综上分析可以看出,伴随着经济社会的发展、人均收入的变化和文化的融合及信息技术的推动,消费者对餐饮产品与文化的需求,呈现出多元化的发展趋势。在这一过程中,作为研究餐饮业和餐饮消费者需求的烹饪教育而言,就需要充分发挥其在研究消费者需求、梳理消费者需求和引导消费者需求的过程中的作用,更好地服务于消费者对餐饮产品与文化的多元化发展需求。为此,烹饪教育要围绕以下几个方面来更好地满足消费者对餐饮产品与文化的多元化需求。

第一,对消费者的需求进行深入研究、系统梳理,明确消费者的需求。消费者对餐饮市场和饮食产品的需求在初期呈现出一定的复杂性、混沌性。作为烹饪教育而言,就需要对消费者的饮食需求进行系统性研究,包括消费者饮食需求的演化过程、消费者饮食需求的发展现状及消费者饮食需求的未来发展趋势等。烹饪教育要充分发挥其研究功能,对消费者的需求进行上述系统性梳理,从中发现不同地区、不同收入结构、不同年龄结构等消费者需求的特点和规律,从而将这些规律呈现给餐饮企业,餐饮企业则根据消费者的需求生产更为满足消费者需求的饮食产品,从而更好地满足消费者的需求。

第二,通过烹饪教育的研究成果,正确引领消费者的需求。烹饪教育除了发现消费者需求之外,还要结合当下消费者需求的特点和未来发展趋势,基于文化发展的要求,正确地引领消费者的需求。比如,在物质生活非常丰富的时代,很容易出现不文明餐饮消费和浪费性消费的文化。因此,烹饪教育要积极开展餐桌文明的科学普及工作,培养大众正确选择食物的能力,明确什么样的食物是真正适合自己身心需要的、如何搭配烹饪才能发挥其最佳的效用;促进大众对中国乃至别国餐桌礼仪的理解和传承,更全面、更准确地了解饮食,理解饮食文化,全方位地提升中国人的饮食素养;教授大众科学存储食物的技能,介绍各种节约食物的小技巧;通过各种形式的讲座、科普作品等,不断强化人们以节约为荣、浪费为耻的思想理念,形成文明、科学、健康的餐饮消费新风尚。

二、与行业协会等社会团体构建产学研协同创新体系

随着生产力的发展、社会的进步,餐饮生产实践不仅直接生产出饮食产品,而且也在精神领域改变着人们的饮食生活方式。餐饮活动内涵已经扩展到餐饮制品的生产、流通、消费全过程中发生的经济、技术、科学、艺术、观念、习俗、礼仪所有方面。在行业协会等社会团体(NGO)构建烹饪教育产学研协同创新体系的过程中,从事烹饪教育的院校、科研院所和行业协会分别扮演着各自不同的角色,中国烹饪协会、中国饭店协会、中国食文化研究会、世界中餐业联合会等行业协会是技术应用和商业应用以及行业指导主体,烹饪教育的院校和科研院所是知识创造、技术研发主体,三方在供需关系支配作用下,遵循市场规则和利益分配机制,推动烹饪教育技术创新所需各种生产要素和生产条件的重新组合,为社会创造新的价值。从产学研主体的知识开放性看,分享知识是烹饪院校的首要使命,而知识资源对企业来说却是独占性的竞争优势。科研院所的技术知识属于半开放性质,拥有差异性和互补性非常强的知识资源。知识势差的存在导致知识转移,使得产学研创新主体能够优势互补、协同创新,提升了创新资源要素配置效率。与行业协会等社会团体的产学研协同创新是整合互补性资源,是提高烹饪技术创新效率的有效途径,有利于缩短烹饪技术研发时间并降低研发成本,促进烹饪技术科技成果转化为生产力,加快烹饪技术扩散的速度,增强餐饮业竞争力和创新绩效,提高我国餐饮业的自主创新能力,最终推动经济实现高质量发展。

因此,烹饪教育与中国烹饪协会、中国饭店协会、中国食文化研究会、世界中餐业联合

会等行业协会构建产学研协同创新体系，一方面是烹饪教育的院校和科研院提升自身科研能力和科研效率的重要方式；另一方面，也是烹饪教育服务于社会的主要途径之一。承担烹饪教育的院校和科研院所与中国烹饪协会、中国饭店协会、中国食文化研究会、世界中餐业联合会等行业协会的产学研协同创新，也能够充分发挥中国烹饪协会、中国饭店协会、中国食文化研究会、世界中餐业联合会等行业协会服务职能的作用，提升各种行业协会自身的专业度和专业化水平。烹饪教育与行业协会就产学研的创新体系的设计与实施，提升了我国烹饪教育的发展水平，提升了我国餐饮业的发展能力，提升了我国餐饮企业的技术水平和市场竞争力。

以中国烹饪协会为例，基于时代的要求，中国烹饪协会自1987年成立起就立足于人类现实的餐饮活动及对行业发展进行全面、科学的把握，并将协会定位为"由从事餐饮业经营、管理与烹饪技艺、餐厅服务、饮食文化、餐饮教育、烹饪理论、食品营养研究的企事业单位、各级行业组织、社会团体和餐饮经营管理者、专家、学者、厨师、服务人员等自愿组成的餐饮业全国性的跨部门、跨所有制的行业组织"。而且在长期的实际工作中，它也一直是以"继承、开拓、创新、发展"为指针，对全国餐饮业进行指导、管理和协调，为促进我国餐饮业和烹饪事业的健康发展做出了积极贡献。经过30多年不懈努力，基于中国烹饪协会对中国餐饮业所做的贡献，虽然其在国内和国际都获得了较为广泛的认可，但是作为一个行业组织其影响力及知名度的限制也是无法回避的。由于名称的问题，中国烹饪协会错失了许多与外界合作、宣传、发展中国餐饮业的良好机会。中国烹饪协会的发展规划与目标是以做好行业工作、加强行业服务与指导为主线，全面提高我国餐饮业的整体素质，提高我国餐饮业标准化、规范化、现代化的管理水平和烹饪工业化与科学水平，提高我国餐饮业在国际餐饮业的竞争力。从中可见中国烹饪协会立足全行业、全中国，乃至全世界不仅需要自身的努力，而且更需要全国、全世界的广泛参与与合作。显而易见，中国烹饪协会无论其组织定位、实际工作还是未来发展，无不是站在中国餐饮业的系统发展层面，涉及了从生产到流通再到消费的餐饮全过程中发生的经济、技术、科学、艺术、观念、习俗、礼仪等所有方面，而远非烹饪生产这个狭小范畴。但中国烹饪协会这一名称的确在外界宣传与识别上，与协会实际工作的丰富内涵相比形成了明显的发展瓶颈态势。另外，中国烹饪协会也需要与烹饪院校、培训机构等烹饪教育的主体共同合作，构建起有效的协同创新机制，从而更好地发挥中国烹饪协会的作用，扩大中国烹饪协会的服务范围，提升中国烹饪协会的服务能力。

为了提升烹饪教育产学研协同创新的效果，基于产学研协同创新的基本内涵和要求，烹饪教育主体与行业协会等社会团体在构建并推动产学研协同创新的过程中，要着力解决好以下几个方面的关键问题。

第一，保持烹饪教育产学研协同创新的连续性和稳定性。为建立和巩固烹饪教育产学研协同创新机制，避免协同创新效应大幅波动的情况发生，烹饪教育主体单位（院校和培训机构）和烹饪行业协会主体（中国烹饪协会、中国饭店协会、中国食文化研究会、世界中餐业联合会）等应持续强化合作和支持力度，营造协同创新的良好环境和条件。为此，可设立协同创新计划专项资金，保障协同创新计划实施，重点支持烹饪教育产学研协同创新平台、联合攻关项目、创新创业团队和科技成果转化基地建设；政策上硬性规定协同创新在经费、项目的数量结构比例，提高产学研合作研发投入；引导创新主体建立长期合作关系，拓展合作广度和深度，形成稳定持久的烹饪教育产学研协同关系。

第二，大力提升产学研协同创新的效果和效率。烹饪教育主体单位和烹饪行业协会主体双方都要突出强调产学研合作的重要性,并着力提升各创新主体的参与度,在参与合作的过程中产生更高价值科研成果,充分搭建烹饪技术协同创新平台,引导各方优势资源整合,实现创新驱动更高质量发展。对此,要鼓励高校和科研院所的烹饪科技人员和协会科研人员创新创业,营造科技成果转移、转化的良好环境,进一步激发烹饪科技人员和协会科研人员创新活力。在此过程中,双方共同优化产学研协同创新网络可不断提高区域创新绩效。

第三,基于分工合作充分发挥行业协会的引导作用和教育主体的科研能力。在实施烹饪教育产学研协同创新的过程中,一方面要强化合作推进,另一方面也要强化分工,通过分工充分发挥各自的优势。其中,烹饪教育的学校和科研院所要充分发挥教育教学和科学研究的能力和作用,行业协会则要充分发挥在行业中的引导作用。例如,由中国烹饪协会牵头,联合各地区包括烹饪大师、美食家、历史学家、民俗学家、烹饪科学专家等专家学者,开展地方级或国家级名企、名店、名师、名菜的认定,组织企业参加全国各类竞赛活动,推荐行业精英人士参政议政及开展行业自律、举办美食节庆等工作;同时,突破地域按菜系成立相应的协会组织,把在其管辖的地理地区以外从事原、辅材经营,本地域菜系经营,设备研发、生产的企业团结在一起,做到原、辅料,信息,经营管理、人力资源等方面的资源共享,从而最终实现深挖饮食文化、落实产学研用、促进餐饮创新的行业战略,并更好地发挥其在产学研合作中的独特作用。

三、为政府就餐饮业可持续发展提供研究支持

餐饮业的可持续发展,离不开市场主体的经营,但同时更离不开政府的宏观政策支持、行业监管及对整个行业的规划等顶层设计。在此过程中,烹饪院校将为政府就餐饮业可持续发展而进行的政策设计、行业规划、制度规范、行业监管及服务等提供研究支持和决策建议,从而更好地推动我国餐饮业的健康持续发展。对此,程小敏和于干千(2016)从宏观层面对"十二五"时期政府及其相关部门就餐饮业可持续性发展而进行的政策设计和行业监管措施进行了梳理和总结,其成果主要体现为如下方面。

(一)政策利好得到固化,经营环境趋于优化

餐饮业一直以来受长期行业地位歧视和流通领域体制改革不顺畅的影响,在外部政策环境上遭受着诸多不公平的政策待遇。从"十一五"甚至更早的时候餐饮业就曾多次呼吁和反映过工商业水电不同价、企业税率过高及银行卡刷卡费率过高等政策问题,尽管有部分省市为促进餐饮业发展在以上税费方面有所减免,但尚未形成全国的统一行动。进入"十二五"后尤其是 2012—2013 年,餐饮企业盈利能力下降明显,沉疴已久的成本四高问题成为行业的集体诟病,高达 46 种税费的真相在社会媒体、行业组织的集体呼吁下,相关利好的政策相应出台。其中 2012 年出台的《国务院关于深化流通体制改革加快流通产业发展的意见》(简称国 39 条)作为指导流通产业降低流通成本、提高流通效益的纲领性文件,对于餐饮业减负具有重要的推动作用,之后随着国家"正税清费"各项配套政策的出台,餐饮业的政策环境得到了极大优化,整个宏观趋势日益向好。

在银行卡刷卡费率问题上,国家发展和改革委员会(发改委)于 2012 年底启动了对餐饮业银行卡刷卡费率的调研,并于 2013 年出台通知,将餐饮业的银行卡刷卡费率进行了微降,从 2% 降到 1.25%。2015 年 8 月发改委拟发布的《关于完善银行卡刷卡手续费定价机

制的通知》初稿中已经将取消行业分类等内容写入其中,曾经被划入和珠宝同类的餐饮娱乐等行业将更受益,刷卡费率有望实现真正的大幅下降。

在餐饮税费问题上,随着国家清理和取消各种行政事业性收费,餐饮业的费用负担有所减轻,特别是在 2013—2014 年间,很多省市为救市,出台了部分减免餐饮业各项收费的扶持政策,典型的是福建省对餐饮业 2014 年的价格调节基金实现减半征收,但是很多扶持政策只是部分省市短时间内的临时性政策,在全国层面还无法突破。在税收方面,配合全国营改增的推进,餐饮业在 2015 年末也搭上了政策的班车,虽然餐饮业的进项抵扣问题在实际操作层面可能存在税赋不降反增的可能性,但考虑到餐饮业上下游相关行业的营改增效果,总体上,该项重大税制改革将能从整个产业链条上降低餐饮业发展的成本。

此外,为引导和推进餐饮业的转型升级,商务部于 2015 年在杭州、广州、成都等市开展餐饮业转型发展的试点,以切实优化餐饮业发展的政策环境为目标,重点解决落实对小微企业增值税和营业税的政策支持、清理规范餐饮业收费等问题。而且国务院办公厅还在 2015 年 11 月出台《国务院办公厅关于加快发展生活性服务业促进消费结构升级的指导意见》,作为生活性服务业主体的餐饮业将享受到更多的利好政策。

(二)行业监管纵深推进,进程加速手段多元

2010 年以来,在国家科学发展、协调发展的政策要求下,如何规范餐饮经营、保证餐饮环节食品安全、促进餐饮业健康可持续发展成为政府、有关行政部门重点关注的问题,各项法律法规、部门规章、规范性文件及行业标准密集出台,如表 4-1 所示。

表 4-1　"十二五"时期国家出台的与餐饮业发展相关的政策文件

文件名	发布日期	文号	文件等级
《国务院办公厅关于加快发展生活性服务业促进消费结构升级的指导意见》	2015-11-22	国办发〔2015〕85 号	国家规范性文件
《食品经营许可管理办法》	2015-08-31	国家食品药品监督管理总局令第 17 号	部门规章
《中华人民共和国食品安全法》	2015-04-24	主席令第二十一号	法律
《商务部关于开展优化环境促进餐饮业转型发展试点工作的通知》	2014-12-18	商服贸函〔2014〕970 号	部门规范性文件
《国务院办公厅关于促进内贸流通健康发展的若干意见》	2014-11-16	国办发〔2014〕51 号	国家规范性文件
《商务部关于加快发展大众化餐饮的指导意见》	2014-5-27	商服贸函〔2014〕265 号	部门规范性文件
《餐饮业经营管理办法(试行)》	2014-09-22	商务部、国家发展改革委令 2014 年第 4 号	部门规章
《中华人民共和国消费者权益保护法》	2013-10-25	主席令第七号	法律
《商务部 国家旅游局关于在餐饮业厉行勤俭节约反对铺张浪费的指导意见》	2013-01-29	商服贸发〔2013〕29 号	部门规范性文件

文件名	发布日期	文号	文件等级
《国家发展改革委关于优化和调整银行卡刷卡手续费的通知》	2013-01-16	发改价格〔2013〕66 号	部门规范性文件
《国务院关于深化流通体制改革加快流通产业发展的意见》	2012-08-03	国发〔2012〕39 号	国家规范性文件
《关于做好餐饮等生活服务类公司首次公开发行股票并上市有关工作的通知》	2012-05-16	发行监管部函〔2012〕244 号	部门规范性文件
《关于实施餐饮服务食品安全监督量化分级管理工作的指导意见》	2012-01-06	国食药监〔2012〕5 号	部门规范性文件
《商务部关于"十二五"期间促进餐饮业科学发展的指导意见》	2011-11-16	商服贸发〔2011〕438 号	部门规范性文件

在法律监管方面,保障食品安全、规范市场行为成为法律出台的重要导向,"十二五"期间餐饮业迎来了影响其经营管理重要的两部法律的修订。一方面餐饮服务环节食品安全监管成为"十二五"期间餐饮业发展历程中重大的突破。2009 年正式实施的《中华人民共和国食品安全法》,因不断出现的食品安全领域新问题及由此带来的对中国食品安全国际形象和国内人民生活保障的诸多影响,在 6 年中不断进行完善,并于 2015 年出台了被誉为"史上最严"的《中华人民共和国食品安全法》修订版,在该法修订和推进实施的过程中,行政监管职能的整合、食品流通与餐饮服务许可的两证合一、食品安全标准强制性要求的统一等问题都在"十二五"期间取得了重大突破,餐饮服务环节食品安全也迎来了统一监管、动态监测、全程监控的新阶段;另一方面 2009 年修订通过的《中华人民共和国消费者权益保护法》在消费环境和消费需求不断变化中迎来了 4 年后的第二次修订稿,并于 2014 年 3 月 15 日正式实施,该法不仅强化了对消费者权益保护的水平,更对经营者提出了更多、更严格的义务要求,这对于长期相对粗放经营的餐饮企业而言不仅是一道紧箍咒,而且是推动行业转变经营方式、提高服务水平的加速器。

在行业监管方面,商务部作为餐饮业的行政主管部门,致力于规范和引导餐饮服务经营活动。一方面在"十二五"期间出台了餐饮发展历程中的部门法规《餐饮业经营管理办法(试行)》,该办法重点解决维护消费者和经营者合法权益,规范餐饮服务经营行为,并对餐饮业的节能减排、资源节约、引导节俭消费、文明消费等问题提出了具体要求;另一方面加快了餐饮业标准体系建设的步伐,立项的行业标准实用性增强,规划的行业标准系统性提高,标准研制的财政投入增多,标准宣贯培训的力度加大。

(三)"走出去"开启战略布局,文化软实力建设成果初显

随着国家"十二五"规划期有关"推动文化大发展大繁荣,提升国家文化软实力"指导意见的深入及中国文化产业的全速发展,中国饮食文化作为中国文化的重要元素,在展现国家文化软实力、助推中国文化"走出去"和走进人心等方面的作用日益得到重视,特别是十八大以后,中国对外交往的全球战略意识日益清晰,"一带一路"倡议的提出,更加快了中国主动"走出去"的步伐。饮食文化成为外交活动中频繁亮相的主角,中国饮食文化"走出去"更是进入了系统化、立体化、战略化发展的阶段。

中国饮食文化"走出去"成为展示国家文化软实力的战略行动。一方面从政府层面全面推进和增强中国饮食文化的世界话语权和影响力,中国饮食文化积极主动融入联合国教科文组织的国际项目。2010 年和 2014 年成都和顺德先后成为联合国教科文创意城市网络的"美食之都",尤其成都作为全球第二座、亚洲第一座"美食之都",不仅向世界展示了中国饮食文化的深厚底蕴和创意传统,更在"美食之都"创意城市间发挥重要作用;此外"十二五"期间中国饮食文化申报世界非物质文化遗产的工作被列入了国家战略层面,自 2011 年以来中餐世界申遗的努力从未停止过;另一方面从全球华人层面以饮食为媒介实现海内外华人的同声共气,助推中国饮食的全球推广和文化认同。2014 年国务院侨务办公室推出"中餐繁荣计划",作为"海外惠侨工程"的八大计划之一,不仅有利于支持海外侨胞发展中餐事业,而且对于提升海外中餐业水平,增强中国饮食文化认同,构建全球海外中餐网络起到重要推动作用。

中国饮食文化交流成为国家外交活动中的系统化内容。2013 年 9 月孔子学院中国烹饪教材正式发布,标志着中国饮食文化在中国对外文化传播中最有国际影响力的品牌项目孔子学院中,形成了持续性、体系化的传播机制;文化部的"欢乐春节"项目从 2010 年起已成功举办了 6 届,中国春节食俗和传统烹饪技艺也随着该平台在全球华人华侨欢度传统佳节之际走进了全球 100 多个国家的近 300 个城市,"欢乐春节"之"行走的年夜饭"子项目成为更受欢迎的内容之一;国务院新闻办公室的"感知中国"项目中,中国美食节更成为展示中国各地方美食的专场项目。

上述国家相关部门对我国餐饮业的各种政策设计和宏观调控措施的出台,一方面是国家和相关政府主管部门充分行使宏观规划职能和服务职能的体现,另一方面,也都离不开餐饮研究工作者通过参与讨论、行业研讨、起草文件等方式给予的支持,也离不开餐饮研究工作者研究成果的应用和很多学者长期不遗余力地推动烹饪技术和餐饮业发展、餐饮文化交流。这不仅体现了烹饪教育积极服务于餐饮业的发展并为其提供支持,而且也通过参与政府的宏观决策体现了餐饮工作者的重要价值和作用。

进入到"十三五"以来,中国经济进入到"新常态",大健康产业风起云涌,"创新、协调、绿色、开放、共享"成为新的发展理念,在此背景下,餐饮业有望在行业定位、创业环境、业态结构、资源配置、食品安全及综合实力方面实现全方位的提升与优化。在此过程中,烹饪教育及其相关的研究工作者还需要围绕如下方面就政府在引导扶持、餐饮诚信体系建设、餐饮转型升级、人才培养体系发展等方面的可持续发展中发挥积极的研究支持作用。

第一,为政府就餐饮业的引导扶持提供研究支持。政府对中国餐饮业的升级改造发挥着不可替代的引导扶持作用。一是加强法规制度建设,如出台餐饮业发展规划、国家标准和行业标准。二是营造餐饮业良好的发展环境,餐饮业的主管部门要协调好各方面的关系,如餐饮企业涉及的用地选址、网点规划、工商登记、税收优惠、财政支持、卫生监管、银行金融、交通运输等部门,在舆论宣传、政策导向、市场开发、技术引进、企业上市等方面予以扶持。三是加大投入支持力度,积极争取财政研发和产业化基金,支持餐饮产业化、人才基地、技术创新、民生餐饮等关键项目,并充分利用财政资金的无偿性,引导和吸引社会资金、境外资金,形成多元投入的格局。

第二,助力政府推动餐饮诚信体系的建立。近年来,食品安全问题总是屡屡不绝,餐饮诚信成为中国餐饮业发展的一大困局,尤其是对以"散、乱、差"为特征的中低档餐饮企业来说问题更为严重。餐饮企业的质量安全不是一蹴而就的问题,需要依靠一套体系来保证的。所以,政府首先应在餐饮产品安全标准体系、餐饮产品质量检测体系、餐饮企业质量认证体系和餐饮企业质量监控体系等方面加强建设,以使餐饮产品生产的各个环节有标准可依。同时,加强政府监管职能部门的建设,加强餐饮业的市场监测统计分析,构建食品行业信用档案管理系统中的餐饮系统模板,通过店面展示、多媒体传播时时更新,使相关监管、处理行为产生持久效力。这无疑能为大众化餐饮消费市场快速、健康地发展注入一针强心剂。同时,面对消费者对健康要求的提升,政府还要对餐饮企业绿色健康食材的选用加强引导和监管。而作为烹饪教育工作者而言,需要协助政府对绿色健康的理念和食材选用建立标准,形成规范。

第三,与政府共同搭建餐饮业转型升级人才培养体系。餐饮文化内涵、管理科学性逐渐显现出在餐饮企业特色化开发中决定餐饮产品的品位、级别及其生命力的主要因素。在这种形势下,决定具体餐饮特色筹划、生产经营水平的餐饮人才尤其是在信息化、智能化方面的餐饮人才成了竞争的起点。因此,中国餐饮业要加快产业转型升级,就必须走出一条中国特色的餐饮人才队伍建设发展之路。培育和吸引各方面餐饮人才,特别是高素质的餐饮管理人才是整个餐饮业面临的重要任务。各级政府应该继续完善用人机制,行业行政部门招聘要公开化、专业化,为餐饮业发展不断注入新的血液;在各级地方建立由国内外餐饮不同领域的优秀人才组成的餐饮专家咨询委员会,随时对餐饮业发展中的重大问题进行咨询和论证;大力发展餐饮教育,建立科学合理的餐饮人才培养体系,不但培养中高级管理人才,还应注重培养基础性的生产工人,不但通过高等院校培养餐饮管理者,还应通过大专、中专、职业技校等渠道培养餐饮业的劳动大军,使中国餐饮业形成人才合力,实现餐饮企业经营管理人才的知识化。而烹饪教育在这一过程中,恰恰是人才培养的主战线,理所当然地应承担起更大的责任,发挥更大的价值和作用。

四、为餐饮企业提供管理咨询顾问服务

管理咨询是咨询者(可以是个人或者咨询机构),基于客观的第三方视角,帮助餐饮企业和企业家,通过解决餐饮管理和经营问题,鉴别和抓住新机会,强化学习和实施变革以实现企业目标的一种独立的、专业性咨询服务。管理咨询的过程是由具有丰富经营管理知识和经验的专家,深入到企业现场,与餐饮企业管理人员密切配合,运用各种科学方法,找出餐饮经营管理上存在的主要问题,进行定量及定性分析,查明产生问题的原因,提出切实可行的改善方案并指导实施,以谋求企业坚实发展的一种改善餐饮企业经营管理的服务活动。

烹饪教育工作者在长期的教学、科技开发及参与餐饮企业实践活动中,形成了大量的兼具前沿性和操作性的知识与经验,这些知识与经验应用到餐饮企业中,一方面能够提升餐饮企业管理者的知识水平,另一方面有助于帮助餐饮企业管理者发现生产经营管理上的主要问题,找出原因,制订切实可行的改善方案,指导改善餐饮企业经营活动方案的实施;同时通过管理咨询向餐饮企业传递经营管理的先进理论与科学方法,培训餐饮企业各级管理干部,从根本上提高餐饮企业的素质和能力。因此,烹饪教育工作者基于长期的教学工作经验和研究成果,以及在与餐饮企业进行产学研合作的过程中积累了大量的知识成果,将这些知识成果通过管理咨询的方式服务于餐饮企业,既提升了餐饮企业的经营能力、现代化管理水平,同时也是烹饪教育服务于餐饮企业的重要途径和方式。

基于餐饮企业运营过程中不同层面的需求,可以把烹饪教育服务于餐饮企业的管理咨

询划分为不同的类型。按照餐饮企业运营的基础层面和技术运作层面,可将烹饪教育研究成果服务于餐饮企业的管理咨询划分为基础咨询和技术层面的运作咨询两大体系共计 9 大小类,分别简述如下。

(一)餐饮企业战略管理咨询服务

从计划经济到市场经济,从粗放的管理模式到集约精益管理模式,从国内市场走向全球市场,越来越多的中国餐饮企业都面临着发展方向的问题,是专一化还是多元化等问题困扰着餐饮企业的管理者。战略咨询的目的在于帮助餐饮企业明确未来的发展方向。目前中国餐饮企业面临的战略问题主要有如何进行投资业务管理、多元化还是专业化,多元化投资方向的选择,餐饮企业的竞争战略问题,如何做公共关系战略等。餐饮企业战略咨询的内容有战略分析、战略制订与战略选择、战略规划与战略实施等。

(二)餐饮企业组织设计与管理咨询服务

一个好的组织设计与管理能将组织的资源分配到最需要的地方,最大限度地提高组织运行的效率。组织设计与管理包括部门设置、职权职能设置、纵向管理程序设计、横向业务流程设计、岗位设计、制度制订、表单体系等。组织设计与管理咨询由于其结果会对组织中每一个人的权力、位置产生影响,因此比较容易受到干扰。在这个过程中,咨询顾问最大的挑战来自如何设计符合餐饮企业管理者意志的组织结构。

(三)餐饮企业文化咨询服务

餐饮企业文化是有形与无形的结合,有形在于餐饮企业文化通过餐饮企业的各种规章制度、行为方式、标识等方面体现出来。无形在于餐饮企业文化能够起到规章制度、物质激励等有形的管理起不到的作用。餐饮企业文化咨询内容包括观察分析餐饮企业现有的软硬件环境,餐饮企业各阶层的价值观确定符合餐饮企业未来发展的价值观,发现并树立餐饮企业英雄人物典型,规范餐饮企业礼节礼仪,完善餐饮企业内部文化传递渠道,并将其灌输到规章制度、行为规范、标识当中去。

(四)餐饮企业生产运作咨询服务

生产运作咨询的内容比较广泛,包括生产计划咨询、餐饮企业中央厨房设计等管理咨询、餐饮企业现场管理咨询、质量管理咨询、研发管理咨询等方面。生产运作咨询相对于财务管理和供应链管理咨询而言,更具有专业性。在开展生产运作咨询的过程中,咨询方和被咨询方通常需要密切配合才能完成。尤其是当前,在信息化不断变革,大数据、云计算平台、人工智能、物联网等新型技术不断冲击和应用于餐饮企业和餐饮市场的过程中,基于大数据、云计算平台、人工智能、物联网的餐饮企业生产运作流程和信息化系统建设及智能化数据分析等新的运作咨询,将成为未来餐饮企业生产运作咨询的重要范畴。

(五)餐饮企业市场营销咨询服务

餐饮企业市场营销咨询包括战略层面的整体营销战略设计咨询、STP(市场细分、目标市场和市场定位)营销战略规划咨询;营销管理层面的营销管理模式设计与组织制度制订咨询、销售过程管理咨询、销售团队管理咨询;营销战术层面的产品策略设计咨询、价格策略设计咨询、分销渠道策略设计咨询、促销策略设计咨询;专题层面的餐饮企业整合营销传播咨询、CIS(企业形象识别系统)设计咨询、危机营销与公关咨询等。

（六）餐饮企业供应链管理咨询服务

餐饮企业供应链管理咨询内容包括餐饮企业供应商管理咨询、采购管理咨询、库房管理咨询、物资管理咨询等。在供应链管理咨询业务的开展过程中，需要咨询顾问在全面调研餐饮企业的基础上，提出有效的方案，帮助餐饮企业建立高效可靠的供应链、稳定的供应渠道，从而降低餐饮企业库存，提升餐饮企业供应链运作的协同效应和整合效应。

（七）餐饮企业人力资源管理咨询服务

按照餐饮企业人力资源管理的构成要件，人力资源管理咨询的内容包括培训、招聘、绩效考核、职业生涯规划、薪资福利咨询、劳动卫生健康安全等。人力资源管理咨询主要集中在帮助餐饮企业建立完善的人力资源运作体系。人力资源咨询的管理理论和方法涉及管理学、心理学、组织行为学、系统工程及信息管理多门学科，要求烹饪教育咨询研究人员具有相关的科学知识。

（八）餐饮企业财务管理咨询服务

餐饮企业财务管理咨询是餐饮企业管理咨询业务中的重要组成部分之一，包括预算管理咨询、资金管理咨询、成本管理咨询、应收应付管理咨询、财务分析与规划咨询等。除此之外，还可以为餐饮企业提供日常的财务审计、会计账目处理等咨询内容。这一部分的咨询服务内容，一般而言，需要烹饪教育工作者和专业性的财务人才通力合作，为餐饮企业提供好兼具行业特色和企业实际要求的财务管理咨询服务。

（九）餐饮企业电子商务咨询服务

餐饮企业电子商务咨询是随着信息技术在管理时间领域的广泛应用而产生的，并且在当前技术快速变革的背景下有望成为未来管理咨询业务领域的重要分支。电子商务咨询主要包括技术层面的信息化咨询和管理层面的电子商务规划等。当然，二者是密不可分的。在当前电子商务业务快速发展（B2B、B2C、C2C、O2O）以及移动互联网快速崛起并改变人们生活方式和新零售带来新的消费场景不断涌现的背景下，未来电子商务咨询将成为餐饮企业主要的咨询需求之一。

五、服务于社区民众对饮食文化生活的多维诉求

作为餐饮市场服务的对象，社区民众一方面通过消费者与餐饮企业之间产生直接的关系，另一方面，社区民众作为社会构成的基本单元和社会主体之一，也会关注饮食文化的发展，并将饮食文化融入自己的生活，形成生活价值观，这种生活价值观又通过社区活动形成社区文化，最终构成社会文化的重要组成部分。

因此，作为烹饪教育工作者，面对饮食文化的不断演变和民众对美食生活诉求的不断发展，烹饪教育工作者有责任、有义务通过研究、宣传、推广等方式，一方面让民众更多地了解饮食文化，养成良好的饮食生活习惯；另一方面，要助推中国浩瀚的饮食文化进入到民众生活、进入到社区，从而在服务于社区民众对美食文化生活多维诉求的基础上，让中国饮食文化更好地发扬光大，更好地服务于老百姓对美好生活的向往，提升民众的生活幸福感，最终也充分体现出烹饪教育所承担的服务社区、服务民众的重要社会价值。

(一)向社区民众更广泛地传播中国饮食文化

在中华民族浩瀚五千年的发展历程中,基于中国人民生产实践和生活实践,形成了丰富多彩的饮食文化,这些饮食文化不仅仅在于饮食,更在于生活方式和生活哲学,在于中国人对人与自然、人与宇宙关系的探索进而形成的中国的独特价值观。比如和为贵的文化,比如家庭亲情消费,比如餐饮消费中的健康、节约文化等。因此,烹饪教育工作者要站在中华文化的高度,通过举办美食艺术、中国饮食文化传承、饮食与家庭消费等讲座和进入社区宣传、交流等多种方式,深入社区,传播中国饮食文化,让更多的民众了解中国博大精深的饮食文化,尤其是让90后、00后更多地认识到中国饮食文化中的包容性,从而树立正确的消费观、美食观和价值观,更好地从中国餐饮文化中汲取优秀的文化基因,提升文化自信心。

(二)帮助民众树立更健康的饮食观和生活观

当前,伴随着经济全球化和中西文化的交流及西方跨国公司的扩展,全球化消费已经成为居民生活的一个重要组成部分,消费者不用走出国门就能实现买遍全球。在此背景下,作为消费重要组成部分的餐饮消费,也已经实现了全球化。无论是以肯德基、麦当劳为代表的洋快餐,还是以牛排、意面等为代表的西餐,以及以情人节、圣诞节等西方节日为代表的西方文化生活,都快速地进入到普通民众生活中,成为民众生活的一个重要组成部分。在此过程中,民众生活方式的"洋化"成为一个标签,这对于中西文化的融合起到了重要的促进作用。然而,消费者的消费过于西化导致忽略了对中国饮食尤其是中国家庭饮食文化的重视。同时,伴随着生活节奏的加快和现代人工作压力的增大,不吃早餐或者早餐不够重视,晚餐大吃大喝等不健康的生活方式及伴随着收入增加带来的"大吃大喝";特别是滥食野味,合餐不使用公筷,餐桌浪费等不利于行业进步和民众健康的消费观也在一定程度上影响了社会的进步。

因此,烹饪教育有必要在弘扬和传播优秀的中国饮食文化的基础上,从中西文化如何共融式发展、如何在西方餐饮文化消费的过程中扎根于中国饮食文化的继承和传播及如何树立科学的饮食观、健康的饮食生活方式等方面,对民众进行广泛宣传和教育,从而帮助民众在提升生活水平的基础上,树立更加科学的饮食观,形成有利于自身健康、有利于家庭健康,也有利于社会进步的生活方式和价值观。

第五章 饮食文化传承与传播——崇高使命

文化是民族的血脉,是人民的精神家园。中华文化独一无二的理念、智慧、气度、神韵,增添了中国人民和中华民族内心深处的自信和自豪。为建设社会主义文化强国,增强国家文化软实力,实现中华民族伟大复兴的中国梦,中共中央办公厅、国务院办公厅印发了《关于实施中华优秀传统文化传承发展工程的意见》(以下简称《意见》)。《意见》指出,中华文化源远流长、灿烂辉煌。在5000多年文明发展中孕育的中华优秀传统文化,积淀着中华民族最深沉的精神追求,代表着中华民族独特的精神标识,是中华民族生生不息、发展壮大的丰厚滋养,是中国特色社会主义植根的文化沃土,是当代中国发展的突出优势,对延续和发展中华文明、促进人类文明进步,发挥着重要作用。

中国饮食文化作为中国传统文化的重要组成部分,以独特的民族性、深厚的文化底蕴和精湛的烹饪艺术闻名于世,在世界上享有很高的声誉,正如孙中山先生在其《建国方略》一书中表示:我中国近代文明进化,事事皆落人之后,惟饮食一道之进步,至今尚为各国所不及。毛泽东主席也曾对其身边的工作人员说过,我看中国有两样东西对世界是有贡献的,一是中医中药,一是中国菜饭,饮食也是文化。如今,在中西方饮食文化不断交流和碰撞的过程中,中国饮食文化逐渐出现了新的时代特征和更为深刻的社会意义。

第一节　文化与饮食文化

伟大的先行者孙中山先生和共和国的开拓者毛泽东主席对饮食是文化做了高度肯定,为了做好饮食文化传承与传播的工作,首先要深入理解文化与饮食文化的内涵,其次还要探讨饮食文化传承的要素——餐饮企业、餐饮产品、消费者。

一、什么是文化？什么是饮食文化？

文化包括广义文化和狭义文化。广义文化是指人类在社会历史实践中所创造的物质财富和精神财富的总和,狭义文化专指社会意识形态。文化无所不在,只要有人的地方,就有文化。文化是"自然的人化",即由"自然人"转化为"社会人"。由于人的实践活动就是文化活动,因此,文化可以归纳为人的存在方式和生活方式。人类为了生存,首先要满足基本的生理需要,俗话说就是填饱肚子,也就是"吃",当吃喝的需求得到满足,人类会产生更深层次的需求。从古至今关于"吃"的一切现象和关系的总和,都可以归结为饮食文化的范畴,它贯穿于人类的整个生存、延续和发展的历程,体现在人类活动的各个方面和各个环节中。

饮食文化来自并表现和存活在生生不息的人的文化世界之中,是人的生命力和主体性的张扬与展示。具体而言,人活着,就需要吃东西,这是本能,是自然人属性。但人为什么吃、吃什么、怎么吃,这就是饮食文化所要研究的问题,这是社会人的属性。不同地区、不同民族、不同时代所表现的吃的内容和方式是不同的,这就构成了不同的饮食文化,它是在特定的社会民族文化的氛围中长期积淀形成的。深究其结构层次有以下几个方面。第一,物质层面。比如前面我们说吃什么、怎么吃,这是文化。但这些必须固定、附着在一个物质上面。也就是说,我们吃饭,首先必须要有饭本身。第二,行为制度层面。譬如,我们要举行一次婚宴,光有饭菜、主客、场地还构不成一个完整的婚宴,还要按照一定的规格和礼仪,把诸种散乱的、众多的对象组织起来。第三,精神层面。这也是饮食文化最核心的部分。还是说婚宴,比如现在饭菜、主客、场地一应俱全,并且都已经按照一定的规格和礼仪组织起来了,那么,下一步就应该考虑:这次宴会的目的是什么？如何凸显其主题、特色？于是,我们确定举办这次宴会的目的、宗旨——喜庆祥和或欢快个性的婚宴,这也就是办这个婚宴的精神所在,最终保证能够实现大家对见证新婚的一些精神上的追求。也就是说,一次现实的饮食活动,我们若要将其设计、安排得合理、美满,吃什么仅仅是个基础,更关键的是我们是否将与宴者所从属的大文化背景理解、诠释得恰到好处。所以说,饮食文化不仅是文化的重要组成部分,而且是最为基础的部分。饮食文化与文化相伴而生、相和而成、相随而行,二者共生共存。

二、饮食文化传承的三要素

纵观全球,放眼中国,我们不难发现,随着生产力的提高、商品经济的发展,家务劳动越来越社会化,当今人们的饮食生活已经形成了一个新的运行模式:餐饮企业作为现代社会与餐饮经济的重要承载组织,以餐饮产品为桥梁,使餐饮企业和消费者紧密地联系在一起,形成了饮食生活运行的三要素,构成了完整的饮食文化传承和发展运行机体。饮食文化在餐饮大众层面,表现在人们吃什么、怎么吃、吃的目的、吃的效果、吃的观念、吃的情趣及吃的礼仪等,它既是饮食文化的一个重要组成部分,也是消费者需求的表现形式。饮食文化在餐饮企业层面,表层要素表现为餐饮品牌名称、菜点等;深层要素表现为企业的价值观念、经营哲学等所表现的文化内涵,它是饮食文化的另一个重要组成部分。在市场经济迅速发展的今天,餐饮企业的经营基本上都是建立在对消费者需求分析的基础上,根据企业自身的经济实力、业务能力等因素,选择经营业务的范围进行经营运作。餐饮企业在餐饮产品的销售过程中,通过为消费者提供的餐饮产品与服务,向消费者传递的是从外到内的企业文化。消费者和餐饮企业在由价值规律形成的互动机制下使饮食文化得到不断发展。因此,针对中国饮食文化传承与发展所面临的问题,我们应该从餐饮企业、餐饮产品和消费者三要素切入。

（一）餐饮企业:饮食文化的传承者

餐饮企业是以加工制作、销售并提供饮食场所的方式为顾客提供服务的,实行独立核算,以营利为目的,依法成立的经济组织。餐饮企业包括酒楼、宾馆、饭店、菜馆、饭铺、餐厅、小吃店、大排档、冷饮厅、酒吧、咖啡厅、茶社等专门企业及各种对外经营的食堂和摊车等。

餐饮企业文化有广义和狭义之分。狭义的餐饮企业文化是企业在经营中形成的,由企业家积极倡导、本企业员工自觉遵守和奉行的共同价值观、经营哲学、精神支柱、道德伦理、礼仪及文娱生活组成。而广义的餐饮企业文化是在一定的社会历史条件下,企业在其生产经营活动中所形成的以共同价值观为核心的意识形态和行为准则,以及与之相适应的制度、组织结构和物质实体的总和。

1. 餐饮企业文化层次　在这里,我们立足广义概念探讨。广义的餐饮企业文化的内容和结构可细化为三个方面,分别是物质文化、行为制度文化和精神文化。

（1）物质文化。餐饮企业的物质文化层次,涵盖餐饮企业员工创造的餐饮产品和各种物质设施等构成的器物文化。它包括餐饮企业生产经营的成果、生产环境、企业建筑、餐饮产品、服务、设计等。

（2）行为制度文化。餐饮企业的行为制度文化层次，既包括约束企业、员工行为的规范性文化——制度，即餐饮企业领导体制、餐饮企业组织结构、餐饮企业管理制度三个方面；又包括餐饮企业员工在生产经营、学习娱乐中产生的活动文化，即餐饮企业经营、教育宣传、人际关系活动、文体活动中产生的文化现象。它是餐饮企业经营作风、精神面貌、人际关系的体现，也是餐饮企业精神、价值观的动态反映。

（3）精神文化。餐饮企业的精神文化层次，涵盖餐饮企业生产经营过程中长期受一定的社会文化、意识形态影响而形成的一种精神成果和文化观念，是餐饮企业意识形态的总和。它主要是指餐饮企业全体员工的共同行为方式及指导和支配组织行为的共同特有的价值标准、信念、态度和行为准则、规范等。它包括企业精神、企业经营哲学、企业道德、企业价值观等内容，是餐饮企业文化的核心，是餐饮企业生机和活力的源泉。

餐饮企业文化的三大组成部分是一个有机的整体，三者缺一不可，必须保持和谐统一、高度一致。精神文化是餐饮企业文化的策略面，是企业的心，看不见却统帅一切，它指导物质文化和行为制度文化；行为制度文化是餐饮企业文化的执行面，是企业的手；物质文化是餐饮企业文化的展开面，是企业的脸。物质文化和行为制度文化共同将精神文化具体化、可视化。

2. 餐饮企业文化的作用

（1）导向功能。良好的餐饮企业文化可以把餐饮企业内的广大员工引到餐饮企业所确定的战略目标方向上来。

（2）规范功能。优秀的餐饮企业文化一旦形成，就会对餐饮企业的员工的行为起到规范作用，与餐饮企业制度的硬性规范比较而言，这种文化上的规范更为无形化和自觉化。

（3）约束功能。正如餐饮企业文化规范功能的无形作用一样，餐饮企业文化对餐饮企业全体员工的行为也呈现出软约束的特点，这是一种由内在心理约束而起作用的自我约束。

（4）凝聚功能。良好的餐饮企业文化是一种黏合剂，它使整个企业员工团结一致。这是餐饮企业文化确立的共同价值观和信念所起的巨大作用。

（5）融合性功能。餐饮企业文化对员工的作用是潜移默化的。一个新员工进入餐饮企业后，通过耳濡目染逐渐自觉地接受餐饮企业的共同理想、语言及行为标准，从而自然而然地融入餐饮企业中去。这种融合反过来又进一步促进餐饮企业文化的延续和影响范围的扩大。

3. 餐饮企业传承中国饮食文化的途径　餐饮企业作为饮食文化的一个重要主体，较个体的消费者，明显具有相当的开发实力和广泛的大众影响力，是饮食文化的传播者和开拓者，在中国饮食文化的发展历程中起着举足轻重的作用。我们从以下两方面提出餐饮企业层面传承与发展中国饮食文化的途径。

（1）弘扬中国传统饮食文化。中国传统饮食文化承载着千年的中华文明，它的发展轨迹是随着我国社会政治、经济和文化的发展而积沙成塔的积淀过程，并形成了自己独特的风格和特征。谈到中国传统饮食文化的传承与发展，餐饮企业首先要善于挖掘历史上各民族优秀的传统饮食文化，从传统饮食文化中吸收营养，做到古为今用，推陈出新。民族的饮食往往是传统思维的表现形式，例如，中国传统饮食文化蕴含着民本、敬粮的饮食观念，"以味为本"的美食追求和崇尚自然的饮食哲学。加上传统饮食结构、饮食器具、饮食惯例和加工技艺的演变,中国饮食文化的内涵在其不断发展的过程中得以丰富。餐饮企业可以通过举办或参与一些中国饮食文化主题活动,加深对传统饮食文化的理解,进一步推动中国饮食文化的传承与发展。

2015年12月13—14日中国食文化研究会以"文化与科技 传承与创新"为主题召开了首届中国饮食文化发展大会,旨在加强饮食文化研究中人文社会科学与自然科学之间的对话,推动饮食文化与人文社会科学、食品科技的互动关系的研究,为广大科研工作者和餐饮经营者提供新的思路。接着,2016年8月12—13日召开了以"食文化产业"为主题的第二届中国饮食文化发展大会,2017年8月30—31日召开了以"中华传统节日(令)饮食文化"为主题的第三届中国饮食文化发展大会,以及2018年10月20—21日召开了以"可持续饮食系统"为主题的第四届中国饮食文化发展大会暨第三届饮食文化生产学术会议。这些会议搭建了中国文化交流平台,来自海内外的餐饮企业经营者与专家、学者就中国饮食文化的历史、继承、创新、发展等问题进行了广泛的交流研讨,达成了共识,汇集了力量,对增进学术交流,推动饮食文化的研究、传播与应用,弘扬中国饮食文化起到了积极的推动作用。

此外,餐饮企业可以把传统饮食作为特色推广,把传统饮食文化的精髓通过实践落实体现在餐饮产品上,注重对传统饮食工艺的把握,秉承继承、发扬、创新中国传统饮食文化的宗旨理念,探索、挖掘中国各地各民族美食文化价值,为中国饮食文化的发扬贡献自己的力量。

还有,针对消费者求新求变的消费心理,餐饮企业可以加大对餐饮产品的开发研究,使之与当下健康的饮食观念及时尚的饮食风格相结合。餐饮企业要紧跟现代饮食文化发展的脚步,注重餐饮产品的创新。当人们对餐饮产品的实用性消费上升到文化消费的境界时,中国传统饮食文化便在产品价值实现过程中得到传承与发展。

(2)加强餐饮企业间的国际交流。随着国际文化交流的日益加深,外来饮食文化不断渗入人们日常的饮食生活中。要让中国饮食文化走向世界,一方面,就要求餐饮企业在坚持中国传统饮食文化的基础上,正确对待外来饮食文化,积极参与国际饮食文化交流活动,促进文化交融的同时汲取其中有利于自身发展的有益成分,做到洋为中用。另一方面,餐饮企业要充分利用我国在世界各地的孔子学院,将中国饮食文化纳入教学内容之中,以传播技术转变为传播文化,提升中国饮食文化在国外的影响力。

(二)餐饮产品:传递饮食文化的重要载体

从餐饮企业经营的角度来看,餐饮产品是企业赖以生存和发展的基础;从饮食文化传承的角度来看,它是企业生产经营系统的综合产出。餐饮企业的各种目标如市场占有率、利润等都依附在餐饮产品之上。因此,餐饮产品概念有狭义和广义之分,狭义的仅指菜点,广义的还包括劳务服务及环境氛围等多种因素组成的有机整体。

1. 餐饮产品文化 在宏观层面,餐饮产品文化是指在一定历史时期,餐饮业某一类或某一种菜点在质、味、触、嗅、色、形等方面及制作和享用过程中形成的文化内涵,从属于餐饮文化的物质文化层次;在微观层面,餐饮企业文化传播是由餐饮产品的制售来完成的,餐饮产品文化是餐饮企业文化的物质载体。当然,餐饮产品的具体文化内涵同所有文化类型产品一样有精华,也有糟粕,其性质取决于具体的承载物。这里,我们以名牌餐饮产品的文化内涵为例进行分析,以期呈现积极、健康、富有生命力的餐饮产品文化,起到引导、模范作用。

具体而言,名牌餐饮产品的文化本质特征是高品质、高科技、高市场占有率、高特色性、高知名度和美誉度,并由此形成餐饮产品和餐饮企业的高知名度、高美誉度、高市场占有率和高盈利。

(1)高品质。品质和名牌是紧密相连的,名牌商品都是以上乘的品质作保证,丧失了品质也就丢掉了名牌。高品质包括理化性质和感官品质。前者指性能,如安全性、适应性、经济性和实践性等;后者指商品完善的外在形式,如造型、色彩、包装等。没有产品的高品质,也就不会创出名牌产品。抓名牌应当突破"优质、优价"的传统品质观和价值观,寻找全新的适应市场竞争规律的"品质定位"。只有这样,才可能成为创名牌的基础保证,才能实现"优质、优价"和"优质、高价"。

(2)高科技。采用高科技,提高产品的技术含量,是名牌产品得以生产、发展和巩固的先决条件。一个名牌产品的发展历史,同时也是技术创新的历史。在众多的世界名牌中,还找不到哪一个名牌不是在通过提高产品的技术含量的基础上发展起来的。如可口可乐、麦当劳等这些名牌成功的背后都有一个共同特征,就是对技术创新的不断追求。正如一位经营大师所言,一个名牌产品它所向往的品质是满分,而这种对品质近乎完美无缺的追求,就是通过企业不断技术创新而达到的。拥有高水平的技术才能永葆名牌的青春。

(3)高市场占有率。市场占有率是产品在市场竞争中能力的集中表现,是某一产品与同类产品争夺市场优胜程度的比较指标,反映产品在质量、款式、价格、服务等方面适应消费者的满意程度。首位度是一个形容市场竞争力的指标。产品品牌的首位度越高,表明市场越成熟,名牌功能越强。

(4)高特色性。特色性指产品的个性,即独特风格。名牌之所以成为名牌都有其特定的品质、特定的形象、特定的市场定位。正是由于某些方面的特色和优势,名牌才有了立足之地。如"可口可乐"的形象是"大众情人",一般人消费得起,富人饮用也不觉得寒酸。而"派克"金笔的形象是精致、典雅,是高贵的象征。现代商品如果不显示自己的特色,也就无法成为名牌商品。

(5)高知名度和美誉度。知名度表示社会公众对一个产品知道或了解的程度,美誉度表示社会公众对某个产品的信任和赞许程度。名牌产品具有高的知名度和美誉度,体现着消费者的认同感和信赖感,是名牌的"名气"所在。

综上所述,名牌餐饮产品文化内涵同样可以分为三个层次:内层为名牌的肌体,是产品内含的技术含量和功能,代表名牌的品质和名牌的核心实体——产品质量上乘,货真价实。中层为名牌的外形,是产品的品牌形象,代表这是消费者喜爱和信赖的产品。外层为名牌的名气,是产品的品牌文化,代表名牌企业的素质。名牌必须兼顾广大消费者的目前需要和潜在需要。名牌产品是在普通产品的基础上,通过一定的文化内涵而形成的特殊标记。名牌本身的文化凝聚,对消费者又形成了较长久的吸引力,因而能有效地把消费者潜在的购买欲望引导出来,并予以实现。

2. 餐饮产品的文化价值创造 所谓"创造"就是餐饮业生产的产品与原来的不一样,同时与别人的也不一样,具有自身独特的文化价值,这就是餐饮企业生产者依据消费者的意愿,通过劳动实践和优质服务,最大限度地满足消费者的物质需要和精神需要。从文化角度分析,通过餐饮企业文化的注入增加饮食产品的文化含量,要从以下几个方面着手。

(1)创造新的文化形式。人创造了文化,文化也塑造了人。人们在餐饮产品的生产中,不仅通过有目的的具体劳动,把意识中的许多表象变为有实际效用的产品,更重要的是还在这一过程中不时地用文化心理来影响自己的顾客,使产品的使用价值从一开始就蕴含着一定的文化价值。如酒楼、饭店的高档次餐厅内,装潢古朴典雅,窗明几净,着装整洁的服务人员彬彬有礼的服务可为顾客创造一种文化氛围,使他们在整个就餐活动中都受到这种美的熏陶和感染。

(2)餐饮企业文化渗透于餐饮产品中。餐饮企业文化主要是指餐饮企业的精神面貌、思想境界和价值观念。它是餐饮企业在特定的社会民族文化的氛围中长期积淀的指导思想、文化传统、文化环境等。餐饮企业的象征物,餐饮企业的内外空间设计,餐饮企业职工的交际方式、精神面貌及厂服店服等都可以表现出餐饮企业的文化。在餐饮产品中,只有体现餐饮企业精神文化,才能使餐饮企业的产品和服务具有个性,使顾客享受到该餐饮企业的文化熏陶和感染。

(3)充分满足顾客的高层次心理需求。根据马斯洛的需要层次理论,从表面上看,顾客购买餐饮产品是为了充饥,满足低层次的生理需要。而实际上,顾客更需要满足他们受尊重的心理需要。顾客到酒店就餐,不仅要吃得饱,而且要吃得好。顾客在就餐的同时,希望得到服务员的关心尊重,受到服务员彬彬有礼的"上帝"般的接待。顾客购买餐饮产品,就等于在购买他们从产品中所期望获得的一系列的利益和满足。因此,许多餐饮企业的标语都有"顾客永远是对的"这样的字样,这表明餐饮企业在努力为顾客创造一种文化氛围,从而提高餐饮产品的文化价值。

3. 餐饮产品是饮食文化传播媒介　在市场经济时代,餐饮业以餐饮产品为桥梁将餐饮企业和餐饮消费者紧密地联系在一起。餐饮业中餐饮产品的概念不仅仅指菜肴,还可以指各类经营要素的有机组合,通常包括实物产品形式、餐饮经营环境和气氛、餐饮服务特色和水平、产品销售形式等内容。如今,饮食消费已经演变为一种文化消费,消费者在选择餐饮产品的过程中,向企业传递着从物质层面到精神层面不断变化的消费需求。餐饮企业为消费者提供特定的产品和服务,在满足消费者多样化、个性化需求的同时,实际上是与消费者进行着相应的文化交流。此外,中国饮食文化拥有几千年的悠久历史,地域差异性和多民族特性使得餐饮产品具有明显多元的文化特征。优秀的餐饮产品作为大众吸收和传播饮食文化的媒介,不仅可使人们获得了饮食享受,还使人们受到了中国饮食文化的熏陶,学习到了相关饮食哲学的深刻内涵。悠久的中国饮食历史和繁荣发展的现代文化为餐饮产品的不断发展、创新提供了更大的空间。从烹饪、菜点文化或人们饮食观念的角度来说,当今的餐饮产品应该在充分满足人们求卫生、求安全的前提下,以餐饮产品的味、质、香、色、形、器等基本属性为物质呈现,追求饮食的审美化。

(三)消费者:饮食文化的缔造者

正如以上分析,在商品经济时代,虽然表象上消费者更多地表现出以享受者、接受者的身份享受现有餐饮市场可能提供的各种餐饮产品,体悟与之对应的各种饮食文化,但仔细思考,不难得出其实深入饮食文化乃至文化的本质及商品经济的本质,历史上的广大劳动人民和当代的消费者其实一直都是不自觉或自觉地创造、沿革并传承着自己的饮食文化。因此,从饮食文化传承与发展的角度,消费者当之无愧应该是真正的缔造者。

当今,人们的饮食生活已经进入了"体验经济时代",饮食文化逐渐走向多元化,人们的饮食需求已从温饱型向质量型、享受型转变,讲究饮食的美感、情趣和健康等。消费者要扮演好饮食文化缔造者的角色,完成好其在中国饮食文化传承和发展中的历史使命,归根结底集中于其是否全面、准确地理解饮食文化内涵。消费者要从以下两个层面进行饮食文化的传承。

1. 自觉树立"饮食素养"观念   作为饮食文化的缔造者,系统、全面的饮食知识是一个消费者进行饮食文化传承和发展的看家本领。个人饮食素养的重视与提升,不仅能从自我创造层面促进中国饮食文化的传承与发展;更能从鉴赏、消费层面推动整个餐饮市场从消费需求到企业供给的全面升级。具体而言,迎合时代的需求,当今消费者应该更新对中国饮食文化的理解,不应仅停留在"吃"的表层,而是强调饮食文化所产生的社会意义。在日常生活、工作和学习中,不仅应该自觉地熟悉甚至掌握诸如饮食营养、烹饪技术等饮食科学知识,还应广泛接触、了解各时各地饮食文化知识,掌握各国各地饮食历史与发展、饮食风俗与习惯,从而获知具体时空下的饮食文化的完整内涵,为逐渐形成较强的饮食文化鉴赏与创造能力奠定文化修养基础。

2. 充分利用饮食文化教育体系保障作用   诚然,中国饮食文化的缔造根植于每一个消费者的饮食素养,但要达到实现中国饮食文化整体传承和发展的水平与高度,仅有消费者个人的自我修养肯定是远远不够的,而更多地取决于国家、地方有关饮食文化层面教育体系的完善程度。因为教育不仅是灌输知识和培养人才,而且是传递社会生活经验和传承社会文化的基本途径。因此,我们可以从教育入手,传输给消费者相应的饮食科学知识,即进行"食育"。搞好"食育"教育应采取以下举措:一是全民性。我国地域辽阔、人口众多,"食育"应注意覆盖各地域、各类人群,面向公众普及饮食科学知识,使公众能够通过各种途径获取饮食科学知识。二是全程性。"食育"应根据不同年龄段的特点,设计不同的"食育"内容,使公众从入学开始直到成年、老年全程获取所需的饮食科学知识。特别是青少年的学龄时期,应将"食育"与德、智、体、美、劳并列为教育方针的重要内容。三是专业性。"食育"应特别注重专业性,应制定"食育"行业准入制度,规范专业人员的从业标准,避免公众获取不正确的饮食科学知识。四是规划性。"食育"应由政府相关部门和有关专家共同制定面向不同人群的"食育"规划,既要有短期规划,又要有中长期规划,有计划、有步骤地推行"食育"。五是监督性。应确定政府有关部门对"食育"进行监督与管理,规范行业行为,清理不符合行业标准的机构和人员,规范有序地实施"食育"。

综上所述,严格遵循当今饮食文化传承和发展的规律,紧紧抓住人类现实饮食生活运行的三要素,理解其要义,实现其提升,将实现中国饮食文化的更好传承与更快发展,从而最终融入并进一步推动中国文化的大发展大繁荣。

第二节　中国饮食文化基本内涵

中国饮食文化作为我国传统文化中的浓墨重彩的一笔,一直以其独特的民族文化和精湛的烹饪技艺闻名于世,更是实施中国优秀传统文化发展工程不可或缺的一环。在我国5000年文化的长河中,中国饮食文化不断发展壮大,在漫长的发展、演变和积累过程中,逐步形成了中华民族生存和发展的基因。中国优秀传统文化为中国饮食文化提供了丰厚文化沃土,不断滋养着中国饮食文化,赋予其基本内涵。中国传统文化强调人与自然的天人合一、和谐共生，达到中和之美。我们从中国优秀传统文化挖掘出"天人相应、水土相融""奇正相生、食不厌精""四气五味、辨证施食""形神兼备、情景交融"等思想，提炼其"食物广博、品种繁多""烹而有调、口味精美""五味调和、健体强身""讲究意趣、情调优雅"的基本内涵。

一、"天人相应、水土相融"思想体现为中华饮食"食物广博、品种繁多"

所谓"天人相应、水土相融"，缘起于天人合一的传统文化，其主要精神是揭示自然界（大宇宙、宏观整体）和人（小宇宙、微观个体）是互相感应、互为反映、互为映照的。其投射于饮食生活则表现为生命体为了适应特定的生存环境，必然利用其提供特定的饮食资源，产生特定的生命性格、感觉方式、审美意识和文化体系，从而滋养出特定的饮食选材和烹饪体系。最终，造就了中国饮食文化"食物广博、品种繁多"的基本内涵。

我国历史悠久、地域辽阔、地理环境多样、气候条件丰富、动植物品类繁多，这都为我国的餐饮提供了坚实的物质基础。我们的祖先们在漫长的生活实践中，不断选育和创造了丰富多样的食物资源，使得我国的食物来源异常广博。一方面，中国幅员广阔，南北跨越热带、亚热带、暖温带、中温带、寒温带，东西地分为湿润、半湿润、半干旱、干旱区，高原、山地、丘陵、平原、盆地、沙漠等，各种地形地貌纵横交错，形成了自然地理条件的多样性和复杂性，构成了生态环境的区域差异，从而造成了可食用原料品种分布的差异性和丰富性。另一方面，在"吃"的压力和引力的推动下表现出来的可食用原料开发极为广泛。据西方的植物学者调查，中国人吃的蔬菜有 600 多种，比西方多 6 倍。实际上，在中国人的菜肴里，素菜是平常食品。自古以来，膳食结构以粮、豆、果、谷类等植物性食料为基础，主、副界线分明。我国的主食以稻米和小麦为主，另外小米、玉米、土豆、各种薯类也占有一席之地。除了米饭之外，各种面食如馒头、面条、油条，各种粥类、饼类和变化万千的小吃类使得人们的餐桌丰富多彩。

另外，食物原料的广泛性，为饮食品种的丰富性创造了条件。物产和风俗的差异，导致各地的饮食习惯和品味爱好迥然不同。源远流长的烹调技术经过历代人民的创造，形成了丰富多彩的地方菜系，其中声望较高的有川菜、鲁菜、淮扬菜、粤菜四大菜系。

川菜源于四川。它始于秦汉，在宋代形成流派。川菜原料多选用山珍、江鲜、野蔬和畜禽。烹饪技法善用小炒、干煸、干烧、泡和烩等。川菜讲究调味，特点是清鲜醇浓并重，以麻辣见长。此外还有鱼香、红油、怪味等调味。川菜调味多样，取材广泛，菜式适应性强，所以有"一菜一格，百菜百味"的美誉，又有"食在中国，味在四川"的美称。除四川外，川菜还在云南、贵州、湖南和湖北部分地区盛行，现在，川菜在中国各地的影响日益广泛。川菜的著名菜肴有干烧岩鲤、宫保鸡丁、樟茶鸭、鱼香肉丝、清蒸江团、麻婆豆腐、毛肚火锅等。

鲁菜源于山东。西周时，山东一带的人已能烹制出味美的黄河鲤鱼。南北朝时期，鲁菜发展迅速。明清时代，鲁菜被公认为菜肴的一大流派。鲁菜原料多选用畜禽、海产、蔬菜，刀工精细，烹饪技法以爆、炒、烧、炸、卤、焖、扒等见长，偏于用酱、葱、蒜调味，善用清汤、奶汤增鲜。风味鲜咸适口，清爽脆嫩，汤醇味正。因为调味多变，因料而用，适应性强，所以南北皆宜，很快传入宫廷，并且推广到北京、天津、河北及东北三省等地，广为流传。鲁菜的著名菜肴有扒原壳鲍鱼、葱烧海参、油爆鸡丁、奶汤蒲菜等。

淮扬菜源于江苏。淮扬菜起始于秦汉时期，隋唐时已享有盛名，在明清时代形成流派。

淮扬菜的原料以水产为主,注重鲜活。刀工精细,尤以瓜雕著称。淮扬菜的烹饪技法讲究炖、焖、烤、煨等,口味平和,清鲜而略带甜味。著名的菜肴有清炖蟹粉狮子头、大煮干丝、三套鸭、水晶肴肉、荷包鲫鱼、美人肝、松鼠鳜鱼、梁溪脆鳝等。淮扬菜主要流行于江苏、上海、浙江、江西、安徽等地。

粤菜源于广东。据古书记载,远在 2000 年前,粤菜就有了自己的风格。汉代以后,广州一直是中国南方重镇和对外通商口岸,其烹饪技艺广收全国各地和世界各国之长。清末民初,粤菜以其独特风格而驰名海内外,由广州菜、潮州菜、东江菜 3 个流派构成。粤菜的最大特点就是"杂"。在原料上广采博收,烹饪技法以烧、炆、煲、焗、软炸、软炒等见长,调味时注意用当地作料,突出清、爽、淡、香、酥的地方口味,并且十分注意季节口味的变化,夏秋清淡、冬春浓郁。粤菜的著名菜肴有烧乳猪、蛇羹、东江盐焗鸡、红烧大群翅、白云猪手、清汤鱼肚、油泡虾仁、冬瓜燕窝等。粤菜除在广东、广西、福建、海南、台湾、香港等地盛行外,在中国其他地方的影响也日趋广泛。

二、"奇正相生、食不厌精"思想体现为中华饮食"烹而有调、口味精美"

所谓"奇正相生、食不厌精",缘起于"奇正互变"的创造思维和"食不厌精"的进食原则,其主要精神是揭示创作的变化无穷、追求的无止境、发展的生生不息。其投射于饮食生活则表现为烹饪技艺发展中经典的严谨规则与创新的灵活应变相结合,以及恪守祭礼食规以示敬、卫生的完整思想和文明科学的进食追求。最终,造就了中国饮食文化"烹而有调,口味精美"的基本内涵。

自从人类发现和使用火以来,由于地理环境、食物结构、生活习俗等的差异,许多民族都坚持熟食,但仍然有一部分民族在进入文明社会后继续保持了其生食的习惯;而即使那些坚持熟食的民族,仍然有相当一部分长期食用冷食。只有以汉族饮食为主要代表的中国饮食,长期以来不仅坚持熟食,而且养成了热食的习惯,可以说是迄今为止最系统、最久远的坚持熟食、热食的饮食文化体系。如果是生食,那么对食物的加工制作可能会简单化和单一化,而熟食和热食,就要求根据各种食物原料不同的性能、产地、特点,以及不同的场合、对象等实施不同的制作方法,这样就使得中国传统烹饪技艺精湛、花样繁多、内容丰富。烹饪技法是我国厨师的一门绝技。常用的技法有炒、爆、炸、烹、溜、煎、贴、烩、扒、烧、炖、焖、汆、煮、酱、卤、蒸、烤、拌、炝、熏及甜菜的拔丝、蜜汁、挂霜等。不同技法具有不同的风味特色。每种技法都有几种乃至几十种名菜。著名"叫花鸡",以泥烤技法扬名四海。相传古代江苏常熟有一乞丐偷得一只鸡,因无炊具,把鸡宰杀后除去内脏,放入葱盐,加以缝合,糊以黄泥,架火烤烧,待泥干鸡熟后,敲土食之,肉质鲜嫩,香气四溢。后经厨师改进,配以多种调料,加以烤制,其味道更美,遂成名菜。云南过桥米线是汆技法的代表小吃。相传古代有位书生在书房中攻读,其妻为使他能吃上热汤热饭,便将母鸡熬成沸腾的鸡汤,配以切成薄片的鸡片、鱼片、虾片和米线,因鸡汤表面浮油能起保温作用,能汆熟上述食品,并且保持热而鲜嫩,从而创造了汆这一重要的烹饪技法。

与烹相比较,最具民族特色、引人注目的则是调。所谓调是指在烹饪之前备制原料的方法和各种原料结合成不同菜肴的方式。对此,林语堂曾认为,整个中国的烹饪艺术是要依靠配合的艺术的。因此,烹是餐饮文化的表现,但调才是饮食文化高度发展的体现。调的意蕴丰富。首先是调味,即利用原料的配合与各种烹的手段,把菜肴的香味释放出来,给人以美的感受；其次是调制，它是调味的推广，因为人们除在味觉方面的追求外，还有色、香、形、器等各方面的需求；最后是调和，与调味和调制不同，调和是超出菜肴制作的工作。由此可见，中国烹饪最讲究调和，目的无非是一个和字，即整体效果。和是烹饪的最高标准，既是人们健康与生存的本能追求，又是享受与陶冶性情的需要。

味是中国历代饮食质、味、触、嗅、色、形、器等重要特色中的核心，也是菜肴的灵魂所在。中国饮食之所以有其独特的魅力，关键就在于它的口味精美。

口味的种类具体分为两种：单一味（又称基本味）与复合味。单一味分为甜、酸、苦、咸四种基本味觉，而我国习惯上将其分为酸、甜、辣、苦、咸五味；复合味是指由两种或两种以上的单一味组成的味。如酸甜味、甜咸味、辣咸味、鲜咸味、香辣味、香咸味，如麻辣豆腐的麻辣味和怪味花生由咸、甜、辣、麻、酸、鲜、香综合形成的怪味。

在中国历代传统调味理论方面，人们创造了"本味论""适口论""时令论"等理论，阐明了"烹"与"调""食"与"味""食"与"时""食"与"健"的辩证关系，极大地丰富了中国饮食文化的内涵。首先，继《吕氏春秋·本味》之后，历代都有学者阐释本味问题。如袁枚在《随园食单》中提到，凡物各有先天，如人各有资禀，一物有一物之味。其反复强调烹饪菜肴时，要注意本味。为使本味尽其所长，避其所短，他还指出了选料、切配、调和、火候等方面应注意的问题。此外，中国历代的一些养生学家、本草学者还从食疗营养卫生的角度来阐释了"本味论"，并以淡味、真味总结了本味的重要性。如清代养生学家曹庭栋认为，凡食物不能废咸，但少加使淡，淡则物之真味真性俱得。医学家、药物学家李时珍认为，五味入胃，喜归本脏，有余之病，宜本味通之。从中国医药学的角度强调了本味之食于治病的好处，十分精辟。其次，人们调和饮食滋味，还讲究合乎时令，注重时序。"时令论"是将人的饮食调和与天地自然界联系起来加以统筹安排的具体体现。对此，《礼记》与《黄帝内经》记述甚详。如《礼记·内则》中，按照礼的要求，提出对调和的讲究，并在此项总原则下，提出了调和四时之宜之物。而在《黄帝内经》，则按阴阳的理论，指出春省酸增甘以养脾气，夏省苦增辛以养肺气，长夏省甘增咸以养肾气，秋省辛增酸以养肝气，冬省咸增苦以养心气等。再次，人们还认为，美味佳肴，物无定味，适口者珍。在"烹""调"与美味之间，"本味论"是调味的基础，"时令论"是调味的原则，而"适口论"则强调通过调味所要达到的终极目的。

三、"四气五味、辨证施食"思想体现为中华饮食"五味调和、健体强身"

所谓"四气五味、辨证施食"，缘起于"医食同源"的传统辩证观，其主要精神是揭示中国饮食文化植根于中华文化的思想和观念，其意识核心与传统儒、释、道家主张的饮食文化相承，表现为"求和"过程中的"养生"及其创新。对病人食物的选择，要根据食物原料的属性，即食物的性能和作用，结合疾病情况及气候、地理环境、生活习惯诸多因素实行辨证施食。最终，造就了中国饮食文化"五味调和，健体强身"的基本内涵。

世界各地区、各民族的饮食，都有吃什么、怎么吃的问题。选择什么样的食物结构，以达到养生健身的基本需要，各民族、各地区的人都有自己的标准，既要避免营养不足，又要防止营养过剩。饮食无论是古代还是现代，它都是与国情、民情相适应的。食物是生命的物质基础，半日不食则气少，一日不食则气衰，长时间乏食则病生。因此，自古至今，每个国家、每个民族无不兢兢业业地研究饮食营养科学。中国在饮食营养科学方面，创立了有关饮食营养的完整的基础理论，积累了丰富的实践经验，具备了精湛的食物烹饪技术，沉淀了卓有成效的食养、食治方法,特别是饮食方面的五味(甜、酸、辛、苦、咸)调和更是名扬中外,居世界之首。因为,任何有良好养生保健效果、味美色秀的膳食,只有激起人们对膳食的强烈的进食欲望后,使其满口馋涎、举箸不停,这才是调味的成功。消除食品的毒、副作用,保证进食者的安全;矫味除臭,调味生香,应用调味的方法去除腥膻,洗净沙尘,加油添醋,使舌齿留味;转变食物的功能,这样才能更好地发挥食疗功效。

所谓"五味调和"是以中医的阴阳学说、食物的四气五味学说、辨证论治等为理论指导,从实际应用出发来进行的。五味除甘、辛、酸、苦、咸之外,实际上还有淡味、涩味,分附在甘味和酸味之下。它们不仅是人类饮食的重要调味品,可以促进食欲,帮助消化,也是人体不可缺少的营养物质。中医养生认为,为了健康,各种味道的食物都应该均衡进食。例如,中医讲"酸生肝",酸味食物有增强消化功能和保护肝脏的作用,常吃不仅可以助消化,消灭肠道的病菌,还有防感冒、降血压、软化血管之功效。以酸味为主的乌梅、山萸肉、石榴、西红柿、山楂、橙子,均富含维生素C,可防癌、抗衰老、防止动脉硬化。中医认为"苦生心","苦味入心"能泄、能燥、能坚阴,泄有通泄、降泄、清泄之意。苦味具有除湿和利尿的作用,代表食物如陈皮、苦杏仁、苦瓜、百合等,常吃苦瓜能治疗水肿。中医认为"甜入脾",食甜可有补养气血、补充热量、解除疲劳、调胃解毒、和缓、解痉挛等作用,代表食物如红糖、桂圆肉、蜂蜜、米面食品等。中医认为"咸入肾",可调节人体细胞和血液渗透,保持正常代谢的功效。呕吐、腹泻、大汗之后宜喝适量淡盐水,以保持正常代谢。咸味有泻下、软坚、散结和补益阴血等作用,代表食物如盐、海带、紫菜、海蜇等。中医认为"辣入肺",有发汗、理气之功效。人们常吃的葱、蒜、姜、辣椒、胡椒,均是以辣为主的食物,这些食物既能保护血管,还可调理气血、疏通经络,经常食用可预防风寒感冒,但患有痔疮、神经衰弱者不宜食用。同时,若五味过偏,会引起疾病的发生。如《黄帝内经》就已明确指出,谨和五味,骨正筋柔,气血以流,腠理以密,如是则骨气以精,谨道如法,长有天命。多食咸,则脉凝泣而色变;多食苦,则皮槁而毛拔;多食辛,则筋急而爪枯;多食酸,则肉胝皱而唇揭;多食甘,则骨痛而发落,此五味之所伤也。而《素问·脏气法时论》对五味和五脏的相宜食物提出,肝色青,宜食甘,粳米、牛肉、枣、葵皆甘;心色赤,宜食酸,小豆、犬肉、李、韭皆酸;肺色白,宜食苦,麦、羊肉、杏、薤皆苦;脾色黄,宜食咸,大豆、粟皆咸;肾色黑,宜食辛,黄黍、鸡肉、桃、葱皆辛。五味调和得当是身体健康、延年益寿的重要条件。

然而,味有五种,人有众口。食物能让人人称好,确属不易,但人对于味有共同的嗜好。所以,中国饮食文化中用"适口者珍"作为一个标准也是公允的。一味一菜,大部分人皆称好,就是值得赞美的。味正质纯是第二个标准。味正质纯就是保持原汁原味,虽添加调味料,但仍不失其本色本味,地地道道,无伪无邪,货真价实。具体应通过"三要"做到五味调和:一要浓淡适宜;二要注意各种味道的搭配,酸、苦、甘、辛、咸的辅助,配伍得宜,则饮食具有各种不同特色;三是进食时,要做到味不可偏亢,偏亢太过,容易伤及五脏,于健康不利。

四、"形神兼备、情景交融"思想体现为中华饮食"讲究意趣、情调优雅"

所谓"形神兼备、情景交融",缘起于"形神合一"的传统哲学,其主要精神是"内"和"神"是指内在的、精神的内容。外在的形与内在的神的关系:外在的形受控于内在的神,内在的神则又通过外在的形加以表现。在高层次创作中,应既有技术上的娴熟运用,也有形式上的锐意创新,还有情感上的动人抒发,更有精神上的昂扬挺立。最终,造就了中国饮食文化

"讲究意趣,情调优雅"的基本内涵。

中国人对饮食的要求不仅包括质、味、触、嗅、色、形等本质要素,即追求丰富的营养、鲜美的味道、舒适的质感、悦目的颜色、生动的形态,还追求饮食精神需求——餐饮意趣。换句话说,品尝中国饮食不仅可以一饱眼福、一饱口福,还可以在精神上得到饮食美的享受——美妙的中国菜点可以引起人的丰富联想,诱发人的强烈的兴趣,甚至启迪深刻的人生感悟,使人的美感在饮食上得到升华,产生深刻的印象,留下难忘的记忆。一般来说,中国饮食文化情调优雅,氛围艺术化,主要表现在美器、美名、佳境三个方面。

首先,就美器而言,袁枚在《随园食单》中引用过"美食不如美器",是说食美器也美,美食要配美器,求美上加美的效果。中国饮食器具之美,美在质、美在形、美在装饰、美在与馔品的和谐。第一,中国古代饮食器具主要包括陶器、瓷器、铜器、金银器、玉器、漆器、玻璃器几个大的类别。彩陶的粗犷之美,瓷器的清雅之美,铜器的庄重之美,漆器的透逸之美,金银器的辉煌之美,玻璃器的亮丽之美,都可给使用它的人美好的享受,而且是美食之外的又一种美的享受。第二,美器之美不仅限于器物本身的质、形、饰,还表现在它的组合之美,它与菜肴的匹配之美。如周代的列鼎、汉代的套杯、孔府的满汉全席银餐具,都体现一种组合美。孔府专为举行高级筵宴的满汉全席银餐具,一套总数为404件,可上菜196道。这套餐具部分为仿古器皿,部分为仿食料形状的器皿。器皿的装饰也极考究,镶嵌有玉石、翡翠、玛瑙、珊瑚等,刻有各种花卉图案,有的还镌有诗词和吉言文字,更显高雅不凡。第三,美器与美食的和谐,也是饮食美学的最高境界。杜甫《丽人行》中"紫驼之峰出翠釜,水精之盘行素鳞;犀箸厌饫久未下,鸾刀缕切空纷纶"的诗句,吟咏了美食美器,烘托出食美器美的高雅境界。

然后,就美名而言,在中国人的餐桌上,没有无名的菜点。菜点名称即菜点的概念,是由其本质特征提炼而成的,是以文字形式对菜点内容的展示与表达。一个美妙的菜点命名,既是餐饮活动主题的映射,也是菜点原料技法的写照,体现出强烈的文化意识与美学意识。因此,菜点名称能够给人美的享受,它通过听觉或视觉的感知传达给大脑,会产生一连串的心理效应,发挥菜点的色、形、味所发挥不出的作用。中国历代的珍馐佳肴,不但质、味、触、嗅、色、形、器美俱全,做工精细,巧于构思,富有营养,而且取名典雅得体,极富文采诗意。这些菜点的命名,大体可归纳为"写实"和"寓意"两大类。一般都具有高度的概括性,能确切地表现出某一道菜的主料、方法和特点、特色,言简意赅。菜点的命名重在一个"雅"字。古今菜点名称之雅,归纳起来主要表现在四个方面,即质朴之雅、意趣之雅、奇巧之雅、谐谑之雅。大量菜点的名称,几乎都是直接从烹饪工艺过程中提炼出来的,以料、味、形、色、质、器及烹饪技法命名。以食料命名的菜点,如荷叶包鸡、鲢鱼豆腐、羊肉团鱼汤等,表现出一种质朴之雅;以比喻、寄意、抒怀手法命名的菜点,则体现出种种意趣之雅,如三元鱼脆、四喜汤圆、五福鱼团、如意蛋卷等。赋予菜点巧思的途径,除了高超的烹饪技艺,还有别具一格的命名,可体现奇巧之雅。烹也奇巧,名也奇巧者,首推"混蛋"。以人名菜点,以典名菜点,也是传统菜点常用的命名方法,表现出谐谑之雅。麻婆豆腐、文思豆腐、萧美人点心、东坡肉等,就是以人名菜点的例子,其中包含有对菜点创制者的纪念。

最后,就佳境而言,饮食要有良好的环境气氛,可以增强人在进食时的愉悦感受,起到锦上添花的效果。饮食佳境的获得,一在寻,二在造,寻自然之美,造铺设之美。芳草萋萋,自然之美,无处不在,佳境原本用不着寻觅,但自然之美,并不全在檐下窗前,还得屈尊郊野,远足寻觅。把那盘盘盏盏的美酒佳肴,统统搬到郊野去享用,另有一种滋味,别有一番情趣。如晋人郭璞有一首无题诗,叙说了春日的野宴,诗云"高台临迅流,四坐列王孙;羽盖停云阴,翠郁映玉樽",表达的正是这一种野趣。而佳境的造设,是司厨者在利用自然环境的基础上,结合饮食的主题,通过人造建筑、空间装饰、文娱安排等手段实现的。如《梦粱录》记述的宋度宗四月初九的"圣节"筵宴,排办时对环境铺设有明确的设计要求,仪鸾司预期先于殿前绞缚山棚及陈设帷幕前。前一日,仪鸾司、翰林司、御厨、宴设库、应奉司属人员等人,并于殿前直宿。至日侵晨,仪鸾司排设御座龙床,出香金、狮蛮、火炉子、桌子、衣帏等,及设第一行平章、宰执、亲王座物,系高座锦褥,第二、第三、第四行,侍臣、南班、武臣、观察使以上,并矮座紫褥。东西两朵殿庑百官,系紫沿席,就地坐。

正所谓一定的传统文化是一定的民族文化、时代精神和社会文化在人民生活和社会政治经济领域的特殊结合。不同民族在不同历史时期创造着不同的文化,不同的文化又推动着民族文化和整个人类的发展。在实施中国优秀传统文化发展的系统工程中,中国优秀饮食文化是中国人民传统思想观念、风俗习惯、生活方式、情感样式的集中表达,其深入挖掘不仅能传承、发扬众多超群的饮食技艺,更能提炼精选一批凸显文化特色的经典性元素和标志性符号,使其有益的文化价值深度嵌入百姓生活,是对人们进行传统文化教育,建立民族文化的自觉、自信,打造国家文化软实力最普遍的有效手段。

第三节　饮食、美食与食美

饮食是人类赖以生存的物质基础,是人类发展的首要条件。"仓廪实而知礼节,衣食足而知荣辱",饮食也是人类精神文明产生的基础和前提。饮食文化是随着人类社会的出现而产生的,也是随着人类社会的发展而进化的。人们吃什么、怎么吃标志着一个时代、一个国家的社会发展水平。人们由吃饱到吃好,再到吃出健康、吃出品位、吃出美来,是人们不断满足物质需求和精神需求的过程。

一、从饮食到美食

回顾新中国饮食生活的演进,从五六十年代的匆忙果腹,有什么吃什么,七八十年代的吃饱、吃好,九十年代的吃出健康、吃出品位,到如今富起来的中国人因为有过多选择而不知道到哪里去吃、吃些什么伤脑筋,我们不难发现,人们在饮食上已从量到质的过程中发生了翻天覆地的改变:中国人的饮食生活已经完成了从"用胃吃饭,填满就好",到"用舌头吃饭,讲究味道",再到"用心吃饭,注重文化"的三级跳,从而最终实现了从"饮食生活"到"美食生活"的升级,正在向以"发展和享受"为标志的"品位型"的饮食生活迈进。因此,我们说在全面建成小康社会的进程中,中国人的美食生活已经开启,并具体呈现出以下三大特征。

(一)健康当家,结构显变化

随着生活水平的提高,各种文明病成了现代人健康的一大隐患,如何在饮食上做到更科学合理就显得更加重要。经过近些年的大众饮食健康教育,中国人保健养生的饮食理念基本建立。在食物选择上,无污染、安全、优质、具有营养价值成为人们选购食品的首要标准;方便、营养、健康的绿色食品、有机食品、无公害食品深受广大居民家庭的青睐;营养、无污染的食品已成为食品消费的主流。在饮食结构上,中国人也完成了"从细粮到五谷杂粮、绿色蔬菜、水果、野菜,从热衷于大鱼大肉到要注意吃出健康来"的饮食结构转变;注重健康的合理搭配已经比口味更为人们所重视;低盐、低油、低糖的食物受到普遍的欢迎。在烹饪中,油炸、烧烤等烹饪方法在操作中明显减少或做了改进。

（二）品味时尚,身心求合一

美食生活已经成为人们享受人生的一种基本方式,饮食生活的精神内涵成为中国人追求生活品位的标杆。美食生活时尚化的内涵主要有以下几个特点:一是简洁。现代人生活节奏加快,日常饮食无论食物本身还是就餐环境都要求简洁明快,反对烦琐,各类方便食品、快餐成为饮食生活不可或缺的一部分。二是富有个性。在过于共性化的生存环境中,人们特别欣赏带有个性色彩的审美对象。相对于日常简单饮食,富含人文风情色彩的那些有着鲜明个性的菜点等食品和就餐方式总是更受欢迎,各种文化主题餐厅、风味美食受到热捧。三是崇尚自然。自然是一种更高层次的审美,即崇尚自然、回归本真是追求美食生活的真谛。各种清新、朴实、源于自然的食材及其传统做法日益受到人们的喜爱。

（三）餐饮繁荣,选择多元化

各色美食既有共同性的一面,又有差异性的一面,这就决定了中国人美食生活的多元化。在原料上,随着农业技术和农业物流的发展,在食品原料极大丰富的基础上,经过食品科学研究、实践,可食性野生植物、藻类植物、人造原料、在国家法律允许范围内的由人工繁殖饲养的部分优质野生动物以及昆虫等新兴原料曾进入大众的饮食生活（2020年全国人大常委会出台了专门决定,确立了全面禁止食用野生动物的制度）;在风味上,各地餐饮百花齐放,南北风味共存,各大菜系争辉,各种休闲餐饮、西餐已经进入了百姓生活,丰富并促进了中国这一饮食文化大国的发展,使中国消费者吃的选择得到了极大的丰富;在消费上,随着城市居民生活水平的提高和生活节奏的不断加快,人们追求的是快乐和享受生活,而不愿意为家务所劳累。普通老百姓的餐桌和厨房都逐渐社会化,花钱买享受的消费方式得到了越来越多的消费者认可。无论是购买半成品、外卖食品,还是外出就餐,消费者都可任意选择。

面对极度丰富的食品原料、蓬勃发展的餐饮业,中国人在饮食品位上的提升显得明显滞后,相关知识习得、行为指导的需求尤为迫切。然而,饮食品位的提升很难一朝一夕完成,它需要长时间,不只是我们自身饮食生活的实践,还需要整体大环境,包括文化与教育的配合。因此,与中国人美食生活开启相伴的,是大众美食生活指导、教育类媒体栏目作品的蓬勃发展。改革开放以来,美食报道、饮食书籍、美食网站在中国随处可见,我们会跟着美食家、美食书、美食论坛、美食节目的推荐来尝鲜,原本极为个人的美食经验,逐渐转化为"刻意"寻找的味觉探险——"吃"成了一种学习、修养与展现品位的过程。

二、从美食到食美

我们说"美食"与"食美"已然成为推动中国大众日常饮食生活不断提升的两大构成要素。具体而言,"美食"为偏正词组,指美妙的饮食,即美的食,是人类美食生活的物质之本,包括遵循饮食科学生产、满足实用性与审美性合一的功用、追求意境体悟三个层次从内容到形式的展现。"食美"为动宾词组,指欣赏和品味美的事物,即欣赏美食,是人类美食生活精神之纲,涵盖饮食实质审美、感觉审美、意境审美三个层次的由生理到心理的品评体系。

食是美的基础,美是人类自由创造的生动体现,美充实人的精神,通过无穷的创造力发展了食。

(一)美食

回顾历史,我们不难发现,在中国饮食文化发展进程中,饮食活动其实自始至终存在着多层次的追求,依循身心合一的规律。以前介于社会经济的发达程度、大众文化修养的层次,其只被少数人追求和体悟,更多地是以"随风潜入夜,润物细无声"的姿态,滋养着我们的身体,沁润着我们的文化。从甲骨时代的"羊大为美",经先秦时期的"强调美善统一"、两汉时期的"形成综合性食美"、唐宋时期的"善均五味,追求意趣",以及明清时期的"兼容并蓄"到今天的"饮食必意趣",中华美食观从精神、物质两个方面双向发展,形成了完整而严密的中华美食制度。饮食美的追求不仅存在于"钟鸣鼎食""豪华典雅"的贵族阶层和"春日集雅""觞咏唱和"的文人雅士,还存在于"饮酒甚乐""杯盘狼藉"的市井民众,也存在于"莫笑农家腊酒浑,丰年留客足鸡豚"的农家村民,渗透到了中国社会的各个阶层。因此,虽然在中国的词汇中,我们经常把"美食"和"美味"等同,但是其实不论在中餐还是在汉字里,神奇的"味",似乎永远都充满了无限的可能性。除了舌之所尝、鼻之所闻,在中国文化里,对于味道的感知和定义,既起自饮食,又超越了饮食。也就是说,能够真真切切地感觉到味道的,不仅是中国人的舌头和鼻子,还包括中国人的心。中国饮食文化的意义要远远超出生物性的"吃"本身,不仅是果腹充饥,满足机体能量需求,更是基于饮食而又超脱于饮食之外的重自然,爱生命,追求和谐,讲究身心兼养的人生观和价值观的综合表现和展示。

回到菜点的制作,探究美食和食材背后,不难体会到的中国传统饮食文化的厚重,人和人的关系、人和食物的关系、人和社会的关系。一个完整的人类饮食活动单元过程可以简述为人类通过饮食生产劳动将其生活带来的仪式、伦理、趣味等方面的文化特质物化到食品中,改变食品原有、自然的存在形态,如它的色、香、味、形、饮食意义等。由此,美食成为表现中国人在饮食生产劳动时智慧、创造的过程载体。对美食的欣赏实质上是中国人看到了自己无限创造的能动性,看到了自己的智慧和才能得以实现,进而引发其对人类创造力的感叹,产生了无比喜悦的心情和获得了精神上的满足,进一步获得了勇于创造突破的热情和力量,而不断将历史向前推进,此时才真正产生了美食和食美。

因此,对于美食的界定,我们站在美学的高度,从美食创造及美食呈现的属性角度切入进行讨论。美食是指人类将饮食活动内在的客观规律运用到饮食生产实践活动中所创造出的呈现良好的感官性状,是兼具有实用功能与审美功能的食品。换句话说,从美食创造过程的层面来说,美食的生产遵循美食创造所涉及的一切科学的、审美的规律;从美食创造目的的层面来说,美食能满足人类在饮食活动中关于健康、情感、社交等的综合需求;从美食本身的感官要素的层面来说,美食具备和谐的颜色、生动的造型、诱人的风味等感性因素,三者层层相连,环环相扣,缺一不可。

(二)食美

正如以上所言,中国饮食文化与审美哲学思想在中华民族数千年饮食文明史上,经历了不断演化和完善的历史过程,已经渗透到中国饮食生活的各个层次,因此,我们对美食的鉴赏也应该建立由生理到心理,由客观到主观的品评体系。只有这样,我们才能真正拥有完整的美食体验、深刻的美食理解、全面的美食享受。从美食欣赏的角度,对食美这一客体具体展现层次进行深入研究分析,最终形成了独立的、系统的和严密的"三特性、十美"审美体系,即营养卫生特性指向的饮食实质审美,具体为质美;机能、嗜好特性指向的饮食感官审美,具体为味美、触美、嗅美、色美、形美;附加特性指向的饮食意境审美,具体为器美、境美、序美和趣美。

1. 饮食实质审美 所谓饮食实质审美是指对食物最本质的功能进行审美,它直接指向饮食的根本意义——营养卫生特性,是美食的功能美部分,以食品原料和饮食成品的营养丰富、质地精良贯穿于饮食活动的始终,是我们判断、欣赏美食的第一要义、首要环节。因为,从人类的饮食活动的实质来看,饮食的初衷就是通过饮食而摄取蛋白质、脂肪、糖类、维生素、矿物质、水等六大营养素,与人体形成"动态平衡",满足维持正常的生理功能、促进生长发育、保持人体健康的生理需要。另外,食品原料或成品的品质美既是各种营养素的物质载体,又是构成菜点味觉美、口感美、嗅觉美、颜色美、形状美的基础。换句话说,营养卫生的特性所表现出来的饮食实质美是某一具体食物进入"美食圈"的入场券,是人们判断其是否为美食的首要条件。

因此,饮食实质审美的内容是科学的,其对审美主体本身的知识结构有着严格的要求。具体包括:食物原料的科学规律,指食物原料的形状、色泽、气味、味道、质地、营养成分等自然属性及其在烹饪过程中的变化规律和具体食品生产的选料规律;烹饪工艺的科学规律,就烹调工艺而言,涉及原料加工、干货原料涨发、挂糊上浆、勾芡、制汤、加热烹制、调味等操作单元整个烹调过程的烹饪化学、物理学、饮食营养学、饮食卫生学(食品安全)及心理学、工艺美术等多种学科的综合性知识。当然作为饮食大众,不需要也不可能对以上这些知识掌握得面面俱到,遵循科学的大众饮食指导,了解常见食品的优劣,趋利避害即可。

2. 饮食感官审美 所谓饮食感官审美是人们在品尝食物时,通过饮食感官形成的所有感受,具体为味美、触美、嗅美、色美、形美,是人们在饮食生活中最容易产生的直观感受、表层判断,也是中国大众历来最多关注的美食审美环节。它是其实质审美不可或缺的表达方式,也是最高意境层次的良好先导。饮食的卫生营养、美好味道、宜人香气、绝佳质感、美妙色彩、生动造型各要素越是统一得好,越是鲜明、积极地表现饮食功能、贴合就餐者的心境,其越是能作为饮食审美对象而被饮食欣赏(消费)者感知、接受、欣赏。具体而言,味美是食物化学调味接触人的味蕾产生的化学味;触美是食物进入口腔、咽喉,所产生的温度、触压、动觉的物理口感,两者共同组成了我们传统意义的食物味道,依赖于动态进食过程。嗅觉美是食物气味通过空气传播使消费者产生的嗅觉感受。色美和形美是食物作用于视觉产生的感受,精烹饮食各异,其风味、色形也不尽相同,是人进入食品品尝性审美的前状态,二者不仅本身是一种审美活动,更是正式品尝美食的重要前奏。

虽然此过程正如其对应的机能、嗜好特性名称结构所显示,通过生物性感官接受各种感觉,但美感的形成最终还是来源于审美主体的生活习惯、文化背景、地方特色的人文因素综合作用所形成的嗜好影响。所以,从审美的角度而言,一方面,它要求审美主体要有健全的饮食审美感官,准确地接收各种饮食感觉。另一方面,它也要求审美主体要有必要的饮食审美实践的积淀,具备分辨、理解、习惯饮食感官呈现的能力,只是对于绝大多数非专业人士来说,它不需要刻意地习得,而更多地来自以往饮食生活体验潜移默化的影响。换句话说,在饮食充裕的今天,饮食生活的提升,已经不再是口腹的满足,而是呈现出一种文化习得的过程。这也是为什么现在倡导大众美食教育的原因。

3. 饮食意境审美 其实,如果我们只关注食物本身,界定一个相对的狭义美食概念,到上一个饮食感官审美层次即可。但是,就如前文所描述的饮食不仅是个人的行为,它在现实生活中还具备很多的社交内涵、社会功能。因此，食美还有一个层次——饮食意境审美，其直接对应附加特性，是饮食活动精神享受层面的追求，是饮食审美的最高等级，也只有上升到本层次，审美主体才可能真正理解美食、体悟人生。具体而言，器美（包装美）即盛装饮食的器皿搭配美，饮食器具古今中外有着纷繁复杂的种类，不同的种类代表着不同的文化，食物与盛器、盛器与盛器、盛器与就餐环境的搭配都是其中的构成要素；境美不仅指向就餐的硬件环境档次风格，而且还包括氛围环境——良辰美景、可人乐事更是不可或缺；序美同样也是，不仅指饮食种类的营养搭配、感官搭配是否科学，还指饮食活动流程的安排所呈现的节奏化程度；趣美是指饮食活动中愉快的情趣和高雅的格调所呈现出的美，往往以与饮食主题相契合的文娱环节来表现，可明确饮食聚会的主题，提升饮食活动的文化性。需要特别提出的是，最后一层次的各个具体构成并不是一定要一一具备，关键是能形成一种意境去感染人的情绪、满足人的志趣——"情"是最重要。

简而言之，在食美的过程中，审美主体在不断深入鉴赏美食的同时，也完成了自身的美食体验。从美食本身而言，其产生于质美，被味美、触美、嗅美、色美、形美调养，被器美、境美、序美润色，趣美为最高追求，它们相互独立，各属不同内涵，又相互影响，形成统一整体，是美食从内容到形式的展现。从食美层次而言，对质美的欣赏属于实质审美，对味美、触美、色美、形美的品鉴属于感觉审美，而对器美、境美、序美和趣美的体悟属于意境审美，完成了审美主体从生理到心理的满足（图 5-1）。

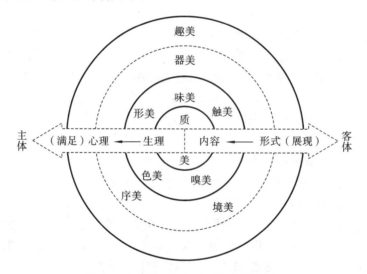

图 5-1　美食"三特性、十美"审美体系图

因此，我们说站在今时今日，饮食对象的自主选择是审美主体实现自身修养的精神需要。若一个菜品要被称之为"美食"，就应该能够实现自身内容到形式的展现，满足人们从生理到心理的需求。吃东西，不再只是一种口腔咀嚼的生理动作，也是一种显于外、专注于内的社会心理活动。这个层次的审美对审美主体从心境状态到文化修为有着比较高的要求。因为审美欣赏主要是一种情感的心理活动，有体味、理解的成分，这就既要有知识，又要有修养，修养离不开知识，又高于知识。这是每一个人在美食生活中的最终目标。

综上所述，美食与食美是人类物质、精神生活两方面的需求，这种需求反映了人的美食观与审美观在社会发展、文化内容、消费心理等诸多方面都是一致的。我们研究、分析二者的内涵和关系，主要是通过中国人美食观的变化去认识、探讨食美，更多地了解当代中国人的审美意识,使饮食创造者能够按照饮食大众的需求去创作、去革新,真正创作出当代饮食大众喜爱的身心食粮,使大众能够正确认识美食、全面体验食美,从而使美不愧为美——美食乃真正的美食,食美乃正确的食美,让"舌尖上的中国"时时刻刻演绎于我们每一个中国人的饮食生活中。

第四节 中国传统节日(令)饮食文化

中国传统节日(令)作为我国传统文化的缩影,是全球华人的文化情结,千百年来经久不衰,历久弥新。中国传统节日(令)中的饮食文化是传统节日文化的重要表现形态,是中国饮食文化的精华,它体现了中华民族的传统价值观念。中国传统文化与中国传统节日(令)饮食文化有着内在的联系。因此,我们在中国传统文化的视角下探讨中国传统节日(令)饮食文化基本特征,对中国二十四节气饮食文化加以讨论。

一、中国传统节日的形成

中国古代节日,大多与天文、数学、历法及后期划分的节气有关。到了战国时期以后,二十四节气已经逐渐齐全,其后的节日大部分与这些节气紧密相关。节气是节日形成的重要前提,我国大多数的节日早在先秦时期就已经初具规模,但早期的节日习俗内容并不丰富,只是和原始崇拜、迷信禁忌相关。带有浪漫色彩的神话传奇故事、带有神秘色彩的宗教信仰以及带有英雄主义的历史人物都被融合凝聚在节日的内容里,使得中国的节日有了深沉的历史感。时至汉朝,中国核心传统节日大部分均已成型,所以通常说这些节日始于汉朝。汉朝的政治环境、经济环境相对稳定,科学技术水平也有了空前的进步,这些都为节日的定型提供了优良的前提条件。到了唐朝,节日内容里的原始崇拜、迷信禁忌已逐渐淡化,转变成了娱乐礼仪。自此以后,节日内容多种多样,增加了较多与体育、娱乐有关的活动内容,节日氛围也更加喜庆吉祥。这样的习俗一直延续发展至今,成了真正的佳节良辰。

二、中国传统节日的特征

中华民族具有上千年的历史,随着时间的更迭,中华民族在不同的历史时期庆祝节日的方式周而复始,具有周期性特点;受地理位置、自然资源、社会发展、宗教信仰等因素的影响,各地区庆祝节日差异明显,具有地域性特点;中国传统节日从远古先民时期发展而来,历经朝代的更迭、时代的转换、多元文化的融合一直流传至今,具有传承性特点;无论何种中国传统节日,任何种族群众都可以参与其中感受独特的中国特色文化,具有开放性特点;而随着时代的发展,在政治、社会、现实生活等各种因素的综合作用下,中国传统节日文化的内容及形式在流传的过程中发生了一系列变化,或被淘汰,或被更新,充分表现出其具有变异性特点;除此之外,中国的传统节日主要以汉族节日为主,也包含了各少数民族的特色节日,内容和形式丰富多彩,体现出其具有包容性及鲜明的民族性特点。

三、中国传统节日中的传统文化与饮食文化

中国传统文化在中国传统节日中主要表现在物质、精神、行为制度文化上。在物质文

化上表现在服饰、饮食、挂饰等物质形态上。如春节穿红色的衣服,少数民族穿民族服装,吃团圆饭,端午节戴五彩绳等。在行为制度文化上具体表现在祭祀、庆典、娱乐活动及"礼"文化上,如每逢春节,人们祭祀天地,祭拜祖先,舞龙舞狮,傣族泼水节泼水,彝族火把节转山。在精神文化上具体表现在以儒家伦理道德观念为主的思想文化,包括尊老爱幼的传统美德,自强不息、厚德载物的品格养成,以诚待人、讲信修睦的仁义之礼,居安思危的爱国情怀,道法自然、天人合一、阴阳五行的自然哲学,和而不同、和谐共处的贵和思想等。

中国传统节日饮食文化则是以物质文化为载体,在精神、行为制度文化上有所表现的文化形态。在物质文化上具体表现为每个传统节日都有固定象征性的美食,如除夕的饺子、清明节的青团、七夕节的七巧果等。在行为制度文化上,具体表现在餐桌礼仪、人际交往及节日祭祀、娱乐活动等。在精神文化上,节日饮食同样以人为本,满足人的生理和心理需求,主要表现为通过饮食寄托美好的愿望、纪念先人等。

四、中国传统文化与中国传统节日饮食文化的联系

中国传统节日饮食文化作为极具代表性的文化象征符号,凝结了中国人的食养艺术、文化习俗、思想精华、民族精神和民族情感等,具体表现为以人为本的发展观、儒家伦理的道德观、天人合一的自然观、阴阳五行的哲学观、和而不同的价值观及和谐共处的社会观等特征。它承载着传承和传播中华民族优秀传统文化的使命。

(一)以人为本的发展观

在中国传统文化中,以人为本的思想占有举足轻重的地位。早在西周时期,人们就意识到人本身的力量,形成了人本思想。《黄帝内经》有云:天覆地载,万物悉备,莫贵于人。强调了人在社会发展中的重要性。中国传统节日饮食文化以人的物质需求和精神需求为出发点,形成了一系列的饮食民俗活动,体现了人们对物质和精神生活的追求。首先,中国传统节日饮食满足人们的口腹之欲。古时生活条件不好的人家只有在过年过节时才能够吃上一顿丰盛的菜肴,因此,家里的孩子盼望着节日的到来,就是期盼着能够在那天一饱口福。无论是除夕夜的饺子、元宵节的元宵、端午节的粽子,还是中秋节的月饼等都是传统节日里人们必备的代表性食品。民间也流传着很多赞美中国传统节日美食的谚语,清人袁枚《随园食单》中以食之,不觉甚甜,而香松柔腻,迥异寻常来赞美月饼的美味。其次,中国传统节日饮食作为媒介承载了人们美好的愿望,表达了人们对生活顺利、身体健康、家人团聚等的向往。除夕夜吃饺子、元宵节食元宵,中秋节品月饼,都寄托了人们对来年招财进宝、美满幸福、好运连连等的美好期盼;春节菜肴的数量都是成双成对的,以讨个吉祥的彩头,如"好事成双""十全十美";端午节食粽子被后人赋予祭祀先祖的内涵,南朝文学家吴均在《续齐谐记》中提到,屈原五月五日投汨罗而死,楚人哀之,遂以竹筒储米,投水祭之。除此之外,农历二月二南方食撑腰糕,北方食龙须面以祈求五谷丰登、风调雨顺,表达了人与自然和谐共处的愿望。重阳节饮菊花酒、端午节饮雄黄酒表达了人们祈求远离灾祸、疾病、邪祟,身体健康的美好祝愿。这些都体现中国传统节日饮食以人为本,先是满足人们口腹之欲的物质文化需求,然后满足人们追求美好、希望人与自然和谐共处等精神文化需求,而后衍生出礼仪、人际交往等行为文化和制度文化,从而促进人类社会文明的发展。

（二）儒家伦理的道德观

中国传统文化以儒家文化为核心，强调"礼"的重要性。《礼记·曲礼》云：太上贵德，其次务施报。礼尚往来，往而不来，非礼也；来而不往，亦非礼也。中国传统节日文化和中国传统节日饮食文化突出"礼"的表达，它在传播道德规范、塑造人的品格方面，具有潜移默化的作用。首先，中国传统节日饮食文化中渗透着浓郁的孝亲敬老的家庭伦理道德意识。以春节为例，春节是中国人非常重视的节日，每逢春节，在外工作的子女小辈们，无论相隔多远、工作多忙，都要赶回家与家人团聚。这一天男女老少，无论会不会喝酒，都会小酌两杯，敬一敬家里的长辈，表达对他们辛苦养育自己成长的感恩之情，老人们看到一家人齐聚在一起，子孙满堂，也倍感欣慰，一家人其乐融融。中国人过节讲究一个"礼"字，首先是座次方面的讲究，如尚左尊东、面朝大门为尊。就餐方面也非常讲究，餐桌上要长辈先动筷子，晚辈才能开始吃，以表达对长辈的尊敬；用餐时也要注重礼仪，坐姿要端正，双肘不能托在桌子上，也不能一手托腮等。其次，中国传统节日饮食文化体现鲜明的祭神敬祖的祭礼文化。孔子谈论饮食，多与祭祀有关，如祭于公，不宿肉。祭肉不出三日，出三日，不食矣。中国传统节日饮食中，表现比较突出的便是春节期间人们会做各种各样的美食祭神敬祖，祈求祖先神灵庇佑，表达对祖先的礼敬感恩之情。再次，中国传统节日饮食文化也包含仁义、重礼的传统美德。如在春节，亲朋好友以节令美食作为礼品进行馈赠以表达仁义之礼，互祝安好；在中秋节，人们互赠月饼来联络感情。除此之外，中国传统节日饮食文化中还蕴含着浓重的社会道德情感意识，如端午节食粽子表达对屈原的纪念，反映了爱国道德理念；七夕节食七巧果表达对牛郎、织女爱情故事的赞美，反映了对爱情忠贞的伦理道德观念。

（三）天人合一的自然观

在中国传统文化中，人与天是同处于自然界的，是和谐相处的，人应该遵循自然规律办事，尊崇于自然法则，才能成就人事。天人合一关注人与自然的和谐相处。中国传统节日文化根植于农耕文化之中，自然气候的好坏决定了年景的丰收，为乞求风调雨顺，远离自然灾害，从古至今人们都有祭拜天地的习俗。因此多数节日文化都与祭祀、祭神、礼拜相关，以表达对自然的敬畏及对人和自然和谐关系的追求。天人合一即指人在获取自然界的食物原料来维持自身所需物质的同时适应自然、适应环境，保持阴阳平衡。中国传统节日饮食文化，首先顺应天时，根据季节的不同及自身对食物的需要选择不同的食物原料进行制作，如重阳节时期菊花始熟，饮菊花酒效果最佳；冬至天气寒冷，人们食用饺子以御严寒；腊月天气寒冷，腊八粥富于营养，也是御寒的佳品；大年初一，人们食用五辛盘，所用大蒜、韭菜等辛香原材，有祛除伏热的功效。其次因地而异，由于我国不同地区气候物产各异，风土人情不同，因此，节日饮食顺应自然的变化，饮食习惯存在着很大的差异，所谓"一方水土养育一方人"即是这个道理。各地环境不同形成不同的饮食习惯。如取材上，生活在西北地区居民喜食牛羊肉、沿海地区居民喜食海鲜、高原地区居民喜食酥油茶和糌粑等。口味上，南北地区大致形成南咸、北甜的口味等。由此可以看出，中国传统节日饮食文化追求天人合一的自然观，追求人与自然的和谐相处。

（四）阴阳五行的哲学观

世间万物都有阴阳两面，阴中带阳，阳中有阴。五行之间相生相克，生克是世间万物的普遍规律,在生克的矛盾中,生克均不可过分,否则会打破相对平衡,导致事物偏向发展。所以《黄帝内经·素问》中提到,阳胜则阴病,阴胜则阳病。阳胜则热,阴胜则寒。重寒则热,重热则寒。这种思想在中国传统节日饮食文化上即表现为医食同源及五味调和两个方面。一是医食同源、饮食有节。中国古代医学源于饮食,古人认为药以祛之,食以随之。因此,节日美食大多为顺应天时的节令食品,对于人体阴阳平衡的调节有一定的作用。如端午节吃粽子、饮雄黄酒,端午时节,天气炎热,蚊虫较多,毒气上升,易引发疾病,粽子的主要食材是糯米,吃粽子可以补中益气,有健脾养胃、解毒的功效,但食用过多则会引起消化不良。喝雄黄酒可以消毒防虫,但过量饮用则会中毒。由此可见中国传统节日饮食文化具有医食同源的特点,但同时也强调饮食有节的重要性。二是五味调和。五味就是酸、甘、苦、辛、咸。五味调和就是指通过对食品进行加工烹调,制成美味,体现"和"的饮食之美,从而满足人的生理需求和心理的需要。平时人们吃这"五味",除了满足口腹之欲外,也可阴阳调和,协调人体五脏。以年夜饭的饺子为例,中国不同地区和民族对饺子馅的不同用料和调法,体现了"平衡"二字。富含脂肪和蛋白质的肉蛋类馅料搭配富含膳食纤维和矿物质的蔬菜实现营养平衡;荤馅、素馅或荤素馅不同馅料搭配等形成健康的膳食搭配。因此,饮食讲究食用有节、阴阳平衡、五味调和,尊重自然规律。

(五)和而不同的价值观

中国传统文化强调和而不同。中华民族由 56 个民族构成,各民族都有自己的生活习俗,在追求大同世界的同时,中华民族承认个体及群体间的不同,因此表现出求同存异,和而不同。这在中国传统节日饮食文化中也有所流露。如北方人年夜饭吃饺子,南方人多是吃汤圆、年糕等;北方人端午节喜食甜粽,南方人喜食咸粽;北方人元宵节食元宵,南方人则食汤圆。少数民族在特定节日里也有自己的饮食习俗,如回族人大年初一吃面条、炖肉,初二吃饺子。中国传统节日饮食也在世界范围内传播,并广受欢迎。如饺子从宋代开始传入蒙古,随后传到世界各地,如今食用饺子的地区十分广泛,世界上很多国家都有春节吃饺子的习惯,如朝鲜、越南、俄罗斯、印度、墨西哥、意大利、匈牙利、日本、哈萨克斯坦等国家,他们根据本地的饮食习惯,对饺子的风味和口感进行改进,形成各具特色的做法和吃法。饺子成为在世界范围内人们庆祝节日的美食。由此可见,中国传统节日饮食文化具有很强的内聚力和广泛的包容性,充分体现了中国传统文化中求同存异、和而不同的价值观。

(六)和谐共处的社会观

中国传统文化崇尚"和",秉承"天地和而万物生,阴阳接而变化起"的思想,将自然万物看成一个和谐发展的整体,在人与自然、人与他人、人与自身的各方面寻求和谐统一。在传统节日饮食文化中,人们以传统节日为平台,邀亲人挚友相聚,沟通交流情感,同时借助节日美食寄托对家庭团圆美满、生活幸福安康等的美好祝愿。和谐共处的社会观在节日饮食文化中具体表现在两方面:一是着重突出家庭和谐,即团圆、美满。如除夕夜一家人围坐一圈包饺子、吃饺子、话家常,幸福甜蜜,饺子成为维系家人情感的重要纽带。正月十五的元宵或汤圆、中秋节的月饼等都寄托着对家庭和和美美、团团圆圆的美好祝愿,体现出中国人对家庭的重视。二是突出民族和谐。节日饮食文化因地域、民族、宗教信仰等多种因素的影响而存在差异,但是节日饮食对于不同地域、不同民族的人们而言,意义是相同的,都是通过节日饮食来欢度节日,表达对未来生活的美好期盼。无论饮食如何变,它们承载的美好祝福不变。一些少数民族也有他们重要的节日饮食,如壮族人逢年过节都要制作花米饭,互相赠送;侗族人的节庆喜食糍粑等糯米食品,以此来庆祝节日。传统节日饮食将不同地域、不同民族的人们紧紧联系在一起,体现出人们对社会团结和谐的追求。

五、中国二十四节气饮食文化

二十四节气是人通过观察太阳周年运动,认知一年中时令、气候、物候等方面变化规律所形成的知识体系和社会实践经验总结。二十四节气世代相传,深刻地影响着人们的思维方式和行为准则,是中国传统历法体系及其相关实践活动的重要组成部分,也是中华民族文化认同的重要载体,是中国人特有的时间知识体系。我国是农业大国,最早的二十四节气用于指导人们进行农桑活动,2016 年 11 月 30 日二十四节气被列入联合国教科文组织人类非物质文化遗产代表作名录。虽然中国已经由农耕进入到工业时代,但是二十四节气对现代人的生活也起着重要作用,如人类的基本饮食生活,基于此从养生文化——人与自然的关系出发,找出不同节气外部环境、身体状态与所对应的食物"性"的关系,再具体到养生饮食——人对食物的选择。

(一)养生文化

养生文化在我国已经有上千年的历史了,在其发展过程中不断地融入了我国古代哲学、自然科学等思想。养生原指道家通过各种方法颐养天年、增强体质、预防疾病,从而达到延年益寿的一种医事活动。现代意义的养生指的是根据人的生命过程规律主动进行物质与精神的身心养护活动。实质上,养生就是保养五脏六腑、四肢百骸,使生命质量得以提高、寿命得以延长。在传统的养生文化当中,认为人与自然是相互关联的,人生活在天地之间六合之内,取食天地间生长的万物,因此,人是自然界不可分割的一部分,养生就要强调人和自然环境、社会环境的协调,重视体内气化升降及心理与生理的协调一致。养生是基于道家天人合一的哲学思想和中医理论的整体观,即强调人体是一个有机整体,具有统一性、完整性、自我完善性和自然界的协调性,讲究顺应天时,天人合一。

中医认为人体是一个有机整体,各种脏腑器官,在生理上相互协调,相互制约,更强调人与自然的协调性。中医认为宇宙中的万物和人体应当是对应的,五行归纳了木、火、土、金、水五类事物的本质特性及其运动规律,五行的生克制化是事物变化、发展、维持自然界平衡的基本条件。因此,采用类比法,将五行理论引入到中医当中并与人体的五脏进行对应,便有了五脏、五味、五色、五季等,如表 5-1 所示。

表 5-1 养生文化的基本原理

五季	春	夏	长夏	秋	冬
五行	木	火	土	金	水
五脏	肝	心	脾	肺	肾
五味	酸	苦	甘	辛	咸
五色	青	赤	黄	白	黑
六气	风	暑、火	湿	燥	寒

（二）饮食养生的原则

饮食养生的原则主要有辨证施膳、平衡阴阳和三因制宜三个方面，其要点如表 5-2 所示。

表 5-2　饮食养生原则要点

原则		要点
辨证施膳		根据机体具体病因、性质、部位选择相应的膳食
平衡阴阳		疾病的产生的原因是阴阳失调，热者寒之，寒者热之
三因制宜	因时施膳	顺应时节，时节不同，体内阴阳变化不同
	因地施膳	地域不同，气候、生活方式、饮食方式均不相同
	因人施膳	不同性别、年龄段、状态体内变化均不相同

1. 辨证施膳　辨证施膳在养生的过程中，应当根据自然环境的变化选择相应的饮食，同时应当将辨证施膳的思想原则纳入其中，不能因为在饮食上顺应天时而忽视人体是一个有机整体的情况。比如说在春季，肝属木，在春季生发，春季应当注重养肝，并且注意不要受到风邪的侵扰，但是又要注意五脏六腑是相依相辅的，不要只关注养肝，要学会因时施膳、因地施膳、因人施膳。

2. 平衡阴阳　中医认为任何疾病都和阴阳失调有关，阴胜则阳病，阳盛则阴病，阴胜则寒，阳盛则热，因此在选择食物的同时，基于辨证施膳的原则，应当注意按照食物的阴阳属性与人体的阴阳性质合理搭配。比如一些在冬季身体畏寒怕冷的人，应多吃一些阳性的食物，而夏季怕热的人应多吃一些阴性的食物，这对于调节体内的阴阳平衡是非常有益的。

3. 三因制宜　①因时施膳：注重四时气候的变化，二十四节气是我国古人关于时间、气候、物候变化的总结，在不同的时节有不同的天气变化、温度变化，自然界中生长的植物、作物均不相同。不同的节气人体内阴阳状态、气机升降均不相同，按照二十四节气养生是结合天时、顺应时节养生。比如说立春时节天气乍暖还寒，外界环境相对寒冷，温度较低，正是养肝的好时节，养肝养阳要食用温性的阳气生发的食物。立夏是天气逐渐转热的一个过渡，在此之后天气逐渐闷热，心脏负荷加大，适宜食用一些凉性的食物，使心脏逐渐适应夏季的炎热，也有助于脾胃适应夏季的炎热，达到驱暑的效果。②因地施膳：由于不同地区的地势环境、气候条件及生活习惯不同，人的生理活动也不尽相同，应选择区别对待。如西北严寒地区，气候寒冷干燥，易受寒伤燥，宜食温阳散寒或生津润燥之食物；而在东南温热地区，气候温暖潮湿，易感湿邪，宜食清淡、除湿之食物。③因人施膳：由于人的体质有寒、热之分，因此食物也应该辨别选择。

（三）四季养生

一些植物之所以成为食物而不是药材，是因为人类利用了植物的性味；食物之所以能够被大家天天食用是因为其大部分性平，不会对人体产生过多的影响。反之药材之所以成为药材是因为人类使用了植物的偏性，对人体产生较大的影响。在养生的世界中有一句话叫作药补不如食补，利用食物微弱的性味偏差对身体进行养护，可以有效降低药物性味对身体产生的强烈影响。因此，在养生饮食中要结合食物的性味，根据时节和时令有针对性地选择。

春夏秋冬又称为"四季"，是地球围绕太阳运行所产生的结果。春天始于二十四节气中的"立春"，夏天始于"立夏"，秋天始于"立秋"，冬天则始于"立冬"，在黄河流域最为确切。我国劳动人民总结的基本规律是春生、夏长、秋收、冬藏。这也正是《黄帝内经》等典籍所阐述的人与自然关系的基本思想。

1. 春季养生文化　春季，是指我国农历从立春到立夏这一段时间，即农历一、二、三月，包括了立春、雨水、惊蛰、春分、清明、谷雨六个节气，其气候特点为温暖潮湿。当春归大地之时，自然界阳气开始生发，万物复苏，带来了生机勃发、欣欣向荣的景象。春季在五行当中对应的是木，春回大地万物复苏，春天的木，将积攒了一冬的能量用来发芽、生长，展现生机和活力，相对整个机体来说新陈代谢开始旺盛。因此春季的养生要注意注重阳气的升发，初春时节适宜选用辛、甘且具有发散性的食材，有助于体内阳气的升发，比如葱、蒜、青椒。同时选用温性的食材，有助于保护阳气的升发，但是不适合采用热性和大辛的食材，因为春季属木也属肝，根据五行相生相克来说，热性食物会使肝火过旺，木会克土，肝火过旺会克制脾气，导致疾病的产生。五味中酸味入肝，有助于肝气的生长，但是春季肝气旺盛，酸味食品会使肝气过盛而损害脾胃，因此要少吃，要做到省酸增甘，食用一些大红枣、草莓，两者口感甘甜，有养肝护肝的功效。而在其他季节中养护肝脏可以适当食用酸味食物，比如秋季万物收敛，应减辛增酸，以养肝气，增加酸味的摄入以顺应秋季的敛纳之气。在日常饮食中，可以适当进食一些酸味食品，如山楂、橘子、葡萄等，在进餐或做某些菜肴时，依需要和习惯适当加点醋也可以起到适当作用。木属春，青色属木，在平时要适当食用一些青色的蔬菜，有利于养护肝脏，如当季蔬菜中的韭菜、茼蒿、菠菜、香椿等都是餐桌上的美味春芽。

2. 夏季养生文化　夏季，是指从立夏至立秋的这一段时间，即农历四、五、六月，包括了立夏、小满、芒种、夏至、小暑、大暑六个节气。夏季的气候特点为炎热。夏季这三个月是一年当中阳气最盛的时候，天上的太阳散发的热量最多，地上的气也被蒸发升腾，天地之气相互交汇，是万物繁荣秀丽的时候，也是人体新陈代谢旺盛的时候。夏季时节阳气浮于体表，阴气下沉在体内，是阳气最容易发泄的时候，在夏季的养生要注重阳气的生长。夏季属火、属心，火大燃烧一切，火小则不觉温暖，因此在夏季养心的过程中应当要注意，况且夏季在六淫之中容易受到暑火的侵袭。五味当中苦味入心，食用苦味的食物有助于养护心脏，吃些苦菜、苦瓜等苦味食品，能起到解热祛暑、消除疲劳等作用。虽然苦瓜有助于灭心火但是却会助长心气，在夏季的后期，要尽量少食苦寒，多食辛温，节制冷饮。苦寒类的食物属于阴性，多食会损伤阳气，要少吃苦寒的食材，而且五行相生相克，火克金，心气过高会损伤肺气，因此适宜适当食用辛温的食物如生姜。姜味辛、性温，是助阳佳品。清晨是人体阳气升发之时，夏季保养阳气可每天早上吃几片姜，坚持一段时间，人的免疫能力、抗寒能力和肠胃消化能力都会大大增强。所以老百姓说，晨吃三片姜，赛过人参汤，以调养肺脏，避免心气过高制约肺气的生发。五色中红色属夏，夏季同样可以多食用红色的食材，比如西红柿、赤小豆、枸杞等，但是同样要适量进食以利于养护心脏。

3. 秋季养生文化　秋季，是指从立秋到立冬这一段时间，即农历七、八、九月，包括立秋、处暑、白露、秋分、寒露、霜降六个节气。秋季的气候特点主要是干燥，人们常以秋高气爽、风高物燥来形容。秋季天气干燥，人体也很容易干燥，这个季节应当多吃百合、银耳、梨、竹荪等有滋润心肺功效的食物，有利于缓解干燥，保养皮肤、心肺等。秋天是万物成熟的时节,气候由热逐渐变凉,阳气渐减,阴气渐长,秋雨绵绵,一般秋天湿气比较重,加之又有夏季的余温,出现湿热交加的特点。从养生上来说,由"夏长"到"秋收"过渡,"秋收"即要保护内收的阴气。秋属金,属肺,五味中辛属肺,按五行相生相克规律,金克木,相对应来看,肺气过旺会克制肝脏,导致肝气郁结,因此要减辛味平肺气,增酸味增肝气。秋季应适当食用一些辛味的食材,但是后期要注意少食用辛味的食材,如葱、姜、桂皮、八角、辣椒等辛辣食品;应增加酸味的食材,补益肝气时酸具有收敛性,符合秋天养生注重收敛的特性,如葡萄、山楂、酸奶、西红柿、苹果、柠檬等。白色属金,因此同样适宜多食用一些白色的食材,如白萝卜、山药、百合、银耳。

4. 冬季养生文化　冬季,始于农历的立冬,止于次年的立春,包括立冬、小雪、大雪、冬至、小寒、大寒六个节气,即农历的十、十一、十二月。冬季的气候特点主要是寒冷。冬季草木凋零,大雪压境,冰封大地,一切生物都进入闭藏、冬眠的状态,人同样也是,人体的新陈代谢进入最缓慢的状态。冬季的养生要避寒就温,收敛阳气保护阴气,使阴阳相对平衡,这就是"冬藏"。适当食用咸味的食物,有助于养护肾脏,但是水克火,肾气过盛会影响心脏,因此应适当减少食用咸味的食物,增加食用苦味的食物,保持两者的关系,护养心气。比如说冬季容易受到寒气的侵袭,为保持阴阳平衡应适当食用温热性的食材,牛羊肉是温热性食物中最具代表性的,适合于冬季食用,但是不要长期大量食用过热食物,因为太过不及皆当病,过热会影响在体内蛰伏的阳气,并且会损伤阴气,适宜食用温性的食材,温补阳气,护养阴气。肾属冬,而肾在五行中代表的是水,冬季注重养阴气,黑色属水,在寒冷的冬季应食用黑色的食材,黑色与肾相同,食用黑豆、黑米、黑芝麻、桑葚、葡萄、栗子一类的食物都可以起到养肾的功效。

第五节　中国饮食类非物质文化遗产的保护传承

世界遗产是被联合国教科文组织和世界遗产委员会确认的当前不可替代的财富,是具有重大意义和价值的文物古迹和自然遗产。世界遗产分为文化遗产、自然遗产、自然与文化双重遗产、人类口头和非物质文化遗产四类。世界遗产是全人类共同的宝贵财富,是应该受到全人类共同保护的财产。

一、什么是非物质文化遗产

2003 年 10 月 17 日,联合国教科文组织第 32 届大会通过了《保护非物质文化遗产公约》,该公约在第一条就将非物质文化遗产定义为被各社区、群体,有时是个人,视为其文化遗产组成部分的各种实践、观念表述、表现形式、知识、技能及相关的工具、实物、手工艺品和文化场所。此外,2011 年《中华人民共和国非物质文化遗产法》中,也对非物质文化遗产进行了概念界定,非物质文化遗产(简称非遗)是指各族人民世代相传并视为其文化遗产组成部分的各种传统文化表现形式,以及与传统文化表现形式相关的实物和场所。非物质文化遗产包括传统口头文学及作为其载体的语言；传统美术、书法、音乐、舞蹈、戏剧、曲艺和杂技；传统技艺、医药和历法；传统礼仪、节庆等民俗；传统体育和游艺；其他非物质文化遗产。

非物质文化遗产是经过长期的历史积淀而形成的珍贵的文化财富，具有丰厚的历史和人文价值，是人类某一发展时期或阶段的映射。与物质文化遗产不同的是，非物质文化遗产需要"人"来传承其独特的技术工艺、匠心精神和传统文化内涵。人的流动性和可变性既是它的特殊之处，也是传承与保护过程中的难点所在。结合饮食类非物质文化遗产（简称饮食类非遗）的性质，在明晰非物质文化遗产概念及其分类的基础上，我们从饮食类非遗名录、区域分布、类别状况三个维度对饮食类非遗的国内、外现状进行分析，提出我国饮食类非遗保护传承的意义、路径。

二、饮食类非遗的现状

（一）国外现状

在西方，保护非物质文化遗产的要求来自西方社会对现代化进程中人的"异化"和"物化"的反思，是西方后现代主义人本主义思潮的一种反映。在世界范围内最先提出重视非物质文化遗产保护的国家是日本，并且首次将此提升到政府层面。日本政府认为保护非物质文化遗产是其应该肩负的责任，并且首次提出了"无形文化财产"这一概念。在理念上与现在提倡的非物质文化遗产保护是相似的。日本对于非物质文化遗产的保护开始时间最早，在1871年明治维新期间颁布的《古器旧物保存法》、1897年颁布的《古神社寺庙保存法》、1929年颁布的《国宝保存法》等，它们在理念上都强调对传统文化的保护倾向。1950年《文化财保护法》的出台，这标志着日本将保护非物质文化遗产列入了基本国策。在文学著作方面，以篠田统的《中国食经丛书》、石毛直道的《东亚饮食文化论集》、松下智的《中国的茶》、中山时子的《中国食文化事典》为代表，对中国的饮食文化有过深入的探讨。

在韩国，对无形文化财产的保护开始发展的时间也很早。为了保护传统文化，减轻现代化建设下的冲击，韩国在1962年出台了《文化财保护法》，把文化财分为有形文化财、无形文化财、纪念物和民俗资料。在20世纪中叶时期，政府就开始投入大量的财政支出，保护无形文化财，每年拨出专款来培养、磨炼、提高这些工匠的技艺，也确定了各个传承人的责任和义务。

在民俗保护方面，美国于1976年1月2日通过了《民俗保护法案》，该法案提出美国民俗所固有的多样性对丰富国家文化做出了巨大贡献，并培育了美国人民的个性和特征。美国民俗对美国人民的思想、信仰、观念和性格的形成有着根本性的影响，对于联邦政府而言，支持研究和探讨美国民俗对理解美国城乡社会的基本思想、信仰及观念等复杂问题非常适合且十分必要。该法案的通过极大地推动了美国对民俗文化的研究和保护。在保护非物质文化遗产这一方面，Harriet Deacon指出，这个工作的意义非比寻常。他认为非物质文化遗产和物质文化遗产同样重要，在对其进行保护时必须要制定完善的管理规章制度，相关人员要严格按照此制度进行。Kenji Yoshida则指出在保护非物质文化遗产上，建立博物馆的重要性，有利于增加公众的保护意识。Rex Nettleford指出，在非物质文化遗产进行迁移时，如果发生了改变、衰亡等现象，会给其带来巨大危害，并认为在这一过程中需要加强保护。

饮食类文化申遗是保护传承国家传统饮食文化的重要途径,是推广饮食文化,增强文化影响力的重要方法。在饮食类非遗上,国外的饮食类申遗比我国进程更快,也在一定程度上对我国饮食类申遗起到一定的借鉴作用。2010 年 11 月 16 日,联合国教科文保护非物质文化遗产政府间委员会第五次会议上,"法国美食大餐""地中海饮食文化""传统的墨西哥美食——地道、世代相传、充满活力的社区文化,米却肯州模式""克罗地亚北部的姜饼制作技艺"等饮食类项目申遗成功,这是《保护非物质文化遗产公约》生效以来,第一次纳入餐饮类项目。此后,"和食,日本人的传统饮食文化,以新年庆祝为最"和"泡菜的腌制与分享"也同样成功申报了人类非物质文化遗产。

1. 人类饮食类非遗项目名录 人类饮食类非遗项目名录现状见表 5-3。

表 5-3 人类饮食类非遗项目名录

人类饮食类非遗项目名录	入选时间
法国美食大餐	2010
克罗地亚北部的姜饼制作技艺	2010
地中海饮食文化	2013
传统的墨西哥美食——地道、世代相传、充满活力的社区文化,米却肯州模式	2010
仪式美食传统凯斯凯克	2011
土耳其咖啡的传统文化	2013
古代格鲁吉亚人的传统克维乌里酒缸酒制作方法	2013
和食,日本人的传统饮食文化,以新年庆祝为最	2013
泡菜的腌制与分享(韩国)	2013
朝鲜泡菜制作传统	2015
烤馕制作和分享的文化:拉瓦什、卡提尔玛、居甫卡、尤甫卡	2016
比利时啤酒文化	2016
L'Oshi Palav 传统菜及相关社会文化习俗	2016
帕洛夫文化传统	2016
多尔玛制作和分享传统——文化认同的标志	2017
那不勒斯披萨制作技艺	2017
马拉维的传统烹饪——恩西玛	2017

2. 人类饮食类非遗项目区域分布 从地理位置的角度来看,人类饮食类非遗项目主要分布于以下 5 个区域。

(1)亚洲。如日本和食,韩国泡菜,朝鲜泡菜,烤馕制作和分享的文化:拉瓦什、卡提尔玛、居甫卡、尤甫卡,L'Oshi Palav 传统菜及相关社会文化习俗,帕洛夫文化传统。

(2)欧洲。如法国美食大餐,克罗地亚北部的姜饼制作技艺,地中海饮食文化,比利时啤酒文化,那不勒斯披萨制作技艺。

(3)欧亚交界。土耳其咖啡的传统文化,古代格鲁吉亚人的传统克维乌里酒缸酒制作方法,多尔玛制作和分享传统——文化认同的标志,仪式美食传统凯斯凯克。

(4)非洲。如马拉维的传统烹饪——恩西玛。

(5)美洲。传统墨西哥美食——地道、世代相传、充满活力的社区文化,米却肯州模式。

从区域情况看,人类饮食类非遗项目一共有 17 项,欧洲和亚洲的项目数目较多,其中亚洲以 6 项居首位,占比 35.29%。欧洲有 5 项,占比 29.41%,位于欧亚交界处的项目有 4 项,占比 23.53%。而分布于非洲、美洲的项目分别仅有 1 个项目,分别仅占总项目数的 5.89%。因此,可以看出人类饮食类非遗项目在地理分布情况上主要以亚欧居多,并且亚洲是拥有项目数量最多的地区。

3. 人类饮食类非遗项目类别状况　从综合与单体的角度将人类饮食类非遗项目分为以下两个类别。

(1)综合类。如法国美食大餐,地中海饮食文化,传统的墨西哥美食——地道、世代相传、充满活力的社区文化,米却肯州模式,日本和食,L'Oshi Palav 传统菜及相关社会文化习俗,马拉维的传统烹饪——恩西玛。

(2)单体类。如克罗地亚北部的姜饼制作技术,土耳其咖啡的传统文化,古代格鲁吉亚人的传统克维乌里酒缸酒制作方法,韩国泡菜,朝鲜泡菜,烤馕制作和分享的文化:拉瓦什、卡提尔玛、居甫卡、尤甫卡,仪式美食传统凯斯凯克,比利时啤酒文化,帕洛夫文化传统,多尔玛制作和分享传统——文化认同的标志,那不勒斯披萨制作技艺。

从类别情况看,在 17 项人类饮食类非遗项目中,综合类有 6 项,占总项目数比例的 35.29%;单体类有 11 项,占总项目数比例的 64.71%。由此统计数据可以看出,在整体的项目类型分布上单体类项目数量多于综合类项目,从比重上看单体类项目比综合类项目比例超出近 30%。

我国作为饮食文化大国,是世界上三大饮食文化流派"箸文化"的代表,尚没有一个项目列入人类饮食类非遗名录,是值得我们反思和努力的。

(二)国内现状

2001 年,联合国教科文组织公布的第一批"人类口头和非物质遗产代表作"名单中,昆曲列入其中,中国成为首次被列入世界非物质文化遗产(简称非遗)名录的 19 个国家之一。昆曲进入世界非遗名录让非遗概念在我国正式登场。2003 年 10 月 17 日,我国以缔约国的身份加入联合国教科文组织的《保护非物质文化遗产公约》(以下简称《公约》)。加入《公约》标志着我国在国家层面上对非物质文化遗产的保护与传承进入新的阶段,并且在各个层级开展有序、系统的非遗保护工作。同时,政府加大力度,运用行政手段加强对非物质文化遗产的保护与传承。2005 年 12 月,国务院发布了《关于加强文化遗产保护的通知》,制定了国家、省、市、县的四级保护体系;2006 年《国家级非物质文化遗产保护与管理暂行办法》出台,各省(自治区)相继建立非物质文化遗产保护的地方性法规,以法律的形式规范保护行为,为非物质文化遗产保护与管理的良性运行保驾护航;截至 2010 年,中央和省级财政已累计投入 17.89 亿元为非物质文化遗产保护提供资金支持。2011 年,《中华人民共和国非物质文化遗产法》(简称《非遗法》)通过并实施。这部法律是依据我国实际情况,建立在已有工作的基础之上,并且首次将非物质文化遗产保护工作纳入国家法律体系之中,具有里程碑式的意义。在非遗组织的设立上,2013 成立了隶属文化部(现称文化和旅游部)

的中国非物质文化遗产保护协会,是以保护和传承我国非物质文化遗产为重任的社会团体法人机构。在 2019 年文化和旅游部局长会议中指出非物质文化遗产传承与形成新的气象和格局,主要有以下表现:加大非遗代表性项目和代表性传承人保护力度,"藏医药浴法"成功列入联合国教科文组织人类非物质文化遗产代表作名录,并且认定 1082 名第五批国家级非遗代表性传承人。持续推荐传统工艺振兴计划,发布第一批国家传统工艺振兴目录,对 14 类 383 个传统工艺项目予以重点支持。新设立 4 个传统工艺工作站,工作站累计 14 个。全面加强非遗传承能力建设,印发"研培计划"3 年实施方案,支持 112 所院校参与计划,全年举办培训班 206 期,培训近 8000 人次。扎实开展非遗展示传播,组织开展"文化和自然遗产日活动",全国共举办大中型非遗宣传展示活动 3700 多项。未来应该切实把非物质文化遗产保护好,利用好,传承好。

在相关文件出台后,我国自上而下开展了一系列非遗保护工作。2006 年、2008 年、2011 年、2014 年、2021 年,国务院分别公布了我国五批国家级非遗代表性项目名录,而其中饮食类非遗代表性项目比重较低,饮食文化的挖掘不够深入,类别上主要以技艺类为主,民俗类较少。据不完全统计,饮食类非遗代表作名录 21 项,占世界非遗总数的 4.3%。截至 2020 年 12 月,我国共有 42 个非遗项目列入联合国教科文组织非遗名录,居世界第一,是目前世界上拥有人类非物质文化遗产数量最多的国家,但是饮食类的项目却无一置身其中。2008 年中国烹饪协会第一次将中国烹饪技艺申报人类非物质文化遗产,2015 年力推广式烧鸭等菜品、2016 年山东力推孔府菜拟申报人类非物质文化遗产,但是都未有结果。数年后,申报人类非物质文化遗产均以失败告终。截至目前,在人类非物质文化遗产名录中,中国文化孕育的中国特色的饮食类非遗仍然是一个空白。截至 2021 年底,在国家级非物质文化遗产名录中,中国有 1557 项"国家级非物质文化遗产名录"项目,拓展名录 604 项,其中饮食类项目占 75 类,分别在 2006 年发布 9 项,2008 年发布 33 项,2011 年发布 6 项,2014 年发布 10 项,2021 年发布 17 项,仅占国家级非物质文化遗产总数的 4.8%。

1. 国家级饮食类非遗代表性项目名录

国家级饮食类非遗代表性项目名录见表 5-4。

表 5-4 国家级饮食类非遗代表性项目名录

批次	编号	项目名称	申报单位
第一批 2006	Ⅷ-57	茅台酒酿制技艺	贵州省
	Ⅷ-58	泸州老窖酒酿制技艺	四川省泸州市
	Ⅷ-59	杏花村汾酒酿制技艺	山西省汾阳市
	Ⅷ-60	绍兴黄酒酿制技艺	浙江省绍兴市
	Ⅷ-61	清徐老陈醋酿制技艺	山西省清徐县
	Ⅷ-62	镇江恒顺香醋酿制技艺	江苏省镇江市
	Ⅷ-63	武夷岩茶(大红袍)制作技艺	福建省武夷山市
	Ⅷ-64	自贡井盐深钻汲制技艺	四川省自贡市、四川省大英县
	Ⅷ-89	凉茶	广东省文化厅 香港特别行政区民政事务局 澳门特别行政区文化局

批次	编号	项目名称	申报单位
第二批 2008	Ⅶ-88	糖塑 （丰县糖人贡、天门糖塑、成都糖画）	江苏省徐州市丰县、湖北省天门市、四川省成都市
	Ⅷ-144	蒸馏酒传统酿造技艺 （北京二锅头酒传统酿造技艺、 衡水老白干传统酿造技艺、 山庄老酒传统酿造技艺、 板城烧锅酒传统五甑酿造技艺、 梨花春白酒传统酿造技艺、 老龙口白酒传统酿造技艺、 大泉源酒传统酿造技艺、 宝丰酒传统酿造技艺、 五粮液酒传统酿造技艺、 水井坊酒传统酿造技艺、 剑南春酒传统酿造技艺、 古蔺郎酒传统酿造技艺、 沱牌曲酒传统酿造技艺）	北京红星股份有限公司、 北京顺鑫农业股份有限公司、 河北省衡水市、 河北省平泉县、 河北省承德县、 山西省朔州市、 辽宁省沈阳市、 吉林省通化县、 河南省宝丰县、 四川省宜宾市、 四川省成都市、 四川省绵竹市、 四川省古蔺县、 四川省射洪县
	Ⅷ-145	酿造酒传统酿造技艺 （封缸酒传统酿造技艺、 金华酒传统酿造技艺）	江苏省丹阳市、金坛市， 浙江省金华市
	Ⅷ-146	配制酒传统酿造技艺 （菊花白酒传统酿造技艺）	北京仁和酒业有限责任公司
	Ⅷ-147	花茶制作技艺 （张一元茉莉花茶制作技艺）	北京张一元茶叶有限责任公司
	Ⅷ-148	绿茶制作技艺 （西湖龙井、婺州举岩、黄山毛峰、太平猴魁、六安瓜片）	浙江省杭州市、浙江省金华市、安徽省黄山市徽州区、安徽省黄山区、安徽省六安市裕安区
	Ⅷ-149	红茶制作技艺（祁门红茶制作技艺）	安徽省祁门县
	Ⅷ-150	乌龙茶制作技艺（铁观音制作技艺）	福建省安溪县
	Ⅷ-151	普洱茶制作技艺 （贡茶制作技艺、大益茶制作技艺）	云南省宁洱哈尼族彝族自治县、云南省勐海县
	Ⅷ-152	黑茶制作技艺 （千两茶制作技艺、茯砖茶制作技艺、南路边茶制作技艺）	湖南省安化县、湖南省益阳市、四川省雅安市
	Ⅷ-153	晒盐技艺 （海盐晒制技艺、井盐晒制技艺）	浙江省象山县，海南省儋州市，西藏自治区芒康县
	Ⅷ-154	酱油酿造技艺 （钱万隆酱油酿造技艺）	上海市浦东新区

批次	编号	项目名称	申报单位
第二批 2008	Ⅷ-155	豆瓣传统制作技艺 （郫县豆瓣传统制作技艺）	四川省郫县
	Ⅷ-156	豆豉酿制技艺（永川豆豉酿制技艺、潼川豆豉酿制技艺）	重庆市、 四川省三台县
	Ⅷ-157	腐乳酿造技艺（王致和腐乳酿造技艺）	北京市海淀区
	Ⅷ-158	酱菜制作技艺（六必居酱菜制作技艺）	北京六必居食品有限公司
	Ⅷ-159	榨菜传统制作技艺 （涪陵榨菜传统制作技艺）	重庆市涪陵区
	Ⅷ-160	传统面食制作技艺（龙须拉面和刀削面制作技艺、抿尖面和猫耳朵制作技艺）	山西省全晋会馆、山西省晋韵楼
	Ⅷ-161	茶点制作技艺（富春茶点制作技艺）	江苏省扬州市
	Ⅷ-162	周村烧饼制作技艺	山东省淄博市
	Ⅷ-163	月饼传统制作技艺（郭杜林晋式月饼制作技艺、安琪广式月饼制作技艺）	山西省太原市、 广东省安琪食品有限公司
	Ⅷ-164	素食制作技艺（功德林素食制作技艺）	上海功德林素食有限公司
	Ⅷ-165	同盛祥牛羊肉泡馍制作技艺	陕西省西安市
	Ⅷ-166	火腿制作技艺（金华火腿腌制技艺）	浙江省金华市
	Ⅷ-167	烤鸭技艺（全聚德挂炉烤鸭技艺、便宜坊焖炉烤鸭技艺）	北京市全聚德（集团）股份有限公司、北京便宜坊烤鸭集团有限公司
	Ⅷ-168	牛羊肉烹制技艺 （东来顺涮羊肉制作技艺、鸿宾楼全羊席制作技艺、月盛斋酱烧牛羊肉制作技艺、北京烤肉制作技艺、冠云平遥牛肉传统加工技艺、烤全羊技艺）	北京市东来顺集团有限责任公司、北京市鸿宾楼餐饮有限公司、北京月盛斋清真食品有限公司、北京市聚德华天控股有限公司、山西省冠云平遥牛肉集团有限公司、内蒙古自治区阿拉善盟
	Ⅷ-169	天福号酱肘子制作技艺	北京天福号食品有限公司
	Ⅷ-170	六味斋酱肉传统制作技艺	山西省太原六味斋实业有限公司
	Ⅷ-171	都一处烧麦制作技艺	北京便宜坊烤鸭集团有限公司
	Ⅷ-172	聚春园佛跳墙制作技艺	福建省福州市
	Ⅸ-10	中医养生（药膳八珍汤、灵源万应茶、永定万应茶）	山西省太原市、福建省晋江市、福建省永定县
	Ⅷ-173	真不同洛阳水席制作技艺	河南省洛阳市
	Ⅹ-107	茶艺（潮州工夫茶）	广东省潮州市

续表

批次	编号	项目名称	申报单位
第三批 2011	Ⅷ-203	白茶制作技艺(福鼎白茶制作技艺)	福建省福鼎市
	Ⅷ-204	仿膳(清廷御膳)制作技艺	北京市西城区
	Ⅷ-205	直隶官府菜烹饪技艺	河北省保定市
	Ⅷ-206	孔府菜烹饪技艺	山东省曲阜市
	Ⅷ-207	五芳斋粽子制作技艺	浙江省嘉兴市
	Ⅹ-140	径山茶宴	浙江省杭州市余杭区
第四批 2014	Ⅷ-226	奶制品制作技艺(察干伊德)	内蒙古自治区正蓝旗
	Ⅷ-227	辽菜传统烹饪技艺	辽宁省沈阳市
	Ⅷ-228	泡菜制作技艺(朝鲜族泡菜制作技艺)	吉林省延吉市
	Ⅷ-229	老汤精配制	黑龙江省哈尔滨市阿城区
	Ⅷ-230	上海本帮菜肴传统烹饪技艺	上海市黄浦区
	Ⅷ-231	传统制糖技艺(义乌红糖制作技艺)	浙江省义乌市
	Ⅷ-232	豆腐传统制作技艺	安徽省淮南市、安徽省寿县
	Ⅷ-233	德州扒鸡制作技艺	山东省德州市
	Ⅷ-234	龙口粉丝传统制作技艺	山东省招远市
	Ⅷ-235	蒙自过桥米线制作技艺	云南省蒙自市
第五批 2021	Ⅷ-266	严东关五加皮酿酒技艺	浙江省杭州市建德市
	Ⅷ-267	黄茶制作技艺(君山银针茶制作技艺)	湖南省岳阳市君山区
	Ⅷ-268	德昂族酸茶制作技艺	云南省德宏傣族景颇族自治州芒市
	Ⅷ-269	中餐烹饪技艺与食俗	中国烹饪协会
	Ⅷ-270	徽菜烹饪技艺	安徽省
	Ⅷ-271	潮州菜烹饪技艺	广东省潮州市
	Ⅷ-272	川菜烹饪技艺	四川省
	Ⅷ-273	食用油传统制作技艺(大名小磨香油制作技艺)	河北省邯郸市大名县
	Ⅷ-274	果脯蜜饯制作技艺(北京果脯传统制作技艺、雕花蜜饯制作技艺)	北京市怀柔区 湖南省怀化市靖州苗族侗族自治县
	Ⅷ-275	梨膏糖制作技艺(上海梨膏糖制作技艺)	上海市黄浦区
	Ⅷ-276	小吃制作技艺(沙县小吃制作技艺、逍遥胡辣汤制作技艺、火宫殿臭豆腐制作技艺)	福建省三明市 河南省周口市西华县 湖南省长沙市
	Ⅷ-277	米粉制作技艺(沙河粉传统制作技艺、柳州螺蛳粉制作技艺、桂林米粉制作技艺)	广东省广州市 广西壮族自治区柳州市 广西壮族自治区桂林市

批次	编号	项目名称	申报单位
第五批 2021	VIII-279	凯里酸汤鱼制作技艺	贵州省黔东南苗族侗族自治州凯里市
	VIII-280	土生葡人美食烹饪技艺	澳门特别行政区
	X-179	徐州伏羊食俗	江苏省徐州市
	X-180	德都蒙古全席	青海省海西蒙古族藏族自治州德令哈市
	X-181	尖扎达顿宴	青海省黄南藏族自治州尖扎县

国家级饮食类非遗代表性项目还有拓展名录,它是指在前一批或者前几批中已有同一类别的代表性项目名录,以不同申报地区或单位再一次申报成功的项目名录,见表5-5。

表5-5　国家级饮食类非遗代表性项目拓展名录

批次	编号	项目名称	申报单位
第一批 2008	VIII-61	老陈醋酿制技艺 (美和居老陈醋酿制技艺)	山西省太原市
第二批 2011	VIII-147	花茶制作技艺(吴裕泰茉莉花茶制作技艺)	北京市东城区
	VIII-148	绿茶制作技艺(碧螺春制作技艺、紫笋茶制作技艺、安吉白茶制作技艺)	江苏省苏州市吴中区、浙江省长兴县、浙江省安吉县
	VIII-152	黑茶制作技艺(下关沱茶制作技艺)	云南省大理白族自治州
	VIII-160	传统面食制作技艺(天津狗不理包子制作技艺、稷山传统面点制作技艺)	天津市和平区,山西省稷山县
	VIII-166	火腿制作技艺(宣威火腿制作技艺)	云南省宣威市
第三批 2014	VIII-61	酿醋技艺(小米醋酿造技艺)	山西省襄汾县
	VIII-147	花茶制作技艺(福州茉莉花茶窨制工艺)	福建省福州市仓山区
	VIII-148	绿茶制作技艺(赣南客家擂茶制作技艺、婺源绿茶制作技艺、信阳毛尖茶制作技艺、恩施玉露制作技艺、都匀毛尖茶制作技艺)	江西省全南县、江西省婺源县、河南省信阳市、湖北省恩施市、贵州省都匀市
	VIII-149	红茶制作技艺(滇红茶制作技艺)	云南省凤庆县
	VIII-152	黑茶制作技艺(赵李桥砖茶制作技艺、六堡茶制作技艺)	湖北省赤壁市、广西壮族自治区苍梧县
	VIII-153	晒盐技艺(淮盐制作技艺、卤水制盐技艺)	江苏省连云港市、山东省寿光市
	VIII-154	酱油酿造技艺(先市酱油酿造技艺)	四川省合江县
	VIII-160	传统面食制作技艺(桂发祥十八街麻花制作技艺、南翔小笼馒头制作技艺)	天津市河西区、上海市嘉定区

续表

批次	编号	项目名称	申报单位
第三批 2014	Ⅷ-169	酱肉制作技艺（亓氏酱香源肉食酱制技艺）	山东省莱芜市莱城区
	Ⅹ-107	茶俗（白族三道茶）	云南省大理市
第四批 2021	Ⅷ-61	酿醋技艺（独流老醋酿造技艺、保宁醋传统酿造工艺、赤水晒醋制作技艺、吴忠老醋酿制技艺）	天津市静海区 四川省南充市 贵州省遵义市赤水市 宁夏回族自治区吴忠市
	Ⅷ-144	蒸馏酒传统酿造技艺（洋河酒酿造技艺、古井贡酒酿造技艺、景芝酒传统酿造技艺、董酒酿制技艺、西凤酒酿造技艺、青海青稞酒传统酿造技艺）	江苏省宿迁市 安徽省亳州市 山东省潍坊市安丘市 贵州省遵义市汇川区 陕西省宝鸡市凤翔区 青海省海东市互助土族自治县
	Ⅷ-145	酿造酒传统酿造技艺（刘伶醉酒酿造技艺、红粬黄酒酿造技艺）	河北省保定市徐水区 福建省宁德市屏南县
	Ⅷ-148	绿茶制作技艺（雨花茶制作技艺、蒙山茶传统制作技艺）	江苏省南京市 四川省雅安市
	Ⅷ-149	红茶制作技艺（坦洋工夫茶制作技艺、宁红茶制作技艺）	福建省宁德市福安市 江西省九江市修水县
	Ⅷ-150	乌龙茶制作技艺（漳平水仙茶制作技艺）	福建省龙岩市
	Ⅷ-152	黑茶制作技艺（长盛川青砖茶制作技艺、咸阳茯茶制作技艺）	湖北省宜昌市伍家岗区 陕西省咸阳市
	Ⅷ-160	传统面食制作技艺（太谷饼制作技艺、李连贵熏肉大饼制作技艺、邵永丰麻饼制作技艺、缙云烧饼制作技艺、老孙家羊肉泡馍制作技艺、西安贾三灌汤包子制作技艺、兰州牛肉面制作技艺、中宁蒿子面制作技艺、馕制作技艺、塔塔尔族传统糕点制作技艺）	山西省晋中市太谷区 吉林省四平市 浙江省衢州市柯城区 浙江省丽水市缙云县 陕西省 陕西省 甘肃省兰州市 宁夏回族自治区中卫市中宁县 新疆维吾尔自治区 新疆维吾尔自治区塔城地区塔城市
	Ⅷ-164	素食制作技艺（绿柳居素食烹制技艺）	江苏省南京市

批次	编号	项目名称	申报单位
第四批 2021	Ⅷ-168	牛羊肉烹制技艺（宁夏手抓羊肉制作技艺）	宁夏回族自治区吴忠市
	Ⅷ-232	豆腐传统制作技艺	山东省泰安市泰山区
	Ⅹ-107	茶俗（瑶族油茶习俗）	广西壮族自治区桂林市恭城瑶族自治县

2. 国家级饮食类非遗代表性项目区域分布　不同省级行政区拥有的饮食类非遗代表性项目有较大差别，详细情况见表 5-6。

表 5-6　全国各省饮食类非遗代表性项目情况

省份	项目编号	项目数/个	所占比例/（%）
贵州省	Ⅷ-57、Ⅷ-148、Ⅷ-279、Ⅷ-61、Ⅷ-144	5	6.67
四川省	Ⅷ-58、Ⅷ-64、Ⅶ-88、Ⅷ-144、Ⅷ-152、Ⅷ-155、Ⅷ-156、Ⅷ-154、Ⅷ-272、Ⅷ-61、Ⅷ-148	11	14.67
山西省	Ⅷ-59、Ⅷ-61、Ⅶ-53、Ⅷ-144、Ⅷ-160、Ⅷ-163、Ⅷ-168、Ⅷ-170、Ⅸ-10、Ⅷ-160	10	13.33
浙江省	Ⅷ-60、Ⅷ-145、Ⅷ-148、Ⅷ-153、Ⅷ-166、Ⅷ-207、Ⅹ-140、Ⅷ-231、Ⅷ-266、Ⅷ-160	10	13.33
江苏省	Ⅷ-62、Ⅶ-88、Ⅷ-145、Ⅷ-161、Ⅷ-148、Ⅷ-153、Ⅹ-179、Ⅷ-61、Ⅷ-144、Ⅷ-148、Ⅷ-164	11	14.67
福建省	Ⅷ-63、Ⅷ-150、Ⅷ-172、Ⅷ-203、Ⅷ-147、Ⅸ-10、Ⅷ-276、Ⅷ-145、Ⅷ-149、Ⅷ-150	10	13.33
广东省	Ⅷ-89、Ⅷ-163、Ⅹ-107、Ⅷ-271、Ⅷ-277	5	6.67
北京市	Ⅷ-144、Ⅷ-146、Ⅷ-147、Ⅷ-157、Ⅷ-158、Ⅷ-167、Ⅷ-168、Ⅷ-169、Ⅷ-171、Ⅷ-204、Ⅷ-274、Ⅷ-269	12	16.00
上海市	Ⅷ-154、Ⅷ-164、Ⅷ-230、Ⅷ-160、Ⅷ-275	5	6.67
山东省	Ⅷ-162、Ⅷ-206、Ⅷ-233、Ⅷ-144、Ⅷ-234、Ⅷ-153、Ⅷ-169、Ⅷ-232	8	10.67
陕西省	Ⅷ-165、Ⅷ-144、Ⅷ-152、Ⅷ-160	4	5.33
甘肃省	Ⅷ-160	1	1.33
湖北省	Ⅶ-88、Ⅷ-148、Ⅷ-152、Ⅷ-152	4	5.33
河北省	Ⅷ-144、Ⅷ-205、Ⅷ-273、Ⅷ-145	4	5.33
辽宁省	Ⅷ-144、Ⅷ-227	2	2.67
吉林省	Ⅷ-144、Ⅷ-228、Ⅷ-160	3	4.00

续表

省份	项目编号	项目数/个	所占比例/(%)
河南省	Ⅷ-144、Ⅷ-173、Ⅷ-148、Ⅷ-276	4	5.33
安徽省	Ⅷ-148、Ⅷ-149、Ⅷ-232、Ⅷ-270、Ⅷ-144	5	6.67
云南省	Ⅷ-151、Ⅷ-235、Ⅷ-152、Ⅷ-166、 Ⅷ-149、Ⅹ-107、Ⅷ-268	7	9.33
湖南省	Ⅷ-152、Ⅷ-267、Ⅷ-274、Ⅷ-276	4	5.33
海南省	Ⅷ-153	1	1.33
西藏自治区	Ⅷ-153	1	1.33
重庆市	Ⅷ-156、Ⅷ-159	2	2.67
内蒙古自治区	Ⅷ-168、Ⅷ-226	2	2.67
黑龙江省	Ⅷ-229	1	1.33
天津市	Ⅷ-160、Ⅷ-61	2	2.67
江西省	Ⅷ-148、Ⅷ-149	2	2.67
特别行政区（香港、澳门）	Ⅷ-89、Ⅷ-280	2	2.67
广西壮族自治区	Ⅷ-152、Ⅷ-277、Ⅹ-107	3	4.00
宁夏回族自治区	Ⅷ-61、Ⅷ-160、Ⅷ-168	3	4.00
新疆维吾尔自治区	Ⅷ-160	1	1.33
青海省	Ⅹ-181、Ⅷ-144	2	2.67

分析表 5-6 可以看出,北京市饮食类非遗代表性项目数最多,有 12 项,占饮食类非遗总项目数的 16%;四川省、江苏省有 11 项,占饮食类非遗总项目数 14.67%,山西省、浙江省、福建省有 10 项,占饮食类非遗总项目数 13.33%,山东省、云南省则以 8 项和 7 项分别位于项目总数的第四位和第五位。据统计,其中有 7 个省级行政区饮食类非遗项目数量不少于 8 项,占饮食类非遗总项目数的比重均超过 10%,而总体数量不多于 5 项的省级行政区有 24 个,占饮食类非遗总项目数的比重不足 7%,其中在 3～5 项区间内的省级行政区共有 12 个,在 1～2 项区间内的行政区共有 12 个,低于饮食类非遗总项目数比重的 3%。这些数字表明目前我国饮食类非遗代表性项目存在地域分布不均匀的现象,国家级饮食类非遗的申请仍有较大的空间,对比其他类非物质文化遗产,饮食类仍是较少的类别,需进行进一步研究与保护。

3.国家级饮食类非遗代表性项目类别状况

参考国家食品药品监督管理总局关于公布食品生产许可分类目录(2016 年第 23 号)的公告,其中关于食品分类的明细,分别有粮食加工品,食用油、油脂及其制品,调味品,肉制品,乳制品,饮料,方便食品,饼干,罐头,冷冻饮品,速冻食品,薯类和膨化食品,糖果制品,茶叶及相关制品,酒类,蔬菜制品,水果制品,炒货食品及坚果制品,蛋制品,可可及焙烤咖啡产品,食糖,水产制品,淀粉及淀粉制品,糕点,豆制品,蜂产品,保健食品,特殊医学用途配方食品,婴幼儿配方食品,特殊膳食食品,其他食品,食品添加剂,总计32类。

以此食物分类为依据,同时参考《食品安全国家标准 食品添加剂使用标准》(GB2760—2014)中附录 E、《食品安全国家标准 食品中污染物限量》(GB2762—2017)中附录 A、《食品安全国家标准 食品中真菌毒素限量》(GB2761—2017)附录 A 中食品类别的标准,并且按照以下原则进行分类:①严格按照国家规定食品分类标准。参考原国家食品药品监督管理总局关于公布食品生产许可分类目录(2016 年第 23 号)、国家标准附录中的有关食品分类的细则、QS 食品分类系统的要求为依据。②结合行业中约定俗成的分类标准,进行分类整合。③从饮食功能的角度进行分类分析。将德州扒鸡制作技艺、烤鸭技艺、牛羊肉烹制技艺三个项目分到菜肴及相关技艺的类别,以豆类为原料的豆瓣传统制作技艺、豆豉酿制技艺,分类到调味品类别,将小吃制作技艺中子项目依据自身的特点分别列入粮食加工制作(含面点)、菜肴及相关菜系烹饪技艺类别。除去面人、面花项目,这类以食品为原料,但是观赏价值、艺术价值高于食用价值的项目,不列入本文饮食类非遗代表性项目名录。

将其从不同角度分为 14 类,分别为茶叶制作及相关技艺,调味品制作,豆制品制作,乳制品制作技艺,糖制作技艺,酒酿技艺,蔬菜制作(酱腌菜),肉制品制作,粮食加工制作(含面点),菜肴及相关菜系烹饪技艺,宴席,药膳,水果制品制作,食用油、油脂及其制品制作,详细情况见表 5-7。

表 5-7　国家级饮食类非遗代表性项目类别状况

类别	项目编号	项目个数/个	所占比例/(%)
茶叶制作及相关技艺	Ⅷ-63、Ⅷ-147、Ⅷ-148、Ⅷ-149、Ⅷ-150、Ⅷ-151、Ⅷ-152、Ⅷ-203、Ⅹ-107、Ⅷ-267、Ⅷ-268	11	14.67
调味品制作	Ⅷ-61、Ⅷ-62、Ⅷ-64、Ⅷ-153、Ⅷ-154、Ⅷ-155、Ⅷ-156、Ⅷ-157、Ⅷ-229	9	12.00
豆制品制作	Ⅷ-232	1	1.33
乳制品制作技艺	Ⅷ-226	1	1.33
糖制作技艺	Ⅷ-88、Ⅷ-231、Ⅷ-275	3	4.00
酒酿技艺	Ⅷ-57、Ⅷ-58、Ⅷ-59、Ⅷ-60、Ⅷ-144、Ⅷ-145、Ⅷ-146、Ⅷ-266	8	10.67
蔬菜制作(酱腌菜)	Ⅷ-158、Ⅷ-159、Ⅷ-228	3	4.00
肉制品制作	Ⅷ-166、Ⅷ-169、Ⅷ-170	3	4.00
粮食加工制作(含面点)	Ⅷ-160、Ⅷ-161、Ⅷ-163、Ⅷ-162、Ⅷ-171、Ⅷ-207、Ⅷ-234、Ⅷ-277	8	10.67%
菜肴及相关菜系烹饪技艺与食俗	Ⅷ-164、Ⅷ-165、Ⅷ-167、Ⅷ-168、Ⅷ-172、Ⅷ-204、Ⅷ-205、Ⅷ-206、Ⅷ-227、Ⅷ-230、Ⅷ-233、Ⅷ-269、Ⅷ-270、Ⅷ-271、Ⅷ-272、Ⅷ-280、Ⅷ-279、Ⅷ-276、Ⅹ-179、Ⅷ-235	20	26.67%

续表

类别	项目编号	项目个数/个	所占比例/(%)
宴席	Ⅷ-173、Ⅹ-140、Ⅹ-180、Ⅹ-181	4	5.33
药膳	Ⅸ-10、Ⅷ-89	2	2.67
水果制品制作	Ⅷ-274	1	1.33
食用油、油脂及其制品制作	Ⅷ-273	1	1.33

由表5-7可以看出,在国家级饮食类非遗代表性项目中,菜肴及相关菜系烹饪技艺与食俗有19项,占总项目数的25.33%,是所有类别中占比最多的。而茶叶制作及相关技艺有11个项目,调味制品有9项,粮食加工制作(含面点)有8个项目,分布占项目总数14.67%、12.00%和13.33%。其中超过8项的有3个类别,分别是菜肴及相关菜系烹饪技艺与食俗、茶叶制作及相关技艺、调味品制作,占比均超过了12%。而豆制品制作,乳制品制作技艺、水果制品制作,食用油、油脂及其制品制作仅有1项,仅占总数的1.33%。这样的类别状况表明,当前饮食类非遗的种类以制作技艺居多,饮食民俗的比重较低。

近年来,我国以行业协会为纽带,以地方菜系为核心联合相关品牌企业建立了一些地方菜产业化基地来推广饮食类非遗,一些产业基地还是由地方政府的相关部门和开发商联合开发的。举办以"活态传承,活力再现"为主题的非遗博览会,意在展示"活态非遗";举办"舌尖上的非遗"系列活动,创造体验式的文化交互,增强非遗的体验性;创新形式,以纪录片的形式,将人、事、物用影像"留存"下来,记录饮食非遗的传承技艺;在对传承人的保护上,从2006年开始,我国实施了代表性项目和代表性传承人保护制度。截至目前,我国完成了五批国家级非遗代表性项目代表性传承人的评审和认定,共计3068名;地方认定的省级项目代表性传承人数量更多,形成了以代表性项目和代表性传承人为核心的非遗保护实践体系,充分体现了以人民为中心的保护主旨。

总的来看,当前饮食类非遗的保护与传承主要集中于整合文字图片和音频的纪录片、博物馆、饮食类文化旅游开发等形式,联合政府、学界、商界多方面助力做了很多积极的努力和实践,也取得一定的效果。但是仍然存在以下问题:一是从学术研究角度来看,对于非物质文化遗产的保护与传承已经有很多研究成果,但是针对专项饮食类非遗的保护与传承总体文献研究成果较少;二是从保护和传承体系的角度来看,尚未建立完善的保护体系和传承体系,不利于全方位地开展饮食类非遗的相关活动;三是从饮食文化的本体角度来看,饮食类非遗偏重技艺类,而民俗类较少,存在过度重视生产而模糊文化和味觉记忆的现象,不利于原汁原味的饮食文化的传承与发扬。

三、饮食类非遗保护传承的意义

(一)有利于饮食文化的保护和传承

中国饮食文化经过几千年的历史发展,成为中国优秀传统文化的重要组成部分,是在长期的历史积淀中形成的。从风格特色来看,无论是在饮食结构、食物制作、食物器皿还是营养保健等方面,都能体现中国饮食"精、美、情、礼"的内涵;从思想来源来看,它是建立在中国传统的道德观、阴阳观、自然观等传统文化的基础上,与传统儒家、道家的核心思想有异曲同工之妙。而随着人们生活节奏的加快,人们对于传统文化的认同逐渐降低。通过对饮食类非遗的保护传承,将使全体中国人更加珍视这一宝贵的遗产,并对中国美食背后蕴含的传统文化有更深的认识,成为凝聚海外华人的精神力量,使他们的认同感和凝聚力得到提升,有利于中国饮食文化的保护和传承。

（二）有利于增进饮食文化的对话和交流

中国饮食文化博大精深,在世界范围内享有很高的声誉。孙中山先生和毛泽东主席都对中国饮食文化有过高度的评价。如今,在中西方饮食文化不断交流和碰撞的过程中,我们的饮食文化逐渐出现了新的时代特征和更为深刻的社会意义。中国美食不仅维系着中华民族的饮食生活,使中华民族得以生存、繁衍与发展,其中,每一个环节都包含有科学的与艺术的内容,使中国饮食文化具有深层次的科学性与高层次的艺术性,其丰厚的文化蕴涵也成为中华民族文明的一项标志,是全人类的一份宝贵的、丰厚的文化遗产。对饮食类非遗的保护传承,能够扩大中国美食的传播范围,让世界上更多的人了解中国传统的饮食文化,为中西方饮食文化的交流碰撞提供一个有力支撑,让它在博采众长的过程中保持生命力,进一步得到完善和发展。

（三）有利于丰富人的精神生活

饮食类非遗的保护传承有利于人们体会人生的美好和意义。一方面,饮食是要满足人基本的果腹、摄取营养素的生理需求;另一方面,在饮食过程中,既能够满足人们欣赏美食、得到艺术享受,又能满足人们追求美好、团圆,重视礼仪等的心理需求。自古以来,中华民族便是拥有悠久历史、讲美德、知礼趣的文明之邦,对饮食文化的发扬有利于加强现代人在文化、历史、礼仪等方面的学习,传承古老的中华文化,弥补快节奏生活所带来的精神生活缺失,对人类的精神生活产生深远的影响。

四、饮食类非遗保护传承的路径

（一）注重以传承人为中心的传承体系

饮食类非遗主要是通过人的活动得以保存、发展和传承的,人的活动因素对它的保存、发展和传承有着至关重要的影响。我国 2011 年 2 月 25 日通过的《中华人民共和国非物质文化遗产法》中规定,国家鼓励和支持开展非物质文化遗产代表性项目的传承、传播,并确立了非物质文化遗产代表性项目的代表性传承人的资格认定制度,明确其义务,首要的一条便是开展传承活动,培养后继人才。首先,要明确非遗传承人的真正主体,不是政府、商界、学界及各类新闻媒体,而是那些深深根植于民间社会的文化遗产传承人。政府、商界、新闻媒体、学界对非遗的保护都会产生不同程度的影响,其利用各自的优势发挥对非遗的保护作用,但是也不可能成为非遗传承的主体。其次,应将分散在民间的个体传承人技艺整合起来。用科学规范的方法合理有序地将传承人手中的零散资源建立系统性的档案保护。建立档案保护是中国饮食类非遗静态保护的主要途径。再次,将解决非遗传承人生计的问题放在重要位置。政府应该设立扶持经费,提供有关非遗展示的空间和活动,如美食节、饮食比赛等,让传承人可以发挥自己的特长。最后,明确传承体系的角色区分、职责区分、属性区分。饮食类非遗从性质特征上可以大致分为传统技艺类和民俗类,因此,在传承体系的构建上应该针对不同属性有所区分。只有建设完善的传承人体系,才能为培养非遗接班人保驾护航,让饮食文化得以保护和发展。

（二）强化以政府主导行业协会推进的保护体系

鉴于非物质文化遗产面临的传承艰难濒危的状况,以及抢救保护工作的重要性和紧迫性,进一步强化以政府为主导、行业协会推进的保护体系,加强政府行为和保护力度,是抢救和保护饮食类非遗的重要途径。有了政府的有力主导,才能使得非物质文化遗产的传承机制得以健全和完善。非物质文化遗产保护本身是由政府、商业资本、文化精英及文化持有者等多元主体共同参与的系统工程。在保护实践中,必须明确各个主体的权利和责任边界,同时,也要在各个主体间搭建平台和桥梁,使其能够就非物质文化遗产保护问题共同发挥力量。行业协会是保护体系中协助政府不可替代的力量,可以汇聚商界、学界、媒体等不同主体的力量,从而形成合力,积极推进饮食类非遗保护传承工作。在行业协会的推进下,成立饮食类非遗保护传承研究机构。一是组建由非遗研究、文化研究及餐饮研究学者组成的课题组,为从上到下全方位地开展饮食类非遗保护传承研究提供平台。向上积极申请国家级饮食类非遗代表性项目,为申请人类饮食类非遗代表性项目做好准备。二是在全国各省区组建非物质文化遗产保护传承基地,开展本地区的饮食类非遗研究,撰写全国饮食类非遗蓝皮书。在开展饮食类非遗保护传承的工作进程中,要为其创造良好的推进环境。制定详细的饮食类非遗保护激励政策和知识产权保护制度,及时给予适度的行政帮扶和法律援助;构建起相应的评估机构和审批体系,评估饮食类非遗的价值,并给出科学合理的法律鉴定依据。

（三）深化以饮食文化为核心的人文思想体系

《中华人民共和国非物质文化遗产法》由中华人民共和国第十一届全国人民代表大会常务委员会第十九次会议于 2011 年 2 月 25 日通过,2011 年 6 月 1 日起施行。其中第四条指出,保护非物质文化遗产,应当注重其真实性、整体性和传承性,有利于增强中华民族的文化认同,有利于维护国家统一和民族团结,有利于促进社会和谐和可持续发展。因此,饮食类非遗保护更应该注重传统饮食文化的精神内涵。精神世界可以理解为对现实世界不能实现的理想的一种补充和要求,而这种精神世界的外显往往会通过一些带有共同感的社会文化活动来实现。食物不仅供应着人们生物性的身体,也塑造着人们文化性的身体。饮食类非遗是基于"食"文化为核心的,从古至今受到传统儒家、道家思想观念的熏陶,是在传统的自然观、阴阳观、道德观等观念影响下逐步积淀而形成的。在长期的历史发展进程中,中华传统思想已经深深根植于饮食类非遗保护传承的血脉中,是其渊源发展的文化根基和厚重底蕴。在这项富有生命力的文化保护工作中,要想真正做到精神层面的传承,必须多种手段并用,不仅要重视烹饪技艺,更要将饮食文化中所包含的人文思想融会贯通。

（四）加强以群众为基础的普及体系

在非遗传承人群体层次的划分上,根据影响程度不同,可以将其划分为核心传承人、关键传承人、一般传承人、大众传承人四个层次。广大人民群众可以被称为大众传承人。饮食类非遗特有的贴近大众生活的先天条件,让其活态保护传承可以恰如其分地深入群众生活。建立有效的民间参与机制是其必然的发展方式。饮食类非遗源于民间，是由广大人民群众所创造的。只有使其在最适宜的生长环境中发展传承，才能有利于保持长久的生机与活力。加强群众的普及可以从两个途径着手，一是以学生群体为主要宣传对象。中小学应该开设相关的非遗保护课程，让学生从小接受这方面的教育，打下良好的学习基础。高等教育不仅应该开设相关选修、必修课，更应该开设相关专业性学科，为保护传承输送专业性人才，弥补专业人才需求不足的空缺。二是以社区为活动基地，发挥区域协调联动的作用。社区活动主要是以家庭为单位居多，目的是将饮食类非遗保护传承深入家庭生活，强化大众对非遗保护传承的认知。总之，要尊重饮食类非遗保护传承的自有规律，激励民间群众参与到饮食类非遗的保护传承的工作中来。

（五）扩大以旅游为连接点的传播渠道

中华人民共和国文化和旅游部办公厅印发了《关于大力振兴贫困地区传统工艺助力精准扶贫的通知》，为"非遗＋旅游"提供了良好的机会。从饮食类非遗的视角开展旅游，不仅能够对其发展有着可持续的积极作用，并且能够深化旅游的文化内涵，传播中国饮食文化。然而，将饮食类非遗与旅游融合并非一朝一夕的事情。首先，饮食类非遗与旅游融合需要建立科学有序的组织形式和"旅游＋"的发展模式。饮食类非遗种类繁多，包括茶的制作技艺，酿酒制作技艺，酱油、盐制作等技艺。"旅游＋"的发展模式和科学的组织形式可以助力解决部分传承人生计问题，为当地的经济发展带来新的契机。其次，饮食类非遗适合开发体验旅游的产品，通过现场展示、制作，不仅能让游客获得直观体验，而且有利于扩大饮食文化的辐射范围，将受众范围从本地人向外地人扩散。

第六节　中西饮食文化的比较

毛泽东主席提出的"古为今用，洋为中用"，是正确对待古今中外一切文化成果的方针，所要解决的是正确处理传统文化与现代文化、外国文化与中国文化的关系。我们在探讨中国饮食文化的传承时，一方面要"古为今用"，弘扬历史上中国饮食文化的精粹，为今天所用；另一方面要"洋为中用"，批判地吸收外国饮食文化中一切有益的东西，为我所用。因此，这里我们从广义的餐饮产品——菜点、服务、环境三个维度，再加上中西饮食思想比较中西饮食文化。

一、中西餐饮产品加工技艺比较

餐饮产品，从加工的角度特指狭义的餐饮产品——菜点。这里从烹饪的三要素——原料（选择）、工具（刀工实施）、技法（加热与调味），以中西餐（菜肴）为例比较中西餐饮产品加工技艺。

（一）中西餐的选料比较

1. 原料选择的相同点　从中西餐选料所涉及的品种分析，尽管两者所处的地理位置、气候物产有所不同，但两者的原料选择都比较广泛，而且，大部分品种是一致的。以植物原料中的粮食类为例,粮食类主要包括水稻、玉米、小麦、甘薯、小米、高粱、大豆及大麦、荞麦、青稞、赤豆、绿豆、扁豆、豌豆等。大部分的品种,中西餐都进行了选择和利用。而在动物原料中,除了一些动物的内脏外,中西餐的原料选择也大体一致。

因此,从宏观上比较,中西餐在烹饪原料品种的选择上,所涉及内容非常广泛,包括了粮食类、果蔬类、畜禽类、蛋乳类、水产品类、干货类、调味品类(动植物油脂、食品添加剂)等。无论是中餐还是西餐,都能根据自身饮食特点、风俗习惯进行选择和运用。

2. 选料侧重点上的不同点　在中西餐选料的侧重点上,两者却存在一些较大差异,这主要表现在以下两个方面。

一是植物原料与动物原料的选择和使用。来源于农耕文化背景的中餐,将原料的选择和使用的重点,放在了植物原料上,创造并发明了大量植物原料的再制品。

在中国传统的饮食结构中,植物原料所占的比重非常大。早在《黄帝内经》中,就对中国的膳食结构做了总结——五谷为养,五果为助,五畜为益,五菜为充。在这个膳食结构中,不仅将谷物列为第一位,而且植物原料占整个膳食的 3/4。这说明,我国的饮食非常注重植物原料的选取和使用。

中国在漫长的饮食历史中,虽然不断地创造许多新的原料。但与西餐相比,以植物原料为基础创造的大量再制品,如豆腐类豆制品、米线类米面制品、酱油类调味品等,在西方烹饪原料中是没有的。大量的植物原料的再制品,是中餐原料的一大特色,也是中国对世界烹饪的重要贡献。

在中餐的烹调中,植物原料的运用范围非常广泛。除了少数菜肴外,大部分的中餐是荤素搭配,而且素菜占的比例较大。而西餐中,虽然近些年,由于健康等原因,西方开始流行吃素食,但在传统上,纯粹的素食在西餐中是非常少见的。

来源于畜牧文化的西餐,将原料选择和使用的重心偏于动物原料,注重动物原料的再制品的创造和发明。从西方公元前后的文字记载来看,作为欧洲文明中心的希腊,其贵族的日常饮食中,各种肉类菜肴,如羊肉、牛肉、鱼类等是饮食摄入的主体。尤其值得一提的是,在其后漫长的饮食历史中,西方创造了大量的奶类制品,并将它们广泛运用在烹调中。如奶油、奶酪、炼乳、黄油、酸奶等。每一个种类,又有许多不同的品种,仅奶酪就有上百种之多。

此外,在实际操作中,西方特别重视和强调对肉类原料的认知和选择。在西餐中,不仅将肉类原料按照部位来分,还同时以颜色进行分类,以更加深刻了解肉的质地,进行更合理烹调。在西方烹饪教材中,大多将动物原料分成浅色肉和深色肉两种。西餐认为,肉的颜色不同,性质就不同,烹调方法也应该采取相应的技术方法。比如,牛肉色泽最深,肉质相对粗老,口感浓烈,特别适合煎、扒一类的烹调方法及黑胡椒少司等味道浓重、色泽比较深的少司。而鱼、海鲜等原料,质地细嫩,口味清淡,适合水煮、烩等烹调方法及奶油少司等味道清雅、色泽比较浅的少司。

二是天然原料与干制原料的开发和利用。中餐十分擅长使用香料,尤其是在卤菜、火锅的制作中。不过,中餐的增香调料大多是一些干制品,常见的有八角、桂皮、小茴香、草果等。这些常用于中餐调味的香料,在使用时,一般都是干制品。

此外,与西餐相比,在加工类的食物原料中,中餐的干制原料也非常多,几乎涵盖原料品种的各个大类。例如,中餐的动物性干制原料中就有鱼翅、干贝、海参、鱿鱼、鲍鱼、蹄筋、熊掌等。这些干制原料在西餐中很少出现。而在植物原料中,中餐的紫菜、海带、石花菜、冬虫夏草、发菜等,也常被加工成干制原料使用的,这些干制原料,在西餐中也较少使用。

使用大量的干制原料,是中餐用料的一大特色。各种各类的天然原料及再加工原料,使得中国食物原料十分丰富,这是其他国家无法比拟的。而中餐开发食物原料之多,也是其他餐饮所罕见的。仅从烹饪原料上,就可以看出,中餐为世界烹饪的繁荣做出了巨大贡献。

而西餐的烹调,讲究原料的新鲜,重视原料自然本味。因此,在原料的选择上,追求天然原料的选择和使用。以调味用的香草为例,在烹调中,中西餐虽然都使用香草来调味,但西餐大多使用新鲜香料,尤其是意大利和法国。西餐中新鲜的调味香草非常多,常见的有香叶、百里香、牛至、龙蒿等。

(二)中西餐刀工比较

刀工,是中西餐三大基本核心技能之一,与人们的饮食习惯等都有着极其密切的关系。从理论上看,中西餐都非常强调刀工技术。这是因为刀工有三个同样目的,即有利于菜肴加热和调味,有利于美化造型,便于食用。中西餐刀工在具体运用上也存在着许多差异,这些差异主要表现在以下两个方面。

1. 中餐刀工细腻,成型规格丰富　中国厨师历来都把刀工技艺作为一种富有艺术趣味的追求。"庖丁解牛"的寓言故事在中国几乎家喻户晓,庖丁神奇的切割技术为世人所称赞。当代的厨师进一步继承并发展了古代的运刀技艺。四川的灯影牛肉可以透过肉片看到灯影,薄如蝉翼。北京烤鸭,要求片 108 片,大小均匀,薄而不碎,形如柳叶,片片带皮。如今,中餐的刀工刀法的名称已有近百多种。以片为例,就有刨花片、鱼鳃片、雪花片、凤眼片、斧头片等 10 余种,足见中餐刀法的多样。

与中餐相比,西餐的刀工则具有简洁、大方、动物类原料成型规格较大的特点。由于西方习惯使用刀叉作为食用餐具,原料在烹调后,食者还要进行第二次刀工分割,因此,许多原料,尤其是动物原料,在刀工处理上,不像中餐那样细腻,原料通常被处理成大的块、片等形状,如牛扒、菲力鱼、鸡腿、鸭胸等。一般每块(片)的重量通常在 150～250 克。

2. 中西餐在刀具的选择和利用上差别很大　在对中西餐刀工进行比较时,我们发现,在中西餐的烹调中,常见的刀法是基本相同的。所谓刀法,是指切割原料时,具体的运刀方法,如直刀法、平刀法、斜刀法、其他刀法(除了常见的有拍、撬等)。在中西餐的烹调中,常见的刀法虽然相同,但在使用什么样的刀具去实现这些刀法上,两者却有很大差异。

总体上讲,中餐的刀具虽然不多,在刀工和刀法、原料成型规格等方面,不仅与西餐不相上下,有些时候甚至更胜一筹。这充分说明中餐刀工技艺十分高超。

西餐刀具具有种类多、大多专用、适应范围狭窄的特点;而中餐刀具具有种类少、一刀多用、适应范围广的特点。

(三)中西餐烹调方法比较

烹调方法以烹调工艺过程为主要研究内容,包括烹饪原料的初加工、切配、调味、加热熟制,直到成菜的各个环节,是人们利用烹调原料,通过烹调工具来实现烹调目的的主要手段。无论是中餐还是西餐,都十分重视菜肴的加热熟制环节,经过数千年的发展,两者达到相当的高度,但仍存在较大的差异。

1. 在熟制方法的选择上,中西餐各有侧重　根据传热介质特点的不同,烹调方法基本主要有五大类:水传热、油传热、固体传热、蒸汽传热、热辐射传热的烹调方法。菜肴的烹调方法虽然很多,但中西餐是各有侧重的。

与西餐相比,中餐特别擅长炒、熘、炸、烹、爆、煎、煸、烧等烹调方法。比较中西餐的炒,中餐中的炒,是将加工成形的鲜嫩原料置于锅中,加少量油,用旺火在短时间里加热、调味成菜的一种烹调方法。用于炒的原料,一般选择质嫩、易熟的原料,并将其加工成比较细小的形状。成菜具有滑、鲜、嫩、脆等特点。中餐中炒法是一个大家族,其中包含许多分支,还可以细分成许多种,如生炒、熟炒、滑炒、软炒等。

与中餐比较,西餐更擅长或者更多使用热辐射传热的烹调方法,如烤、焗等。

烤是将原料放在烤箱中,利用四周的热辐射和热空气对流,将原料烹调成熟的方法。焗与烤类似,也是利用热辐射等,将原料烹调成熟的方法。但使用焗法烹调时,原料只受到上方热辐射,而没有受到下方的热辐射,因此焗也称为"面火烤"。焗具有温度高、速度快的特点,适合质地鲜嫩的海鲜等需要快速上色或成熟的材料。此外,西餐烹调技法中铁扒,也是西餐烹调方法的一个特色。铁扒是将原料直接放在扒炉(条扒或平扒炉)上,利用铁板或铁条的温度及下面火源的热辐射,直接将原料烹调至需要的成熟度的方法。各种各样的牛扒、猪扒、羊扒,就是以铁扒的方法制作而成的。

西餐也有炒,但大多只针对配菜而不是主菜的制作过程,因此,用于炒的原料,主要是少数植物原料。方法也很简单,将这些原料放在平底锅中加热成熟即可,绝没有中国炒法这样精妙。

总体上比较中西餐烹调方法,中餐主要使用以油为传热介质的烹调方法。与西餐烹调方法相比,该方法不仅种类多,而且制作过程精妙,不仅是中餐最擅长的,也是中餐独创的,是中餐独具特色的一大类烹调方法。

2. 经验与科学、模糊与精确　在熟制的过程中,中餐烹调注重经验的积累,菜肴的制作过程模糊性比较强。西餐则更加强调菜肴制作过程的科学性和精确性。

从烹调的实际操作上分析,中国菜肴品种繁多,技术难度高,许多技术可以意会而不能言传。烹调方法更是多种多样,尤其是操作难度比较大的炒、爆、煸、熘一类,在中餐烹调中占有较高的比例,这些方法不仅要求烹与调要同时完成,而且强调时间的快速,要在极短的时间内成菜,所以一般人很难把握。

然而正因如此,更加能体现出中国厨师经验的可贵。比如,对于油温的测试,中国厨师凭借经验,通过观察、手烤等方法和长期的积累,就可迅速判断出油温的大致度数。而对于难掌握的用油传热、旺火速成的烹饪方法中,中餐特别强调通过不断实践,以准确掌握火候,达到动作敏捷、手法利落的熟练程度,从而使菜肴呈现出鲜、嫩、脆、软的风格特色。

与中餐相比,西餐中熟制的过程,更重视其中的科学性和精确性。在如何准确把握火候的温度上,西餐不是凭借经验的积累,而是通过使用各种烹调用具和设备来完成这一工艺过程。

因此,西餐的厨房使用了大量的设备,其中常用的加热熟制的设备就很多,如烤箱、焗炉、炸炉、扒炉等。西餐的这些设备,具有可以操纵温度和时间的旋钮,大都比较容易操作。依靠这些现代化的机械设备,西餐菜肴的制作过程相对于中餐,降低了操作中的不可控制的因素,使菜肴成品容易达到标准化和规格化,提高了菜肴制作过程的精确性与科学性。

（四）中西餐调味比较

调味就是以原料的本味为基础,正确运用各种调味品,施以不同调味手段,使原料提鲜、增香,消除异味并形成各种复合美味的过程。调味既是烹调核心技能之一,也是烹调成败的关键因素。中餐和西餐都同样认识到调味在烹调中的地位和作用。在调味的基本原则上,中餐与西餐有许多共同点。例如,在处理味道鲜美的原料时,中餐和西餐均慎用调味品,以使原料的自然之味体现出来。尽管如此,在具体实践中,中餐和西餐在调味技术上仍然存在一些差异。

1. 西餐的调味,更加注重酒的选择与使用　源于畜牧文化的西方国家,肉类是日常饮食的重要组成部分,因此,在烹调中,西餐特别着重于动物原料调味与处理。与植物原料相比,动物原料的腥、膻等味道比较浓重,在调味上,西餐十分强调去异增香的技巧。而各种各样风格的酿造酒类具有不同的消除异味、增加香味的作用,因此,在西餐烹调中的使用十分广泛。在长期的实践中,西方摸索出了一套酒与原料的搭配方法。比如,制作鱼虾等浅色肉菜肴,使用浅色或无色的干白葡萄酒、白兰地酒适宜;制作畜肉等深色肉类,使用香味浓郁的马德拉酒、雪利酒等更能够增香去异;制作野味菜肴时,使用波特酒除异增香最佳;而制作餐后甜点,用甘甜、香醇的朗姆酒、利口酒等则是比较完美的。

相比之下,中餐也常常用酒,但品种比较少,烹调中大多以料酒为主。在实际操作中,很少根据原料的不同性质,仔细挑选最适宜的酒的品种。因此,相比较而言,西餐在调味上比中餐更注重酒的选择和使用。

2. 烹与调的融合与独立　调味,是一个十分精妙的工作。在烹调中,不仅调味原料直接影响调味的效果,而且采取不同的方法对菜肴的最终的味道也有重要影响。一般来说,在菜肴的制作过程中,有三种常见的调味方法。

一是加热前调味。原料在加热前的调味,常见的方法是用盐、酱油、胡椒粉等进行码味,使原料具有基本味道。

二是加热中调味。在原料加热过程中,对其进行调味的方法。在这个过程中,主料、配料及调料的味道相互融合,从而使菜肴获得新的复合的味道。

三是加热后调味。这种方法,大多是主料、配料、调料分别制作完成后,再组合在一起的方法。

从菜肴烹调的三种调味方法上分析,第二种调味方法,实际上是在烹的过程中,对原料进行调味。这种方法是中餐十分擅长的,中餐的许多菜肴,采取了这种方法,我们称为"一锅成菜"。而西餐的菜肴,常常采用第三种方法,既主料、配料与调料分别制作,烹与调是分离的,就像黑胡椒牛扒,主料牛肉、配料土豆、调味汁黑胡椒少司是分别制作的,它们的结合是在装盘中完成的,这种方法我们称为"组合成菜"。

在实际操作中,加热前调味、加热中调味、加热后调味这三种方法,中餐和西餐中都有所涉及。但相比较而言,中餐擅长在烹中调味,讲究烹与调的有机结合,并以此形成自身的调味特色;西餐则擅长将烹与调分离,并以此形成自身调味特色。

正是因为西餐强调烹与调的独立,在菜肴制作中,西餐特别重视调味汁,也就是少司的制作。少司的质量,对菜品的最终味道起到决定性作用。西餐厨房的人员构成也与中餐不同,例如,西餐中少司是单独分开制作的,厨房中有专门人员负责制作少司,而这个人通常是主厨或者是厨师长。

二、中西餐餐饮服务比较

餐饮服务是餐饮工作人员为就餐者提供餐饮产品的一系列行为的总和。餐饮服务被视为广义的餐饮产品的组成部分。餐饮服务范围广泛,包括托盘、摆台等基本技能和餐前、餐后准备工作,中餐和西餐相比较,由于各自的历史、文化、风俗、习惯等不同,两者既有许多相似之处,也有许多差异之点。

(一)中西餐摆台基本元素比较

从摆台基本技能上分析,中西餐对摆台的基本要求相同,但摆台的基本元素不同。

中餐与西餐对摆台的基本要求虽然差异不大,但由于文化背景的巨大差异,在摆台元素上,尤其是最基本的进食的工具,两者存在着天壤之别。中餐是筷子,而西餐则是刀叉。中国人选择以筷子为主的进食工具,而西方人则选择了刀叉。这种看似小小的差异,却使中西餐餐饮服务形成了各自的不同特色。

1. 筷子摆台,是中餐服务的重要特点　与西餐不同,用筷子摆台是中餐服务的重要特点。筷子文化,是中餐服务文化的重要特色和组成部分。筷子,古称为箸,是世界上公认的一种独特餐具,被誉为中华民族聪明和智慧的结晶。

中国是筷子的发源地,以筷进餐,至少也有 3000 年的历史。《礼记·曲礼》上就有关于筷子的记载,并且还制定了一定的规矩。"羹之有菜者用梜,无菜者不用梜。"这里的梜,就是筷子。先秦时,菜除了生吃外,多用沸水煮食,按照当年礼制,筷子只能用来夹取菜羹,吃饭是不能动筷子的,否则被视为失礼。

筷子,作为进食工具,具有多功能性。一副筷子可以夹取多种食物,一物多用。这样的就餐特点,使得中餐的摆台不仅简洁,而且减少了进食用具的服务(包括选择、搭配、撤换等)麻烦。

2. 刀叉摆台,是西餐服务的重要特点　刀叉文化的背景,是畜牧文化。刀叉的最初起源,与欧洲古代游牧民族在马上生活的习惯有关,他们一般随身带刀,将肉烧熟后,割下来就吃。这样的情形,持续了相当长的时间。据资料记载,16 世纪以前,西方人在进餐时,几乎没有任何餐具,总是先用刀切割好食物后,再伸出手指抓食。

不过,当西方人开始普遍使用刀叉后,刀叉几乎成为西餐就餐中形影不离的一对。刀叉的选择、使用及其布置等,成为西方上流社会的礼仪,也是西餐服务中讲究的部分之一。

西餐刀叉的种类众多,不同的刀叉要求对应不同的菜肴,一顿正餐需要多副刀叉完成。不仅如此,西餐中的刀叉还有许多专有品种,牛肉刀与牛肉叉,鱼刀和鱼叉,吃沙拉、吃甜点都有不同的刀叉。这些刀叉都各司其职,绝不能混用。

因此,西餐的刀叉摆台是西餐服务是一个重点和重要的环节,也是西餐服务文化的重要特点之一。

(二)中西餐酒水服务比较

在餐饮服务中,无论是中餐还是西餐,酒水服务都是服务的重要一环,不过,相比较而言,西餐的服务中,对酒水服务这个环节更加重视,对不同酒水的服务方法和标准,也都有严格的规定。这使得西餐的酒水服务更加专业,品质也更高。

1. 西餐规定更严格的服务程序和标准　在西餐酒水服务中,不同的酒水具有不同的服务程序与标准。在服务中,要求服务人员严格按照规定的程序和标准进行服务。

不同的酒水,在不同的服务环节如准备工作、示瓶服务、开瓶服务、续杯服务、斟酒服务、品酒服务等特点不同。不同酒类,也要采取不同的服务方法,例如,香槟酒和白葡萄酒在开瓶前,要先放在冰桶中冷却,而红葡萄酒却不需要这个步骤。在开瓶服务中,白葡萄酒和香槟酒的打开方法也是不同的。

2. 西餐强调酒水与酒水杯的搭配　中餐酒水服务中,对于在酒水杯子的选择上,大多没有特别的要求,而西餐则不同。

根据资料记载,西餐中用于盛酒的酒杯非常多,不同的酒有不同的杯子,例如,盛装红葡萄酒的红葡萄酒杯、盛装白葡萄酒的白葡萄酒杯、盛装鸡尾酒的鸡尾酒杯、盛装香槟的香槟杯及马蒂尼杯、甜酒杯等,品种繁多。而且,即便是同一类酒,也会因为酒的风格不同,选择不同的杯子。例如,葡萄酒、香槟各自特点不同,对应不同类别的酒杯。

3. 西餐强调不同品种的酒水,搭配不同的菜肴　在酒水与菜肴之间,如何正确且巧妙的搭配从而使得两者相得益彰,这个问题,在中餐的酒水服务中,考虑得比较少。

中餐的酒水服务,主要强调斟酒的顺序、次序及时机,对什么菜配什么酒,并没有特别要求。与中餐相比,西餐的酒水服务,特别注重酒水与菜肴的搭配。

西餐对酒水服务的要求与中餐不同,要根据不同菜肴的不同特点推荐酒水,进行合理搭配。服务人员不仅要对菜肴特点了如指掌,对于酒的性味,也要十分熟悉,这样才能在顾客点不同的菜肴时,推荐最匹配的酒水,达到酒菜合一的目的。

(三)中西餐菜点服务方式比较

菜点服务,是餐饮服务的核心和重要环节。我们在对中西餐菜点服务过程进行比较后发现,两者在上菜顺序上都基本遵循菜单的结构顺序,但由于中西餐文化差异非常大,在服务方式,两者选择了不同的方法。

1. 不同的菜单结构,相似的上菜顺序　无论中餐服务还是西餐服务,都离不开菜单。虽然中餐与西餐的菜单结构并不相同,但在通常情况下,服务人员会根据菜单中菜肴的排列顺序上菜。中餐的菜单结构,虽然在各个地区有所差异,但基本上是三大部分:凉菜、热菜、点心。

在此基础上,中餐的菜单还可以细分,如高档餐厅,将燕鲍翅单独列出;特色餐厅,将自己的特色菜肴单独列出等。但总体来讲,基本是按照凉菜、热菜、点心的格局进行编排的。

西餐的菜单结构,根据西方餐饮业比较权威的培训手册《西餐服务员手册》进行分类,一份正式的西餐菜单,一般有五个部分:开胃菜、汤、副菜、主菜、餐后甜点。

大部分的西餐餐厅是按照上述的五个部分安排菜结构的。当然,不同的餐厅,由于风格、等级、档次等不同,在菜单上,还会选择以下内容,如比萨、意大利面条、三明治、汉堡等。

在中西餐菜点的服务中,服务人员一般根据菜单结构顺序来上菜。在中餐菜点服务中,依照先冷菜后热菜进行,服务人员一般不会先上热菜,再上冷菜;西餐一般同样遵循先上开胃菜、最后上甜点的顺序,也不允许先上主菜,后上汤菜。如果没有特别的要求,服务人员一般随意前后颠倒的。

2. 聚餐式与分餐式服务方式　中国与西方，由于文化、习俗等方面的差异，在就餐方式上，采取了截然不同的两种方式，包括聚餐与分餐。

中餐的就餐，以聚餐为特征，常选择圆桌，以便于聚集和用餐（图5-2）。相应地，菜点的服务方式也与这种方法相适应。首先，上菜的位置没有特别的规定，一般从安全考虑，不在老人和小孩旁边上菜。其次，中餐菜点，讲求上菜的时机。先冷后热，一般来说，当冷菜吃到2/3时，就可以上第一道热菜了，一般要求热菜要在30分钟内上完。冷菜在摆放时要注意"三岔"，即岔色、岔形、岔味。为尊重主宾，新上的热菜要先摆在主宾的位置，其余的热菜则按"一中心、二直线、三三角、四四方、五梅花"的形状进行摆放。此外，在服务时，按照我国传统的礼貌习惯，注意"鸡不献头，鸭不献尾，鱼不献脊"。

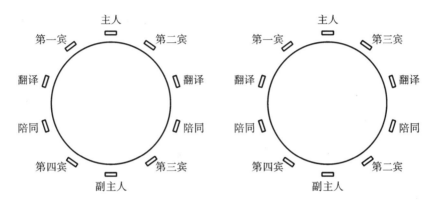

图5-2　中餐聚餐制就餐方式常用圆桌

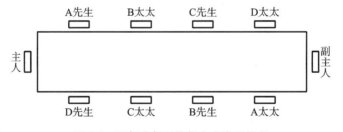

图5-3　西餐分餐制就餐方式常用长桌

与中餐不同，西餐的就餐，是以分餐为特征的，菜点的服务方式也相应地与这种特征相适应（图5-3）。首先，由于是分餐，餐饮服务在上菜的位置上，做了详细的规定和强调。以法式服务为例，要求从客人左侧用右手上黄油、面包、色拉；其他食物用右手从客人右侧上；餐具从客人右侧撤下。其次，由于是分餐，在服务中，西餐特别强调尊重每个客人的需求，应认真记录每位客人所点菜肴及其要求，如生熟程度、口味要求、配菜调料、上菜时间等。

三、中西餐就餐环境比较

就餐环境即就餐场所。就餐环境是除了菜点与服务以外的广义的餐饮产品的组成部分。在餐饮的经营管理中，就餐环境往往对就餐者的饮食心理产生影响。无论是中餐还是西餐，良好的就餐环境，日益成为餐厅吸引消费者、增加竞争力的重要手段。

然而，由于文化、思维方式及审美方法等方面的不同，中西餐又呈现出不同的特色，尤

其在餐厅的就餐环境氛围、就餐布局以及主题文化的营造三个方面。

(一)西餐厅的就餐环境氛围

从总体上讲,一个餐厅的就餐环境是其内在饮食文化的具体表现。从餐厅外在的有形店景文化到餐厅的功能布局、设计装饰、环境烘托、灯饰小品、挂件寓意都能体现这个餐厅的文化主题和内涵。

比如在灯光的运用上,灯光与顾客的味觉、心理有着潜移默化的联系,独特的灯光布置,可以衬托餐厅的个性与风格。中餐厅在就餐环境上,常常以宽阔而气派为美,因此,在灯光的运用上,多采用整体照明方式,尽量营造灯火辉煌、热闹欢乐的景象。当顾客走进这样用灯光营造的暖色调的中餐厅,情绪容易被调动起来。

与中餐厅相比,西餐厅在就餐环境的营造上,较少使用明亮的色彩,特别强调局部照明,因此,西餐厅的氛围多偏重于宁静、安详与私密。灯饰系统以沉着、柔和为美。因此在灯光的色彩上,偏重于幽暗。

在环境氛围营造上,西餐厅与中餐厅的不同,也同样反映在其对餐厅色彩的选择和运用上。色彩,对于人的心理具有特殊的刺激作用。在餐厅的装饰中,恰当的色彩搭配和选择,不仅可改善就餐空间、丰富餐厅层次与造型,而且在营造气氛中,也会起到很大的作用。

根据中国传统的就餐心理,餐厅应有灯火辉煌、兴高采烈气氛。因此,中餐厅的色彩选择上,多采取明亮的颜色,如红色和黄色,以营造热烈、温暖的感觉。而与中餐厅不同的西餐厅,由于注重安静与个人的隐私性,多采取咖啡色系等沉静的色彩。

(二)就餐布局

中餐厅为了营造热闹气派的就餐环境,在布局上,常常以阔而大为美,尤其是许多餐厅还有宴会功能,承接婚宴、寿宴等。在中餐厅大厅的布局方法和方式,以体现开阔和气派为主,顾客对私密性的要求主要在包间内体现。因此,大多数中餐厅,为了满足顾客的不同需求,常常既有大厅,也设包间。

与中餐厅相比,西餐厅一般没有单独设计包间,但在布局上注重空间的分割。此外,西餐厅一般具有多重功能性,一般需要兼顾就餐的功能和休闲享受的功能两个方面。无论是哪种功能,在西餐的布局上,都以体现顾客的私密性为原则的,以便顾客能够安静享受就餐的乐趣,不被其他顾客打扰。

(三)主题文化的营造

西方文化虽有相似之处,但由于文化、地理等诸多因素,不同国家的饮食也存在巨大差异。西餐厅在主题营造上,需要了解和把握其中的差异,突出不同的文化特征。

西餐从大体上可分为以下几种,一是以法国、意大利及地中海周边国家为主的拉丁语系国家的饮食,在传统上注重生活情趣与创新;二是以英国、德国及中北欧国家为主的罗马语系国家的饮食,菜肴制作简单;三是俄罗斯及周边国家的饮食,由于气候寒冷,菜肴制作也相对简单,但菜肴油重、热量高,分量也比较大;四是以美国为代表的移民国家的饮食,美国式饮食,分量大,偏爱沙拉及水果制作的菜肴,菜肴的制作相对快速而简单。

而餐厅环境的设计和营造,成为突出餐厅主题,形成饮食特色必不可少的重要环节。以希腊餐厅为例,餐厅在颜色的选择上,使用了白、蓝、黄,分别代表白云、大海和阳光,使顾客一走进餐厅,就会感受强烈的地中海特色,而在墙壁上,也挂上了许多希腊风景画。餐厅的菜肴,以希腊特色和经典菜为主,而在盛装器皿上,也多以蓝色或者白色为主。菜单的颜色也是海蓝色。

四、中西餐饮食思想比较

一般而言,人们吃什么、怎么吃、吃的目的、吃的效果、吃的观念、吃的情趣、吃的礼仪等,是饮食文化在大众层面的折射所形成的现象,是饮食文化的一个重要组成部分。因此,我们从广义餐饮产品——菜点、餐饮服务、就餐环境三个维度比较了中西餐异同点,所形成的结果关键在于饮食思想的差异。

中国人的思想意识,十分注重强调群体和社会意识。个人利益应当服从社会整体利益,只有整个社会得到发展,个人才能得到最大利益。

与中国人不同,西方人以自我为中心,重个人、重竞争。西方人的价值观认为,个人是人类社会的基点。每个人的生存方式及生存质量都取决于自己的能力,有个人才有社会整体。个人利益高于社会整体利益。

这些迥然不同的思想,存在于中国与西方国家生产和生活的各个方面。在饮食上,这样的思想和思维方式在中餐中表现为强调"调和",而在西餐中则更加关注个性与独立。这种思想具体表现在以下两个方面。

(一)菜肴的烹调过程

中西饮食,用相同的原料,却做出了不同的菜肴。这种差异表现在制作的过程中。举例来说:同样使用牛肉、土豆及一些调味品制作菜肴,中餐往往会做成土豆烧牛肉之类的菜肴,而西餐则演绎成为牛扒与土豆条。这两个原料上差异不大的菜肴,却从本质上反映出中西双方内在的饮食思想的不同。土豆烧牛肉,制作的目的是使土豆、牛肉以及调味品,在烹调的过程中,能够相互融合,达到"你中有我,我中有你"的完美境界。这种烹调思想,如果要浓缩为一个字,就是"和"。这个"和"(调和)字,即是中国饮食文化和思想的精髓。

这个准则不仅存在于饮食中,也贯穿于政治、经济、文化、艺术等各个领域。因此,总体来讲,中国烹饪在传统上,讲究的是烹与调的统一,强调的是相互之间的融合与促进,在烹与调的统一中,矛盾在消除,对立在消除,最终主料、配料、调料之间呈现一种融合之美。

与中餐不同,西餐在烹调中,强调独立与个性。同样是用牛肉、土豆和调味品制作的菜肴,西餐的做法与中餐就大不相同。在制作中牛肉是单独制作的。牛肉在用盐、胡椒粉等简单调味后,或者放在扒炉上,或者放在煎锅中,加热到需要的成熟度。在对土豆进行加热处理时,西餐选择了与主料不同的烹调方法——炸。将土豆放在炸炉中炸至需要的标准。这种主料与配料采取不同烹调方法制作菜肴的方式,在西餐菜肴的制作中比较普遍。它反映出西餐饮食思想中的独立特性的一面。还有,西餐菜肴的调味,来源于调味汁,即少司。少司的制作,如前所述,在西餐的烹调中,也是独立完成的。

综上分析,一道西餐的制作,基本有三个步骤——主料制作、配料制作、调料制作,这三个步骤,各自独立完成。西餐菜肴里主料、配料、少司在同一盘子中,虽然共同构成一个整体的图案,但是又拥有各自独立的空间和个性。

因此,从本质上看,中西餐的不同之中,包含着其饮食思想的巨大差异,中餐强调和推崇调味,而西餐张扬个性与独立。

(二)餐饮的服务方式

中国传统文化强调的是"和",在审美观念与思维方式上表现在三个方面,第一是中庸,第二是和谐,第三是圆满,它着重强调矛盾的消除和融合。

在餐桌及就餐方式等方面,中国人在潜意识中自然地选择了与他们审美与思维一致的餐桌形态——圆桌,表现和谐的就餐方式——聚餐,以及表示圆满的人数——十。圆桌比长方形桌子更能体现融合与和谐之美。在圆桌的布置上,中餐以圆桌的中心为焦点,无论是菜肴还是餐具的摆放,甚至是就餐的人群,一层一层都围绕在这个中心的周围。

与中国人不同的是,西方人的审美观念与思维方式,强调的是美的对立特质,强调的是思维的独立性。因此,西方人选择了长方桌。在点菜时,根据个人爱好和欲望为自己点菜。而进餐时,大家则各据一方,刀叉的活动范围仅仅限于自己面前,不会有中餐那种众人共享一盘菜,甚至你给我加菜、我给你加菜的热闹情形。而与这种就餐方式相对应的西餐服务,也就形成了与中餐完全不同的方式——分餐式服务,服务人员尊重每一位顾客的需求,根据不同顾客的要求,摆放不同的餐具、服务不同的菜肴。与中餐的服务方式中充满浓郁的人情味相比,西餐更加肯定个人与个性,多了一份理性与沉静。

总之,无论是菜肴的制作过程,还是餐饮的服务方式,中西餐餐饮在形式上的不同,本质上是中西餐饮食思想的差异。

第七节　中国饮食文化的国际化传播

习近平总书记在十九大报告中关于推动文化事业和文化产业发展中指出,加强中外人文交流,以我为主、兼收并蓄。推进国际传播能力建设,讲好中国故事,展现真实、立体、全面的中国,提高国家文化软实力。同时中共中央办公厅、国务院办公厅印发的《关于实施中华优秀传统文化传承发展工程的意见》明确提出包括中国饮食文化在内优秀传统文化的国际传播,推动中外文化交流互鉴,进一步明确了以中国饮食文化走出去为载体的中国文化走出去的路径。

中餐作为国家符号之一,也是世界认识中国、了解中国的渠道之一。本节在明确中餐国际化发展历程、发展背景和发展现状的基础上,提出中餐国际化发展原则和对策,并对中国烹饪教育走出去的路径进行探讨。

一、中餐国际化发展历程

中国饮食文化迄今为止已有 8000 多年的历史。古老的饮食文化不仅创造了史前文明,而且随着中华民族的日渐繁荣发展,更成了中华民族必不可少的传达物质文明和精神文明的载体。随着经济一体化、全球化的发展,各国间的文化交流日渐频繁,中餐带来的经济效益也不容小觑。中餐作为承载中国传统文化的主要载体,应响应时代的要求,走国际化发展之路。中餐在国际化的道路上,一共经历了三次浪潮。

早在 200 到 300 年前，中餐就已走出国门。中餐最早的传播形式较为简单，受众范围也比较单一，主要消费群体是华人、华侨。在当时，我国广东、福建等地有很多华人、华侨为了生存移民到东南亚等世界各地。由于国别之间在文化和生活等方面存在着一定的差异，移民者们并不能快速地适应当地的生活。以中餐为媒介是大多数华人、华侨快速融入当地生活的一种选择。因此，开设中餐馆是大多数人初到异乡安身立命、生存发展的首选，也因此将中餐带了出去，中餐在世界各地开始发展。这是中餐国际化发展的雏形，也是在这个阶段，外国友人初步知道了中餐。这个阶段持续了 100 多年。

20 世纪 70 年代末到 80 年代改革开放之初，中餐国际化的进程有了新的变化，尤其是在 1997 年香港回归后，达到了中餐国际化发展的高潮。不少厨师走出国门开设酒楼，将中餐进一步推向了世界，包括全聚德在内的中华老字号，品牌餐饮企业在国家政策的鼓励下纷纷走出国门，开设中餐馆。这个阶段外国人知道了中餐具体是什么样子，但由于当时我国外汇储备不高，对海外投资层层审批较为严格，加之初到海外发展的企业对当地市场环境、经营机制、法律规范等缺乏明确的了解，政府对中餐的扶持力度不足等诸多原因，走出去的企业的体制和机制不能够很好地适应海外市场的需要，中餐国际化的步伐遭受到重重阻碍，很多企业人才流失，投资与效益不成正比。因此大部分想要走出去和走出去的企业都纷纷放弃国际市场，中餐国际化的发展受到了严峻的考验。

近年来，不少民营企业按照市场规律开拓海外餐饮服务市场，中餐走出去进入了活跃阶段。2011 年，商务部发布了《商务部关于"十二五"期间促进餐饮业科学发展的指导意见》中明确提出，要积极推动中国餐饮文化"走出去"。以此为标志，中餐国际化迎来史上第三次热潮。如果说前两次的国际化是自然状态下的国际化，那么第三次则是在政府的推动下进行的国际化。

经历了三波走出去的浪潮之后，中餐早已成为世界了解中国和中国文化的一扇窗。但由于中餐国际化发展尚处于初期探索发展阶段，如何加快中餐国际化发展速度，动员多方力量共同努力，促进中餐文化的保护、传承与发展，让世界进一步认识中餐，了解中餐，改变对中餐原有的消极印象，形成一定的气候和规模，开创新的增长点，是当前中餐国际化面临的主要问题。

二、中餐国际化发展背景

中餐国际化发展是时代发展的必然趋势。从国际层面来看，首先，如今世界正处于经济一体化，发展全球化的时代。中餐作为日常生活中接触最为广泛的中国文化，其国际化发展是促进经济一体化的重要组成部分；其次，国际餐饮市场发展日趋完善，国际宏观政策指导力度加大；再次，世界各地生活水平提升，越来越多的人追求文化差异性的体验。从国内层面来看，首先，中国经济、科技、军事等硬实力方面的强大给中餐的发展带来了骄傲和机遇，是中餐发展的黄金时期；其次，在外交上我国建立了良好的国家形象；再次，由于国内餐饮市场竞争的加剧，国家积极鼓励有实力的餐饮企业走出去，加快国际间经济的交流；再加上中国"一带一路"美食旅游联盟的推动，中餐已经具备了走向世界的最佳契机。

为了加快中餐国际化的步伐，我国以中国烹饪协会为主的各相关组织已经做了大量工作推进中餐国际化建设。在 2014 年，国务院侨务办公室和世界中国烹饪联合会共同启动"中餐繁荣计划"。2016 年年初，在江苏南京揭牌"海外惠侨工程中餐繁荣基地"；2016 年 7

月由中华人民共和国驻米兰总领事馆和中国烹饪协会支持,中国烹饪协会名厨专业委员会、米兰华侨华人工商会等多家组织联合主办了"首届米兰中华美食文化节";中国非遗美食文化代表团走进泰国;与国际知名院校沟通餐饮人才建设,间接促进中餐国际化;2016年12月,中国烹饪协会组织的中国美食文化展演团在纽约举办"中美旅游年——中国美食文化展演系列活动",应纽约大学、美国中餐联盟邀请,隆重举办中国(徽菜)美食文化走进纽约大学系列活动,让各国大学生们近距离感受中国美食文化,掀起中国美食文化热潮;应中国驻纽约总领馆的邀请承担总领馆重要外交活动午宴的设计制作,借助中美旅游年的契机推广中国美食文化的计划;成功创办首届中餐烹饪世界锦标赛;整理资料,加快中餐非物质文化申遗进程,多次组织各国中餐协会探讨中餐发展等。通过上述各种活动的举办和平台的搭建旨在加速中餐国际化进程,提升海外中餐业水平,弘扬中国饮食文化,支持海外侨胞中餐事业发展。

三、中餐国际化发展现状

(一)中餐国际化发展未上升到国家战略层面

在中国广大的餐饮企业、厨师、专家的支持下,中国烹饪协会作为国家级的餐饮业协会,近年来在推动中餐国际化发展及中国美食国际推广方面做了大量的工作,但目前这些工作还主要是由中国餐饮业自身根据民族感情和出于社会责任的力量来推动去完成的,缺乏相应的力度。十八大以来在中央推动经济、文化走出去的机制以及"一带一路"倡议的大力指导下,中餐国际化的发展与中国美食文化国际推广工作得到了外交部、商务部、文化部、教育部等有关部门越来越多的关注与支持,但中餐国际化发展还未上升到国家战略层面,全民对于中餐国际化的重视度不高。在经济全球化发展的今天,中餐国际化发展应作为促进中国经济发展,提高国家文化软实力的重要工作,提升到国家战略层面,并建立政府相关部门作为与行业协会及餐饮企业联动的统一协调组织机构。

(二)权威中餐鉴定机构有待完善

中餐要想走国际化发展之路,就要有章可循。因此,必须要有一个权威机构去制定硬性的中餐评估标准,并据此评估中餐。如法国的米其林机构,经其认证的餐厅,成了人们选择用餐的参考依据。我国中餐的评定机构现已有中国烹饪协会,其对餐饮企业的评定有一套严格的标准,经过一系列的严格审查后,评定为"中华餐饮名店"。评定机构虽然较为成熟,但依然存有不足之处。中餐的评定机构在评定过程中大众参与感低,评定标准较为单一,对已经走出去和欲走出去的企业及国内的餐饮企业标准一致,没有区别。但事实上由于中餐进军海外,在装修等可变因素上应是入乡随俗。因此,中餐的评定机构对于中餐的评定应有所区别,并丰富其实质内涵。

(三)各相关组织的工作效果有待加强

相关组织的作用是补充政府职能的不足,加快中餐文化的传播。其工作重点常常侧重于对中餐文化的宣传。在过去的时间里,相关组织多次带着中餐走出国门参加各种中餐美食交流活动和与传播中餐文化相关的活动,向世人普及中餐文化,如走进米兰、泰国等地,走进法国中国电影节等。尽管为中餐国际化做了很多的努力,但其辅助功能仍然有待加强。首先,相关组织在活动和赛事成功举办后,缺乏对后续影响及其延续性和影响范围的跟进研究。活动的举办具有实时性,但其影响的效果具有延续性,缺乏后续的跟进研究会在一定程度上浪费人力、物力和财力。只有对活动进行后续的跟进研究,才会总结出问题的根源和下次需要改进的地方,摸索出适合中餐国际化发展的模式。其次,在中餐国际化的研究队伍中缺乏新鲜的血液。中餐国际化的研究任重而道远,需要更长久的时间和努力,新鲜血液的加入有利于在原有的基础上增加创新元素,有利于培养未来的专家,保障中餐国际化的可持续发展。而在人才培养方面,相关组织对于人才的培养缺乏针对性。

(四)中餐走出去冲击海外原有市场

目前,从中餐企业经营者的角度可将中餐企业在海外的发展分为三种情况。第一种,由海外华人、华侨在海外开设的一般规模的中餐企业。这部分企业在海外的中餐企业中占比较大,且主要是集中在海外的华人区,多为家族企业形式。在华人区的中餐已形成了完整的营销体系,其客户群体也主要以生活在海外的华人和中国的游客为主;第二种情况,外国人或具有较强的经济实力的华人在海外开设规模较大的中餐企业,这类企业,因管理层了解所在国家的文化和民众口味,同时也采取了比较先进的管理模式,因此其经营规模和盈利都超过家族企业。例如,目前发展较好的华人开设的"熊猫快餐",取得了很大的成果,但其经营的中餐口味已经进行了大幅度的改良,很难再称为非常纯正的传统中餐。第三种情况为国内较有实力的大型餐饮企业,近年来开始走出去,在海外开设中餐企业,如眉州东坡、黄记煌、留一手等。他们已经在海外成功开店,并且较好地保持了中餐的口味。另外还有很多国内的大型中餐企业,其经济实力雄厚,也有走出去的愿望。但对海外市场、金融市场、法律法规的了解有限,大多处于观望或者刚刚起步的阶段。

由于上述第一类餐饮企业的拥有者及经营者,大多是早期走出去的华人、华侨,企业规模有限,与国内餐饮发展水平有较大差距,竞争力也相对比较薄弱。随着中餐国际化的发展,我国政府和相关组织协会一定会鼓励有实力的、健全的中餐企业走出去。因此,大规模的国内中餐企业在海外的发展从某种程度上会给他们的经营造成一定的影响,甚至导致某种程度的纠纷。另外,中餐国际化也会冲击原有的本土企业市场和雇佣市场。因此,如何引导国内中餐企业健康有序地发展海外事业,与海外的华侨华人共同合作、共同发展是中餐国际化顺利发展需要解决的问题。

(五)海外高水平厨师及专业管理人才匮乏

对于海外的中餐企业和欲走出去的企业来说,能够雇佣到既熟知本土经营特色又了解中餐的专业管理人才和高水平的厨师是一件比较困难的事。在管理上,一种是雇佣本土管理者进行管理,但其普遍缺乏对中餐文化的了解,不能很好地将中餐文化内涵传递出去;另一种是雇佣中国管理者,但其普遍对海外的市场环境、政府政策、法律、金融环境、当地文化等缺乏认识,因此海外的中餐企业和欲走出去的企业面临高素质管理人才缺口的问题;在技能人才引进上,一方面,有些国家会对厨师的引进有严苛的要求,如厨师必须要有厨师等级证书,语言要达到一定水平,年龄不得超出或小于规定年龄。另一方面,中餐厨师的引进会冲击原有的雇佣市场,如2014年,荷兰中餐企业和荷兰政府就曾因雇佣中餐厨师的问题闹得不可开交。与此同时,因中餐走出去的对象,在劳务用工、签证等方面都受到限制,海外的中餐企业和欲走出去的中餐企业很难从国内派遣大量的高水平的中餐厨师与了解中餐经营的高素质的管理人才。即使是可以从国内派遣少量的专业厨师和管理者到海外工作,但他们也很难很快地熟悉海外市场环境、法律法规、消费文化及解决语言的障碍等。而从当地雇佣厨师、管理人员,他们对中餐经营的认识及技术水准又亟待提高。因此,海外中餐企业所需要的专业人才极度匮乏,严重影响了中餐国际化的发展速度。

(六)中外餐饮文化差异阻碍中餐国际化进程

由于文化习俗的不同,中餐产品、口味、品质的国际化发展也面临着很大的困难。不同的国家会有不同的生活习惯和宗教信仰,因此在饮食习惯上也会有不同的要求,如餐具的使用和原料的应用,菜肴的口味和餐厅的装修风格等,其中菜点的口味是关键。一方面由于海外消费者对中餐文化了解不足,对于中餐持有消极态度;另一方面,由于缺乏对海外各国家饮食文化的了解及市场环境的调查,导致在海外发展的正宗中餐不能够很好满足本土消费者的需要,制约了中餐国际化的发展。目前海外中餐的主要消费群体依然是华人华侨。因此,中餐国际化发展面临的重要问题是突破所在国家的文化差异,融入当地,被当地市场的主流所认识并接受,在海外立足,长久发展。

(七)中餐品牌形象建设薄弱

中餐品牌形象的建立对于外国人正确认识中餐至关重要,但目前中餐品牌形象建设较薄弱。主要原因需从中餐国际化的主体和客体两方面来看。

从客体角度看,首先,由于外国人对中餐文化的认识不足,加之中餐的技法多样,用料广泛,种类繁多,按不同的标准会有不同的分类,使得外国人对中餐品牌形象认识较片面,甚至是存在偏见,很难从整体上了解中餐;其次,由于海外中餐企业大多是为谋生而建立的,菜点大多为非专业厨师烹饪而成,因此菜点整体质量不高,导致中餐在海外形象大多属于中低档消费,鲜有外国主流社会群体消费;再次,由于中餐部分食材的运用与海外部分人文伦理和理念不同,加之国外一些别有用心的媒体刻意扭曲,在一定程度上影响了中餐品牌形象。从主体角度来看,由于市场环境等多方面因素的影响,大多数海外中餐企业的首要任务是"保命",对于文化品牌建设意识淡薄,缺乏长远发展的战略目标,缺乏中餐文化传承责任感。因此,要想中餐长久发展,增强海内外华人、华侨的中餐文化传承责任感,提高品牌意识是中餐国际化发展的基础建设;另外,中餐企业的形象也亟待改善,由于最初在海外开设中餐企业的华人、华侨大多不是专业厨师,经济也存在困难,导致在店面的装修和卫生水平上给外国消费者留下了消极的印象。因此,改善和提高海外中餐企业的环境和卫生水平也是中餐"走出去"品牌形象建设的重要内容。

同时,中餐申遗的工作进展也并不乐观。中餐申遗的成功对于中餐品牌形象的建设有着相当重要的作用。目前,法国和土耳其美食分别于 2010 年和 2011 年被列入人类非遗名录,就连以中餐文化为根基衍生出的韩国泡菜和日本和食也已于 2013 年被列入人类非遗名录,为世人所熟知,并因此而走向世界的舞台。但唯有博大精深的中国饮食文化缺失于人类非遗名录,国际化进程缓慢。因此,将中华美食申请列入人类非遗名录,对于中餐品牌形象的建设有着巨大的作用。

(八)政策与经济支持有限

中餐国际化离不开海内外政府的政策和经济支持。从海外政府来看,海外政府对于中餐企业的政策支持很大程度上与其国情和市场环境有关。一方面,由于中餐企业在海外的整体发展水平不是很高,对于拉动当地的就业、增加税收等方面作用不是十分明显;另一方面,从中国雇佣劳动力会给本土居民就业造成一定的冲击,因此当地政府在制定鼓励中餐发展政策时会有所保留。在经济上,国外政府对中餐企业的鼓励更是微乎其微;从国内政府来看,目前我国只是在一些会议及相关规划中提出中餐国际化的发展方向,并提供一些交流平台,举办一些活动,并没有统一的政策标准、专业的法律法规咨询和经济上的减免及补助政策等鼓励有实力的中餐企业走出去。

四、中餐国际化发展原则

(一)外交规范,和谐发展原则

中餐国际化发展的一切前提都应是以相应国家的基本国情和发展现状为基础,遵循国家方针政策为前提而进行的,只有这样才能建立中餐国际化发展的良好外交背景,确保中餐国际化发展的可推进性。因此,在外交关系的建立上一定要注意规范行为,遵守国际规章制度,以建立和谐稳定的外交关系为准则,推进中餐国际化建设。

(二)传承与创新,可持续发展原则

中国饮食文化是中华民族在长时期的生产、社会实践中积淀而形成的民族文化,是极具代表性的思想文化,深深蕴藏着所属民族的精神特质及文化基因,对世人了解中国有着重要的借鉴和启示意义。但由于中外文化间的差异及科技的进步,中餐在传播过程中需要有所创新,才能被世人所接受。因此,中餐国际化只有保证在传承中餐饮食核心文化不变的同时,创新发展中国餐饮,才能达到可持续发展。

(三)绿色健康,因地制宜原则

中餐国际化发展要响应国家号召,以遵循绿色、低碳、环保、健康的原则为前提。由于文化起源不同,各地域的饮食文化和习俗均具有差异性,这使得中餐在国际化的传播过程中受到更多方面的制约。因此中餐国际化发展必须要深入了解当地的文化特色和礼仪禁忌等,有所选择地传播中餐饮食文化,遵循因地制宜的原则。

(四)循序渐进,稳步有效原则

中餐国际化的发展正处于初步探索阶段,无论是职能机构的建立、人才的培养还是传播渠道、传播模式等都不够成熟,需要在摸索中探求最佳发展方案。因此在中餐国际化发展的进程中,我们要坚持循序渐进,稳步有效的原则,以保证中餐在海外的健康发展。

(五)提出规范,预警警告原则

目前,在国际市场上,有走国际化发展想法的企业往往缺乏对国际市场环境、金融、文化的了解,依仗国家政策和协会提供的资源和平台,抱着试试看的态度走出国门,却碰壁而回,造成人力物力等资源的浪费。面对这种低成本的失败,企业存在侥幸心理。因此,国家应研究国内外政策、市场环境、金融、法律等,制定相应的规范手册,提出忠告,根据不同情况给予预警警告,遵循预警性原则。让企业明白国际化是有门槛的,是有原则需要遵守的。

五、中餐国际化发展对策

(一) 多方共同努力促进中餐国际化战略实施

饮食文化是人们日常生活中必不可少的一种文化,中餐是让世界认识中国最好的媒介。在经济全球化发展的今天,我国应借鉴法国、韩国、日本等国家的先进经验,将扶持中餐发展上升为国家战略。建立由商务部、文化和旅游部、国务院侨务办公室等相关部门,以及中国烹饪协会相关社团组成的促进中餐国际化发展及推动中国饮食文化国际推广的统一协调机构,在推动中餐企业涉外投资和中国饮食文化国际推广当中形成合力,同时也致力中餐国际化发展的长远战略。多方共同努力,发挥各自在社会当中的作用,促进中餐国际化战略的实施。

(二) 建立权威性强的中餐鉴定机构

经过权威机构鉴定的餐饮较易走进大众的视野,被大众所接受。因此中餐需要一个权威性较强的中餐鉴定机构。针对目前中餐鉴定机构存在的不足,政府和相关协会组织应积极改进。在中餐饮食文化和菜品等不可变因素的鉴定标准上进一步校准,保证鉴定结果的唯一性和权威性。对于店面装修等可变因素的鉴定,可在当地政府和相关组织协会的帮助下委派专家进行深入调查,从消费者入手,运用大数据、"互联网十"等现代手段,获取可用信息,并通过数据分析了解海外中餐市场、海外受欢迎中餐企业的特点和海外人对中餐的期待等,结合国内中餐鉴定标准,根据国家的不同制定相应的标准。中餐鉴定标准及鉴定结果应在海内外予以公示,给予被鉴定的相关企业一定的权威性认证,进而吸引海外消费者,推动中餐国际化发展。

(三) 强化相关组织的辅助功能

在促进中餐国际化发展的工作上,各相关组织做了很大的努力,但后劲不足却也是相关组织在工作中应重视的问题。相关组织应召集有经验的专家成员成立海外活动研究小组,其职能是负责海外活动的组织及后续研究等。在活动期间和后期负责调查研究市场、受众群体等情况,记录活动明细并分析问题,总结出有价值的信息。并针对存在的问题研究出解决的最佳方案,最终形成具体的书面总结,供后续活动参考,也为中餐企业提供最新海外中餐发展信息。在教育领域,具备相应能力的相关组织应定期提供最新参考资料,考核院校间双方交流情况,鼓励师生创新发展中餐,以助更好地培养管理人才和技能人才,同时为相关组织培养优秀的后备力量;除此之外,结合时代需求充分利用互联网优势发展中餐,选取在相应国家里应用频率较高的社交软件,建立门户网站及相关平台,或制作中餐App 客户端,提供查询、订购等交易服务,实时更新与中餐有关的动态。设计网站或相关平台时,可按照国家进行分类,根据区域间文化差异,设计相应中餐饮食的种类,并提供制作原料、工艺流程等的文字及视频参考资料供人们参考。同时,相应的网站还可给一些商家提供平台,进行中餐原料的零售或打包售卖,方便人们获得制作中餐的食材。进而普及中餐文化,充分发挥行业组织和桥梁的作用,促进中餐国际化的有效可持续发展。

(四) 加强海内外中餐企业合作

海内外中餐企业各有优势。海外中餐企业熟悉当地市场环境、法律政策、原料供应及房地产政策,熟悉当地文化习俗,消费习惯,在中餐经营方面具有丰富的经验,并且已经在海外建立起成熟的人脉环境和销售渠道。国内中餐企业,拥有先进的中餐发展理念,经营管理方法,厨师团队的技术水平较高,菜品的创新意识较高,经济实力也比较雄厚,对中餐的传承有强烈的责任感。海内外企业应充分利用各自的优势加强合作,共同寻找合适的合作方式和合作项目,共同投资,互惠互利,共同壮大海外中餐企业的实力。与此同时,政府和协会可定期举办各种中餐技术、管理、科技、文化等交流活动,鼓励海内外中餐企业参加,通过交流学习共同促进中餐国际化的发展,实现海内外中餐企业的互利共赢。同时,也为增加所在国的就业,活跃所在国的经济做出贡献。

(五)加强高素质专业人才的培养

高素质专业人才的短缺一直是海外中餐企业面临的严峻问题。针对这个问题,在开始阶段,可根据不同国家的政策灵活地派出厨师和相应的管理人才,但根本解决的方法还是在当地培养专业厨师和管理人才,实现人才本地化。首先,企业可寻求国内政府和大使馆的帮助,通过与海外政府间的沟通协商,出台相关放宽中餐技术人才和管理人才的引进政策,或鼓励当地政府出台培养熟练掌握中餐技术和管理人才的政策。其次,海内外中餐行业组织,要积极发挥作用,建立平台,大力培训已经赴海外工作的厨师和管理人才,提高其专业技能和管理水平,缩减与国内人才的差距,更好了解当地人的需求;同时联合海内外的有关专业院校,搭建海内外交流平台,制订订单式培养计划,鼓励当地人或经营者学习国际化发展的经营管理模式、商业模式、服务理念、海外餐饮文化及中餐制作技能等,培养出熟悉海外业务的具有创新意识的高水平专业人才。这是保证中餐国际化发展的长久之策。

(六)促进中餐文化在海外的认同

中国饮食文化博大精深,在中国传统文化教育中,阴阳五行哲学思想、儒家伦理道德观念、中医药养生学、文化艺术成就、民族性格特征等诸多因素都可以在中国餐饮文化中体现,这是中国餐饮文化最深厚的竞争力。致力于开拓海外餐饮市场的企业要以餐饮文化为根基,以弘扬中国饮食文化为己任,把文化宣传贯穿到企业文化当中。以国外消费者喜闻乐见的方式,开展各种营销活动,以争取海外消费者对中餐文化的认同。同时联合海内外中餐行业形成以中国餐饮业为主导的力量,大力推动中餐申遗的工作,争取使中餐在世界范围内得到认同。中餐申遗是加快中餐"走出去"的需要,是弘扬中国饮食文化的需要,是服务社会经济发展的需要,是增强国家软实力建设的重要组成部分。中餐申遗应借鉴法国、日本、韩国等国美食申遗成功经验。由商务部会同文化和旅游部、外交部、侨务办公室等机构组成中餐申遗国家推广工作委员会,发挥政府主导力量,将弘扬中餐文化上升为国家战略,加大推进中餐申遗的工作力度;以中国烹饪协会等行业协会为载体,按照联合国教科文组织相关申遗标准和程序,借鉴申遗成功的例子,设立中餐申遗专业机构,制定申遗工作规划,负责申遗日常工作;同时支持国家推广工作委员会中餐申遗专业机构设立中餐申遗专项基金,通过众筹、募捐等方式吸收社会资金,用于申报工作;以各种活动为平台,扩大相关行业和社会的关注度及参与度,以此,加快中餐申遗的进程。

除此之外,促进中餐在海外的认同,还要因地制宜发展中餐。中餐国际化发展的首要任务是明确中餐文化传播的核心思想,在保持中餐文化核心思想及菜品等不可变因素不变的前提下,只有结合各国的市场需求和文化特点,创新发展中餐,才能保证中餐的可持续发展。首先,官方需要明确统一中餐文化传播核心思想,并将统一后的中餐文化传播核心思想通过各种渠道向全世界范围普及。其次,中餐要走国际化发展之路,一定要入乡随俗。政府和相关组织协会及企业可利用新兴的"互联网+大数据"的模式和传统的市场调研模式,讨论并确定海外市场的文化需求,继而结合中餐文化中相关的不可变因素确定出适合本土的中餐文化,使中餐文化属地化。"互联网+大数据"的模式即进行线上服务,如预定、选座、支付、参考菜单、评价等。通过电子化信息服务统计数据,运用大数据分析外国人对中餐饮食制作、口味、环境装修、员工服务等的需求。根据其需求,更好地吸纳当地人的文化特色,充分尊重当地人的生活习惯,针对文化的差异大胆地进行区域性融合,包括环境的融合、产品的融合及配料的融合等,兼收并蓄,去异存同,因地制宜发展中餐。传统的调研即指派专家学者融入海外相应的市场,通过发放问卷、采访等形式在实践中总结经验。除了解海外居民对中餐的需求外,同时总结海外中餐管理的特点、海外市场环境、金融环境、法制环境等,供海内外中餐企业借鉴,以便因地制宜发展中餐,改进中餐在海外的发展,最大限度地获取当地消费者的认同,促进中餐的国际化建设。

(七) 完善中餐品牌形象建设

品牌化发展能够给中餐带来忠实的顾客,形成长久的效益,是中餐国际化进程的重要推动因素。要结合中华优秀餐饮文化,发挥海内外主导行业的力量,促进品牌形象的建立,迎接国际环境的挑战,改善外国人对中餐原有的消极印象,形成积极印象,推动行业整体水平的提高。

中餐品牌的形成,是文化、产品、服务等多种因素的整合与营造。特色文化塑造特色品牌,中餐企业在发展餐饮时,应注重中国特色餐饮文化的保护和传承。中餐企业应充分利用中国烹调中的色、香、味、形等特点,充分挖掘中餐的典故、寓意等文化内涵,用外国语言讲好中国餐饮故事。并借鉴、吸收国际餐饮标准化运作经验,传承并创新发展中餐。通过细节的设计彰显中餐文化,如中餐厅的门面设计、菜牌的设计、菜式的花样、菜名的创新等,形成具有以中餐文化特色为主,中西文化相融合的中餐品牌形象,以适应目标客户群体的审美和饮食习惯。中餐品牌在定位上,应借鉴国际企业的品牌运作经验,加强品牌运营和管理,针对不同细分市场发展不同的子品牌。根据不同市场定位,建设高端、中端和普通大众三个层次的中餐子品牌,并分别制订营销方案。以此在海外形成满足不同需求的中餐子品牌,形成更确切的中餐品牌形象,让海外的人们更清晰全面地认识中餐。同时着重于建设高档次中餐企业,使得中餐在国外整体上形成一个高档次消费的认知度,改变目前国外对于中餐地位不高的消极印象。

品牌形象的建设离不开宣传的作用。结合韩国泡菜国际化成功的案例,我们可以了解到,在韩国,对内,他们有专门的泡菜研究会,有各地民俗村和博物馆常年展示泡菜文化,还有定期举办的全罗南道光州泡菜庆典等活动;对外,他们将韩餐世界化作为国家战略,举办各种宣传活动。结合法餐国际化成功的案例我们可知,法国成立了各种美食推介机构,在世界各国设点推广法餐。因此,首先,我们可借鉴韩国和法国的经验,在宏观角度上,将中餐文化推广上升为国家战略,成立美食推介机构,在世界范围设点推广中餐。在微观角度上,建立内外双向传播机制。对内培养国民浓重的文化归属感。政企合作设立中餐研究会、中餐博物馆、中餐民俗村等展示中餐文化的平台;韩国美食国际化的成功离不开韩国影视行业的功劳。韩剧的流行大范围地普及了韩国泡菜、韩式炸鸡、韩国炸酱面等,加快了其国际化进程。可借鉴韩国的经验,与相关行政管理部门交流合作,号召中国的影视业、传媒公司、编剧、导演、作家等在创作影视作品及文学作品时应承担起对中国饮食文化传承的责任。利用影视剧、纪录片等,以饮食作为文化符号,对外宣传中国饮食文化,影响更为广泛的人群,进而加快中餐国际化进程。不要总是用西餐和咖啡厅表现高端,中国的餐饮文化博大精深,形式多样,总有一种形式能够符合作品的表达方式;鼓励旅游行业设计美食线路,制订美食口号,对相应国家实施免签或落地签政策,鼓励更多外国游客来中国体验中餐美食文化。培养国民文化归属感的同时加强对外宣传。政府可与国内外各教育、文化等部门合作,以其在各地举办的文化交流和赛事等活动为平台,宣传中餐文化;无论海内外,各餐饮组织均可借传统节日平台或通过设立国家中餐美食日普及中餐文化,号召大家关注中餐文化的传承和发展,组织中国饮食文化博览会、交流论坛、洽谈会、美食比赛等。在海外,利用明星效应,聘请当地人气巨星为中餐代言或参加各种中餐美食推广活动,更广泛地宣传中餐文化;建立有针对性的专业官方网站、官方微博、微信公众号、官方 App 等;中餐企业可充分利用"互联网+"的优势,在线上线下同时搞企业文化宣传,赠送带有企业标识的礼物,如筷子、勺子等小礼品,节假日推出特色中餐促销活动,给予减免优惠等一系列有助于中餐品牌建设的措施,促进中餐国际化发展。

（八）落实原有政策,推进新型政策

海外政府政策、经济方面的支持离不开我国与各国间良好外交关系的建立这一大前提。因此我国政府在关于中餐国际化发展方面应给出一个具体的明确发展方向,围绕这个方向设立专业餐饮的具有外事资格的政府部门。通过"一带一路"倡议等,由政府和大使馆出面,秉着"互惠互利""共同发展"的原则,与各国政府间商定关于中餐在相应国家发展能够享受到的政策帮助及优惠,解决中餐在相应国家遇到的综合性问题,如中餐技术人员及原料引进等方面能够给予的放松政策。政府还可通过外交关系,委派专家帮助企业了解海外的金融环境、市场环境等,估算风险值,分析海外企业规模化发展的可行性,为海外企业规模化发展提供理论依据,鼓励国内欲走出去企业踏实有效地走出去,并为其提供专业的海外金融、市场、法律相关注意事项的咨询。在经济方面,主要以我国政府为主;如果我国政府的能力有限,可以以外联为主,政府帮助为辅。根据实际调查情况制定相关具体政策,对于将走出去和已经走出去的企业给予减免税费等方面的经济鼓励;设立相关餐饮扶持基金,对于加入基金组织的,可在相关情况下给予减免费用或拥有优先选择权等资格,达到通过政策鼓励手段聚集资金,将资金用以鼓励海内外中餐企业发展,缓解企业的经济压力。需要注意的是,在推进新型政策的同时,不要忘了要先落实原有的适用的政策。

六、中国烹饪教育走出去的路径

中国烹饪教育作为中国饮食文化对外传播的重要载体之一,肩负着为传播中国优秀文化培养高素质人才的重任,因此中国烹饪教育走出去是顺应时代发展的必然产物。下面从六个层面提出中国烹饪教育走出去的路径。

（一）中国烹饪教育走出去与中国优秀文化传承与发展相结合

中国饮食文化在中国文化中占据重要位置,并且在海内外都具有很高的知名度。其中以中国为代表的"箸文化"是世界三大饮食流派之一,也是其他国家饮食文化不可比拟的。如前所述中国优秀传统文化也为中国饮食文化供给了文化沃土和养分。在中国优秀传统文化的价值内涵"天人相应、水土相融""奇正相生、食不厌精""四气五味、辨证施食""形神兼备,情景交融"基础上,中国饮食文化提炼出"食物广博、品种繁多""烹而有调、口味精美""五味调和、健体强身""讲究意趣、情调优雅"的基本价值内涵。同时在中国优秀传统文化中天人合一的自然观念、阴阳五行的哲学思想、儒家伦理的道德观念、和谐共处的社会观念、和而不同的价值观念、中医调养摄生学说,还有文化艺术成果、饮食美学造诣、民族不同生活习惯等各种要素的作用下,成就了有丰厚底蕴的中国饮食文化,并衍生出体现中华民族生活哲学和魅力的独具中华民族特色的中国烹饪技艺。因此中国饮食文化是中国文化的重要载体,有着继承和发扬中国优秀文化的重要使命。中国烹饪教育是中国饮食文化传播的基本形式和有效途径,中国烹饪教育"走出去",本质上就是传承与发展中国优秀文化。为了更好地走出去,中国烹饪教育在国际教育中要注重宣扬和传播中国优秀的饮食文化内涵,积极地与其他国家进行饮食文化交流,借助国家间文化交流所创造的互相尊重、互相理解的良好的国际环境,与其他国家进行教育合作,寻求教育发展最佳契合点和教育合作最大公约数,促进各国之间在教育领域互利互惠,实现和谐包容、互利共赢。

(二)中国烹饪教育走出去与"一带一路"倡议相结合

改革开放以来,我国经济发展迅猛,在国际上也有较高的影响力,国际地位迅速提升,2013 年习近平总书记在访问东南亚及中亚等一些国家时,先后提到共建"丝绸之路经济带"和"21 世纪海上丝绸之路"的发展思路,简称为"一带一路"倡议,旨在促进经济国际化发展,推动国际市场深度融合和经济发展资源高效配置,打造沿线国家的深层次、高水平、大范围区域经济发展平台,推进与沿线国家的经济合作伙伴关系,推动开放、包容、互信、互惠的区域经济合作。2015 年 3 月 28 日,《推动共建丝绸之路经济带和 21 世纪海上丝绸之路的愿景和行动》诞生,标志着我国"一带一路"建设框架正式形成。"一带一路"倡议为我国烹饪教育走向海外带来新的发展契机。目前,我国与"一带一路"倡议所涉 64 国基本签订了不同形式的教育合作协议或谅解备忘录,教育高层交往日益频繁,有效推动了成员国教育、科研和文化等方面的合作交流。中国烹饪教育也要抓住这一发展机遇,加强与沿线国家在烹饪教育方面的交流与合作。如积极开展与沿线国家进行烹饪教育合作办学和境外合作项目;设立教育培养中心,发展适应海外环境的新型教师和精英;在沿线国家开办美食节,进行烹饪技艺的交流等。

(三)中国烹饪教育走出去与孔子学院相结合

孔子学院是在借鉴国外有关机构推广本民族语言经验的基础上,在海外设立的以教授汉语和传播中华文化为宗旨的非营利性公益机构。近年来,对中国优秀文化有着极大兴趣的海外人士日益增多,他们想要了解并深入学习中国优秀文化。由此在海外引发学习汉语的热潮,很多国家纷纷建立孔子学院。目前全球已经有 146 个国家和地区建立了 525 所孔子学院,各种学生总计多于 900 万人。孔子学院每年举办各种各样的文化活动,受到世界各地民众的广泛认可和支持,这充分说明了中国优秀文化的强大影响力。中国烹饪教育走出去要充分借助孔子学院这一国际化教育平台。在中外文明交流互鉴上,积极通过孔子学院这一途径进行中国饮食对外的宣传和推广工作。中国烹饪协会积极参加孔子学院组织的各种关于传扬中国传统文化的活动,并选派中国著名的烹饪大师到很多国家进行饮食文化交流、厨艺展示等,成效明显。在师资队伍的培养上,通过孔子学院向海外输出中国优秀烹饪教师人才,也培养外国本土烹饪教师人才,从而实现在海外直接培养烹饪专业人才。同时在教学上,要将中国饮食文化作为中国文化的重要内容之一,纳入孔子学院的教学体系中,不仅将中餐的技艺和产品传播出去,更是让全世界的人们都有机会学习和了解中餐的文化即饮食生活形态、价值观念、审美情趣及由此组成的制度、规定等。

（四）中国烹饪教育走出去与中餐企业走出去相结合

随着中国餐饮业的迅速发展及中餐国际化进程的不断加快,中国餐饮企业逐步走向世界舞台,并受到国外民众的欢迎。目前,在很多国家都能看到中国餐馆的身影,这无疑对加深其他国家对中国的了解、传播中国饮食文化起着重要的作用。烹饪教育包括培养与培训,烹饪教育核心目标是将中国菜点的制作方法传播出去,其终端产品即中餐。因而,烹饪教育走向世界要和中餐企业在海外的发展进行结合。一方面,中国烹饪教育走出去能够帮助中国餐饮企业在境外可持续发展,提升合作国家人才培养技能水平,培养对中国有感情、理解中国文化、掌握中餐烹饪方法的人才。与此同时,中餐企业在国外的发展也需要懂得国际企业运营相关知识的管理人才及国际化高素质技术人才做支撑。这就要求中国烹饪教育能够跟上时代的步伐,适应中餐国际化背景下市场和人才需求的变化,为企业走出去保证足够的、满足需求的人力资源供给。另一方面,中国餐饮企业在国外的发展能够为中国烹饪教育提供实训平台,使得中国烹饪相关专业的毕业生能够获得在海外餐饮企业学习和工作的机会,不断提升自身的烹饪技能,同时,与国外的烹饪技术、饮食文化进行交流,并学习国际化管理知识,成为中国餐饮业走向世界所需求的高素质人才。因此,中国烹饪教育的国际化发展要借助中餐国际化这一平台,与餐饮企业进行深度合作,实现产教融合,从而教育出真正适用于中国餐饮企业进行海外拓展的精英。同时也增强中国餐饮企业在国外的竞争力,提高中餐在海外的地位。

（五）中国烹饪教育走出去与"中餐繁荣计划"相结合

2014年,国务院侨务办公室推出"中餐繁荣计划",一方面,为国外华人、华侨服务,主要是为了提高国外华人的中餐经营水平,集中建立和完善国外中餐行业组织和网络,支持海外侨胞中餐事业发展。另一方面,拓展至对外国人开展中餐教育,使更多的外国人了解中国饮食文化。"海外惠侨工程中餐繁荣基地"开设了中餐繁荣网上课程,课程包括中国著名的厨师教授中餐制作的视频及关于中餐研修班公布的相关消息,为身在海外从事中餐业的华人提供便利教学的同时,也为对中餐感兴趣、想要学习中餐的外国人提供一个学习平台,从而使得世界各地的网友都可以通过这一平台跟着中国的烹饪名师学习烹制中国菜肴,从而传播中华文化。中国烹饪教育"走出去"要充分利用"中餐繁荣计划"中建立的中餐教育培训平台、中餐对外交流平台,实现中外烹饪教育的交流合作,同时学习借鉴"海外惠侨工程中餐繁荣基地"开设的各种研习班、培训班、研修班等,不断完善中国烹饪教育国际课程的开设、教材的开发等。

（六）中国烹饪教育走出去与中外人文交流合作机制相结合

习近平总书记在主持召开中央全面深化改革领导小组会议审议通过的《关于加强和改

进中外人文交流工作的若干意见》指出,要丰富和拓展人文交流的内涵和领域,打造人文交流国际知名品牌。坚持走出去和引进来双向发力,重点支持汉语、中医药、武术、美食、节日民俗以及其他非物质文化遗产等代表性项目走出去,深化中外留学与合作办学,高校和科研机构国际协同创新。这是中央第一次把包括美食文化走出去,加强中外人文交流列为服务国家改革发展和对外战略的一部分,其意义重大,是对中国烹饪教育走出去项目强有力的政策支持。目前,中外人文交流事业已打开新局面,充分发挥了教育在人文交流中的基础性、先导性作用。截至 2016 年底,我国与 188 个国家和地区建立了教育合作与交流关系,与 46 个重要国际组织开展教育合作与交流,与 47 个国家和地区签署了学历学位互认协议。我国已先后与俄罗斯、美国、英国、欧盟、法国、印度尼西亚、南非、德国建立起 8 个高级别人文交流机制。人文交流已与政治互信、经贸合作一道成为我国外交的三大支柱。中国烹饪教育走出去,要利用好中外人文合作交流机制所建立的平台,积极与其他国家建立教育合作和交流关系,将中国饮食文化传播出去。当前,中法、中英人文合作交流机制中,中国烹饪教育交流取得了突破性进展,探索了中国烹饪教育在这一平台上走出去的路子。

　　总之,中国饮食文化的国际化传播需要在政府、相关行业组织、餐饮企业和高校的共同努力下来开展,不仅要构建平台、加强交流合作、树立品牌形象,也要注重专业人才的培养,为中国饮食文化的国际化传播提供强有力的保障。

主要参考文献

[1] 杨铭铎,陈健.中国食品产业文化简史[M].北京:高等教育出版社,2016.

[2] 陈耀昆.中国烹饪概论[M].北京:中国商业出版社,1992.

[3] 杨铭铎.烹饪加工手段的发展脉络与相关概念的内涵解析[J].美食研究,2016(2):27-31.

[4] 杨铭铎.基于显性与隐性知识特征的烹饪专业课程改革思考[J].四川旅游学院学报,2016(4):1-7.

[5] 杨铭铎.我国现代烹饪教育体系的构建[J].中国职业技术教育,2017(33):65-71.

[6] 杨铭铎.对烹饪专业属性与专业名称的认识与再认识[J].四川旅游学院学报,2016(6):1-4.

[7] 姜大源.职业教育学研究新论[M].北京:教育科学出版社,2007.

[8] 姜大源.职业教育要义[M].北京:北京师范大学出版社,2017.

[9] 卢一.烹饪营养学[M].成都:四川人民出版社,2003.

[10] 杨铭铎.不同层次烹饪专业培养目标分析[J].美食研究,2017(1):35-39.

[11] 杨铭铎,王黎.基于工作过程系统化的高职烹饪专业课程开发背景及基本理论[J].顺德职业技术学院学报,2017,15(3):33-37.

[12] 杨铭铎,王黎.基于工作过程系统化的高职烹饪专业课程体系结构设计[J].顺德职业技术学院学报,2018,16(2):44-48.

[13] 杨铭铎,王黎.基于工作过程系统化的高职烹饪专业课程开发学习情境的创设[J].顺德职业技术学院学报,2018,16(4):33-39.

[14] 孟庆国.职业教育教师培养体系的构建与实践[J].职业技术教育,2013,34(22):50-54.

[15] 杨铭铎.我国烹饪专业教师队伍现状调研[J].武汉商学院学报,2018,32(6):92-96.

[16] 杨铭铎.烹饪专业教师队伍建设研究—目标、路径与对策[J].烹饪专业教师队伍建设研究,2019(1):1-6.

[17] 杨铭铎.关于烹饪专业中高职衔接的思考——以课程体系衔接为核心[J].四川旅游学院学报,2017(3):1-4.

[18] 杨铭铎.烹饪教育校企合作模式研究[J].武汉商学院学报,2017,31(5):66-69.

[19] 杨铭铎.我国现代烹饪教育体系的构建[J].中国职业技术教育,2017(33):65-71.

[20] 杨铭铎.基于专业建设的本科职业教育发展思考——以烹饪专业为例[J].中国职业技术教育,2019(26):21-25.

[21] 杨铭铎.对不同层次烹饪专业课程结构的分析[J].四川旅游学院学报,2017(2):1-8.

[22] 杨铭铎.基于烹饪教育办学层次提升的烹饪学科建设的思考[J].哈尔滨商业大学学报(自然科学版),2016,32(4):503-507.

[23] 张才骏.科学研究概论与科技论文写作[M].北京:华文出版社,2002.

[24] 杨铭铎.中国现代快餐[M].北京:高等教育出版社,2005.

[25] 陈金标.选择烹饪原料的三层次原则[J].扬州大学烹饪学报,2004(3):28-31.

[26] 陈正荣.烹饪科学实验及其研究方法[J].扬州大学烹饪学报,2011(4):23-26.

[27] 徐保民,倪旭光.云计算发展态势与关键技术进展[J].中国科学院院刊,2015(2):170-180.

[28] 唐建华,周晓燕,刘小勇.中国菜肴自动烹饪机器人的研究现状与展望[J].美食研究,2007,24(2):24-26.

[29] 郑丽鑫,王悦希.适老性智慧厨房研究[J].设计,2017(23):52-53.

[30] 杨铭铎.面向现代化的中国餐饮业发展趋势研究[J].商业经济研究,2013(3):4-5.

[31] 王耀德,林良.基于互信息的中部地区产学研协同创新关系研究[J].情报杂志,2018,37(12):195-201.

[32] 杨铭铎.餐饮行业协会的内涵建设与职能演进——"中国烹饪协会"更名为"中国餐饮协会"的必要性分析[J].扬州大学烹饪学报,2011,28(2):22-24.

[33] 杨铭铎.中国餐饮业理性回归的内涵界定及转型升级对策[J].商业时代,2014(12):12-15.

[34] 程小敏,于干千.中国餐饮业发展"十二五"回顾与"十三五"展望[J].经济与管理研究,2016(11):65-74.

[35] 董丛文,易加斌.营销策划原理与实务(第三版)[M].北京:科学出版社,2014.

[36] 杨铭铎.美食生活与美食家——《舌尖上的中国》观后随笔(2)[J].扬州大学烹饪学报,2013(3):8-11.

[37] 杨铭铎.饮食美学及其餐饮产品创新[M].北京:科学出版社,2008.

[38] 杨铭铎.餐饮企业管理研究[M].北京:高等教育出版社,2007.

[39] 王学泰.中国饮食文化史[M].桂林:广西师范大学出版社,2006.

[40] 邵万宽.民间传统节日与饮食习俗析论[J].楚雄师范学院学报,2018,33(4):7-14.

[41] 谢梦洲,朱天民.中医药膳学[M].北京:中国中医药出版社,2016.

[42] 张同远.黄帝内经饮食养生[M].南京:江苏科学技术出版社,2010.

[43] 曲黎敏.黄帝内经养生智慧[M].厦门:鹭江出版社,2007.

[44] 邱庞同.继承中国饮食烹饪文化遗产的断想[J].四川烹饪高等专科学校学报,2011(5):9-12.

[45] 王娟.论非物质文化遗产的行政法保护及其完善[D].苏州:苏州大学,2010.

[46] 余明社,谢定源.中国饮食类非物质文化遗产生产性保护探讨[J].四川旅游学院学报,2014(6):8-11.

[47] 杨铭铎.餐饮概论[M].北京:科学出版社,2008.

[48] 冯宝晶."一带一路"视角下我国职业教育国际化发展的理念与路径[J].中国职业技术教育,2016(23):67-71.

后记

在本书付梓之际，感觉到应该写一篇后记，那就从我与烹饪的缘分开始吧。我从 1988 年正式进入烹饪高等教育领域。早在 1976 年，我作为"待业青年"在哈尔滨市禽类蛋品批发部食堂做了一年临时工作。那个年代物资贫乏，每月每人凭"票"能购半斤肉，每逢春节每户只能凭"票"购一只鸡或一只鹅，每人只能购一斤鸡蛋。由于我在食堂工作，每天能吃上肉、蛋、禽等"美食"，这是一件很奢侈的事情了。同时，每天跟着师傅从生火、挑煤、运炉灰等杂事开始，学着洗菜、切墩、炒菜、淘米、焖饭、和面、蒸馒头等所有厨房的工作。

在生活拮据的年代，家里来客人去不起饭店，由我来下厨掌勺，烹制菜点招待客人，逐渐发现我对烹饪很有"悟性"。我对烹饪的真正接触得益于我国改革开放，恢复高考。作为"文革"后的首届（77 届）大学生，我考取了原商业部直属院校——黑龙江商学院，入学时读的是制冷专业，即食品冷藏库的设计，接受了工科工程师的全面训练。在课程设置中有一门课程"食品冷藏工艺学"是专业课中的"软件"。对此我产生了浓厚的兴趣，于是在化学老师的指导下自学有机化学、生物化学等课程，并利用无课和周日时间去做实验；大学三年级时，学校邀请了日本冷冻协会会长加藤舜朗先生讲学，我利用自学的日语翻译了教材五章中的一章。1982 年 1 月毕业留校任教，担任"食品冷藏工艺学"课程的教师，这是我选择的教师职业，也是我从事高等教育事业的起点。

1982 年，黑龙江商学院开始招收硕士研究生，只有商业经济和食品工程两个专业。我由于自学了化学方面的知识，加上较好的外语水平（"文革"期间自学了日语，跟广播大学学习了英语，进入大学后均免修），以优异的成绩考上了黑龙江商学院食品工程专业首届研究生，毕业后留校任教。1986 年到日本留学，恰巧有更多的机会交流中国烹饪技艺，为日本的老师、同学和朋友做中国菜，与日本食品企业富士面包株式会社、日清制粉株式会社研究室的同事们交流中国菜，为短期大学的学生和社区的日本朋友讲授中国菜，特别是在与日本食品产业界同行们交流时，将食品科学理论融入其中，受到了日本朋友的好评，提升了中国学者的地位。回国后，我将这一情况报告给黑龙江商学院领导，当时，正值黑龙江商学院从 1985 年开始受商业部委托为中、高职学校培养烹饪师资。为了烹饪专业发展，1988 年 5 月我从食品工程系调入旅游烹饪系任教学副主任，这是我从事烹饪高等教育的起点。

1991 年继老前辈汪荣教授之后，我担任旅游烹饪系第二任系主任，开始从事烹饪教育行政管理工作。从事烹饪工作从 1976 年算起超过 40 年。从事烹饪教育工作从 1988 年算起也超过 30 年。

30 多年来,从事餐饮烹饪教育和科研工作,在国内外学术期刊上发表学术论文 500 余篇,并被 SCI、EI 等机构检索;主编(审)教材、著作 65 册(套);获得发明专利 6 项;完成中国博士后基金、国家社会科学基金、国家人事部留学人员科技活动择优资助项目、教育部人文社会科学研究项目、黑龙江省哲学社会科学研究规划项目、黑龙江省自然科学基金项目等国家、省部级及企业横向科研项目 60 项;在研人事部留学人员科技活动择优资助项目、文化和旅游部项目、黑龙江省软科学项目等省部级科研项目 4 项,并多次获得省部级多种奖励。

如果说我在餐饮烹饪领域有所收获的话,有一个坚守值得欣慰,有两个选择值得庆幸,有三个平台值得感谢。

值得欣慰的是一个坚守。30 多年一直坚守在餐饮烹饪专业(学科)领域。在学校工作,除了坚守在餐饮烹饪专业(学科)教学科研领域,还承担着行政管理工作,力求处理好行政管理和教学科研之间时间上的矛盾。1988 年任黑龙江商学院旅游烹饪系副主任,1991 年任黑龙江商学院旅游烹饪系主任,1996 年任黑龙江商学院副院长兼职业技术学院院长,2001 年任哈尔滨商业大学党委副书记、副校长,2006 年来任黑龙江省科协副主席,党组书记。2016 年任黑龙江省人大教科文卫委员会驻会副主任。特别是到黑龙江省科学技术协会(简称科协)工作 10 年来,仍然在三个平台上为餐饮烹饪教学与科学研究而努力工作着。同时,努力将餐饮烹饪专业知识与科协工作相结合,并开展一些开拓性的研究工作。

值得庆幸的是两个选择。一是选对了教师职业,二是选对了餐饮烹饪专业。这两个选择决定了我在餐饮烹饪领域的研究和收获。

值得感谢的是三个平台。一是要感谢学校的平台。这些年来,哈尔滨商业大学的食品科学、旅游管理等学科群给了我教学、科研广阔平台,使我能从自然科学与社会科学相结合的维度,在食品科学与工程、烹饪科学与技术、中式快餐、餐饮与旅游管理、饮食美学、饮食文化、烹饪教育等以"食"为核心的领域开展教学和研究。从 1993 年开始,在全国率先培养烹饪科学硕士研究生、快餐硕士研究生;1999 年开创全国烹饪师资硕士点;2003 年开创黑龙江省旅游管理硕士点,并设立全国唯一餐饮与快餐管理方向;在工学和管理学跨两个学科担任硕士、博士生导师,截止到目前已经培养硕士、博士研究生 100 名;成立了全国唯一专门从事快餐与餐饮(烹饪)研究的哈尔滨商业大学中式快餐研究发展中心博士后科研基地,并担任主任,出版了《中国现代快餐》,构建了中国快餐理论体系;同时,教育部、全国(省)相关学会和协会、多所大学给了我很多兼职工作,为我教学、科研提供了多维的空间。基于此,在全方位、综合地研究"食"的过程中,将与"食"相关的产业——农业、食品工业、餐饮业(快餐业)联系在一起,于 20 世纪 90 年代首先提出传统食品工业化,于 2001 年首先提出了"食业"的新概念,对食品产业及其文化有一定的思考,并体现在相关论著中。在学校平台中,还要感谢哈尔滨工程大学、东北林业大学、黑龙江大学、河南工业大学、岭南师范学院、四川旅游学院、中国人民解放军军需大学、广东顺德职业技术学院等多所大学聘我为客座教授,其中值得一提的是东北林业大学聘任我为旅游管理学科博士生导师,广东顺德职业技术学院和四川旅游学院聘我为学校顾问。在学校平台中,特别感谢西北农林科技大学食品工程学院为我的博士学习提供了平台,感谢我的博士生导师李元瑞教授;特别感谢哈尔滨工程大学管理科学与工程博士后流动站为我开展博士后研究提供了平台,感谢我的博士后合作导师刘希宋教授。

二是要感谢教育部平台。1998教育部在全国重点建设职教师资培训基地,我被遴选为专家组成员,与教育部的领导和全国一流职教专家一起工作,利用这一契机到全国相关院校和大型企业进行全国职教师资培训重点建设遴选与评估,对我来说这是很好的学习机会。我能与教育部职业教育与成人教育司、中国职业技术教育中心研究所的领导专家及全国职业教育专家在一个平台上工作,学到了在学校范畴内学不到的职业教育前沿知识。近年来,参与教育部的职业教育工作和项目,如作为教育部教材编审委员会成员参与国家规划教材的遴选与审定工作,作为教育部职业教育专家组成员对重点建设基地职教师资培养开展项目遴选推进工作等。这些给了我进一步学习掌握职业教育规律的机会,结合我从事的学科教育工作,把职业教育规律运用到烹饪餐饮教育领域起到了极为重要的作用。

三是要感谢非政府组织(NGO)平台。在中国职业教育学会,中国烹饪协会,中国饭店协会,中国食文化研究会等组织中参与组织学术活动。参加了中国职业教育学会"产业文化进校园""产业文化史教育"课题,参与编写了《产业文化读本》(高等教育出版社,2012年)、主编了《中国食品产业文化简史》(高等教育出版社,2016年)著作。20世纪80年代末进入餐饮烹饪教育领域就参加了餐饮业行业组织——中国烹饪协会并担任常务理事、快餐委员会顾问、专家委员会副主任等职,现在是中国烹饪协会特邀副会长、教育部餐饮行指委副主任委员(中国烹饪协会餐饮教育委员会与教育部餐饮行指委合署工作);每年在中国烹饪协会主编的《餐饮白皮书》《餐饮业年鉴》中发表论文;承担了"中餐国际化""中餐海外认知研究""饮食类非物质文化遗产的保护传承研究"等研究工作。连续两个年度撰写中国饭店协会《中国团餐产业发展报告》。作为中国食文化研究会资深副会长,从2015年开始连续四年召开了四届中国食文化发展大会,并担任学术委员会主席。这些学会、协会平台,给了我行业学术的最新信息,拓展了我的研究领域。

可以说,"一个坚守,两个选择,三个平台"是我在烹饪餐饮领域有所收获的基础和前提。

从行政岗位退下来,我在哈尔滨商业大学课题组的同事对我说,"杨老师,你是从事烹饪餐饮教育时间最久、最了解烹饪教育发展的专家和领导,而且取得丰富的教学和科研成果,目前时间也充裕了,应该再出一本专著,把30余年的经验和体会呈现给烹饪教育界。"究竟写什么?从我的研究领域来看,以"食"为核心,涉及工学(工业食品、手工食品、快餐食品)、管理学(餐饮与快餐企业管理、旅游管理)、美学(饮食美学)、文化学(饮食文化)、教育学(烹饪教育),在这些领域中既有专著出版,又有论文发表,还有一些新的思考。最后决定把本书读者定位在烹饪餐饮专业教师和烹饪餐饮教育管理者,从本书的组织结构和内容来分析,经过深思熟虑,书名确定为《烹饪教育研究新论》。本书结构以烹饪及其相关基础概念为绪论(概述),以人才培养、科学研究、服务社会、文化传承为架构,概括地研究了烹饪教育的内涵。30余年的研究与思考,3年时间完成的这本拙著,希望能对烹饪餐饮教育工作者在实际工作中发挥一点作用。

本书的编写能从动机变为行为,要感谢源于20世纪90年代的黑龙江商学院(现哈尔滨商业大学)课题组成员给予的启发与指点,要感谢董丛文教授、周福仁教授、周游教授、姚凤阁教授、易加斌副教授、石长波教授、石彦国教授、刘兴革副教授等;要感谢我的学生们给予的合作与协助,要感谢硕士研究生张新、王黎、崔莹莹、高海薇、王琼、王显、马晓辉、孙文颖、张宇晴、王旭龙、张璇和博士研究生邵雯、刘硕、韩春然、张令文、郭希娟等;要感谢在百忙之中为我的拙著作序的哈尔滨商业大学党委书记、博士、博士生导师孙先民教授;还要感谢华中科技大学出版社鼎力相助,要感谢车巍副社长、汪飒婷编辑、郭逸贤编辑等。最后,要感谢我的家人,特别是夫人刘维丹,30 多年来默默承担了所有的家务,任劳任怨,为我学习、工作、研究创造了条件。

《烹饪教育研究新论》一书从学校功能四个维度研究烹饪教育,希望能起到抛砖引玉的作用,恳请广大烹饪餐饮专业教师和烹饪餐饮院校管理者及广大读者给予关心和爱护,提出宝贵意见,让烹饪餐饮教育研究更进一步引起社会的关注,共同推进烹饪餐饮教育事业发展。

杨铭铎

2019 年 3 月 20 日